改訂新版

プロになるための

Web技術入門

小森裕介 [著]

なぜ、あなたはWebシステムを
開発できないのか

技術評論社

●**免責**

　本書に記載された内容は、情報の提供だけを目的としています。したがって、本書を用いた運用は、必ずお客様自身の責任と判断によって行ってください。これらの情報の運用の結果について、技術評論社および著者はいかなる責任も負いません。

　本書記載の情報は、2024年10月現在のものを掲載していますので、ご利用時には、変更されている場合もあります。

　また、ソフトウェアに関する記述は、特に断わりのないかぎり、2024年10月現在でのバージョンをもとにしています。ソフトウェアはバージョンアップされる場合があり、本書での説明とは機能内容や画面図などが異なってしまうこともあり得ます。本書ご購入の前に、必ずバージョン番号をご確認ください。

　以上の注意事項をご承諾いただいたうえで、本書をご利用願います。これらの注意事項をお読みいただかずに、お問い合わせいただいても、技術評論社および著者は対処しかねます。あらかじめ、ご承知おきください。

●**商標、登録商標について**

　本書に登場する製品名などは、一般に各社の登録商標または商標です。なお、本文中に™、®などのマークは特に表記しておりません。

はじめに

　現代において、Webシステムは私たちの生活の多くを支えています。

　「ITエンジニア」という職業が一般的なものとなり、とても多くの人が何らかの形でWebシステムの企画・開発・運用などに携わるようになりました。本書を手に取った皆さんの中には、勉強のために簡単なWebアプリケーションを作ってみた方、ソフトウェアエンジニアとして仕事を始め、先輩の指導の元でシステム開発の一端を担うようになって間もない方も多いかもしれません。

　自分が書いたプログラムが形になり、インターネットを通じて多くの人が使えるようになるのは、この上なく楽しくワクワクする経験です。しかしその一方で、こんな悩みに1つでも思いあたる方はいませんか？

- プログラミング言語やフレームワークの使い方を学んではみたが、理解が腹落ちしていない
- 自分が作ったWebシステムが、実際にどのような仕組みで動いているのかわからない
- Webシステムが期待どおりに動かなかったり、性能が出なかったりしたとき、どう対処すれば良いのかわからない
- 新たなシステムを作ろうとする際、多種多様な技術からどうやって適切な技術を選べば良いのかわからない

　これらの悩みは、最初は誰もが抱えるものです。

　もちろん、筆者も同じでしたし、新たなことを学ぶ時はいまでもそうです。時間とともに経験を重ねれば自ずと本質を理解し、悩みは解決するかもしれません。先輩エンジニアにも「とにかくいろいろな経験をしろ！」と言われている人も多いかもしれませんね。しかし、近年の技術や環境の変化が、独学で本質を学ぶまでの道のりを一層難しいものにしていると、筆者は感じています。詳しくは第1章で述べますが、その理由を3つ挙げましょう。

1. 要件の多様さと複雑さ
2. 技術的選択肢の増加と進化
3. クラウドサービスの普及による要求スキルの広がり

┃ 要件の多様さと複雑さ

　要件の多様さと複雑さは、Webシステムの普及の裏返しです。多種多様な目的で、多くのことを実現する必要が生じた結果、型どおりの作り方だけでは実現できないシステムが増えてきました。要件に合わせて利用する技術を選定し、適切に組み合わせていくことが今まで以上に求められています。

技術的選択肢の増加と進化

ITの世界では多くの技術が次々と現れ、中には廃れるものもあります。これらの中から、要件や状況に合わせて適切なものを選び取っていくのは至難の業です。また時代が下るにつれ、技術も積み重なるので高度になります。しかし、要件の変化に対応したり、不具合や性能などの問題を解決したりするためには、これらの中身の理解も求められます。

クラウドサービスの普及による要求スキルの広がり

クラウドサービスの普及は、可能性の広がりとともにエンジニアの職域の垣根を取り払いました。これまでは資金力のある組織でしか利用できなかったような高度な技術が、クラウドサービスによって手軽に利用できるようになりました。サーバやネットワークの構成も柔軟に選べるようになった反面、これらとソフトウェアの設計を一体的に考える重要性も高まり、エンジニアに幅広い知識が求められる場面も増えています。

このような背景をふまえ、本書ではこれからWebシステムにかかわるキャリアを積んでいく皆さんが、普段利用している技術の裏側や本質をしっかりと理解し、その応用や問題解決につなげられるための理解を積み上げられるよう、技術のつながりを重視して解説していきます。また本書では、一見古そうだったり、深そうだったりする話にも焦点を当てていきます。表面的な技術の解説だけでなく、「なぜそのような実現方法になったのか」や「今後私たちが新たな技術を生み出していくときに、参考とすべき過去の思想」といったことに触れることも重要であるからです。技術の進歩に追いつきしっかりと使いこなし、自分で新たな技術を切り開いていくには、1つ1つを着実に理解する以外にないと、筆者はこれまでの現場経験から痛感しています。また「百聞は一見に如かず」です。文章から知識を得るだけでなく、実際に手を動かすことで理解が深まったり新たな疑問につながったりします。本書では、皆さんのPC上で簡単に試せる実験を数多く取り入れています。また第6章以降では、1つのサンプルアプリケーションを改善しながら作っていくことで、技術の変遷を実感しながらWebアプリケーションの仕組みを理解していきます。解説を読みながら、触って試して理解できるよう、Web上でもサンプルアプリケーションを公開しています。

Webシステム開発に初めて触れる人にとっても、なかば読み物として前提知識がなくとも読み進められるよう、基本的な知識も脚注や付録にて、できるかぎり解説するようにしました。しかし、少しでも自分でWebアプリケーションを作ってみて、いろいろな疑問を感じてから本書を繰り返し読んでいただくと、より効果的だと思います。本書が常に皆さんの手元にあり、末永く学習の手助けとなるような「座右の1冊」となれば、筆者にとってはこの上ない喜びです。

2024年初冬　小森裕介

本書の構成

本書は、次のような構成になっています。

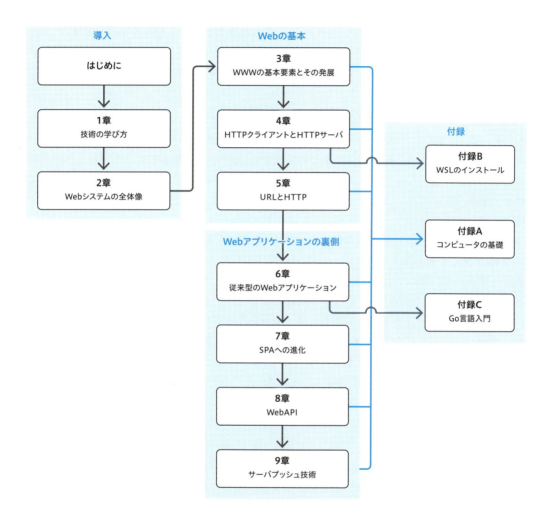

🌀 1章、2章　導入

「1章　技術の学び方」では、「はじめに」で述べた筆者の課題意識を掘り下げて説明し、私たちはどのように技術を学んでいけばよいのか、筆者の考えを説明します。本書では、ここで述べた考え方に沿ってWebの根幹となる技術を解説していきます。

「2章　Webシステムの全体像」では、これから私たちが学んでいくべきWebシステムの全体像と、そこで使われる技術を俯瞰して紹介します。ここで紹介した技術のすべてを本書で解説できるわけではありませんが、3章以降でこれらを掘り下げて説明しています。

3章～5章　Webの基本

3章以降が実際の技術の解説です。

「3章　WWWの基本要素とその発展」は、少し歴史的な要素が強くなりますが、WWWの始まりから現代のHTML5までの流れを追い、現代のWebを支える根幹にある思想を解説します。

「4章　HTTPクライアントとHTTPサーバ」、「5章　URLとHTTP」は、Webシステムの根本原理とも言える、HTTPやURLについて解説します。手元での実験を交えて理解できるようにしました。

6章～9章　Webアプリケーションの裏側

6章以降では、具体的なWebアプリケーションの仕組みに踏み込んで解説します。「6章 従来型のWebアプリケーション」は、2010年前後までの主流であった従来型Webアプリケーションの仕組みを解説します。やや古くなった感はありますが、いまでも多くのフレームワークの裏側で動いている基本の仕組みの解説です。ここを理解しているのとそうでないのとでは、問題対処のスキルが大きく変わるでしょう。

「7章　SPAへの進化」は、2010年以降に広まっていったSPA（Single Page Application）の解説です。現代のWebアプリケーションの多くは、ここで解説する仕組みを使っています。6章の解説と考え方が大きく変わっているので、対比しながら解説していきます。

「8章　Web API」は、SPAによって役割が変化したサーバサイド・アプリケーションの解説です。また、さまざまなWebサイトが互いに連携し合うようになって生じた課題についても説明します。

「9章　サーバプッシュ技術」は、少し毛色の異なる話です。当初のWWWでは実現できなかったものの、現代のシステムではあたりまえになっている、ブラウザ上の情報がタイムリーに更新される仕組みを解説します。これらも、普段はフレームワークやライブラリに隠されている仕組みですが、その裏側を実験しながら解説していきます。

付録

最後に、本書を読み進める上で前提となるコンピュータにかかわる基礎知識を付録にまとめました。すでにご存じの方は読まなくても良いですし、本文を読む上で知識不足を感じる人は、適宜参照してください。

学習のために必要な環境

4章以降では、PC上での実験や、筆者がWeb上に公開したサンプルアプリケーションによる実体験を通して理解を深めるコンテンツがあります。実際に試すには次の環境が必要です。

- Windows、macOS、Linux（Ubuntu等）のいずれかのOSインストールされたPC
- Webブラウザ（Google Chrome）
- インターネット接続環境

なお、4章の実験をWindows環境で実施する場合、Windows11 23H2以降がインストールされている必要があります。詳細は、「付録B」をご覧ください。また、これらの実験に関する具体的な手順の解説は、WindowsとmacOSを想定しています。Linuxでも実験は可能ですが、方法はmacOSに準じるため、Linux環境向けの説明はしていません。

サポートサイトとGitHubリポジトリ

筆者の運営するサポートサイトでは、以下のような情報を随時公開していきます。スマートフォンやタブレットからアクセスできるようにQRコードも掲載しますので、参考サイトはサポートサイト経由で参照すると良いでしょう。

- 本文中で紹介する参考サイトのリンク
- サンプルアプリケーションへのリンク
- ビルド済みのサンプルアプリケーション
- 正誤表
- その他補足情報

URL https://support.webtech.littleforest.jp/

サンプルアプリケーションのソースコードは、GitHubで公開します。紙面ではすべてを紹介できないため、より具体を参考にしたい方は、ご覧ください。

URL https://github.com/little-forest/webtech-fundamentals

旧版『プロになるためのWeb技術入門』との違いについて

本書は、2010年4月に発売した『プロになるためのWeb技術入門 ——なぜ，あなたはWebシステムを開発できないのか』(以下、旧版)の改訂新版という位置づけですが、全編新規に書き下ろしたものです。当初、本書では2章の「図2.22 Webシステムを実現するための技術」(43ページ)に示した技術全体について解説する予定でした。しかし1冊で解説するには紙面が不足してしまったため、ここまでの内容を一区切りとしました。そのため、旧版では解説していたのに本書では触れていないテーマや、本書では触りを触れる程度に留まってしまったテーマも数多くあります。読者の皆さんの中には、物足りなさを感じた方もいらっしゃる方も多いかもしれません。今回書き切れなかったテーマについては、できるだけ早く続編として執筆を進める予定です。

旧版の章構成を基準として、本書との対応関係を説明します。旧版ではJavaを前提とした説明が多くなっていましたが、本書ではなるべくプログラミング言語に依存しない説明としました。

Lesson1 「Webアプリケーション」とは何か

Webアプリケーションはすでに一般的なものとなったため、本章に対応する説明は割愛しました。

Lesson2 Webはどのように発展したのか

「3章 WWWの基本要素とその発展」が対応します。旧版ではCGIからサーブレット/JSP、フレームワークへの発展の流れとして説明しましたが、サーブレット/JSPはJava固有の技術要素であるため、本書では触れていません。サーブレットは「サーバサイドアプリケーションがHTMLを返すための技術」、JSPは「テンプレートエンジン」であるため、それぞれ一般化して4章、6章で触れています。

Lesson3 HTTPを知る

「4章 HTTPクライアントとHTTPサーバ」「5章 URLとHTTP」が対応します。なお、旧版「3.3 情報はどうやってインターネットの大海原を越えるのか」では、インターネットの仕組みを簡単に紹介していました。本書では、「付録A.6 IPアドレスとドメイン名」「付録A.7 TCP/IP」で触れています。

Lesson4 CGIからWebアプリケーションへ

「6章 従来型のWebアプリケーション」が対応します。

Lesson5 Webアプリケーションの構成要素

旧版で解説していたリレーショナルデータベースについては、本書では触れていません。また、Webサーバとアプリケーションサーバの連携について解説していました。これらはJava固有の要素が多かったため、本書では一般化して「2.4 サーバサイドの構成要素」で紹介しています。

Lesson6 Webアプリケーションを効率良く開発するための仕組み

サーブレット/JSPなど、Java固有の話が多いため、本書では割愛しました。MVCモデルや、プレゼンテーション層、ビジネスロジック層、データアクセス層といった、サーバサイドアプリケーションの設計手法に関わる話は、本書では触れていません。特定のプログラミング言語やフレームワークが前提となることが多く、一般化して説明しにくいためです。O/Rマッピング、StrutsやiBATISなどフレームワークの活用例についても同様の理由で触れていません。

Lesson7 セキュリティを確保するための仕組み

セキュリティに関しては、本書ではまとまったトピックとして解説していません。個々のトピックに関連して、個別に説明するに留めています。Webシステムのセキュリティについては、2010年当時よりも優れた情報源が数多くありますので、本文中で紹介した参考文献を参照してください。

第 1 章　技術の学び方　1

1.1　技術の学びはなぜ難しくなったのか　2
- 1.1.1　要件の多様さと複雑さ　3
- 1.1.2　技術的選択肢の増加と進化　4
- 1.1.3　クラウドサービスの普及による要求スキルの広がり　5

1.2　「技術の引き出し」を作ろう　6
- 1.2.1　歴史を知って「点」の理解を「線」にする　6
- 1.2.2　技術のつながりを把握して「線」の理解を「面」にする　7
- 1.2.3　技術の「面」を階層としてとらえ「立体」的に理解する　9

第 2 章　Webシステムの全体像　13

2.1　Webシステムの構造　14
2.2　Webコンテンツ　16
2.3　クライアントサイドの構成要素　19
- 2.3.1　デバイス　19
- 2.3.2　Webブラウザ　19
- 2.3.3　HTTPクライアント　20
- 2.3.4　レンダリングエンジン　21
- 2.3.5　JavaScriptエンジン　22

2.4　サーバサイドの構成要素　23
- 2.4.1　Webサーバ　23
- 2.4.2　Webアプリケーションのはじまり　25
- 2.4.3　Webアプリケーションの実行方式　25
- 2.4.4　Webアプリケーションのソフトウェアスタック　29

2.5　ネットワークとインターネット　34
- 2.5.1　大量アクセスをさばくロードバランサ　36
- 2.5.2　CDNで縮まる世界　36
- 2.5.3　ネットワークに対する理解は必要か　38

2.6　Webシステムの実行環境と開発環境　39
- 2.6.1　クライアントサイドの実行環境　39
- 2.6.2　サーバサイドの実行環境　40
- 2.6.3　Webシステムの開発環境　42

2.7　Webシステムを実現するための技術　42

目次

第 3 章　WWWの基本要素とその発展　45

3.1　World Wide Webの始まり　46
- 3.1.1　WWWの基本要素　47
- 3.1.2　連続的変化の維持　48

3.2　URIとハイパーリンク　48
- 3.2.1　Memexとザナドゥ　49
- 3.2.2　リンクの単純化　50
- 3.2.3　ハイパーメディアの実現　51

3.3　HTTP　52
- 3.3.1　HTTPを試してみよう　53
- 3.3.2　HTTP設計時の工夫　56
- 3.3.3　スキーム　56
- 3.3.4　フォーマットネゴシエーション　57

3.4　SGMLから生まれたHTML　58
- 3.4.1　汎用マークアップ言語・SGML　59
- 3.4.2　SGMLと文書構造　61
- 3.4.3　論理構造と体裁の分離　63

3.5　CSSによる視覚情報の分離　65
- 3.5.1　WWWの普及とブラウザ戦争　65
- 3.5.2　CSSの考え方　68
- 3.5.3　CSSのさまざまな指定方法　70
- 3.5.4　さまざまなCSSセレクタ　71

3.6　データ構造を記述するXML　73
- 3.6.1　データ表現に適さないHTML　74
- 3.6.2　XMLの登場　76
- 3.6.3　スキーマによるデータ構造の規定　77
- 3.6.4　XHTMLの登場と衰退　80

3.7　HTML5策定とHTML Living Standardへの統一　81
- 3.7.1　WHATWGの発足　81
- 3.7.2　HTML 5の登場　82
- 3.7.3　HTML Living Standardへの統一　83

第 4 章　HTTPクライアントとHTTPサーバ　87

4.1　Webアプリケーションの根本を学ぼう　88
- 4.1.1　フレームワークに隠されたWebアプリケーションの本質　88
- 4.1.2　Webアプリケーションの根本はシンプル　88

4.2　最小のHTTPサーバを実現する　89
- 4.2.1　ncコマンドで実現するHTTPサーバ　89
- 4.2.2　リクエストの待ち受け　90
- 4.2.3　レスポンスの返却　92
- 4.2.4　パイプによるサーバ実行の効率化　93

4.3	**レンダリングエンジンの働きを確認する**	**95**
4.3.1	レスポンスを保存してブラウザで開く	95
4.3.2	HTMLファイルの準備	99
4.4	**HTTPクライアントをブラウザに変更する**	**102**
4.4.1	仕組みを理解して問題解決に役立てよう	102
4.4.2	正しいレスポンスを返す	104
4.5	**動的なコンテンツの生成**	**106**
4.5.1	fortuneコマンドによる動的コンテンツ	106
4.5.2	CGIの登場	108
4.5.3	テンプレートエンジンの元祖・SSI	109
4.5.4	テンプレートエンジンへの進化	111
4.6	**Webアプリケーションへの発展**	**112**

第5章 URLとHTTP 115

5.1	**URLの基本構造**	**116**
5.1.1	スキーム	119
5.1.2	ホスト	121
5.1.3	パス	122
5.2	**URLの詳細構造**	**123**
5.2.1	ユーザとパスワード	123
5.2.2	ポート	124
5.2.3	オーソリティ	126
5.2.4	クエリ	126
5.2.5	フラグメント	127
5.2.6	URLに使える文字	128
5.2.7	パーセントエンコーディング	128
5.3	**HTTPの基本**	**132**
5.3.1	HTTPリクエスト	132
5.3.2	HTTPレスポンス	137
5.4	**HTTPリクエストの実践**	**142**
5.4.1	サーバが受信したリクエストを確認しよう	143
5.4.2	GETリクエストの確認	145
5.4.3	POSTリクエストの確認	146
5.4.4	Content-Typeによる送信形式の違い	147
5.4.5	GETとPOSTの使い分け	148

第6章 従来型のWebアプリケーション 151

6.1	**GoによるWebアプリケーション**	**153**
6.2	**Goによる簡単なWebサーバの作成**	**154**
6.2.1	文字列を返すアプリケーション	154
6.2.2	ファイルの内容を返すアプリケーション	157

6.3 ToDoアプリケーションで学ぶ基礎　158

- 6.3.1　アプリケーション本体 (main.go) 159
- 6.3.2　テンプレートファイル (todo.html) 162
- 6.3.3　ToDo項目の追加 165

6.4 Webアプリケーションの画面遷移　167

- 6.4.1　画面遷移の問題点 167
- 6.4.2　リダイレクトによる安全な画面遷移 169
- 6.4.3　Post-Redirect-Getの実装 170
- 6.4.4　Post-Redirect-Getの動作確認 171

6.5 Webアプリケーションの状態管理　178

- 6.5.1　ステートレスなHTTP 178
- 6.5.2　ブラウザの情報保管庫「クッキー」 181
- 6.5.3　セッションの考え方 192
- 6.5.4　セッションの実装 194
- 6.5.5　セッション管理不備の危険性 202

6.6 セッションとユーザ管理　209

- 6.6.1　ユーザ認証の必要性 209
- 6.6.2　ユーザ認証に対応したTiny ToDo 211

6.7 ユーザ認証の実装　214

- 6.7.1　セッション情報を保持する構造体 214
- 6.7.2　セッションを管理する構造体 216
- 6.7.3　ユーザ情報を保持する構造体 217
- 6.7.4　ログイン画面の表示 218
- 6.7.5　/loginのリクエストハンドラ 219
- 6.7.6　認証処理 220
- 6.7.7　Post-Redirect-Getでのメッセージ受渡 222
- 6.7.8　ハッシュ値によるパスワードの照合 223
- 6.7.9　認証のチェック 224

6.8 Webアプリケーションの複雑性をカバーするフレームワーク　228

- 6.8.1　Webアプリケーションの複雑さ 228
- 6.8.2　Webアプリケーションフレームワークが提供する機能 ... 229
- 6.8.3　Webアプリケーション・フレーワークの裏側を知ろう ... 232

第7章　SPAへの進化　235

7.1 SPAへの潮流　236

- 7.1.1　従来型Webアプリケーションの問題点 236
- 7.1.2　Ajaxによるブレイクスルー 237

7.2 JavaScriptの起源と発展　241

- 7.2.1　JavaScriptの誕生 242
- 7.2.2　クライアントサイドJavaScriptとサーバサイドJavaScript ... 242
- 7.2.3　簡単なクライアントサイドJavaScript 243
- 7.2.4　Document Object Model 245
- 7.2.5　イベントドリブンプログラミング 247

目次

| | 7.2.6 | JavaScriptの不遇 | 251 |
| | 7.2.7 | JavaScriptの発展 | 252 |

7.3　Tiny ToDoのUIを改善する　254
| | 7.3.1 | 編集のUIを考える | 254 |
| | 7.3.2 | JavaScriptによる編集UIの改善 | 255 |

7.4　サーバとの非同期通信　259
	7.4.1	form要素によるPOSTリクエストの送信	259
	7.4.2	同期通信と非同期通信	261
	7.4.3	XMLHttpRequestによる非同期通信	263
	7.4.4	Fetch APIによる非同期通信	267

7.5　Tiny ToDoに非同期通信を実装する　272
	7.5.1	ToDoリストの管理方法を改善する	272
	7.5.2	Fetch APIによるToDoの更新	276
	7.5.3	編集処理の実装	276
	7.5.4	編集処理の動作確認	278

7.6　JSONによるデータ交換　279
	7.6.1	XMLとJSON	279
	7.6.2	ToDoの追加をJSONでやりとりする	282
	7.6.3	ToDoリストをJSONで返す	289
	7.6.4	SPA化されたTiny ToDoの動作確認	290

7.7　フラグメントによる状態の表現　293
	7.7.1	変化しないURLの課題	293
	7.7.2	フラグメントによる状態表現	294
	7.7.3	Tiny ToDoでのフラグメント活用	296

7.8　SPAの課題とサーバサイドレンダリング　298
	7.8.1	初期のSPAが抱えた課題	298
	7.8.2	History APIによる画面遷移とルータ	301
	7.8.3	サーバサイドレンダリングへの回帰	307

第8章　Web API　313

8.1　APIのWeb化　314
	8.1.1	URLの役割の変化	314
	8.1.2	APIとはなにか	315
	8.1.3	ネットワーク越しのAPI	318
	8.1.4	SOAPに頼らないWeb APIの課題	321

8.2　REST　322
| | 8.2.1 | RESTの登場と論争 | 322 |
| | 8.2.2 | RESTとWeb API | 323 |

8.3　リソース指向アーキテクチャ　326
	8.3.1	アドレス可能性	327
	8.3.2	接続性	328
	8.3.3	統一インターフェース	329

xiii

8.3.4	ステートレス性	330
8.3.5	RESTful Web API	334

8.4 Tiny ToDoのWeb API設計　335

8.4.1	ToDoのリソース設計	335
8.4.2	リソースに対する操作の抽出	337
8.4.3	ToDoリストの取得	337
8.4.4	ToDo項目の新規追加	339
8.4.5	ToDo項目の編集	341
8.4.6	ToDo項目の削除	342
8.4.7	Tiny ToDo Web API仕様のまとめ	342
8.4.8	HTTPメソッドとCRUD	343
8.4.9	HTTPメソッドの「安全」と「べき等」	344

8.5 Tiny ToDoのWeb API化　346

8.5.1	ToDoの追加	346
8.5.2	ToDoの編集	349
8.5.3	サーバサイドのWeb API化	349
8.5.4	パスパラメータの解析	351

8.6 Web APIの公開　354

8.6.1	Web APIを直接呼び出す	354
8.6.2	API公開で広がるWebの世界	356
8.6.3	クロスオリジン通信	359
8.6.4	同一オリジンポリシー	361
8.6.5	CORSによるクロスオリジン制限の回避	364
8.6.6	CORSに対応したTiny ToDo	370

8.7 再注目されるRPCスタイル　376

8.7.1	APIの粒度	376
8.7.2	小粒度APIの課題	376
8.7.4	GraphQL	381

第9章　サーバプッシュ技術　387

9.1 サーバプッシュ技術の歴史　388

9.1.1	メタリフレッシュによる疑似サーバプッシュ	388
9.1.2	通信量の削減	389
9.1.3	Ajaxによるポーリング	390
9.1.4	Comet（ロングポーリング）	391

9.2 Server-sent eventsによるプッシュ配信　393

9.2.1	チャンク転送	394
9.2.2	Server-sent events	395

9.3 Server-sent eventsの実践　398

9.3.1	Tniy ToDoをSSEに対応させる	398
9.3.2	SSEの実装（クライアント側）	401
9.3.3	SSEの実装（サーバ側）	406

9.4 WebSocket　412

	9.4.1	WebSocketの登場	412
	9.4.2	WebSocketの概要	412
	9.4.3	WebSocketのハンドシェイク	413

9.5 WebSocketの実践 — 417

	9.5.1	WebSocket通信の確認	417
	9.5.2	WebSocketの実装（クライアント側）	419
	9.5.3	WebSocketの実装（サーバ側）	421
	9.5.4	WebSocketの課題	424

付録A　コンピュータの基礎 — 431

A.1 2進数と16進数 — 432

	A.1.1	2進数を扱いやすく表現する16進数	432
	A.1.2	16進数の利用例	433

A.2 テキストとバイナリ — 434

	A.2.1	テキストデータとバイナリデータ	434
	A.2.2	テキストデータの符号化方式	436
	A.2.3	テキストとバイナリの効率	437

A.3 文字コード — 437

	A.3.1	文字の取り扱いの難しさ	437
	A.3.2	符号化文字集合	438
	A.3.3	フォント	439
	A.3.4	Unicode	440
	A.3.5	文字符号化方式（エンコーディング）	441
	A.3.6	文字符号化方式はなぜ生まれたか	441
	A.3.7	改行コード	442

A.4 Base64エンコーディング — 443

A.5 ハッシュ値 — 445

	A.5.1	ハッシュ関数の特徴	446
	A.5.2	ハッシュ値の用途	448

A.6 IPアドレスとドメイン名 — 449

	A.6.1	IPv4アドレスとIPv6アドレス	449
	A.6.2	ドメイン名とDNS	450

A.7 TCP/IP — 451

	A.7.1	通信レイヤ	451
	A.7.2	TCPコネクション	453
	A.7.3	UDP	455
	A.7.4	ポートとファイアウォール	455

A.8 標準入力と標準出力 — 456

A.9 構造化データの表現 — 458

	A.9.1	CSV/TSV	458
	A.9.2	プロパティファイル/INIファイル	459

目次

A.9.3	XML	460
A.9.4	JSON	461
A.9.5	YAML	462

付録 B　WSLのインストール　465

B.1　環境の確認　466
B.1.1　Windowsのバージョン確認　466
B.1.2　仮想化支援機能の有効化確認　466

B.2　WSLのインストールと実験の準備　467
B.2.1　WSLとUbuntuのインストール　467
B.2.2　ncコマンドのエイリアス設定　470

B.3　WSLの使い方　471
B.3.1　WSLの起動と終了　471
B.3.2　ディストリビューションの再インストール　471

付録 C　Go言語入門　473

C.1　Goのインストール方法　474
C.1.1　Windows環境へのインストール　474
C.1.2　macOS環境へのインストール　479

C.2　はじめてのGoプログラム　481
C.2.1　hello, worldを表示するプログラム　481
C.2.2　プログラムの実行　482
C.2.3　実行ファイルのビルド　483
C.2.4　Goプログラムの基本要素　483
C.2.5　A Tour of Go　485
C.2.6　Go Playground　486

C.3　Go学習時の注意点　486

付録 D　補足資料　489

D.1　telnetコマンドのインストール方法　490
D.1.1　Windows環境へのインストール　490
D.1.2　macOS環境へのインストール　492

D.2　サンプルコードのダウンロードと実行　494
D.2.1　サンプルコード　494
D.2.2　サンプルコードの実行　494
D.2.3　利用ポートが重複して起動できないときの対処　496
D.2.4　プログラムを修正したときの実行方法　497

おわりに　498

謝辞　499

索引　501

第 1 章

技術の学び方

1.1 技術の学びはなぜ難しくなったのか
1.2 「技術の引き出し」を作ろう

日進月歩で進化し、次々と新しい技術が登場するコンピュータの世界。私たちはどのように技術を習得していくべきなのでしょうか。本書は、Webシステム開発のための足腰となる知識を整理して説明することをテーマとしています。

近年ではさまざまな技術の登場や進化により、以前よりも簡単にWebシステムを開発できるようになったかのように見えます。それは、これらの技術が難しい部分や面倒な部分を肩代わりし、隠蔽してくれるからです。一方で、私たち開発者が技術力を伸ばしていくのは、難しくなったと筆者は感じています。

技術力を伸ばすには、知識の習得と、開発や運用などの実践を繰り返していくことが必要です。しかし、実践の場であるシステム開発が難しくなりました。便利な道具が増えたことで、形にするのは楽になったかもしれませんが、本質的な理解を得る機会は少なくなっています。さらに新たな技術は次々と出てくるので、ある技術を身に付けても、別の新しい技術の理解に苦労することもあるでしょう。

技術を理解するということは、表層的な使い方を覚えることではありません。理解の本質とは、その仕組みを説明でき、使いどころを自分で考えられるようになることです。そのためには、それぞれの技術が「何者なのか」、「なぜ登場したのか」を押さえることが重要です。それらを自分で押さえられるようになると、新たな技術の仕組みが想像しやすくなり、本質的な理解に到達できます。

本章ではまず、近年のシステム開発の難しさについて現状を述べ、そのような状況においてどのように技術を学んでいくべきか、筆者の考えを紹介します。

HINT
本書のテーマ
- Webシステムを開発するための、足腰となるための知識を整理して説明すること
- 読者の皆さんが自身の力で新たな技術を学び取れる力をつけること

1.1 技術の学びはなぜ難しくなったのか

「はじめに」では、技術を学んでいく過程が難しくなっている理由として、次の3つを挙げました。

1. 要件の多様さと複雑さ
2. 技術的選択肢の増加と進化
3. クラウドサービスの普及

それぞれについて説明しましょう。

1.1 技術の学びはなぜ難しくなったのか

1.1.1 要件の多様さと複雑さ

近年のシステム開発現場では、さまざまな目的のシステムを、より短いサイクルで開発することが求められるようになっています。過去との比較を通して説明しましょう。

業務効率化のためのIT

2000年代半ば頃まで、多くの開発者がかかわるシステムの開発は、企業内の業務システムが主流でした。いわゆる「業務効率化のためのIT[注1]」です。たとえば商品の在庫管理や取引における受発注の管理など、ビジネスを支えるさまざまな業務をシステム化することで、その効率化を目指すものでした。このような業務のシステム化は古くから行われていましたが、2000年前後にWebアプリケーションが登場すると、これらの業務システムもWebアプリケーションとして開発されることが増えてきました。

このようなシステムでは「どんな課題をどのように解決すべきか」、「システムを使った業務はどのように行われるべきか」といったことを時間をかけて検討し、開発が進められます。このため、短くても半年、大規模な開発プロジェクトでは数年がかりになるものもありました。その一方、システム化対象の業務は「会計」「人事」「販売」「生産」など、ある程度類似したものになるため、システムの作り方も比較的類型化しやすいものでした。

ビジネスの中核となったIT

近年は、Web上で提供するサービスによって成り立つビジネスも増えてきました。これらのビジ

注1　Information Technology；情報技術のこと。

3

ネスではWebシステムがサービスの主体であり、その質が収益に直結します。たとえばGoogleのビジネスモデルは、無料の検索サービスを提供し、検索結果に合わせた広告を提示することで広告収入を得るものです。「ユーザが入力したキーワード」＝「ユーザの興味」ですから、検索結果の質が高ければ広告が閲覧される可能性が高くなり、広告収入も増えます。つまり、検索サービスの質が収益に影響します。

また新たなビジネスの創出のため、これまでなかったような新しいサービスが次々と登場しています。このような新事業の立ち上げ期には、提供しようとするサービスが市場の要求に合致しているかどうかも定かではありません。利用者の反応や競合他社の動向を見ながらサービス内容も常に改善しなくてはならないでしょう。さらに、新たなサービスのためのシステム要件は千差万別ですので、比較的類型化しやすい業務システムとは違い、要件に応じたシステム構成やアーキテクチャを考える必要があります。

このようにITシステムがビジネスの中核を担うようになった現在、システム開発における要件は多様化し、ビジネススピードに合わせたシステムの開発・改善や、競争優位性を作り上げるための複雑な要件の実現が求められているのです。

1.1.2　技術的選択肢の増加と進化

🔹 技術の組み合わせの難しさ

一方、この四半世紀で、Webシステムを開発するための道具である要素技術は大きく発展し、開発者にとっては選択肢が増えました。Webシステムの開発に用いられるプログラミング言語やフレームワーク[注2]の組み合わせは多岐にわたり、流行り廃りもあります。初学者にとっては、どのプログラミング言語・フレームワークを学べば良いかわからず、それが大きな賭けのようになっていることもあります。せっかく時間をかけて学んだ技術が役に立たなくなるリスクもあるからです。それだけではなく周辺技術も含めると組み合わせは膨大になるので、何をどのように組み合わせるべきか、熟練のエンジニアでさえ適切な解を出すのは至難の業です。あるシステムでうまくいった技術の組み合わせや設計が、別の目的のシステムにとって適切であるとも限りません。単に「前回と同じ作り方」や「他社事例の真似」をすればよいのではなく、自分たちが作るシステムの目的や特性にあわせた技術の選択が大事です。

🔹 ブラックボックスの弊害

フレームワークは日々進化しているので、効果的に使いこなせれば、高度なシステムを短期間で実現できます。しかし、フレームワークが進化すればするほど、多くの仕組みがブラックボックス化されます。フレームワークが隠蔽する仕組みを理解しておかないと、システムを作ったまでは良

注2　フレームワークは、アプリケーションを開発するための「骨組み」のようなものです。似たようなアプリケーションを開発する際、どのようなアプリケーションでも同じような作りになる部分をフレームワークが実現し、開発者はアプリケーション固有の部分だけを開発すれば良いようにすることで、効率化と質の向上を実現します。一方で、初学者にとっては初期の学習コストが高いといった難点もあります。

いものの、要件の変化に耐えられなかったり、発生した問題を解決できなかったりという事態につながりかねません。フレームワークの使い方を学んでも、いまひとつしっくり理解できた気がしない方は、裏側の仕組みに理解が及んでいないからかもしれません。

1.1.3　クラウドサービスの普及による要求スキルの広がり

多くの選択肢を提供するクラウドサービス

クラウドサービスの普及は、選択肢の広がりに拍車をかけています。

昔であればシステム構築に必要なサーバをはじめとするハードウェアの選定・調達やネットワークの設計・構築などのシステムインフラの領域は、専門知識と経験を持ったエンジニアが担当していました。特にハードウェアの調達はメーカーへの発注が必要で、準備ができるまで時間も費用もかかるため、システムの実運用環境と同等の環境を開発時から利用できることはめったにありませんでした。しかしこの状況は、AWS[注3]、Google Cloud Platform（GCP）、Microsoft Azure といったサービスが登場したことで一変しました。

各社が用意したサーバやネットワークを、インターネットを通じて「仮想サーバ」や「仮想ネットワーク」として時間貸しすることが始まり、開発者がWeb画面から操作するだけで簡単に環境を用意できるようになったのです[注4]。

さらに近年はこれらに加え、「マネージドサービス」と呼ばれるように、仮想的なサーバやネットワークだけでなく、データベースや検索エンジン、認証機能など、システムの構成部品となる機能も提供されるようになりました。ビジネス価値を発揮するシステムをすばやく、高品質に作るためには、これらのサービスをうまく活用していくことも必要となります。

エンジニアに求められるスキルの広がり

このように自由度が大きく広がった裏返しとして、システムインフラとソフトウェアの設計を一体的に考える必要性が増してきました。大規模な組織ではまだ分業制が残っている一方、特にスタートアップ段階の小規模な組織では、1人のエンジニアが「多能工」として多くの領域をカバーせざるを得ないことも増えています。クラウドサービスを含む複数の領域で活躍できる技術を持ち、ビジネス価値の創出につなげられるエンジニアは多くないため、希少性から市場価値が高く評価されていると感じます。

まとめると、近年のシステム開発を取り巻く状況は、次のようになっていると言えます。

注3　AWSはAmazon Web Services社のサービスです。
注4　このようなサービスは、IaaS（Infrastructure as a Service）と呼ばれています。「アイアース」または「イアース」と読みます。

- ITシステムがビジネスに直結するようになった結果、これまでよりも多様な要件への対応が必要で、要求される技術の幅も広がった
- 技術の多様化とクラウドサービスによる技術領域の垣根が取り払われた結果、開発者が学ぶべき技術が増えた

1.2 「技術の引き出し」を作ろう

1.2.1 歴史を知って「点」の理解を「線」にする

　このような状況で、私たちが質の高いシステムを速いスピードで開発し続けるには、登場した技術を頭の中にある「技術の引き出し」の正しい位置にいかに早くしまえるようになるかが重要です。

　「技術の引き出し」が整理された状態になっていれば、目的達成のために使用すべき技術を選び取るのは比較的容易です。頭の中の「技術の引き出し」を作るには、多くの技術をつなげて理解していくことが重要です。

　個々の要素技術を「点」にたとえるとしましょう。たとえば、「HTML」や「HTTP」が「点」に相当します。それぞれの使い方を理解したとしても、その背景や目的を押さえておかなければ、これらを適切に応用していくことはできません（図1.1）。いわば、作業場に道具が乱雑に散らかっているような状態です。この状態で新たな技術を習得していくのもなかなかたいへんでしょう。

図1.1　「点」でしか理解されていない技術

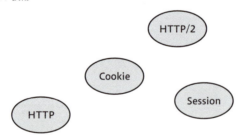

　技術には、それが解決しようとしている課題があります。その課題は純粋に技術的背景だけで語れるものではなく、当時のさまざまな環境を踏まえた背景があります。背景の変化によって課題が変化することもありますし、ある課題を解決した技術が普及することで、また別の課題が生まれることもあります。このような連綿と続く技術の発展のつながりが「線」です。

　たとえば、シンプルで理解も実装もしやすいプロトコル、HTTPによってWeb技術は大きく発展しました。一方でシステムの複雑化に伴う通信量の増加によって、HTTPのシンプルさゆえの非効率な点が足かせとなってきました。その解決策として考案されたのが「HTTP/2」であり、「HTTP/1.1」と「HTTP/2」は線の関係にあります（図1.2）。

図1.2 「線」で理解する技術の変遷

　一見、新しい技術であるHTTP/2から学習するほうが、効率的に思えるかもしれません。
　しかし、技術はその発展に伴って複雑化していくものです。HTTP/2は互換性を保つためにHTTP/1.1の機能を内包したうえで通信の効率化を図ったものです。ですので、新しいからといっていきなりHTTP/2を学ぶよりも、HTTP/1.1から順に積み上げて学習していく方がわかりやすいでしょう。このように、いきなり最新の技術を学ぼうとするよりも、発展の歴史をたどりながら順に理解していった方が長期的には効率が良いと、筆者は考えています。
　こうしていけば、将来、今の技術の延長線上に新しい技術が登場しても、その差分だけを理解すれば良いので、キャッチアップもしやすくなります。また、このような線の理解を通して新旧技術の差分を知ると、今後私たちが新たな技術を生み出していくときの参考にもできます（図1.3）。

図1.3 積み上げによる理解

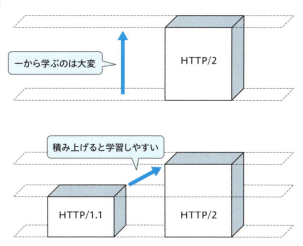

1.2.2 技術のつながりを把握して「線」の理解を「面」にする

　同時期に使われている技術でも、独立して利用される技術はほとんどありません。互いに補完しあう関係であったり、同じ課題を別のアプローチで解決しようとしていたり、世代交代期には新旧の技術が取り混ぜて使われていたりと、技術の間にはさまざまな関連性があります。ある技術の時系列を「線」として理解し、技術間の関係性を理解することは「面」の理解といえます。
　例を挙げると、第3章で説明するHTMLとCSSの関係がそれにあたります。HTML誕生当初、ドキュメントの見た目に関する情報、たとえば文字の大きさや色といった書式や段組などのレイアウトも含めて、すべてHTML上で記述されていました。商業においてもWebが使われるようになると、よ

り多くの人をサイトに引きつけられるよう、サイトの「見た目」が、より重視されるようになりました。その結果、HTMLの記述は複雑化していき、可読性やメンテナンスが困難になりました。

そのような課題を解決すべく考案されたのがCSSでした。文章やその論理構成といった本質的な情報を表現することをHTMLの役割と位置づけ、CSSでその表現方法を記述するように役割を分離したのです。このような経緯があるため、HTMLとCSSは相互に補完する役割を担っています。

こういった関係性を理解していないと、使い方を誤ってしまうこともあります。たとえば、ある注意喚起のための文章を太字赤文字で表現したい場合、2種類の実現方法がありました。従来のようにHTMLだけで表現するなら、次のようになります。

```html
<font color="red"><b>【注意】～～～～</b></font>
```

一方でHTMLとCSSに分離した書き方だと次のようになります。

```html
<span class="attention">【注意】～～～～</span>
```
```css
.attention {
    font-weight: bold;
    color: red;
}
```

どちらも同じ結果が得られますが、前者はCSSの普及に伴って非推奨となった書き方です。このような技術の関連の背景を踏まえずに、HTMLとCSSをそれぞれ勉強すると、どちらのやり方が正しいのか混乱してしまうでしょう。ネットで多くの情報が得られる現代、情報を得ることは簡単です。しかしその情報が公開された時期や、筆者の背景、ターゲットとする読み手はさまざまです。私たちは大量の情報の中から、今現在の自分たちに適切なものを選びとっていかねばなりません（図1.4）。

図1.4 「面」で理解する技術の関連

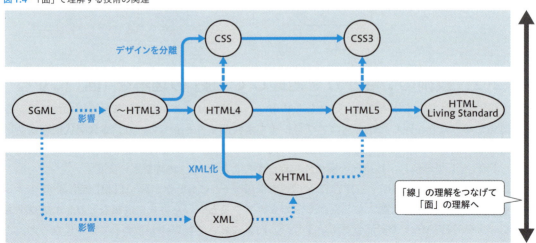

1.2.3　技術の「面」を階層としてとらえ「立体」的に理解する

　このように、点としての技術を歴史的な変遷と互いの関連性という2軸の線でつなげていくと、似たような役割の技術が複数あることにも気づくでしょう。たとえば、先ほどHTMLとCSSは補完関係にあると説明しました。しかし、より大きな視点で言えばWebコンテンツを表現するための技術という同じ位置づけにあります。このように、似たような位置づけの技術を分類し、各カテゴリの関連を階層（レイヤ）としてとらえることで、ようやく「技術のつながり」が頭の中にできあがります（図1.5）。

図1.5　「分類」と「階層」で理解する技術の関連

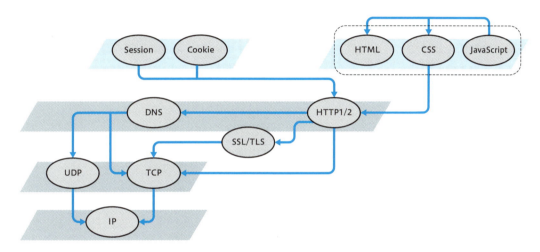

　技術を階層化することは、とても重要な考え方です。たとえば、第5章で学ぶように、Webの世界の通信はHTTPで成り立っています。しかしその実際は、さらに下の階層にあるTCPやIPといった通信技術に依存しています[注5]。これらの階層の役割は「ある情報を相手のコンピュータに届ける」というものに抽象化されていますが、この目的のもとではTCPとUDPのように特性の異なる別の技術も併存しています。

　これらの説明は少し難しいかもしれないので、日常生活に当てはめた技術の階層も紹介しましょう。私たちはコンセントから電気を得て、多くの電気製品を使っています。電気を発電し、各家庭に送電して安定して使えるようにするには、数多くの技術がかかわっています。発電技術1つをとっても、火力、水力、太陽光などさまざまな技術がありますが、大きな位置づけとしては同じ役割です。一方、電気を利用する側である電気製品の設計者は、これらの電気がどのようにして得られるかを考える必要はないでしょう（図1.6）。

注5　TCPやUDP、IPについては「付録A.7 TCP/IP」で説明しています。

図1.6 日常生活における技術の階層の例

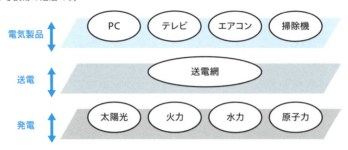

このように、技術を抽象化・多層化して立体的に理解している状態が「技術の引き出し」であると筆者は考えています。新たなカテゴリやレイヤが登場する頻度はそれほど高くないので、それぞれの理解には時間をかけてじっくり取り組むことができます。新たな要素技術が登場したとしても、それが引き出しのどのあたりに収まるかさえ押さえておけば、細かい学習は実際に必要になってからでも遅くはありません（図1.7）。

図1.7 技術の引き出し

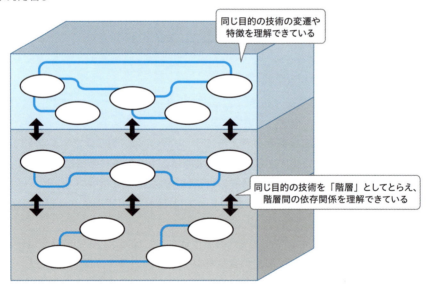

1.2 「技術の引き出し」を作ろう

まとめ

　本章では、まず近年のシステム開発の難しさを説明し、それにともない私たちの技術の学びが難しくなっていることを述べました。そして、このように複雑化した状況で、効率よく技術を理解して活用できるようにするためのポイントを解説しました。

- 技術が登場した背景や課題を押さえ、歴史を知って「点」の理解を「線」の理解にすること
- 技術の関係性を理解して「線」を「面」として理解すること
- 技術の階層を抽象化してとらえ「面」同士のつながりを「立体」としてとらえること

　本書では、これらを念頭に登場からの四半世紀の歴史を押さえつつ、Web技術を解説していきます。

第 2 章

Webシステムの全体像

- **2.1** Webシステムの構造
- **2.2** Webコンテンツ
- **2.3** クライアントサイドの構成要素
- **2.4** サーバサイドの構成要素
- **2.5** ネットワークとインターネット
- **2.6** Webシステムの実行環境と開発環境
- **2.7** Webシステムを実現するための技術

現代において、プログラミング言語の習得だけでWebシステムは開発できません。Webシステムの本質は、このあと第4章や第5章で説明するような、HTTPを中心としたさまざまな情報のやりとりです。それらの仕組みを理解せずにプログラミング言語を習得するだけでは、Webシステムは作れないのです。一方で、実用的なWebシステムの開発に必要とされる技術の範囲はとても広く、全体像は複雑で、さまざまなソフトウェアの組み合わせが必要となるのも事実です。

近年の開発現場ではエンジニアの分業化が進んでおり、必ずしも最初からすべての技術に精通している必要はありません。しかし、全体像を把握して各技術の役割分担を大まかにでも理解しておくことは、とても重要です。大局的な理解ができていれば、新たな技術が登場したときにその役割をすばやく把握し、それに精通すべく自分の時間を投資すべきかどうかを判断する、そんな「技術に対する目利きの力」にもつながるからです。

本章ではまず、現代のWebシステムの全体像を紹介し、次章以降で解説する個々の技術が全体のどこに位置するかを説明します。

なおWebシステムの世界では、勉強すればするほど多くの用語が登場し、それらの理解に苦しんでしまうことでしょう。

本書ですべてを解説することはできませんが、すでにWebシステムの開発に携わっている方が、現場でよく耳にするであろう技術の位置づけについても一部紹介していきます。

これまで「単語だけは聞いたことがあるけど、よくわからない」と思っていた技術についても、本章を通して全体の中での位置づけがおぼろげにでも理解できれば、今後の学習の手助けになります。

2.1 Webシステムの構造

Web技術の全体像を理解するために、一般的なイメージとのギャップを埋めていくことから始めましょう。一般の利用者からみたWebシステムは、図2.1のように漠然と「ネット」としてとらえられているのではないでしょうか。

図2.1　一般的な「ネット」のイメージ

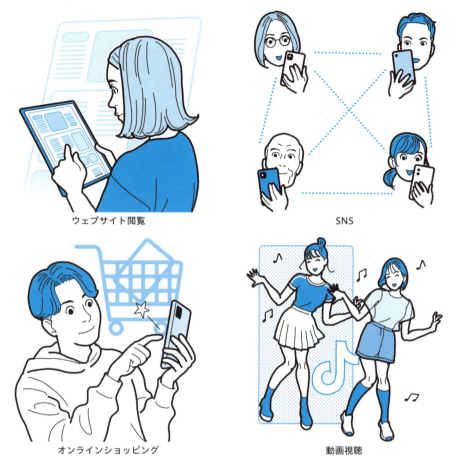

ネットの窓口は、手元のPCやスマートフォン／タブレットなどの端末です。人々はこれらを使って、身近なWi-Fiアクセスポイントからネットにアクセスし、Webサイトの閲覧やソーシャルメディア（SNS）での交流、Web会議、オンラインショッピング、動画の視聴など、さまざまな活動をネット上で行います。筆者が初めてインターネットを経験した1990年代後半には夢のように感じられたことですが、ネットの世界は人類の多くの活動を支える社会インフラとなっています。

一般利用者にとっては、裏側の仕組みがどのようになっているかわからない、あいまいとした「ネット」の世界ですが、これらをシステムを実現する立場である私たちは、図2.2のように全体を3つの構成要素に分けて、それぞれの役割と基本的な仕組みを押さえておく必要があります。

図2.2 Webシステムの本質的な全体像

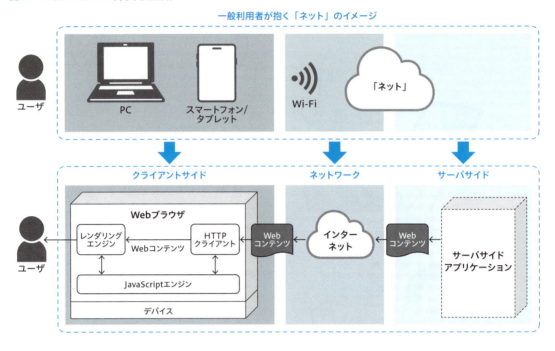

　ここでは大きく3つの領域に分けました。ユーザの手元にあるPCやスマートフォンなどの端末上で動作する「クライアントサイド」(または「フロントエンド」)、クライアントサイドにコンテンツを提供したり、複雑な処理を行う「サーバサイド」(または「バックエンド」)、それらの物理的な隔たりをつなぐ「ネットワーク」です。

　サーバサイドで用意されたWebコンテンツがインターネットを通じてクライアントサイドへ届き、私たちの手元で見られるようになります。「クライアントサイド」、「サーバサイド」はさらにいくつかの構成要素に分かれています。なお、ここでサーバサイドの中身は「サーバサイド・アプリケーション」という点線の大きなくくりだけで表現しています。

　これは、構成が多様で1枚の絵では表現しにくいためです。これについては、「2.4　サーバサイドの構成要素」で分類して説明します。

　これ以降、図2.2で示したWebシステムの全体像に沿って、「Webコンテンツ」「クライアントサイド」「サーバサイド」「ネットワーク」それぞれを説明していきます。

2.2 Webコンテンツ

　私たちがPCやスマートフォンなどの画面上で目にするWebサイトは、文章や画像、映像といった要素で構成されています。このようにWebサイトを通じてユーザに提供され、閲覧・視聴される情報全般をWebコンテンツと呼びます。図2.2の全体像の中での位置づけは、図2.3のようになります。

図2.3 「Webコンテンツ」の位置づけ

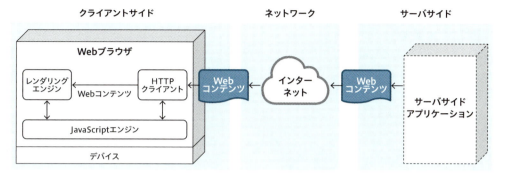

> **HINT**
>
> Webシステム開発の文脈では、単に「コンテンツ」と呼ばれることのほうが多いでしょう。
> 厳密な定義があるわけではありませんが、世間一般で「コンテンツ」というと、もっと幅広い意味でもとらえられますので、本書では「Webコンテンツ」と呼ぶことにしました。

図2.4 出版社のWebページ

　このようなWebサイトの画面（図2.4）は、より具体的にはHTMLやCSS、画像や映像、JavaScriptなどのさまざまな情報が組み合わされて成り立っています[注1]。
　私たちが目にするWebサイトの画面構成を表現するのがHTMLとCSSです。HTMLが基点となり、画像や映像、それらの見せ方を規定するCSSといった情報を参照しています。Webコンテンツは、あらかじめ用意されたものが提供されることもありますし、ユーザの操作に応じてその場で生成されたものが提供されることもあります。前者を「静的コンテンツ（Static contents）」、後者を「動的コンテンツ（Dynamic contents）」と呼びます。

注1　個々の構成要素は「資源」という意味で、「Assets」と呼ばれることもあるようです。

静的コンテンツの代表は文章や画像や映像です。Webサイトの制作者があらかじめ用意した情報が提供されます。さまざまな記事や、組織の紹介、商品の紹介といったWebサイトの多くは静的コンテンツによって構成されています。

　動的コンテンツは現代のWebサイトにおいて、いたるところで見かけられます。わかりやすい例は、検索サイトにおける検索結果でしょう。ユーザが入力した検索キーワードに合致する検索結果をその場でHTMLとして生成してユーザに提示しているからです（図2.5）。

図2.5　動的コンテンツの例

　文字情報だけでなく、動的コンテンツとして提供される画像もあります。Google Mapsに代表されるような地図表示サイトでは、ユーザが指定する位置や縮尺に合わせた地図画像を生成し、そこにさまざまな情報を追加して提供しています。

　なお、現代の多くのWebサイトで静的コンテンツだけで成り立っているものは少なく、なんらかの動的コンテンツがあります。たとえば商品紹介のようなページであっても、商品の写真や紹介文は静的コンテンツかもしれませんが、画面の一部に購入者の口コミ評価が表示されたり、類似のお勧め商品などの動的コンテンツが表示されているのを見かけたことがあるでしょう。このように、静的コンテンツと動的コンテンツが組み合わされているのが、現代のWebサイトです。

　Webシステムでは、これらのWebコンテンツがユーザインターフェースの中心となっています。Webが登場した当初のWebコンテンツは、利用者に対する一方的な情報提供媒体に過ぎませんでした。しかしその後の発展によって、ユーザによる情報入力や操作を受け付けられるようになり、双

方向性が実現されました[注2]。この双方向性が、Webコンテンツに「Webアプリケーションのユーザインターフェース」としての側面を与えることとなりました。

- HTMLについては第3章で紹介します。
- 静的コンテンツと動的コンテンツについては、第4章で紹介します。

2.3 クライアントサイドの構成要素

クライアントサイドは「デバイス」「Webブラウザ」および、Webブラウザの構成部品である「HTTPクライアント」「レンダリングエンジン」「JavaScriptエンジン」に分かれます（図2.6-①〜⑤）。

図2.6 「クライアントサイド」の位置づけと構成要素

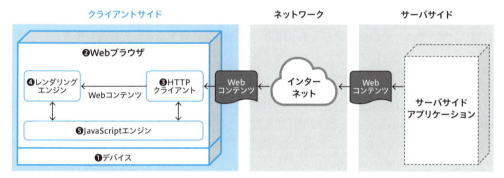

2.3.1 デバイス

Webシステムの文脈では、ユーザが実際に操作する機器を総称して「デバイス（端末）」と呼ぶようになっています。具体的には、PC（パーソナルコンピュータ）、スマートフォンやタブレットがデバイスです。2000年代前半までは、PCがほぼ唯一のデバイスであったので、わざわざ「デバイス」という呼ばれ方をすることはありませんでした。

2010年代以降ではデバイスの多様化と主役交代が進み、ユーザにとって最も身近なデバイスはスマートフォンとなりました。また、テレビやゲーム機にもインターネットに接続してWebコンテンツを表示する機能が組み込まれています。2010年代後半からは、スマートスピーカーやスマートウォッチも登場し、普及が始まっています。Webシステムにおいては、これらもデバイスと言えます。

2.3.2 Webブラウザ

Webの世界でユーザとのやりとりの場を提供するアプリケーションがWebブラウザです。

注2　今となってはとりわけ強調されることはありませんが、この双方向性を強調して「インタラクティブコンテンツ」と呼ばれることもあります。

第2章　Webシステムの全体像

Webブラウザは、ユーザの手元にあるデバイス上で動作するアプリケーションです。

Webシステムの構成要素としては、ほぼ「クライアントサイド＝Webブラウザ」といっても過言ではありません。Webブラウザは「**HTTP**」という通信方式で、ユーザの操作をサーバサイドへ伝え、サーバサイドから返されるWebコンテンツをデバイスの画面に表示することでユーザに伝えます。本書執筆現在では、主要なWebブラウザとして、「Google Chrome」「Microsoft Edge」「Safari」「Mozilla Firefox」といった製品が挙げられます。

ユーザから見るとWebブラウザは1つのアプリケーションですが、開発者の視点では次に述べる3つの機能「HTTPクライアント」「レンダリングエンジン」「JavaScriptエンジン」を中心に構成されていることも理解しておく必要があります。システムを開発するときやデバッグをするときに、Webブラウザとは別にこれらの機能を提供するアプリケーションを単独で利用することもあるからです。

なお、iOSやAndroidなど、スマートフォン上のアプリケーションにも「**WebView**」と呼ばれるブラウザの部品が組み込まれていて、サーバから受け取ったWebコンテンツを表示できるようにしているものがあります。サーバサイドから見ると、WebViewもWebブラウザの一種です。

> • HTTPについては、その成り立ちを**第3章**で、技術的な詳細を**第4章**で解説します。

2.3.3　HTTPクライアント

HTTPクライアントは、HTTPサーバとの通信を担うプログラムです。ユーザがブラウザのアドレスバーへ「https://gihyo.jp/」などのURLを入力したとき、実際に相手のサーバに接続して情報を要求し、Webコンテンツを取得してくるのがHTTPクライアントの役割です。HTTPサーバから受け取ったWebコンテンツは、後述のレンダリングエンジンに渡されてユーザの目に見える形に表示されます。

HTTPクライアントは、Webブラウザだけでなくサーバサイドの構成要素としても活躍しています。たとえば、Googleに代表されるような検索サービスのサーバサイドでは、HTTPクライアントが組み込まれた情報収集用のプログラムが世界中のWebサイトへアクセスしてHTMLを取得し、それらのインデックス[注3]を作成することで、ユーザに対して適切な検索結果をすばやく返せるようにしています。

またWeb APIの登場により、サーバサイド・アプリケーション内のHTTPクライアントが別のWebシステムのAPIを呼び出すようにもなりました。Web APIが返すプログラムが解釈しやすいXMLやJSONといった形式の情報を、自身が生成する動的コンテンツに組み込んでユーザに提供するといったことが実現されるようになりました。

> • HTTPクライアントの役割は**第4章**で実験を交えて理解します。
> • XMLは**第3章**で、JSONは**第7章**で紹介します。
> • Web APIについては**第8章**で詳しく説明します。

注3　情報を効率よく検索するために作られる、本の索引のようなデータ構造のことです。

2.3.4 レンダリングエンジン

レンダリングエンジン（Rendering engine）[注4]は、HTMLやCSSを解釈し、画像や動画などのコンテンツを組み合わせて、デバイスの画面に表示するためのソフトウェア部品です（図2.7）。レンダリングエンジンの仕組みは複雑なので、最初のうちは「Webコンテンツを画面に表示するためのソフトウェア部品」という基本的な役割を押さえておけば十分でしょう。

図2.7 レンダリングエンジンの動作イメージ

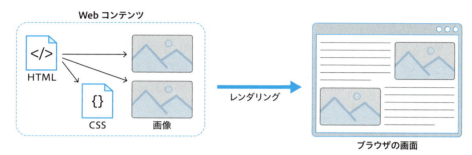

通常、レンダリングエンジンの内部の仕組みまで把握する必要は少ないでしょう。

Webサイトの表示速度にこだわったり、第7章で説明するようにWebブラウザの表示内容をJavaScriptから操作する際、その速度を改善する必要ある場合などは、レンダリングエンジンの挙動まで踏み込んで理解しなければならないこともあります。

Webブラウザの登場からしばらくの間は、ブラウザごとに固有のレンダリングエンジンが開発されていました。しかし現代ではレンダリングエンジンは部品化されており、異なるWebブラウザでも同じレンダリングエンジンが採用されているケースもあります。

主要なレンダリングエンジンを表2.1に示します。

表2.1 主なレンダリングエンジンと採用ブラウザ

レンダリングエンジン	主な採用ブラウザ	開発主体
Blink	Google Chrome、Microsoft Edge、Opera、Androidの標準ブラウザ	The Chromium Projects[注5]
WebKit	Safari	Apple社
Gecko	Mozilla Firefox	Mozilla Foundation

ブラウザが採用するレンダリングエンジンが変更されることもあります[注6]。Google Chromeは、もともとWebKitを採用していましたが、その後WebKitから派生させて自社が中心となって開発したBlinkに変更しています。また、Microsoft社も昔は自社開発のレンダリングエンジンを採用してい

[注4] 正確には「HTMLレンダリングエンジン」です。コンピュータの世界では「何らかの情報を読み込んで画像や映像などを生成すること」を「レンダリング」と呼び、そのためのソフトウェア部品を一般的に「レンダリングエンジン」と呼びます。
[注5] Google社が中心となっているオープンソースプロジェクト。
[注6] ブラウザとレンダリングエンジンの変遷が「https://upload.wikimedia.org/wikipedia/commons/7/74/Timeline_of_web_browsers.svg」に図で示されています。これを見るといかに複雑な歴史かわかります。

ましたが、現在ではBlinkを採用しています。ここに挙げた以外も多くのレンダリングエンジンが開発されてきましたが、本書執筆時点ではおおむねこの3種類に絞られてきています。

通常、個々のレンダリングエンジンの差違を細かく理解する必要はありません。しかし、Webブラウザによって「Webコンテンツの表示が微妙に異なる」「CSSのサポート状況が異なる」といった現象は、レンダリングエンジンの違いに起因することがある、といった程度は押さえておくと良いでしょう。

> ● レンダリングエンジンの役割は第4章で実験を交えて理解します。

HINT

さまざまな技術に関する各ブラウザの対応状況は、次に示すサイトで調べることができます。新しい機能についてはブラウザによって対応状況に違いがあることもあるので、このようなサイトで確認すると良いでしょう。**Can I use...** URL https://caniuse.com/

2.3.5 JavaScript エンジン

現代のWebブラウザでは、サーバから受け取ったコンテンツをユーザに表示するだけでなく、プログラムを実行するための機能も備えています。歴史的な経緯により、ブラウザが実行するプログラミング言語として**JavaScript**が採用されています。このJavaScriptで書かれたプログラムを解釈・実行するためのソフトウェア部品が、**JavaScriptエンジン**[注7]です。

2008年にGoogle社が自社のWebブラウザであるChromeに採用したJavaScriptエンジンとして発表した**V8**[注8]が有名です。従来、Webブラウザ上でのJavaScriptの実行速度はそれほど高速ではありませんでしたが、V8はJavaScriptの実行速度の大幅な高速化を実現しました。これによってブラウザ上でさまざまな処理を実現できるようになり、「**シングルページアプリケーション（SPA：Single Page Application）**」へとアーキテクチャが転換するきっかけを作りました。

さらに、V8の成功によってJavaScriptの実用性が向上した結果、サーバサイド・アプリケーションでもJavaScriptが活用されるようになりました。V8をWebブラウザから分離してJavaScriptの実行環境として利用できるようにしたものが、**Node.js**[注9]です。2020年代では、サーバサイドアプリケーション開発時の選択肢として、Node.js上でJavaScriptによるアプリケーションが挙がるようになっています。

> ● JavaScriptについては第7章で学びます。

注7　ここでも「エンジン」という言葉が出てきます。コンピュータの世界では「特定の機能を提供し、汎用的に利用できるソフトウェア部品」を「○○エンジン」と呼ぶことが多いです。

注8　https://v8.dev/

注9　https://nodejs.org/

2.4 サーバサイドの構成要素

「2.1 Webシステムの構造」で示した図2.2では、Webシステムのサーバサイドをひとまず一括りに「サーバサイドアプリケーション」と表現しました。(図2.8)。

図2.8 「サーバサイド」の位置づけ

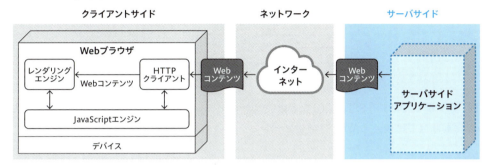

その実体はシステムによってさまざまで、複数のソフトウェアで構成されていることがほとんどです(図2.8)。組み合わせも多種多様ですが、サーバサイドアプリケーションに共通して言えるのは、クライアントサイドとの次のような関係性です。

> サーバサイドアプリケーションは……
> - クライアントサイドからの要求をHTTPという通信方式で受け取る
> - 要求に応じてHTMLや画像ファイルなどのWebコンテンツをクライアントサイドへ返す

このため、サーバサイドアプリケーションには、何らかの形で「**HTTPサーバ**」という機能が組み込まれています。HTTPサーバは、HTTPクライアントからの要求(HTTPリクエスト)を受け取り、要求内容に応じた結果をHTTPレスポンスとして返すソフトウェアです。HTTPサーバは単独のソフトウェアとして存在することはなく、後述のWebサーバやアプリケーションサーバ、Webアプリケーション内部の一機能として存在しています。

2.4.1 Webサーバ

初期のインターネットでは静的コンテンツの閲覧が中心だったので、サーバサイドアプリケーションの中心は「**Webサーバ**」と呼ばれるソフトウェアでした。Webサーバの役割は、HTTPリクエストを受け取り、その要求内容に従ってコンピュータのディスク上に用意されたHTMLファイルなどの静的コンテンツをHTTPレスポンスとして返すことです(図2.9)。

図2.9 Webサーバ

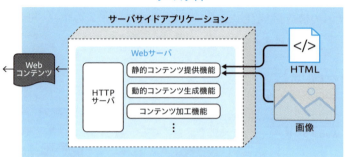

その後、第4章で説明するSSIやCGIなど動的コンテンツを提供する機能が整備されていきましたが、それらの役割は今では後述のWebアプリケーションへと分離されていきました。

> **HINT**
> 開発現場において「Webサーバ」と「HTTPサーバ」という用語の使い分けはあいまいで、意識して使い分けている人は少ないかもしれません。ほぼ同じ意味で使われることもあるので、初学者にとっては混乱の種の1つです。

製品によって多少は異なりますが、現在のWebサーバはおおむね次のような機能を提供しています。

- 多くのクライアントからの要求に効率的に応える
- クライアントとの通信を暗号化して通信の秘密を守る
- クライアントの要求に合わせてコンテンツを加工して返す
- 許可されたクライアントだけに応答するようアクセス制限をする
- 他のサーバやプログラムにHTTPリクエストを連携する

代表的なWebサーバは1995年に開発が始まった「Apache HTTP Server」[注10]で、多くの改良を重ねながら2020年代前半の現在でも多くのシェアを占め続けています。

また、2004年に公開された「nginx」[注11]がWebサイトへのアクセス増加に対応しやすいことが注目され、シェアを徐々に伸ばしています。2021年5月には、nginxがApacheを追い抜き、世界でもっとも利用されているWebサーバであるとの調査結果が発表[注12]されました。

注10 現場では単に「Apache」と呼ばれることのほうが多いです（https://httpd.apache.org/）。
注11 「エンジンエックス」と読みます（https://nginx.org/）。
注12 https://w3techs.com/blog/entry/nginx_is_now_the_most_popular_web_server_overtaking_apache

2.4.2 Webアプリケーションのはじまり

　Webサーバによって静的コンテンツとして提供されていたWebサイトが高度化すると、動的コンテンツの比重が増してきます。そのため、Webサーバが提供する既成の機能では不足するようになり、独自のプログラムを開発して動的コンテンツを提供するようになりました。これがWebアプリケーションの始まりです。

　初期のWebアプリケーションの事例としては、簡単な掲示板システムや、会員登録や問い合わせなど利用者が入力した情報をデータベースに保存するシステムなどが挙げられます。現代では、SNSやショッピングサイトなど、私たちが身近に利用しているWebサイトのほとんどがWebアプリケーションで実現されています。

> - 第4章では、簡単な実験を通してWebアプリケーションの役割を確認します。
> - 第6章～第9章で、実際のWebアプリケーションについて、実例を交えて学びます。

2.4.3 Webアプリケーションの実行方式

　Webアプリケーションの実行方式にはいくつかのパターンがあり、それによってサーバサイドの構成も異なります。このことも初学者にとって混乱の種ですので、典型的な5つの方式について説明しましょう[13]。

- プロセス起動方式
- モジュール方式
- 分離型独立プロセス方式
- 一体型独立プロセス方式
- アプリケーションサーバ方式

プロセス起動方式

　WebサーバがHTTPリクエストを処理させるたびに、アプリケーションをその都度実行する方式です。この方式は簡単なため、もっとも古くから実現され、Webサーバからアプリケーションへ情報を受渡する方法がCGI（Common Gateway Interface）という仕様[14]として一般的になりました（図2.10）。CGIは2000年代前半までのWebアプリケーション黎明期に、PerlやPHPなど古くからあるプログラミング言語でよく利用されていましたが、現在では古典的な手法と言えます。

注13　ここで挙げた5つの方式は筆者が独自に命名したものです。
注14　CGIについては、「4.5.2 CGIの登場」で詳しく説明します。

図2.10 プロセス起動方式

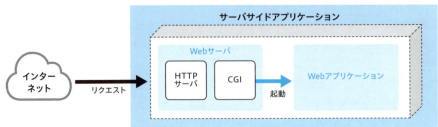

> **HINT**
> 「プロセス」とは、コンピュータにおけるプログラムの実行単位です。PCやスマートフォンで私たちがアプリケーションを起動するとき、少なくとも1つのプロセスが起動しています。見かけ上は1つのアプリケーションでも、内部では複数のプロセスが起動していることもありますが、これはアプリケーションの設計しだいです。たとえば、私たちがよく使うWebブラウザ、Google Chromeは、表示されているタブごとにプロセスが起動しています。

- CGIについては第4章で解説します。

モジュール方式

　Webサーバの中にプログラミング言語の実行用モジュールを組み込んで実行する方式です（図2.10）。アプリケーションを都度起動しなくて良いので、プロセス起動方式よりも高速に動作します。

　前述のプロセス起動方式では、HTTPリクエストを受け付けるたびにプロセスが起動されます。プロセスの起動には、メモリの確保をはじめとしてさまざまな前処理が必要となるため、比較的時間がかかる処理です。時間がかかるといっても、数十ミリ〜数百ミリ秒なので人間の尺度では一瞬に思えるかもしれません。しかし、これでは大量のアクセスがあったときに間に合わなくなってしまい、実行速度の面では不利になってしまいます。特にプロセス起動方式が主流であった2000年代前半のコンピュータは、現代に比べるとCPU性能もメモリ搭載量も大きく劣っていたため、この問題が顕著でした。

　モジュール方式はこの問題を解決するために考案され、主にApache HTTP Server用にPerl、PHP、Rubyといったプログラミング言語のモジュールが開発されました。専用のモジュール開発が必要なため、モジュール方式が利用できるWebサーバとプログラミング言語の組み合わせは限られています。

図2.11　モジュール方式

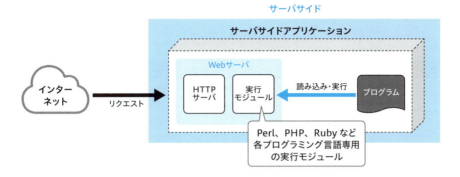

HINT

　Apache HTTP Serverでは、mod_perl、mod_php、mod_rubyなど、各プログラミング言語のプログラムをWebサーバ内で実行するためのモジュールが提供されています。モジュール方式はそれほど一般的ではなくなったため、本書では詳しく説明しませんが、前著『プロになるためのWeb技術入門』95ページのコラムで紹介しています。

分離型独立プロセス方式

　プロセス起動方式と同じように、WebサーバとWebアプリケーションは分離されていますが、アプリケーションが独立プロセスとして常に実行されていて、Webサーバからの要求を受けつける方式です（図2.12）。WebサーバがHTTPリクエストを受信すると、アプリケーションによる処理が必要かどうかを判断して、リクエストを転送します。多くの場合、Webサーバは静的コンテンツの提供を担い、Webアプリケーションが動的コンテンツの提供を担うといった役割分担になります。

図2.12　分離型独立プロセス方式

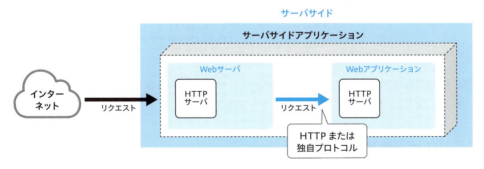

　Webサーバとアプリケーションの間の通信方式は、HTTPの場合と独自プロトコルの場合があります。HTTPの場合は、Webアプリケーションの中にHTTPサーバの機能も内包されます。独自プロトコルの場合は、おおむねプログラミング言語によって固有のプロトコルが使われます。代表的なものを表2.2に示します。それぞれのプログラミング言語でWebアプリケーションの開発経験が

ある方は、これらの単語を聞いたことがあるかもしれません。HTTPではなく独自プロトコルを利用する理由は、HTTPよりも効率的な通信をすることが主な目的です[注15]。

表2.2 Webサーバとアプリケーションをつなぐプロトコル

プロトコル	プログラミング言語／環境	URL
FastCGI	PHP、Ruby等[注16]	https://www.mit.edu/~yandros/doc/specs/fcgi-spec.html
WSGI	Python	https://peps.python.org/pep-3333/
Rack	Ruby	https://github.com/rack/rack
PSGI	Perl	https://metacpan.org/dist/PSGI/view/PSGI.pod
AJP	Java	https://tomcat.apache.org/connectors-doc/ajp/ajpv13a.html

一体型独立プロセス方式

前述の分離型独立プロセス方式では、WebサーバとWebアプリケーションの連携が必要になるため、システムが大がかりになりがちです。小規模であったり高いパフォーマンスを求められないシステムでは、Webアプリケーションが静的コンテンツの提供も担うことで、Webサーバを設置しないケースも増えています（図2.13）。JavaScriptの実行環境・Node.js[注17]や、JavaのWebアプリケーションフレームワーク・SpringBootもこの方式です。

図2.13 一体型独立プロセス方式

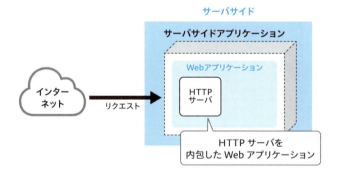

この方式は開発者のPC上でも手軽に実行できるため、実稼働時は前述の分離型独立プロセス方式をとるものの、開発時だけは本方式で動かすケースもあります。

アプリケーションサーバ方式

Javaなど、一部のプログラミング言語では「**アプリケーションサーバ**[注18]」と呼ばれるソフトウェア

注15 現在ではより効率的な通信ができるHTTP/2が登場しているため、独自プロトコルは廃れていくのかもしれません。
注16 FastCGIはプログラミング言語固有ではないため、PHPやRuby以外にもさまざまなプログラミング言語で扱えます。
注17 https://nodejs.org/
注18 アプリケーションサーバは「APサーバ」と略記されることもあります。

が導入されているケースもあります。一般にアプリケーションサーバは、その上で複数のWebアプリケーションを稼働・管理する機能を提供します（図2.14）。大規模なシステムでは、機能が膨大になるため、複数のWebアプリケーションに分割して開発し、それらを協調動作させることがあるためです。代表例としてオープンソース製品ではApache Tomcat[注19]やWildFly[注20]が挙げられますし、商用の製品もあります。

図2.14 アプリケーションサーバ

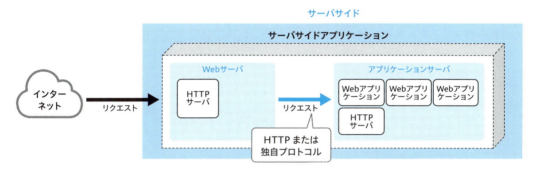

この方式は2010年代半ば頃まで、Javaによる大規模システムで採用されていましたが、近年では減少傾向にあります。従来はアプリケーションを稼働させるためのサーバの準備がたいへんであったため、なるべく高性能なものを少ない台数で運用する傾向にあり、1台のコンピュータ上で複数のWebアプリケーションを運用できるアプリケーションサーバ方式が利用されていました。しかしクラウドサービスの普及により、仮想的なコンピュータを数多く利用することが一般化したため、一体型独立プロセス方式のWebアプリケーションを多数実行させるほうが、さまざまな面で有利になってきたからです。

2.4.4　Webアプリケーションのソフトウェアスタック

ソフトウェアスタックとは

ここまで、Webアプリケーションの実行方式をいくつか解説しました。Webアプリケーション自体の作り方もさまざまで、どのプログラミング言語を使い、既存のソフトウェアをどのように組み合わせるのか、無数の組み合わせがあります。このような、システムを構築するために利用するソフトウェアの組み合わせのことを「ソフトウェアスタック[注21]」と呼びます。特にサーバサイドのソフトウェアスタックは選択肢が多く、日進月歩で新たなものも登場するため、正解がありません。

本書では第6章以降でGoというプログラミング言語を使い、できるだけ単純な構成のWebアプリ

注19　https://tomcat.apache.org/
注20　https://www.wildfly.org/
注21　スタック（Stack）は「積み重ねたもの」という意味です。

ケーションを作りながら、その仕組みを学びます。しかし実際の開発現場でのソフトウェアスタックは、もっと複雑な構成になることがほとんどなので、ここではその概要を紹介しておきます。

ソフトウェアスタックの一例として、2000年代半ば頃に登場して流行した「LAMP（ランプ）」があります。読者の皆さんの中にも、この単語を聞いたことがある方もいるかもしれません。これは、OSにLinux、WebサーバにApache HTTP Server、データベースにMySQL、プログラミング言語にPHP/Perl/Pythonを採用した組み合わせの略称で、これらの頭文字を採って名付けられました（図2.15）。LAMPの構成は、先ほど説明した実行方式のうち「プロセス起動方式」か、「モジュール起動方式」にあてはまります。当時の典型的なWebアプリケーションの多くはこの構成で実現でき、またこれらのソフトウェアは無償で利用できたため、LAMPはとても流行しました。

図2.15　LAMP構成のソフトウェアスタック

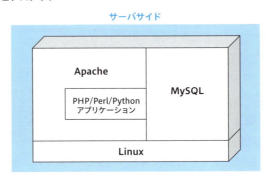

ソフトウェアスタックの構成要素はさまざまですが、たいていの場合はWebアプリケーション・フレームワーク、プログラミング言語、データベースといった要素が含まれるので、本節で簡単に紹介します。

> **コラム　ソフトウェアスタックはどのように決まるのか**
>
> 現代では、前章でも述べたような要件の多様化や、要素技術の選択肢が増えたことで、LAMPのような固有名がついたソフトウェアスタックはなく、本当にさまざまです。では実際の開発現場で、ソフトウェアスタックはどのように決められるのでしょうか。
>
> 理想的には、システム要件から論理的に最適なソフトウェアスタックが導かれるべきかもしれません。しかし筆者の経験上、現実には人的要素に左右されることが多いようです。たとえば、多くのエンジニアが関わる大規模なシステムでは、いくら新しくて優れた技術でも、習得者が少ない技術は採用しにくいです。一方で、選択肢に明確な優劣がない場合、エンジニアの好みや流行で選択されることもあります。筆者もソフトウェアスタックを決める立場となったことが何度かあります。「ここでの選択が、その先数年にわたるシステムの行く末に影響を与える」と思うと安易には決められないのですが、結局のところは周囲と相談しつつ、最後は「これに賭ける！」と、腹を括るしかないと考えています。
>
> 特定のソフトウェアスタックに精通することは、技術力を高めて短期間で成果を出す近道ではあり

ます。しかし、実際の開発現場はこのような感じで正解の選択はありません。「自分の精通していたソフトウェアスタックがいつの間にか使われなくなっている」ということも起き得るので、常に視野を広く持っておくことも大切です。

Webアプリケーションフレームワーク

先に説明したように、Webシステムのサーバサイドを構築するとき、WebサーバはApacheやnginxなどの既存の製品を利用します。一方Webアプリケーションは、システム要求に合わせたさまざまな処理の実現が必要なため、ほとんどの場合は専用のものが開発されます。しかし、専用とは言えすべてを1から作るのは非現実的です。HTMLを動的コンテンツとして生成する機能[注22]や、第6章で紹介するセッション管理機能など、Webシステムとして同じように開発すべき処理も多数あります。このような共通処理をまとめ、Webアプリケーションを効率的に開発できるようにするための道具が「Webアプリケーションフレームワーク」です。

Webアプリケーション開発では、何らかのWebアプリケーションフレームワークを使うことがほとんどなので、多くの初学者にとってはこれらの習得が学習の第一歩になることでしょう。本書執筆時点で著名なフレームワークについては、次のプログラミング言語とあわせて紹介します。

Webアプリケーションのプログラミング言語

比較的緩やかではありますが、Webアプリケーション開発におけるプログラミング言語にも、一定の流行があります。2000年代であれば業務系WebシステムではJavaやC#の利用が多く、短期間での試行錯誤が求められる新規サービスではPHPやRubyといった学習コストが比較的少なくて済む言語が人気でした。2010年代に入ってからは、これらに加えてJavaScriptとその発展版であるTypeScript、機械学習（AI：Artificial Intelligence）の実用化に伴って利用者が増えたPython、Javaの派生言語であるScalaやKotlin、2010年前後に発表された比較的新しい言語であるGoやRustなど、多様な広がりを見せています。

Webアプリケーションフレームワークは、プログラミング言語ごとにさまざまなものが開発されており、プログラミング言語以上に早いサイクルで流行が変わります（表2.3）。これらのフレームワークの間で、基本的な考え方に大きな違いはありませんが、提供機能の範囲はまちまちです。「軽量フレームワーク」と呼ばれるように、クライアントサイドとのやりとりに特化したものもあれば、JavaのSpring Frameworkのように、非常に広い範囲をカバーしているものもあります。

注22 HTMLを動的に生成する機能は、一般に「テンプレートエンジン」と呼ばれます。これについては第4章で説明します。

第2章　Webシステムの全体像

表2.3　プログラミング言語とWebアプリケーションフレームワーク

プログラミング言語	フレームワーク	サイト
Java/Kotlin	Jakarta EE Spring Framework	https://jakarta.ee/ http://spring.io/
Scala (Java)	Play Framework	https://www.playframework.com/
PHP	Laravel Symfony	https://laravel.com/ https://symfony.com/
JavaScript/TypeScript	Express.js NestJS Next.js Nuxt	http://expressjs.com/ https://nestjs.com/ https://nextjs.org/ https://nuxt.com/
Ruby	Ruby on Rails	https://rubyonrails.org/
Python	Django Flask	https://www.djangoproject.com/ https://palletsprojects.com/p/flask/
C#	ASP.NET Core	https://dotnet.microsoft.com/apps/aspnet/
Go	Echo	https://echo.labstack.com/

　初学者が最初に学ぶフレームワークとして、どれを選ぶかに正解はありません。しかし、どれか1つのフレームワークを深く学んで使いこなせるようになることが重要です。そうすれば、ほかのフレームワークを学ぶ時も自分が知っているフレームワークに対する理解を応用しながら、効率よく学べるからです。

> ・第6章でWebアプリケーションフレームワークの機能の一端を紹介します。

Webアプリケーションとデータベース

　本書では詳しく説明しませんが、Webアプリケーション自体も単体のアプリケーションだけで構成されることは少なく、多くの場合はデータを管理するためのソフトウェアである**データベース**と組み合わせられます（**図2.15**）。伝統的に使われてきたのが、「**リレーショナルデータベース**」と呼ばれる表形式のデータを扱うデータベースです。「MySQL[注23]」や「PostgreSQL[注24]」といった製品が有名です。業務システムや大規模システムでは、Oracle社の商用製品である「Oracle Database[注25]」が採用されることも多いです。

注23　「マイエスキューエル」と読みます（https://www.mysql.com/jp/）。
注24　読み方は「ポストグレスキューエル」ですが、「ポストグレス」または略して「ポスグレ」と呼ばれることが多いです（https://www.postgresql.org/）。
注25　単に「オラクル」と呼ばれることが多いです（https://www.oracle.com/jp/database/）。

図2.16 データベースを使ったWebアプリケーションの構成

2010年代以降はこれまで主流だったリレーショナルデータベースに加えて新たなカテゴリが登場しました。「**ドキュメントデータベース**」や「**キーバリューストア**」など、「**NoSQL**注26」と総称される製品群が登場し、用途に応じて使い分けられています。

ドキュメントデータベースは**第3章**で説明するXMLや、**第7章**で説明するJSONなどのデータをそのまま格納するデータベース、キーバリューストアは「名前＝値」という単純なデータの保存に特化したデータベースです。

> ● Webアプリケーションにおけるデータベースの利用例は、前著『プロになるためのWeb技術入門』Lesson5で解説しています。

コラム 「〜サイド」と「〜エンド」

近年では「クライアントサイド」「サーバサイド」の代わりに「フロントエンド」「バックエンド」という呼び方をすることも増えています。初学者にとっては混乱の種の1つですが、明確な定義の違いはなく、ほぼ同じ意味で使われているのが現状です。一方で、微妙なニュアンスの違いがあることも事実ですので、ここでは筆者の経験と感覚に基づいて説明してみます。

「クライアントサイド」と「サーバサイド」はWebの世界に限らず古くから使われている分類で、「どちらが主要な機能を担うか」に着目した分類です。「サーバサイド」のアプリケーションが主要な機能を提供し、「クライアントサイド」のアプリケーションがサーバサイドの機能を呼び出してユーザに提供するという役割分担で、サーバサイドとクライアントサイドの各アプリケーションは、ネットワークを隔てた別々のコンピュータ上で動作するのが一般的です。WWWは、まさにこのような構成でした。このため、伝統的に「クライアントサイド」と「サーバサイド」と呼び分けられており、初期の段階では「クライアントサイド＝Webブラウザ」でした。

一方「フロントエンド」「バックエンド」は「どちらがユーザインターフェースを提供するか」というニュアンスが強くなります。Webの世界でユーザとの接点を担うWebブラウザ側がフロントエンド、ユーザからは直接見えない処理を担うのがバックエンドという呼び分けです。このような呼び分けが増えてきたことには、Webシステムのアーキテクチャの変化が関係すると考えられます。当初のWebシステムにおいて、Webブラウザは受け取ったHTMLをユーザに見せるだけの役割であり、アプリケー

注26 従来のリレーショナルデータベースが、SQL（Structured Query Language）によって情報の問い合わせをするのに対し、これら新しいタイプのデータベースではSQLを使わないため、「NoSQL」と総称されました。

ション固有の機能を担っているわけではありませんでした。しかし、JavaScriptの発展によってWebブラウザ上で動作するアプリケーションも一定の役割を担うようになり、「クライアント」と「サーバ」という呼び分けと実態に食い違いがでてきたことから、「フロントエンド」と「バックエンド」という呼び分けが登場したと思われます。

このアーキテクチャの変化に伴い、開発者のスキルセットにも分化が生じます。JavaScriptの利用が広まる以前、HTMLはサーバサイドのプログラムによって動的に生成されていたため、「クライアントサイドエンジニア」という役割は存在せず、今でいう「サーバサイドエンジニア」がフロントエンドに相当するHTMLの生成処理も開発していました。その後、主にJavaScriptを利用してWebブラウザ上で動作するアプリケーションを開発するエンジニアが専門化し、「フロントエンドエンジニア」と呼ばれるようになりました。これに伴い、従来「サーバサイドエンジニア」と呼ばれていた役割は「バックエンドエンジニア」と呼ばれるようになりました。また、「クライアント」と「サーバ」は主従関係を想起こさせる言葉でもあるため、採用活動上の呼び方にも直結する開発者の役割は対等性を強調する意味でも「フロントエンド」「バックエンド」という呼び分けが増えてきたのかもしれません。

実際、Googleトレンドで「server-side developer」と「backend developer」の検索結果を比較すると、「backend developer」が2010年ごろから徐々に増えだし、2010年代後半に急激に増えていることがわかります（図2.17）。JavaScriptの利用が増えたのが2000年代後半からですので、時期的にもおおむね一致しています。

図2.17 「backend developer」と「server-side developer」の検索トレンド比較（GoogleTrendsより）

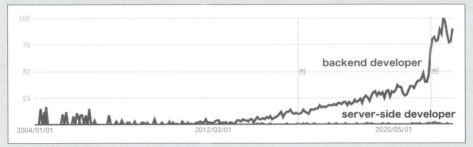

このように多少のニュアンスの違いはあるものの、「〜サイド」と「〜エンド」に大きな意味の違いはありません。本章では、Webシステムの全体構成上、アプリケーションがネットワークを挟んでどこで稼働しているかに着目しているので、「クライアントサイド」と「サーバサイド」という呼び方で説明したいと思います。

2.5 ネットワークとインターネット

サーバサイドとクライアントサイドの地理的な隔たりをつなぐのが、ネットワークです（図2.18）。Webアプリケーションの通信はHTTPで統一され、ネットワークを通じてやりとりされます。インターネットは、世界中のさまざまな組織が運営するネットワークの集合体です。

図2.18 「ネットワーク」の位置づけ

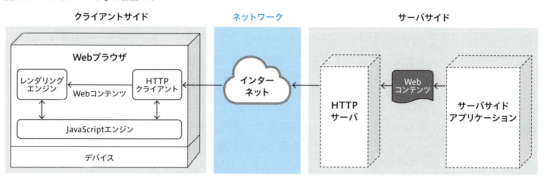

　通常、皆さんが手元のデバイスでインターネットを利用するときは、何らかの形でインターネットサービスプロバイダ（ISP）が提供するインターネット接続サービスを利用しているはずです。ISPとはインターネットに接続するサービスを提供する事業者のことです。自宅のインターネット回線を個人で契約している方も多いでしょうし、携帯電話会社の提供するインターネット接続サービスを利用している方も多いでしょう。またマンションやアパートなどの集合住宅では、管理組合や管理会社が一括で契約していることが多いため、意識していない方もいるかもしれません。さまざまなISPが運営するネットワークは、IX（Internet eXchange）と呼ばれる事業者の提供する接続サービスを通して、相互接続しています。このように相互接続された世界中のネットワークの総体がインターネットです（図2.19）。

図2.19 インターネットのイメージ

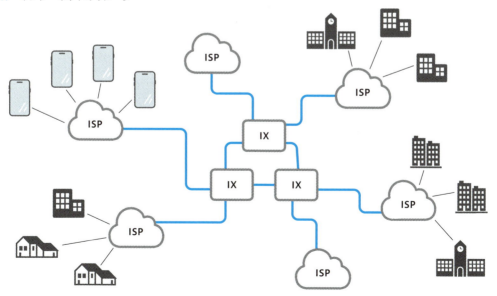

第2章　Webシステムの全体像

　一方、私たちが開発するWebシステムは、用途によってインターネットに公開する場合と、公開しない場合があります。企業内の業務システムのように、利用者が限られるWebアプリケーションはインターネットへ公開せず、企業内に閉じたネットワーク[注27]上で運用されることがあります。逆に、不特定多数へサービスを提供するシステムや、多くの拠点から利用されるような業務システムは、インターネットを通じて提供されます。

HINT

　図2.19では、簡略化した例としてIXを通じてISP同士が接続されるイメージを説明しましたが、実際の接続パターンはさまざまです。ISP同士がが直接相互接続したり、ISPがさらに別のISPを通じてインターネットに接続するなどのケースもありますが、通常はこのレイヤのことを気にする必要はありません。

2.5.1　大量アクセスをさばくロードバランサ

　従来はアプリケーション開発者がネットワークのことを意識する必要はそれほどありませんでした。しかし、これまでは資金のある組織でしか導入されていなかった装置が、クラウドサービスのおかげで比較的手軽に利用できるようになり、アプリケーション開発時にもそれらの考慮が必要になるケースも増えています。

　その代表が「**ロードバランサ（Load balancer）**」です。ロードバランサは負荷分散装置のことで、Webシステムへのリクエストを背後に控える複数のサーバへ割り振ることで、システム全体として多くのリクエストを処理できるようにする装置です。これまでは、それなりのコストをかけられる大規模システムでしか導入できなかったため、このような技術に触れる機会はそれほど多くありませんでした。しかし現在では、クラウドサービスの提供機能によってシステムの負荷状況に応じた柔軟なサーバ規模の変更ができるようになり、それに伴ってロードバランサが必要となる機会も増えています。

• ロードバランサとWebシステムの関係については、**第9章**で触れています。

2.5.2　CDNで縮まる世界

　もう一つ、近年身近になった技術に「**CDN（Content Delivery Network／コンテンツ配信ネットワーク）**」があります。CDNは、インターネット上でコンテンツを高速かつ効率的に配信するためのシステムです。世界中から大量のアクセスがあるサービスでは、地理的な通信遅延の影響が無視できなくなります。CDNはこのような地理的影響を低減し、世界中どこからでも快適にWebシステムにアクセスできるようにするための技術です。

　CDNでは、Webシステム本体のサーバの代わりに世界各地に配置した「**エッジサーバ（Edge server）**」からWebコンテンツを配信します（図2.20）。エッジサーバに対して、Webコンテンツの

注27　LAN（Local Area Network／ラン）と呼びます。

オリジナルを保持するサーバを「オリジンサーバ（Origin server）」と呼びます。ブラウザは、ネットワーク上で近くにあるエッジサーバからWebコンテンツを取得することで、ページの読み込みにかかる時間を短縮できます。また多くのリクエストをエッジサーバが分担するので、オリジンサーバの負荷を軽減できるというメリットもあります。

図 2.20　CDNの効果

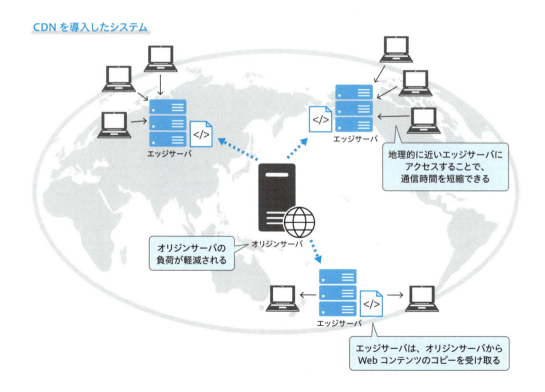

第2章　Webシステムの全体像

CDNの提供事業者としては、アカマイ・テクノロジーズ社[注28]やCloudflare社[注29]などが有名です。また、AWSをはじめとするクラウドサービスにもCDNの機能が付加されるようになり、より身近なものとなりました。近年では、外部からの攻撃を防ぐセキュリティ機能をはじめとして、エッジサーバの機能強化も進められています。

初期のCDNは世界規模のユーザを抱えるような大規模サービスだけで必要なものと考えられていました。しかしこのような背景から、大規模サイトに限らずとも導入を検討すべき価値が見いだされるようになりました。

HINT

距離による通信速度の違いは、普段実感しにくいかもしれません。多くの場合、大陸をまたがる通信は海底ケーブルを経由しており、たとえば日本と米国西海岸の間は80〜100ミリ秒かかるそうです[注30]。また『Web配信の技術』では、同じ大きさのファイルを東京と米国西海岸のサーバそれぞれに設置して東京からダウンロードする実験が紹介されており、東京-東京では60ミリ秒に対して東京−米国では10倍の600ミリ秒かかった事例も紹介されています。

- 本書ではCDNについてこれ以上は触れませんが、興味を持った方は『Web配信の技術[注31]』を参照すると良いでしょう。

2.5.3　ネットワークに対する理解は必要か

Webシステム開発の初歩的な段階では、これらのネットワークを意識する必要はあまりないかもしれません。現代において、インターネットは水道や電気といった生活インフラに近い存在となり、その仕組みを意識せずに使えるようになってきているからです。

しかし、システムの重要性が高まるにつれて、アプリケーション開発者であってもネットワークに対する理解が必要になってきます。これはたとえるなら、大量の電気を使用する鉄道事業者がその供給方法にも気を配らなければならないのと、似たようなものかもしれません。特にシステム障害が多くの利用者、企業のビジネス、社会全体に影響を及ぼすようなシステムでは、その設計に関わるエンジニアはインターネットの仕組みにも精通し、その特性を考慮したうえでシステムを設計しなくてはなりません。

皆さんの中にも、手元の開発環境では問題なく動作していたWebアプリケーションが、インターネットに公開してから多くの不具合に悩まされた経験を持つ方がいるかもしれません。このようにネットワークに起因する問題が発生した場合、原因を調査して解決するためにも、それに関する知識と経験が必要になります。

また、インターネットに公開したシステムは世界中からアクセスが可能となるため、情報漏洩や悪意ある第三者からの攻撃への対策など、セキュリティに関する知識も必要となります。

注28　https://www.akamai.com/ja
注29　https://www.cloudflare.com/ja-jp/
注30　https://www.iij.ad.jp/dev/tech/tw2021/session08/slide0007.html
注31　田中祥平、Web配信の技術―HTTPキャッシュ・リバースプロキシ・CDNを活用する、技術評論社、2021年、456p

> - 本書ではインターネットの仕組みやセキュリティについては詳しく触れません。
> - 本書の説明内容を理解するための基礎知識・TCP/IPについては付録A.7で説明しています。

2.6 Webシステムの実行環境と開発環境

最後にWebシステムの実行や開発に関わる環境についても整理しておきます。スマートフォンやタブレットの普及によってWebシステムの利用環境がPCのほかにも広がったように、Webシステム開発のための環境やツールも多様化しています。Webシステム開発について学ぶにあたり、これらの多様性自体もハードルの1つになります。

2.6.1 クライアントサイドの実行環境

「2.3.1 デバイス」でも述べたように、クライアント環境のデバイスは一昔前の「PC」だけだった状況から一変しました。スマートフォンの普及でインターネット利用者が増加し、クライアントデバイスの主役はスマートフォンやタブレットに移行しつつあります。また、パーソナルコンピュータのOSについてもWindowsが主流ではありますが、macOSもシェアを伸ばしています。

現時点では、表2.4に示す5種類のOSが主要な環境です。

表2.4　クライアントサイドの実行環境

デバイス	OS
PC	Windows macOS Linux
スマートフォン／タブレット	iOS Android
その他（家電製品／ゲーム機等）	独自OS等

Webアプリケーションにおいて、実際にユーザが操作するのはWebブラウザになります。主要なものは表2.5に示す4種類で、Apple社のSafari以外は表2.4の各OSで利用できます。なお、◎印はそのブラウザが当該OSでプリインストールされているなど、標準的な位置づけのブラウザであることを示します。

表2.5　主要なWebブラウザと対応OS

ブラウザ	Windows	macOS	Linux	iOS	Android
Google Chrome	○	○	○	○	◎
Mozilla Firefox	○	○	○	○	○
Microsoft Edge	◎	○	○	○	○
Safari	-	◎	-	◎	-

第2章　Webシステムの全体像

長らくの間、Microsoft社のInternet ExplorerはWindowsにおける主要なブラウザでしたが、2015年にWindows10とともに登場したMicrosoft Edgeが後継ブラウザとなり、2022年6月にはサポートが終了しています。

2.6.2　サーバサイドの実行環境

クライアントサイドにおける実行環境の多様化に対して、サーバサイドの実行環境は、どのように変化したでしょうか。

まず、OSはLinuxに集約される傾向があります。Linuxにはさまざまなディストリビューションがありますが、2000年代中頃からCentOS[注32]やUbuntuなどの無料でも高度な機能が利用できるディストリビューションが普及したことが理由の1つです。

またデータベースを始めとする、システムを支えるさまざまなソフトウェアも、Linux向けに開発されるものが多いことも理由です。

従来は企業内のサーバルームやデータセンターなど、システムの運用主体が管理する施設でコンピュータを稼働させ、インターネットからの接続を受け付けてサービスを公開していました。このような運用形態は、**オンプレミス（On-Premises）**と呼ばれます[注33]。特に大規模なシステムでは、きちんとした設備を整える必要があり、手間もお金もかかりました。しかも、システムを安定して運用し続けるためには人手も必要であり、運用中も多くのコストがかかります。インターネットを通じてWebサービスを提供するにあたり、オンプレミス環境の構築・運用が大きな壁となっていましたが、ここにクラウドという選択肢が提供されるようになりました。システム規模や特性によってはオンプレミスが選択されるケースもありますが、小規模なシステムはクラウドサービスを活用した方が手軽に実現できるようになっています。

クラウドサービスの登場には、Linuxの進化が大きく寄与しました。Linuxの発展によりOSの仮想化やコンテナ化が進んだことで、OSとハードウェアの結び付きが弱くなり、さまざまな環境でシステムを稼働できるようになりました。これを活用し、サーバやネットワークなどのシステムを構築するためのさまざまなコンピュータ資源を、インターネット経由で時間貸しするサービス「**IaaS**[注34]」が登場します。代表的なものはAmazon Web Services（AWS）、Google Cloud Platform、Microsoft Azureで、2010年代を通じて普及が進みました。

さらに、より簡単にアプリケーションを実行できる、「**PaaS**[注35]」と呼ばれるカテゴリのサービスも広まっています。AWS Elastic Beanstalk[注36]、Google App Engine[注37]、Azure App Service[注38]、Heroku[注39]などが初期のPaaSの代表例です。PaaSでは、アプリケーションのプログラムをこれらの

注32　この後のコラムでも述べますが、CentOSは2020年に運営体制が変更され、これまでのような使い方ができなくなりました。その後継として後継としてRocky LinuxやAlma Linuxといったディストリビューションが公開されています。

注33　オンプレミスという言葉は、クラウドの登場とともに対義語のような位置づけでよく使われるようになりました。略して「オンプレ」と呼ばれることも多いです。

注34　Infrastructure as a Service、「アイアース」または「イアース」と読みます。

注35　Platform as a Service、「パース」と読みます。

注36　https://aws.amazon.com/jp/elasticbeanstalk/

注37　https://cloud.google.com/appengine

注38　https://azure.microsoft.com/ja-jp/products/app-service

注39　https://jp.heroku.com/

クラウドサービス上に配置するだけで、インターネット上にWebアプリケーションを公開できます。できることに制約はありますが、非常に手軽なことから有力な選択肢となっています。本書執筆時点では、これら以外にもさまざまなPaaSが登場し、さらに多様化しています。

コラム　LinuxとディストリビューションLinuxとディストリビューション

WindowsやmacOSとは異なり、「Linux（リナックス）」という単一のOS（オペレーティングシステム）はありません。「Linuxカーネル」と呼ばれる中核機能に、さまざまなシステムソフトウェアやデスクトップ環境を組み合わせ、OSとして利用できるようにしたものの総称がLinuxと呼ばれています（図2.21）。

このような組み合わせを「**Linuxディストリビューション**」と呼び、有償・無償さまざまなものがあります。企業システムで多く使われていた有償ディストリビューションが「**Red Hat Enterprise Linux**」[注40]で、それとほぼ同等の機能を無償で利用できるようにしていたディストリビューションが「CentOS（セント・オーエス）」でした。他にも、「Ubuntu（ウブントゥ）」「Fedora（フェドラ）」「Debian GNU/Linux（デビアン）」「openSUSE（オープン・スーゼ）」などのディストリビューションが有名です。

CentOSは2000年代半ば以降人気を誇っていましたが、2020年に運営体制の転換が発表されてRed Hat Enterprise Linuxの開発版と位置づけられることになりました。これまでどおり無償で利用できますが、従来はリリース済みのRed Hat Enterprise Linuxを元に構築されていたため安定利用できていたものが、開発版となったことで頻繁に機能が変わるようになり、実運用するシステムでは使いにくくなってしまいました。

セキュリティアップデート等のサポートが続いているCentOS7も、2024年6月末でサポート終了となりました。「Rocky Linux」や「Alma Linux」などのディストリビューションが、CentOS後継を謳っていますが、本書執筆時点の2024年でもCentOSに替わる位置づけで決定打と見なされているディストリビューションはありません。

図2.21　Linuxディストリビューションの構成図

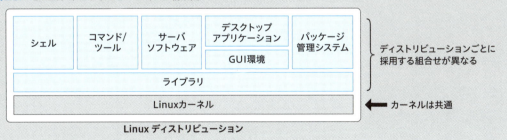

[注40] Red Hat Enterprise Linuxは、「RHEL」と略記されて「レル」と読みます。

2.6.3 Webシステムの開発環境

2000年代まではWindowsが主流でしたが、2006年にWindowsのPCと同じIntel社製のCPUを搭載するApple社のMacが発売されて以降、Macを利用する開発者が増えています。Macについては、2020よりIntel社のCPUから「Appleシリコン」という自社開発のCPUへの切り替えが進んでいますが、従来のソフトウェア資産も引き続き利用できるため、この傾向に変化はありません。前述のように、サーバサイドの実行環境はLinuxに集約されつつあるため、開発時もLinuxに類する環境で動作確認できることが重視されてきています。MacはLinuxそのものではないものの、Linuxと同じようにUNIXから派生したOSであるため、Linuxとの親和性が高いという特徴があります。

一方、WindowsについてもWindows10から搭載された**WSL (Windows Subsystem for Linux)**によって、Windows上でも手軽にLinux環境が得られるようになり、Linuxとの親和性が向上しています。もちろん、Linuxそのものを開発環境として利用している開発者もいます。

「2.4.4 Webアプリケーションのソフトウェアスタック」でも紹介したように、サーバサイドの開発に使用するプログラミング言語も多様化しています。ほとんどのプログラミング言語は、ここで述べた主要な3種類のOS上で開発できるようになっているため、サーバサイドアプリケーションを開発する上で、技術的な側面での開発環境に対する制約はほとんどなくなりました。また本書では説明しませんが、Dockerに代表されるコンテナ技術が普及し、関係するソフトウェアをひとまとめにして共有できるようになったことも開発環境の多様化に貢献しています。

2.7 Webシステムを実現するための技術

ここまで、Webシステムを構成する要素をその役割という観点で説明しました。説明の中でもいくつか紹介していますが、それらの役割を果たすためのさまざまな技術が考案され、普及していきました。

これらの技術には、目的、つまり解決しようとしている課題領域があります。現代のWebシステム開発者が押さえておくべき技術を、おおまかな課題領域に沿って分類したものが**図2.22**です。

2.7 Webシステムを実現するための技術

図2.22 Webシステムを実現するための技術

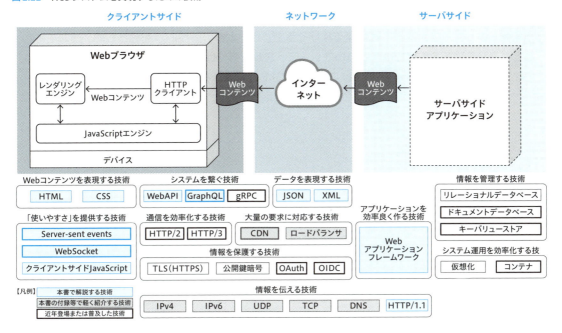

実際には、これらの技術を具現化するソフトウェア製品やサービスが多数提供されているものもあります。たとえば、Webアプリケーションフレームワーク1つをとっても**表2.3**（32ページ）で示したように、プログラミング言語ごとに多くの製品があります。

初学者の皆さんがWebシステム開発に関する技術を学習するときの入り口は、Webアプリケーションフレームワークのように、何らかのソフトウェアやサービスであることが多いでしょう。しかしそこから垣間見えるのは、全体像のうちのほんの一部の領域にすぎません。自身が理解した技術が全体のどこに位置しているか、背景となる課題領域は何かを整理して理解し、頭の中に地図を作って収めていくことが重要なのです。

本書では、HTMLやJavaScriptなど、サーバサイド上のコンテンツがどのような流れでクライアントサイドに到達し、私たちが見たり操作したりできるようになるのか、その流れを中心として近年使われている技術を解説します（**図2.22**の青色で示した技術）。

> **HINT**
> 図2.22に登場する技術で、ここ15年以内に登場したり一般化したものを太枠で囲みました。これだけで半数近くなることからも、近年の技術の発達の著しさがわかります。私たちはこのような技術の発展を、常に追い続けなければなりません。

第2章　Webシステムの全体像

まとめ　本章では、Webシステムの大まかな構成要素と、そこで使われている技術を分類しながら俯瞰しました。広大過ぎて気が遠くなりそうですが、本書の解説内容を軸として、興味を持てるところから理解を広げていくと良いでしょう。次章以降では、図2.22で青色で示した技術を中心に紹介し、現代のWeb技術における骨格の部分を理解できるようにしていきます。

第 3 章

WWWの基本要素とその発展

3.1 World Wide Webの始まり
3.2 URIとハイパーリンク
3.3 HTTP
3.4 SGMLから生まれたHTML
3.5 CSSによる視覚情報の分離
3.6 データ構造を記述するXML
3.7 HTML5策定とHTML Living Standardへの統一

前章では、現代のWebシステムの全体像と、その構成要素の役割について理解しました。近年のWebアプリケーションの発展の礎は、いうまでもなくWWW（World Wide Web）にあり、WWWの発展に携わった先駆者たちの試行錯誤が、現在私たちが使っている技術につながっています。本章では、本書のテーマである「技術のつながりを理解する」という視点に立って、前著『プロになるためのWeb技術入門』でも解説したWWW発展の歴史について、もう少し深掘りして解説します。

3.1 World Wide Webの始まり

　World Wide Webの始まりは、1980年、**欧州原子核研究機構（CERN／セルン）**においてソフトウェア・コンサルティング業務に従事していた、**ティム・バーナーズ＝リー（Tim Berners-Lee）**の個人プロジェクトでした[1][1-1]。彼は研究所におけるさまざまな情報の相互関係を記憶・参照するため、余暇を利用して彼個人のためのソフトウェアを開発し、これを **Enquire** と名付けました。彼はEnquireの開発を通して、ある着想を得ます。"*もしも、あらゆる場所にあるコンピュータに蓄積されている情報がすべてリンクされたとしら、地球上のすべてのコンピュータ上の情報を、誰もが手に入れられる情報空間が生まれるだろう*[1-1]"と予測したのです。これが後のWorld Wide Web（以降、WWW）の基礎となりました。

　この後バーナーズ＝リーは一度CERNを離れるものの、1984年9月に復帰[1-2]、同僚のロバート・カイリュー（Robert Cailliau）とともにこのアイデアを温め続け、1989年3月に「Information Management：A Proposal注1」という提案書を執筆しました。彼は、ここで語られる概念を「**World Wide Web**」と名付けます。CERNには、さまざまな国籍の研究者が集まり、人のつながりも情報のつながりも、まるで蜘蛛の巣（Web）のような編み目構造をしていました。この概念が「これらの情報の結び付きを地球規模に広げられる潜在能力を持つ」と洞察したことから、このように名付けたのです[1-3]。

　その後、1990年10月から12月にかけて、彼はWorld Wide Webを実現すべく、世界最初のWebサーバ（**CERN httpd**注2）とWebブラウザ兼エディタ（**WorldWideWeb**注3）を開発します。そして人類初のWebサイト（http://info.cern.ch/hypertext/WWW/TheProject.html）を公開し、ここで彼が考案したHTTP、URI、HTMLの仕様や、彼のプロジェクトにかかわるあらゆる情報を掲載しました。なお、このリンクは2024年現在も有効で、内容を見ることができます。

> **HINT**
>
> 　当時のWebブラウザが、次のサイトで再現されています。
> **URL** https://worldwideweb.cern.ch/
> 操作感や表現力がどのようなものだったか、興味がある方は見てみると良いでしょう。

注1　https://cds.cern.ch/record/369245/files/dd-89-001.pdf、https://www.w3.org/History/1989/proposal.html
注2　https://www.w3.org/Daemon/
注3　World Wide Webそのものとの混同を避けるため、のちに「Nexus」という名称に改められました（https://www.w3.org/People/Berners-Lee/WorldWideWeb.html）。

3.1.1　WWWの基本要素

このとき、現在のWorld Wide Webを構成する3つの仕様と、それらを実装する2つのソフトウェアが生まれました（図3.1）。

- 仕様
    ①URI（Uniform Resource Identifier）
    ②HTTP（Hypertext Transfer Protocol）
    ③HTML（Hypertext Markup Language）
- 実装
    ❶Webブラウザ（WorldWideWeb）
    ❷Webサーバ（CERN httpd）

図3.1　World Wide Webの基本要素

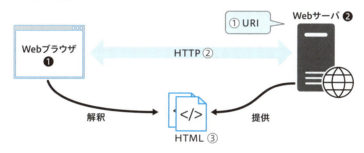

バーナーズ＝リーは、WWWを実現するための要素として、重要な順にURI、HTTP、HTMLを挙げました[1-4]。URIは情報の位置を示す方法、HTTPは情報の受渡方法、HTMLは情報の表現方法をそれぞれ規定しています。

これら3つの仕様に基き、WWWを実現すべく作成されたソフトウェアが、WebサーバとWebブラウザです。WebブラウザはURIに従って目的のWebサーバを特定し、情報を要求します。要求時の通信方法はHTTPに従います。Webサーバが返す情報はHTMLであり、WebブラウザはHTMLを解釈してコンピュータの画面上に情報を表示します。HTMLの中には、URIで表現された別の情報へのハイパーリンクが記述されており、Webブラウザはそのリンクをたどって直ちに次の情報を表示できます。

WWWの優れた点は、WebブラウザやWebサーバのようなソフトウェアを中心としたのではなく、URI、HTTP、HTMLの仕様を中心に据えたことでした。これら3つの仕様を定めたことで、どのようなコンピュータであっても、これらの仕様を満たすソフトウェアを用意しさえすれば、インターネットを通じて情報を交換できる未来を提示しました。バーナーズ・リーが開発したWebサーバとWebブラウザは、これらの仕様を具現化したソフトウェアの最初の1つに過ぎませんでした。このように

第3章　WWWの基本要素とその発展

門戸を大きく開いたことが、多くのソフトウェア技術者がWWWにかかわる機会を増やし、急速なユーザ増加と発展につながったのです。

3.1.2　連続的変化の維持

　WWWが急速に広まった背景には、その根幹たる3つの仕様が多くの人に理解され、使われなければならないという、バーナーズ＝リーの苦心と配慮がありました。

　新しい概念や技術がどんなに革新的で優れていたとしても、実現困難な概念や導入のハードルが高い技術は、現実として受け入れられることは少ないでしょう。また、実際問題として彼がCERNにおける仕事としてWWWの実現に取り組むには、WWWがCERNにとって大いに役立つものであることを周囲に理解してもらうことも必要でした。

　彼は、これらを既存技術の延長と位置付けることで、理解や導入の敷居を下げることに成功しました。この考え方や背景は現在のWWWにも影響を与えているので、私たちが現在のWebシステムを学んだり、新しい技術を生み出したりすることにあたっても、大いに参考になります。ここからは、各要素技術の背景を紹介しつつ、WWWの普及にあたってのバーナーズ＝リーによる工夫を紹介します。

3.2　URIとハイパーリンク

　バーナーズ＝リーが、WWWの要素技術としてもっとも重要だと述べているのが、URI（Uniform Resource Identifier）です[注4]。現代では一般にも「URL」として知られ、誰もが目にするhttp://〜で始まる文字列のことです。WWWの本質は情報同士の結び付きで、URIはその結び付きを示す目印の役割をしています。これ自体は、情報を提供するサーバの名前とサーバ内におけるファイルの位置を示すという単純なものです。単純とはいえ、ここにもWWWを実際的なものとするための、彼のいくつかの工夫がありました。ここではまず、URIの起源を理解するために、少しだけその歴史を紐解いてみます。

HINT

　「URI」という言葉に馴染みがない方も多いかもしれません。世間一般でも、私たち開発者の間でも「URL」という言葉が使われる場面が多いでしょう。しかし本章でこのあと紹介するように、バーナーズ＝リーによる当初の命名は「URI」でした。残念ながら、この2つの用語の違いについてはさまざまな見解があり、統一されていないようです。この経緯については、コラム「URIとURL、呼び方の変遷（その1）」（52ページ）と、コラム「URIとURL、呼び方の変遷（その2）」（131ページ）で紹介します。

　本書では、それぞれの場面で文脈にあわせて「URI」と「URL」を使い分けますが、同じ意味とと

注4　当初、バーナーズ＝リー氏はUniversal Resource Identifierと命名していました。標準化のための議論の過程で、UniversalがUniformに変更されました。

らえていただいて大丈夫です。本章はWWWの歴史が主軸であるため、彼の考えを尊重して「URI」という呼び方をします。

3.2.1 Memexとザナドゥ

　WWWの発端である「膨大な情報を自由に参照したい」という課題には、それよりずっと昔から取り組みが始まっていました。

　その発端は、ヴァネヴァー・ブッシュ（Vannevar Bush）が1945年に発表した論文『As We May Think』[注5]に書かれた、「Memex[注6]」と名付けられたコンセプトです。論文のなかで、Memexは『個人が自分の書籍や記録、通信を保存するための装置で、機械化されているので驚くべき速度で柔軟に検索できる。人間の記憶を拡大し、補う個人的な装置』と述べられています。この装置は、当時普及していたマイクロフィルムに情報を保存することで、利用者はこれを自由に閲覧し、そこで見いだした文書間の関連性やメモを記録するといった使い方が想定されていました[注7]。その発想の根底には、「近い未来に世の中が情報で溢れ、人々がその記憶や検索に忙殺されて、十分な時間を思索に割くことができなくなる」という危惧があったようです。Memexはとても先進的でしたが、あくまでもコンセプトであり、これが実現されることはありませんでした。

　そして1960年代、『As We May Think』の影響を受け、「ハイパーテキスト」や「ハイパーメディア」といった概念を生み出したのがテッド・ネルソン（Theodor Holm Nelson）です。彼が構想したのは、コンピュータ上で文書の保管や配布を行うシステムでした。Memexのアイデアをさらに発展させてコンピュータ上で実現し、文書そのものだけでなく、その相互リンクや履歴、著作権を統合的に管理することを目指しました。

　現代でいえば、さしずめ「ドキュメント管理クラウド」のようなものかもしれません。

　この構想は「ザナドゥハイパーテキストシステム[注8]」と名付けられ、開発が進められました。彼は、従来のように順序どおりに読み書きしなくても良い文書を「ハイパーテキスト（Hypertext）[注9]」と位置付けました[2]。そのリンクは、文書のバージョンや特定の範囲まで絞って指し示すことができ、被参照文書から元の文書もたどることができる、双方向性もあるものでした（図3.2）。

　ザナドゥ・プロジェクト[注10]は、50年以上にわたって開発が続けられました。2014年に1つの成果として「Open Xanadu」というソフトウェアが公開[注11]されたものの、その複雑さゆえ、残念ながら実用化にはいたっていません。

注5　オリジナルは、1945年7月に『アトランティック・マンスリー』誌に掲載されました。テッド・ネルソン氏の著書『リテラリーマシン』[2]に全文が掲載されています。

注6　メメックス。MEMory EXtenderの意。

注7　同論文の中で、ヴァネヴァー・ブッシュは未来の人々がクルミの実程度の大きさのカメラを額に装着し、目にしたものをすぐに撮影・大量に記録できる世界をも想像していました。約70年後の21世紀では、カメラ付きのスマートフォンによって彼の予想がほぼ実現されていることを考えると、その先見性は驚嘆すべきといえます。

注8　ザナドゥ（Xanadu）はモンゴル帝国のクビライ・カーンが設けた都の名前が語源で、「理想郷」の意。

注9　「文書を超えた文書」の意。

注10　https://xanadu.com/

注11　https://xanadu.com/xanademos/MoeJusteOrigins.html でOpen Xanaduのデモを操作できます。

図 3.2　ザナドゥにおけるハイパーテキスト

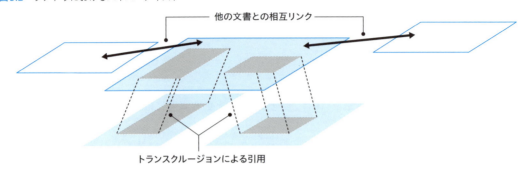

3.2.2　リンクの単純化

　前述のとおり、ザナドゥにおける文書のリンクは複雑なものでした。これをWWWのような大規模な分散システムで実現するには困難を伴います。文書の関連を管理するための中央集権的な仕組みを用意するか、文書を管理するサーバ同士が互いの参照状況を常に交換するといったことが必要になったことでしょう。前者の方法は当時のコンピュータ技術では参照情報の管理がボトルネック[注12]となりかねず、後者も複雑なソフトウェアの仕組みが必要となります。

　そこでWWWでは、ハイパーリンクを一方向だけの参照を表す単純なものとし、仕組みを大幅に単純化しました。一方で、参照先が移動したり削除されたりして参照できなくなる、いわゆる「リンク切れ」が発生したり、リンク先の情報が参照当初の内容から変化してしまうといった弊害も生まれました（図3.3）。

図 3.3　WWWにおけるハイパーテキスト

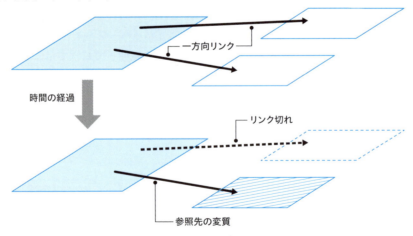

注12　システム全体の性能や効率を低下させる要因のこと。どんなに大きな瓶でも、そこから流せる液体の時間当たりの量は瓶の口の広さで制限されることから例えられています。

テッド・ネルソンは、一方向だけのリンクがこのような弊害を生むことをあらかじめ承知していました。また、ザナドゥを統合的な文献の作成・参照環境と位置付けており、ザナドゥ上に出版された文書が引用され、参照された際には著作者に著作権料が支払われるといったことまで考慮しており、このことからもリンクの厳密性を重要視していました。

ティム・バーナーズ＝リーがどの段階でテッド・ネルソンのハイパーテキストを意識したのか、定かではありません。しかし、それを実現することを目指していたわけではなかったため、WWWの目的にかなうよう、厳密性よりも実現の簡単さというメリットを重要視したようです。ここに彼のバランス感覚があったのかもしれません。

3.2.3 ハイパーメディアの実現

URIを使ってハイパーリンクを実現したことは、Webブラウザ上で文章だけでなく画像、音声、映像といったさまざまな情報メディアが混在させて提供する「ハイパーメディア」の実現にもつながります。本来、画像、音声、映像といった情報は文字列で表せないため、HTMLの中に埋め込むことができません[注13]。これに対して、HTML内から個別に用意されたファイルをハイパーリンクで参照する手法をとることで、この問題を解決できました（図3.4）。バーナーズ＝リーの最初のWebサイトにおいても、ハイパーテキストとハイパーメディアについて言及されており[注14]、彼が初期段階からWWWでのハイパーメディアの実現を企図していたことがわかります。

図3.4 URIによるハイパーメディアの実現

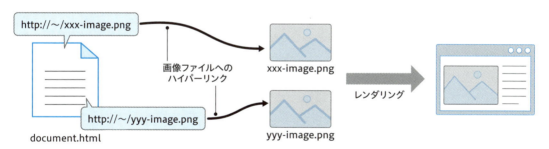

バーナーズ＝リーが最初に開発したWebブラウザ「WorldWideWeb」では、HTMLからリンクされた画像はもとの文書とは別のウィンドウで表示される仕組みでした。その後に登場したブラウザでは、これを改善して文書中に画像も混在して表示できるようになりました。ViolaWWW[注15]やNCSA Mosaic[注16]です。

1992年に開発されたViolaWWWは、バーナーズ＝リーによると、"グラフィックを伴ったHTMLを

[注13] 現代ではコラム「さまざまなスキーム」（119ページ）で説明する「データURI」を使用することで技術的には埋込ができます。しかし、WWWが考案された当時はこのようなことは考えられていませんでした。
[注14] http://info.cern.ch/hypertext/WWW/WhatIs.html
[注15] http://viola.org/
[注16] //www.ncsa.illinois.edu/research/project-highlights/ncsa-mosaic/

第3章　WWWの基本要素とその発展

表示し、アニメーションを実行し、後にアプレット（applet）と呼ばれるようになる小さなアプリケーションをインターネットからダウンロードできた”[1-5]と説明されています。これに影響を受けたのが、当時NCSA[注17]に在籍していたマーク・アンドリーセンとエリック・ビナでした。彼らが1993年に開発したNCSA Mosaicは、ViolaWWWと同様に画像のインライン表示が実現され、UNIX、Machintosh、Windowsといった主要OSで提供されたことで、爆発的に普及し、WWWの代名詞ともなりました。そして、Mosaicを始祖として現代利用されている多くのWebブラウザが誕生していきました。

　なお、このようにHTMLの中からハイパーリンクで画像や映像などを参照させたことには、別のメリットもありました。これにより、HTML自体の進化と画像や映像フォーマットの進化が独立して進められたられたことです。これが、WWWにおける大きな柔軟性を生んだと筆者は考えています。

🐶コラム　URIとURL、呼び方の変遷（その1）

　URLの命名については、複雑な経緯をたどっています。当初、ティム・バーナーズ＝リーは、ハイパーリンクで情報位置を示す文字列を「UDI（Universal Document Identifier：普遍的文書識別子）」と呼ぶことを提案していました。

　しかし、1992年のWWWに関する仕様を策定するIFTF[注18]における議論の中で、「Universal（普遍的）」という表現が傲慢であるとして「Uniform（統一）」に変更され、「Identifier（識別子）」という単語は、実際には文書の場所が移動すると変化することから適切ではないという意見も出て「Locator（位置表示）」という言葉に改められました。また「Document（文書）」は、より一般化して「Resource（資源）」に変更されました。この議論の結果、現在よく知られる「URL（Uniform Resource Locator：統一資源位置指定子）」という言葉が生まれました。

　バーナーズ＝リーは、情報のありかを一貫させたいという思いから、「識別子(Identifier)」という言葉に強いこだわりを持っていました[注19]。しかし、最終的には、できる限り早い標準化を優先すべく議論を進行させるため、命名については渋々妥協したようです[注20]。このため、彼の著書『Weaving the Web』では、一貫して「URI」という言葉が使われています。なお、URLについて、彼の著書の中では「ある種のURIについて変更があり得るということを合意して、ときとして用いられる用語[1-6]」と説明されています（コラム「URIとURL、呼び方の変遷（その2）」131ページに続く）

3.3 HTTP

　インターネット普及の草創当時、インターネットで情報を交換するためのプロトコル[注21]としては、

注17　National Center for Supercomputing Applications：米国立スーパーコンピューター応用研究所
注18　コラム「WWWの仕様はどこで決まるのか」（66ページ）を参照。
注19　彼の考えは、Hypertext Style：Cool URIs don't change.（https://www.w3.org/Provider/Style/URI.html）という寄稿からも読み取れます。この中では、「ドメインを維持できなくなるなど、やむを得ない場合を除いて、URIを変更すべきではない」という主旨のことを述べています。
注20　この顚末は参考文献[1]のP.83〜P.84に記述されています。
注21　コンピュータにおける「プロトコル」とは、コンピュータ同士が通信する際の通信方法の取り決めのことです。

すでにFTPやNNTP[注22]などがありました。しかし、ティム・バーナーズ＝リーは、WWWのためにあえて新たなプロトコル、HTTPを設計しました。HTTPの実際的な部分は次章以降で説明しますが、本節ではWWW創世時におけるHTTPの特徴的な部分とその背景を紹介します。

3.3.1　HTTPを試してみよう

まずHTTPがどのようなものかを体験するため、バーナーズ＝リーが立ち上げた世界最初のWebサイトに自分の手で接続してみましょう。

まず、比較のために手元のブラウザで次のURLにアクセスしてみてください。

URL https://info.cern.ch/hypertext/WWW/TheProject.html

図3.5のような画面が表示されるはずです。

図3.5　ブラウザからアクセスした最初のWebサイト

次に、telnetコマンドを使い、ブラウザと同じようにCERNのサーバと通信してWebページのHTMLを取得してみます。

> **HINT**
> 　telnet（テルネット）コマンドは、遠隔にあるコンピュータをネットワーク経由で操作するのに使われていたコマンドです。telnetによる通信は暗号化されないためセキュリティ上脆弱で、現在は使われておらず、ssh（エス・エス・エイチ）コマンドに代わられています。しかし、ネットワーク経由で任意の情報を送受信する用途でも使えるので、ここではブラウザの代わりにHTTPリクエストを送信する手段として使いました。
> 　telnetコマンドのインストール方法については、「付録D.1 telnetコマンドのインストール方法」

注22　FTPはファイル転送用のプロトコル、NNTPは当時利用されていた「ネットニュース」の配信用プロトコルです。それぞれ「3.3.3 スキーム」でも触れます。

を参照してください。また、ここでの実験をWindows上のtelnetコマンドで行う場合、手順が異なります。Windowsでの実験手順もインストール方法にあわせて（付録D.1）に記載しています。

　Macで実験する方は、このまま本文の指示に従ってください。

　ターミナルを開き、次のようにコマンドを入力してください。

```
telnet info.cern.ch 80 [Enter]
```

　下記のように表示されれば、成功です。

```
Trying 188.184.100.182...
Connected to info.cern.ch.
Escape character is '^]'.
```

　これで皆さんのパソコンは、スイスにあるCERNのWebサーバ（info.cern.ch）に接続して通信できるようになりました。なおIPアドレスの部分（188.184.100.182）は、実際は異なるかもしれませんが、気にしなくても大丈夫です。これは電話にたとえれば、CERNのWebサーバにかけて相手が通話に応じ、会話ができるようになった状態だと思ってください。

　続けて次のように入力してみましょう。これは、実際にはブラウザがCERNのWebサーバへ送信しているHTTPリクエストと同様のメッセージで、Webサーバ上の/hypertext/WWW/TheProject.htmlという場所にあるHTMLファイルを要求しています。先ほどと同じく電話にたとえると、「info.cern.chさん、/hypertext/WWW/TheProject.htmlというファイルの内容を送ってください」という感じです。なお、最後は [Enter] キーだけをもう一度押す（空行を送信する）必要があります。

```
GET /hypertext/WWW/TheProject.html HTTP/1.1 [Enter]
Host: info.cern.ch [Enter]
[Enter]
```

　次のような結果が返ってくれば成功です。

```
HTTP/1.1 200 OK ─────────
Date: Tue, 19 Dec 2023 14:13:00 GMT
Server: Apache
Last-Modified: Thu, 03 Dec 1992 08:37:20 GMT
ETag: "8a9-291e721905000"                        ── ①
Accept-Ranges: bytes
Content-Length: 2217
Connection: close
Content-Type: text/html ─────────
```

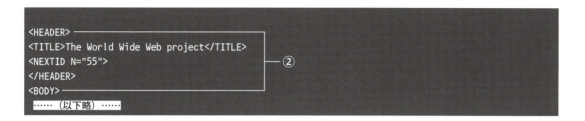

　①の部分はレスポンスヘッダと呼ばれる情報で、応答内容に関する補足情報のようなものです[注23]。②の部分が、Webサーバが返すHTMLの本体で、ブラウザはこれを解釈して画面に表示しています。たったこれだけのことで、遠く離れた場所にあるコンピュータ上の情報を取り寄せることができました（図3.6）。

図3.6　telnetコマンドによるWebサーバへのアクセス

　ブラウザでアクセスするときは、`https://info.cern.ch/hypertext/WWW/TheProject.html`というURLをアドレスバーに入力しましたね。このURLには「`https`」[注24]という通信方法、「`info.cern.ch`」という接続先のサーバ名、「`/hypertext/WWW/TheProject.html`」というサーバ上のファイルのありかが表現されています（図3.7）。先ほどのtelnetコマンドの実験では、まさにこの3つの情報を使いました。この基本的な仕組みは、HTTPが最初に考案されたときから変わっておらず、その単純明快さがHTTP普及のきっかけでした。

注23　レスポンスヘッダについては、第4章で詳しく説明します。
注24　httpsとhttpの違いは、ここではあまり気にしなくてかまいません。httpsは、通信内容を暗号化するためのものです。WWWの登場当初はまだhttpsは存在しませんでしたが、現代ではhttpsによる通信が推奨されています。ここで試したCERNのサイトはhttp、httpsのどちらでもアクセスできますが、現代の推奨にあわせてブラウザからはhttpsでアクセスするようにしました。

図3.7 URLの基本構造

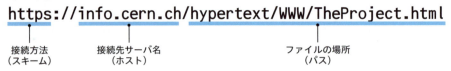

HINT

バーナーズ=リーが設計した最初期のHTTPの仕様は、`https://www.w3.org/Protocols/HTTP/AsImplemented.html` に残されています。これは本章の冒頭で紹介した、最初に公開されたWebサイトの内容を転載したもののようです。のちに1996年5月にHTTP/1.0が策定され、RFC 1945として公開されたため、それ以前のHTTPは1.0と区別するためにHTTP/0.9と呼ばれるようになりました。

3.3.2 HTTP設計時の工夫

バーナーズ=リーはWWWを実用的なものにすることを第一に考えており、Webサーバに要求を送ってから画面に表示されるまでを、できるだけ速くしたいと考えていました[1-7]。既存のプロトコルは実際にデータを受け取るまでにサーバとクライアントの間で何度かのやりとりを必要とし、時間がかかることから、より単純で速いプロトコルを必要としたのです。

そしてもうひとつ、WWWの開発中に彼が特に意識していたことがありました。それは、WWWで既存の情報をすぐに活用できるようにすることです。彼が考案したHTTPとHTMLはとてもシンプルなものでしたが、当然ながら、これに則って新たに情報を用意・発信する必要があります。つまり、これだけでは既存の膨大な情報を結び付けることができませんでした。CERN内のすべての情報をHTMLに書き換え、HTTPによって公開することも、すぐにはできません。

そこで彼は2つの工夫をしました。1つはURIにスキームを導入したこと、もう1つはHTTPにフォーマットネゴシエーション（Format Negotiation）[注25]という機能を盛り込んだことです。

3.3.3 スキーム

スキーム（Scheme） は、現在よく見るURLの先頭の`http:`や、`https:`の部分のことで、情報にアクセスするために使用するプロトコルを示しています。

たとえば、このころすでに広まっていた **FTP（File Transfer Protocol）** サーバで公開されている情報への参照を、`ftp:~`というURIで表現できるようにし、Webブラウザのアドレスバーに`ftp:~`で始まるURIを入力すれば、ブラウザがFTPサーバに接続して情報を取得できるようにしました。これにより、URIにはさまざまなプロトコルで公開されている既存の情報を参照し得る、柔軟性が組み込まれました。

注25 現在は、コンテント・ネゴシエーション（Content Negotiation）と呼ばれています。

当時、バーナーズ＝リーはURIの発案段階でNNTP、WAIS、Gopherといったプロトコルをスキームに取りこんでいます。残念ながら、2020年代にはいずれも、ほとんど使われていないプロトコルですが、1990年当時はいずれもhttpと重複する用途を持つものでした。

彼はこれらの競合技術がWWW普及の妨げとならないよう、戦略的にこれらをスキームに導入したようです[1-8]。

HINT

NNTP（Network News Transfer Protocol） はインターネット上でネットニュースのメッセージの交換に利用されるプロトコルでした。「ネットニュース」は1980年代に利用が始まったコンピュータネットワーク上の分散型議論システム[注26]です。

WAIS（Wide Area Information Server／ウェイズ） [注27]や**Gopher（ゴーファー）** [注28]は、WWWと同時期に似たようなコンセプトで浮上していたインターネットベースの情報システムのプロトコルでした。

3.3.4　フォーマットネゴシエーション

スキームの導入により、HTTPを標準としつつも、さまざまなプロトコルをWWWで扱えるようになりました。一方で、WWWにHTML以外の形式を扱う柔軟性をもたらしたのが、HTTPに盛り込まれたフォーマットネゴシエーションという仕組みでした。

ティム・バーナーズ＝リーは、CERN内にはさまざまな形式で情報が存在すること、そしてそれらをすぐにHTMLに置き換えることが容易でないことを理解していました。そこで、クライアントがサーバへデータを要求する際、自身が解釈できる形式を表明できるようにしました。

彼は著書の中で、当時利用されていたワードプロセッサ・アプリケーションであるWordPerfectを例に説明しています。たとえば、サーバが提供する情報がWordPerfect形式であるとします。クライアントが要求したのがWordPerfect形式であれば、ファイルをそのまま返します。一方、クライアントがHTML形式を要求したときは、サーバはWordPerfectのファイルをHTMLに変換して返すような仕組みです[1-9]。

注26　電子掲示板と似たようなもので、不特定多数の利用者が情報交換や議論できるシステムです。現在の電子掲示板とは違って中央となるサーバが存在せず、電子メールのようにネットワーク上のコンピュータが互いに記事を転送しあう仕組みでした。
注27　カレントアウェアネス No.149 1992.01.20 CA786-WAISシステム／山口義一（https://current.ndl.go.jp/ca786）
注28　https://www.rfc-editor.org/rfc/rfc1436.html

図3.8　フォーマットネゴシエーションのイメージ

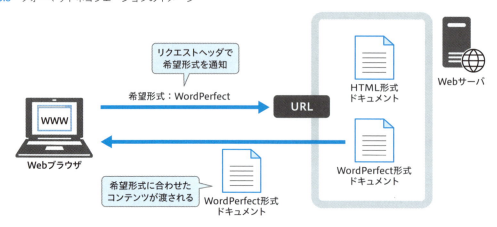

　このような変換機能をWebサーバに組み込むことは必須ではありませんでしたし、当時の段階でこのような変換の仕組みがどこまで実現されていたかは、定かではありません。

　しかしHTTPにこのような柔軟性を持たせたことで、WWWの世界ではHTML以外の情報も提供し得る可能性をあたえたことには、先見の明があったといえます。

　最初期のフォーマットネゴシエーションの説明は、今でもバーナーズ＝リーのWebサイト[注29]で見ることができます。この機能は現在のHTTPでは、**コンテントネゴシエーション（Content Negotiation）**と呼ばれ、ファイル形式だけでなく、エンコーディングや画像圧縮率など、より広範囲にわたって要求形式を指定できるようになっています。たとえば、次のような使い方がされます。

- 新しい画像フォーマットが登場したとき、ブラウザの対応状況によってサーバが返す画像形式を切り替える
- Web APIでクライアントの要求に応じて、結果をJSON形式／XML形式で切り替える

　このように、スキームやフォーマットネゴシエーションは、WWW創世時における既存システムや情報とのギャップを減らし、WWWへ移行しやすくするための工夫でした。一方で、これらがWWWに柔軟性を与えることとなりました。そして、WWWは誕生から30年以上経った現在でも、基本的な枠組みを崩すことなく、周辺技術の進化を取り込みつつ成長し続けているのです。

3.4　SGMLから生まれたHTML

　WWW上でさまざまな情報を統一して表現する方法として考案されたのが、**HTML（Hypertext Markup Language）**です。このHTMLもバーナーズ＝リーが無から生み出したものではなく、これまで積み重ねられてきた技術を慎重に観察したうえで構築されたものでした。ここでも、URIと

注29　http://info.cern.ch/hypertext/WWW/DesignIssues/Formats.html

同じように歴史を紐解いて、HTMLの技術的背景を理解しましょう。

3.4.1 汎用マークアップ言語・SGML

HTMLの源流となったのは、「**SGML (Standard Generalized Markup Language)**」という技術でした。1979年にIBMで開発された「**GML (Generalized Markup Language)**」を元にして開発され、のちに1986年にISO 8879[注30]として国際標準となります。1980年代には、アメリカ国防総省を中心に、膨大なマニュアルを長期間にわたりコンピュータで扱うための標準方式としても広まり、ティム・バーナーズ＝リーの在籍したCERNでも広く利用されていました。

ここで、SGMLとその一般的な概念であるマークアップ言語について紹介します。ここには、バーナーズ＝リーがHTMLの開発にあたって採用した、重要な考え方があるからです。

SGMLは、コンピュータで扱うさまざまな文書を統一的に表現するための手段として生み出されました。ワードプロセッサは1980年代始め頃からPC用ソフトウェアとしても普及しはじめていましたが、最終的に紙への印刷を目的としていました。そのため、電子文書も**図3.9**のような印刷イメージを作ることが求められていました。この文書を表現するためには、文字列だけでなく文字の配置など体裁に関する情報も必要です。このように文字列と体裁を併せて保持する方法が文書表現形式です。これには以下の問題がありました。

- 文字列と体裁の情報表現方法はさまざまだが、専門のソフトウェアで文字を配置しないかぎり、人間が読んで理解できなかった
- 文書表現形式はメーカーや製品ごとに異なっていた。文書を保管している間に製品がなくなったり、形式が変わったりすると、二度と読めなくなってしまうことがあった
- 人間が印刷文書を読むときは、配置されている場所によって、それが宛名であるのか、タイトルであるのかを判断できる。こうした意味の情報を論理構造と呼ぶが、それまでの文書表現形式では、文字列と体裁は表現しても、論理構造が保持されないため、文書に書かれている宛名を取り出すような 活用ができなかった

これらは、長期にわたり文書の管理をすべき現場では憂慮すべき課題でした。文書作成に使用するワードプロセッサを統一しなければならないうえ、統一したとしても特定ソフトウェアメーカーの仕様に完全に依存してしまうことになるからです。

一方SGMLは、汎用的な文書表現形式なので、特定の製品に依存しません。

また、SGMLではプレーンテキストの中に「タグ」と呼ばれる山括弧（**<～>**）でくくられた文字列を使って、さまざまな付加情報を表現できました。付加情報は自由に決めることができますが、基本的な考え方は、文書の論理構造を表すことです。たとえば、「題名」「作成日」「本文」「脚注」といった、文章それぞれの意味をタグでくくることで表現します。

注30 https://www.iso.org/standard/16387.html

第3章　WWWの基本要素とその発展

　時代は少し下りますが、SGMLの事例として、日本の総務省[注31]が1997年に策定した「電子公文書の文書型定義[注32]」を紹介します。図3.9のような文書をSGMLで表したものがリスト3.1です。HTMLをご存じの方であれば、タグが異なるだけで、似たようなものであることがわかるでしょう。

図3.9　電子文書の例

```
                                            ○○○第○○号
                                        平成○年○月○○日

  ○○省○○局長　殿

                                          ○○省○○局長


          ○○○○○○○○○○○一部改正について（通達）

  標記について、○○○○規定（昭和63年4月公達第○○号）の一部が改正さ
  れたことに伴い、○○○第○○号（昭和○○．○．○）
  「○○○○○○○○○○ついて」通達の一部を下記のとおり改正するこ
  ととしましたから、よろしく取り計らい願います。
```

リスト3.1　SGMLの例

```
<DOC>
<FRONT>
  <SECRECY>親展</SECRECY>
  <STAMP>要</STAMP>
  <MNGINFO TYPE=INQURY>○○省○○局○○課</MNGINFO>
  <MNGINFO TYPE=ABSTRACT>○○○○一部改正について○○○○○○○○○○。</MNGINFO>
</FRONT>

<BODY>
  <DOCNO>○○○第○○号</DOCNO>
  <DATE TYPE="1">平成○年○月○○日</DATE>
  <TO>
    <AFF>○○省○○局長</AFF>
    <HONORIFC>殿</HONORIFC>
  </TO>
  <AUTHOR>
    <AFF>○○省○○局長</AFF>
  </AUTHOR>
  <TITLE>○○○○○○○○○○○一部改正について（通達）</TITLE>
  <MAINTXT>
  ……（以下省略）……
```

　ここでは、「中央寄せ」「右寄せ」とった文字の配置や、文字の大きさなど、文書の見た目に関する

注31　策定当時は総務庁でした。
注32　https://www.soumu.go.jp/main_sosiki/gyoukan/kanri/dtd01.htm

情報は排除されています。そのかわり、たとえば「**<TO>**〜**</TO>**で囲まれた内容が文書の宛先を示す」というように、SGMLのタグによって文章が意味づけされています。文書の体裁は、表示・印刷する側で決めることが求められています。こうすることで、紙やコンピュータの画面など、さまざまな媒体に合わせた適切な方法で文書を出力できます。

また、**図3.9**と**リスト3.1**を見比べると、**<FRONT>**タグで囲まれた部分が文書に表示されていないことがわかります。総務省が公開するこの文書の仕様を見ると**<FRONT>**タグで囲まれた部分は「書誌情報」とされ、文書種別（普通、親展、秘密文書）や公印の要否といった文書の属性を表すのに使われています。これらは、この文書をコンピュータで扱う際に『文書種別が「秘密文書」であれば暗号化して保存・交換すべき』というように、取り扱い方法を示すのに役立ちます。

このように、コンピュータ上で表現される文書において、なんらかの方法で文章以外の「付加情報」を表現するための言語を総称して「**マークアップ言語（Markup Language）**」と呼びます[注33]。マークアップ言語のおおよその要件は、次のようなものになります。

- 人間による可読性があること（マークアップ自体が文字列で表現されていること）
- コンピュータによって解析可能であること（あいまいさのない記述ルールがあること）
- マークアップによって文書構造やセマンティクス（意味）が示されていること
- 文書構造と体裁が分離されていること

このようなマークアップ言語の代表であるSGMLがISOとして標準化されたことで、コンピュータ上で一般的・恒久的に利用できる文書の表現形式が定まりました。これが、さまざまな機関におけるSGMLの普及につながりました。

3.4.2　SGMLと文書構造

優れた特徴と実績を持つSGMLでしたが、これでWebコンテンツを表現するには不都合な点がありました。SGMLで文書を記述するには、まず文書構造の定義が必要だったからで、これは、文書をコンピュータで厳密に解釈可能とするためです。文書構造とは「全体を**DOC**要素[注34]で囲み、その中には**FRONT**要素と**BODY**要素がある……」といった、その文書における SGML の記述ルールです。

SGMLの記述ルールは「**DTD（Document Type Definition）**」と呼ばれています。

先ほど**リスト3.1**で示した、電子公文書SGMLのDTDの一部を見てみましょう（**リスト3.2**[注35]）。

注33　Markupの語源は、英語圏における書籍の印刷工程での一作業であるMarking upとされています。これは、文字の書体や大きさといった印刷に必要な情報を原稿の余白に書き込む作業を指していました。

注34　SGMLでは、山括弧で囲まれた「**<DOC>**」のような部分を「タグ」と呼び、開始タグ「**<〜>**」と終了タグ「**</〜>**」で囲まれた全体を「要素（Element）」と呼びます。この考え方はSGMLの流れを汲むHTMLやXMLでも同じです。

注35　電子公文書のDTD全体は https://www.soumu.go.jp/main_sosiki/gyoukan/kanri/dtd01.htm に掲載されています。

61

リスト3.2　電子公文書のDTD（一部抜粋）

```
01      <!-- 公文書 -->
02      <!ELEMENT DOC     - - (FRONT, BODY) >
03      <!ATTLIST DOC     VERSION CDATA #FIXED "1.0">
04      <!ELEMENT FRONT   - - (SECRECY, STAMP, MNGINFO*) >
05      <!ELEMENT BODY    - - (DOCNO, DATE, TO+, AUTHOR+,
06                             TITLE, REFDOC*,
07                             MAINTXT, MAINTXT2?, REFERENC?, APPENDIX*) >
```

ここでは、DTDの読み方の詳細は説明しませんが、雰囲気だけ紹介します。

2行目の以下の部分で「**DOC**要素は**FRONT**要素と**BODY**要素から成り立つ」ということが示されています。

```
<!ELEMENT DOC     - - (FRONT, BODY) >
```

また、4行目では**FRONT**要素の構造が説明されています。これによると、「**SECRECY**要素、**STAMP**要素、複数の**MNGINFO**要素から成り立つ」ことがわかります。ここで、**MNGINFO**要素については、アスタリスク（*）が複数登場し得る要素であることを示しています。

```
<!ELEMENT FRONT   - - (SECRECY, STAMP, MNGINFO*) >
```

図3.10　DTDとSGMLドキュメントの関係

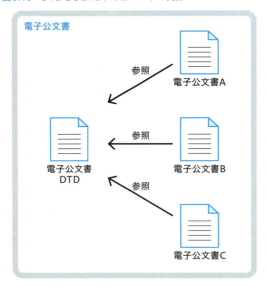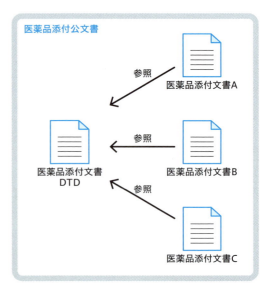

このように、SGMLはさまざまな文書の論理構造を規定して表現できる、汎用的なマークアップ言語でした。しかし、文書の種類ごとにその構造を明らかにしてDTDを作成することは、とてもた

いへんな作業です。電子公文書やマニュアルなど、類型の文書を多く作成するような場面では、DTD作成の労力に見合うでしょう。また電子的な情報交換の用途では、この厳密さが必要とされました。しかし、手軽に文書を作成して公開したい場面でいちいちDTDを定義するのは現実的でありません。

　CERN内で一定の地位を得ているSGMLをハイパーテキストの実現手段として採用することは、まったく新しいものを提案するよりも人々にとって受け入れられやすいという、大きなメリットがありました。当時ハイパーテキスト作成にかかわる人々の間でも、SGMLが唯一可能性のある標準的なシステムだと考えられていたようです[1-9]。一方SGMLには、DTDを始めとする仕様が非常に複雑で、それを扱うソフトウェアの実装が難しいという難点もありました。当時のコンピュータの性能では、DTDを読み込んで解釈し、それに従ってSGMLを解釈する処理に時間もかかりました。

　そこでバーナーズ＝リーは、SGMLの厳密さを捨て、WWWの実現に必要十分な程度にあえて簡略化したHTMLを考案しました。これにより、毎回DTDを作成しなくとも、ある程度の構造化された文書が記述できるようになりました。彼は、HTMLの開発にあたってCERNで多くの人に馴染みがある「山型括弧」のタグを採用し、「SGMLの親戚に見えるように作った」と述べています[1-10]。HTMLでは、SGMLの汎用性を制限したために処理を簡略化でき、より短い時間で文書を表示できました。

HINT

　初期のHTMLで規定されていたタグは、バーナーズ＝リーのWebサイト[注36]で見ることができます。これらは、どのような文書でも登場するような一般的な要素を表現できるよう、最小限のものとなっていました。一方この段階では、のちに登場した<B>（ボールド）や<I>（イタリック）など、文字の装飾を表すタグがありません。当初の彼の構想では、HTMLの本質はハイパーリンクを含むハイパーテキストを表現することであり、文書構造と体裁を明確に分離しようとしていたことが想像できます。

　当初、彼はHTMLを簡単に編集できるワードプロセッサのようなエディタの提供を考えており、情報発信者に直接タグを書かせることは意図していませんでした[1-11]。しかし当時のHTMLは簡単に習得できたことから、彼の予想に反して多くの人々が直接HTMLを記述するようになり、期待以上の早さでHTMLの普及にもつながったようです。

　その後、1993年に制定された最初のHTMLの仕様[注37]ではDTDが作成され、HTMLもSGMLによって定義された文書の1つとなりました。

3.4.3　論理構造と体裁の分離

　HTMLの基本アイデアとして文書の論理構造と体裁を分離したことは、初期のWWWの普及にも

注36　http://info.cern.ch/hypertext/WWW/MarkUp/Tags.html
注37　このドキュメント（https://www.w3.org/MarkUp/draft-ietf-iiir-html-01.txt）にバージョンは記載されていませんが、これがHTML 1.0と呼ばれています。

第3章　WWWの基本要素とその発展

一役買いました。

　当時、HTMLの要素をどのように表現するかはWebブラウザの実装に任されていました。

　たとえば、トップレベルの見出しを表す**<h1>**～**</h1>**タグでくくられた文字列について、文字の大きさ、色、位置などをどのようにユーザに見せるかは、Webブラウザが決めることでした。これは悪いことではありません。Webブラウザが、表示デバイスに合わせて表示できるという自由度を持たせる考え方が当初からあったのです。

　ティム・バーナーズ＝リーによる世界初のWebブラウザ、WorldWideWebは、NeXT社のワークステーションでしか動作しなかったため、WWWを利用できる人は限られていました。

　そこで、Line Mode Browser[注38]というテキスト表示専用のWebブラウザが開発され、CERNのサーバ上に公開されました。

HINT

　ワークステーションとは、業務や研究用途を想定した個人用の高性能コンピュータのカテゴリーです。一般的に非常に高価で当時100万円を超えることも珍しくなかったといいます。NeXT社は、Apple社の創業者として有名なスティーブ・ジョブズが一時的にAppleを追われていたときに創業した会社です。現在のmacOSは、彼がAppleに復帰したのち、NeXT社のワークステーション用OSであるNeXTSTEPを元につくられました。スティーブ・ジョブズもWWWの創世に間接的にかかわっていると言えます。

　当時、ネットワーク経由でコンピュータに遠隔接続できるtelnet（テルネット）プロトコル[注39]はすでに普及していました。そこで、CERNのサーバにTelnetで接続すれば、誰でもCERNサーバ上で動作するLine Mode Browserを利用して、テキスト限定ながらWebサイトを参照できるようにしたのです[注40]。

　これは、HTMLが論理構造と体裁を分離するコンセプトであったことから、Line Mode Browerが生まれ、実現できたことです。PCに加えてタブレットやスマートフォンなど、さまざまなデバイスでWebが閲覧される現代こそ、この考え方の恩恵をもっとも享受しているといえます。

　図3.11は、Line Mode Browerの現代版とも言える、Lynxというテキスト版ブラウザで、ティム・バーナーズ＝リーのWebサイトを閲覧したものです。シンプルなページであることも理由ですが、それなりに見えるようになっています。当時のLine Mode Browerによる閲覧も、このような感じだったことでしょう。

注38 https://www.w3.org/LineMode/
注39 現在ではSSHプロトコルで遠隔接続するのが一般的ですが、その前はTelnetが広く使われていました。Telnetには通信を暗号化する機能がなく、インターネット経由で利用するには脆弱性が大きかったため、2000年頃から徐々にSSHに置き換わっていきました。
注40 この案内は、2024年現在も http://info.cern.ch/hypertext/WWW/FAQ/Bootstrap.html に残されています。

図3.11 Lynxで表示した人類初のWebサイト

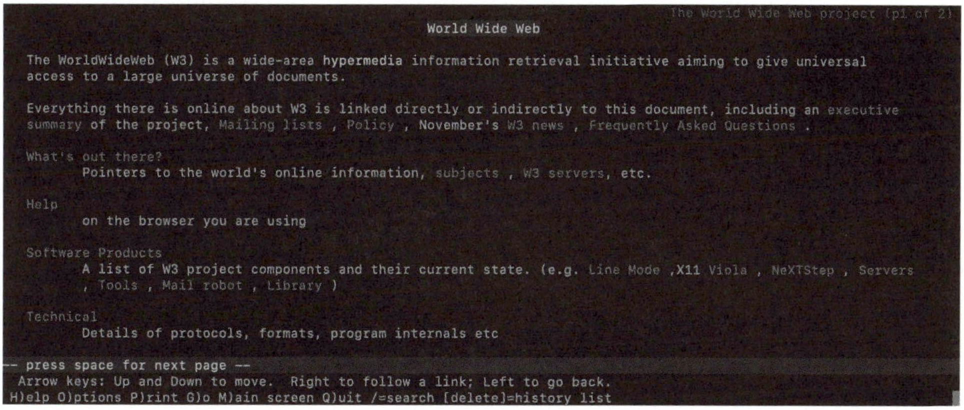

```
                                                      The World Wide Web project (p1 of 2)
                                    World Wide Web

The WorldWideWeb (W3) is a wide-area hypermedia information retrieval initiative aiming to give universal
access to a large universe of documents.

Everything there is online about W3 is linked directly or indirectly to this document, including an executive
summary of the project, Mailing lists , Policy , November's W3 news , Frequently Asked Questions .

What's out there?
        Pointers to the world's online information, subjects , W3 servers, etc.

Help
        on the browser you are using

Software Products
        A list of W3 project components and their current state. (e.g. Line Mode ,X11 Viola , NeXTStep , Servers
        , Tools , Mail robot , Library )

Technical
        Details of protocols, formats, program internals etc

-- press space for next page --
  Arrow keys: Up and Down to move.  Right to follow a link; Left to go back.
  H)elp O)ptions P)rint G)o M)ain screen Q)uit /=search [delete]=history list
```

3.5 CSSによる視覚情報の分離

3.5.1 WWWの普及とブラウザ戦争

　URI、HTTP、HTMLといった要素技術を始めとするティム・バーナーズ＝リーの工夫が功を奏し、WWWは誕生から最初の10年間で急速に普及しました。まず1990年代半ばにかけて、CERNを中心とした研究機関の間で急速に普及しました。さらに1995年、Microsoft社から発売されたWindows 95を契機としてWWWの利用は企業や一般家庭にも広がりを見せました。

　Windows 95によって、当時一般に使われていたPCにもGUI[41]が本格普及したことで、Webブラウザ提供の下地ができました。翌年にはインターネット接続に必要となるTCP/IPプロトコルスタックが標準提供され[42]、WWWの閲覧に必要なGUIとネットワーク機能が身近なものとなりました。また、Windows 95が企業や一般家庭にも広がったことにより、WWWの商業利用も始まりました。

　Windows 95の発売後まもなく、Microsoft社が開発したWebブラウザであるInternet Exploler がリリースされ、すでに公開されていたWebブラウザ、Netscaspe Navigatorとの熾烈なシェア争いが始まりました。Netscape Navigatorは、NCSA Mosaicを開発したマーク・アンドリーセンがジム・クラーク[43]とともに起業したNetscape Communications社が開発したブラウザです。1994年に最初のバージョンが公開され、Windows以外にもMacintosh[44]や各種UNIX系OSなど、さまざまな

---

[41] GUI:Graphical User Interfaceのこと。アイコン、ボタン、ウィンドウなどで視覚的に操作できるようにしたコンピュータのインターフェースです。1990年代前半まではコンピュータの画像処理性能が低かったため、文字とキーボードを中心としたインターフェースでした。こちらはCUI（Character User Interface）と呼ばれています。WindowsのコマンドプロンプトやMacのターミナルは、CUIと言えます。

[42] Windows 95が普及する前、PCの主要なOSはMS-DOS（エムエス・ドス）というMicrosoft社のOSでした。今では信じられないかもしれませんが、GUIは提供されておらず、ネットワーク機能も標準ではありませんでした。Windows 95の前身であるWindows3.1も利用されつつありましたが、広く普及していたMS-DOSを置き換えるにはいたっていませんでした。

[43] 当時、高性能なコンピュータ・グラフィックス用ワークステーションを開発・販売して有名だった、シリコン・グラフィックス社（SGI）を起業した実業家。

[44] 現在のMacの前身となる、Apple社のパーソナルコンピュータ。

プラットフォーム上で展開されていました。当時のInternet ExplorerとNetscape Navigatorのシェア争いは、俗に「ブラウザ戦争」と呼ばれています。

このとき、互いの差別化を図るためにそれぞれのブラウザで独自の拡張が盛んに行われました。代表的なものが、HTMLに対する独自要素の追加です。現在では非推奨となっていますが、文字の大きさや色を指定する`<font>`要素や、中央寄せを指定する`<center>`要素など、「文書の見た目」を表現するHTML要素が作られたのが、この時期です[注45]。また、文字や画像を画面上の好きな位置に配置するため、罫線を非表示に設定した`<table>`要素を使うテクニックが広まったのも、この頃でした。

WWWの商業利用が進むと、必然としてWebサイトの見た目が重要視されてきます。

HTMLによる表現力の向上が重要視された結果、HTMLがSGMLから受け継いだ「論理構造と視覚情報の分離」という思想が軽視されるようになってしまいました。

ティム・バーナーズ＝リーは、1994年10月にWWWに関する技術の標準化を推進する団体、**W3C（World Wide Web Consortium／ワールドワイドウェブコンソーシアム）** を設立し、HTMLの標準化を進めました。しかし各社ブラウザの独自拡張によるタグの乱立に対しては、追認する形で仕様を制定していかざるを得ませんでした。

WWWの仕様はどこで決まるのか

Webに関する技術を学ぶにあたり、正確な情報を調べるときには原典となる仕様をあたる必要があります。これらの仕様はJIS（日本産業規格）のようなものだと思ってもらえれば良いですが、一部の国家や企業が独占的に管理しているわけではありません。多くは非営利団体において話し合いによって決まっていきます。

本書の説明の中でも仕様への参照やそれらを策定・管理する団体が登場します。ここでは、仕様策定やさまざまな情報の管理に携わる団体と、その成果物について紹介します。

略称	成果物／管理対象
IETF	HTTP等、通信プロトコルやファイル形式全般の仕様
W3C	HTML、DOM、CSSの仕様
WHATWG	HTML、DOMの仕様
IANA/ICANN	ドメイン名、IPアドレス、ポート番号、MIMEタイプ等
Mozilla Foundation	MDN Web Docs

● IETF

IETF（The Internet Engineering Task Force）[注46]は、WWWだけでなくインターネット上で使われる技術全般に関する策定を行う標準化団体です。IETFで策定された仕様は、RFCと呼ばれています。「RFC 9112」のような通番が振られて公開され、インターネット上で誰でも閲覧できます[注47]。HTTPを始めとして、各種通信プロトコルに関する仕様やファイルフォーマットなどは、たいていが

注45 かなり変わった独自拡張として、`<marquee>`要素が挙げられます。これは、文字列を電光掲示板のようにスクロールさせて表示でき、Internet Exploler で採用されました。
注46 https://www.ietf.org/
注47 RFC は https://www.rfc-editor.org/ から検索できます。

RFCとして公開されています。

● W3C

W3C (World Wide Web Consortium／ダブリュー・スリー・シー) は、1994年にティム・バーナーズ＝リーが創設したWWWにまつわる技術の標準化や普及を目指す団体です。HTMLの仕様は、HTML 2.0[注48]まではIETFが策定していました。それ以降はW3Cが引き継いで策定を進め、2000年代前半、HTML 4とXHTMLまでをW3Cが牽引しました。

● WHATWG

2024年現在、W3Cに替わってHTMLの仕様策定を進めている団体がWHATWG (Web Hypertext Application Technology Working Group)[注49]です。WHATWGの設立経緯やW3Cとの関係は、3.7.1 WHATWGの発足 (81ページ) を参照してください。

● IANAとICANN

IANA (Internet Assigned Numbers Authority／アイアナ) は、インターネット上で使われるさまざまな名前や番号を管理する機関でした。1970年代に南カリフォルニア大学のジョン・ポステル (Jon Postel) 教授が中心となって開始したプロジェクトが元になっています。当初は運営費用の一部をアメリカ政府によって援助されていましたが、民営化が提案されました。これを受けて1998年に設立された国際非営利組織がICANN (Internet Corporation for Assigned Names and Numbers／アイキャン) です。これまでIANAが担ってきた役割は、ICANNに引き継がれました。

現在ではインターネットのドメイン名、IPアドレス、ポート番号等を管理する機能がIANAと呼ばれています。2016年にはICANNの子会社として設立された非営利公益法人、PTI((Public Technical Identifiers) がIANA機能を担うようになりました。一方ICANNは、IANAが管理するような各種資源の管理方針を検討・策定する役割を担っています。

● Mozilla Foundation

Mozilla Foundationは上記3つの団体とは違い、仕様を策定する団体ではありません。しかし、Mozilla Foundationが公開するサイト「MDN Web Docs[注50]」はWWWに関する技術や仕様をわかりやすくまとめて公開していることで定評があります。MDN Web Docsで公開されている各種ドキュメントは正式な仕様ではありませんが、わかりやすくまとまっており信憑性も高いので、普段から参考にすると良いでしょう。Mozilla Foundationは、1998年にオープンソース化されたNetscape Communicatorの開発プロジェクトとして始まったMozilla (モジラ) プロジェクトの支援団体として、設立されました。前述のようにWHATWGにも関わりがあります。Mozillaプロジェクトは、Netscape Communicatorの後継ブラウザであるFirefox Browserや、メールクライアントであるThunderbirdといった世界的に利用されているオープンソースを開発しています。

注48 RFC 1866: "Hypertext Markup Language - 2.0"、https://www.rfc-editor.org/rfc/rfc1866.html
注49 https://whatwg.org/ また、https://whatwg.org/faq#spell-and-pronounce によると「ワットウィージー」「ワットウィグ」「ワットダブリュージー」といった読み方があるそうです。
注50 https://developer.mozilla.org/

3.5.2 CSSの考え方

　W3Cは1996年12月から1997年1月にかけて、各ブラウザの独自拡張を吸収した**HTML 3.2**を策定し、さらに文書の体裁を定義するための新たな仕様、**CSS（Cascading Style Sheets／カスケーディングスタイルシート）** を公開しました。CSSについては多くの情報が書籍やネットにありますので、詳細はそれらに譲り、ここでは中心となる考え方を紹介します。

> **HINT**
> 　これ以降、「要素」や「タグ」「属性」という言葉がよく出てきます。まだHTMLに馴染んでいない方のために、簡単に整理しておきます。
> 　山括弧で囲われた「**<a>**」のような部分を「タグ」と呼び、開始タグ「**<～>**」と終了タグ「**</～>**」で囲まれた全体を「要素（Element）」と呼びます。要素が表す情報本体は、開始タグと終了タグの間に記述します。通常は開始タグと終了タグがペアになりますが、改行を表す**
** 要素のように、開始タグ単独で記述するものもあります。
> 　また、「属性（attribute）」と呼ばれる付加情報を持つものもあり、属性は開始タグに「**属性名="属性値"**」の形式で記述します。ここでは、href属性を1つしか記述していませんが、複数の属性が記述されることもあります（図3.12）。

図3.12　HTML要素

　CSSでは、**セレクタ**によって、HTMLの中の要素を指定し、そこに対して書式を指定するという考え方をします（図3.13）。

図3.13 HTMLとCSSの関係

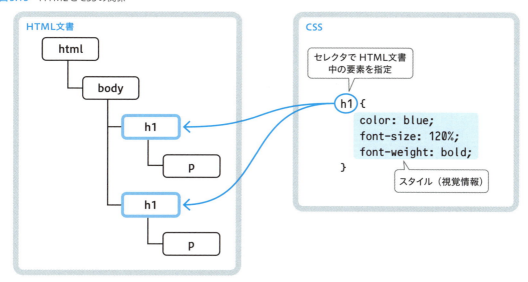

具体例で説明しましょう。たとえば、リスト3.3のようなHTMLがあるとして、トップレベルの見出しを表す**<h1>**要素に対して、文字の大きさや色を指定したいとします。

リスト3.3 CSS適用前のHTML

```
<html>
  ……
  <body>
    <h1>技術の学び方</h1>
      <p>……</p>
    <h1>Webシステムの全体像</h1>
      <p>……</p>
  </body>
</html>
```

これに対して、以下のようなCSSを書きます（リスト3.4）。

リスト3.4 視覚情報を指定するCSS

```
01  h1 {                    /* 「すべてのh1要素」を表すセレクタ */
02    color: blue;          /* 青字にする */
03    font-size: 120%;      /* 基準の120%の大きさにする */
04    font-weight: bold;    /* 太字にする */
05  }
```

1行目の**h1**が「すべての**<h1>**要素」を表すセレクタです。続く中括弧の中で、セレクタで指定したHTML要素に対する書式を指定します。セレクタという概念が導入されたことによって、文書中

69

の複数の箇所に対して一括して書式を指定できることがわかります。

このCSSをHTMLに紐付けるには、HTML側にCSSファイルを記述します。このCSSが**style. css**というファイルに保存されているとしましょう。HTML側で、**head**要素内の **link**要素（リスト3.5の①）で**style.css**を読み込む指定をします。

リスト3.5　CSSを適用したHTML

```
<html>
  <head>
    <link rel="stylesheet" href="style.css"> ←── ①
  </head>
  <body>
    <h1>技術の学び方</h1>
      <p>…………</p>
    <h1>Webシステムの全体像</h1>
      <p>…………</p>
  </body>
</html>
```

複数のHTMLから同じCSSを読み込むこともできるので、Webサイト全体の書式を一括して指定できます（図3.14）。

図3.14　複数のHTMLから参照されるCSS

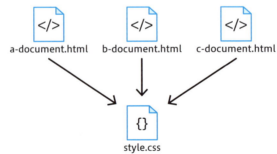

3.5.3　CSSのさまざまな指定方法

基本的なCSSの指定方法は、前項のようにlink要素で読み込ませるものです。しかし非推奨ながら、HTMLの中に直接CSSを記述することもできます。リスト3.6は、CSSを別のファイルとせずに、**<style>**要素の中に直接記述する例です。このやり方はCSSファイルを分けなくても良いので、一見、手軽に見えます。しかし、複数のHTMLに対して同じ書式を指定したいときに、それぞれのHTMLに同じ記述をしなくてはなりません。

リスト3.6 style要素でCSSを記述

```
<html>
  <head>
    .................
    <style>
      h1 {color: blue; font-size: 120%; font-weight: bold;}
    </style>
  </head>
    .................
</html>
```

　また、**リスト3.7**は、適用先のHTML要素のstyle属性として、CSSを直接指定するものです。もはや論理構造と視覚情報を分離しているとは言えませんが、Webアプリケーションが動的に生成するHTMLなどでは、特定箇所の見た目を変更するために、このような指定方法をすることもあります。このため、このような指定もできるということは、覚えておくと良いでしょう。

リスト3.7 style属性にCSSを記述

```
......
<h1 style="{color: blue; font-size: 120%; font-weight: bold;}">技術の学び方</h1>
......
<h1 style="{color: blue; font-size: 120%; font-weight: bold;}">Webシステムの全体像</h1>
......
```

　W3Cは、各ブラウザの独自拡張をHTMLの正式仕様として取りこむことで混乱の収拾を図りつつ、SGMLに準じた当初の思想に向けて舵を切り直しました。1997年12月に制定された **HTML 4.0** では、CSSとの組み合わせで代替できる要素を非推奨とし、将来の削除候補と位置付けました。先ほど紹介した<font>や<center>などです。

　しかしながら、視覚情報をCSSに分離して定義するのは初学者にとって直感的に理解しにくく、CSSを使わずにWebサイトを作っても見た目は同じであるため、HTMLとCSSを分離するという考えが広く定着するには数年かかりました[注51]。

3.5.4　さまざまなCSSセレクタ

　前項では、もっとも簡単なセレクタを紹介しました。これは「タイプセレクタ」といって、特定の要素を選択するものです。CSSのセレクタにはさまざまな種類があり、これらをうまく利用することで、HTML内の要素を効率的に選択できます。ここでは、本書のサンプルで使用するCSSを理解するのに最小限必要なセレクタを**表3.1**に示します。

注51　筆者の主観的な印象ですが、2000年代なかばくらいまでは、CSSをきちんと使わないサイトが散見されていた記憶があります。

表3.1 代表的なCSSセレクタ

セレクタ	パターン	説明
タイプ（Type）セレクタ	E	要素E
子（Child）セレクタ	E > F	要素Eの直接の子であるF要素
属性（Attribute）セレクタ	E[foo="bar"]	属性fooの値がbarであるE要素
クラス（Class）セレクタ	E.bar	class属性がbarであるE要素
IDセレクタ	E#bar	id属性がbarであるE要素

HINT

 最初からすべてのセレクタを覚えようとする必要はありません。以下のサイトで簡潔かつ網羅的に紹介されているので、こちらを参照しながら少しずつ覚えていくのが良いでしょう。

- とほほのWWW入門—CSSリファレンス（セレクタ）

    URL https://www.tohoho-web.com/css/selector.htm

また、慣れてきたらMDNのリファレンスを参照すると良いです。こちらのサイトでは、ブラウザ上でCSSの効果を実際に試せます。

- CSSセレクタ（MDN）

    URL https://developer.mozilla.org/ja/docs/Web/CSS/CSS_Selectors

属性、クラス、IDの各セレクタは、要素を省略することもでき、その場合は任意の要素を表します。たとえば、.barは、class="bar"であるすべての要素という意味になります。

IDセレクタは、id属性の属性セレクタの省略版とも言えます。h1[id="title"]とh1#titleは同じ意味で、どちらもid属性がtitleであるh1要素という意味です。

id属性を指定するケースはとても多いので、このようなセレクタが作られたと思われます。

また、（セレクタ），（セレクタ），...のようにセレクタをカンマ区切りで複数記述すると、それらいずれかに合致する要素を表します。たとえば、h1, h2, h3 { ... }で、h1、h2、h3の各要素に対するスタイルをまとめて記述できます。

HINT

すべてのセレクタの正式な仕様は以下のサイトで紹介されています。

- Selectors Level 4

    URL https://www.w3.org/TR/selectors-4/

また、CSSに関する正確な仕様全般は、以下のサイトで公開されています。

- CSSの最新仕様

  URL https://www.w3.org/TR/CSS/

- 検討中も含めたCSS全仕様の一覧

  URL https://www.w3.org/Style/CSS/current-work

コラム　CSSセレクタの応用

　CSSにおけるセレクタの考え方は、HTMLのツリー構造の一部を指定するための方法として、とても有用でした。このため、後に別のところでも応用されています。

　1つは、広く利用されているJavaScriptライブラリ、jQuery[注52]です。

　jQueryは、少ない記述でHTML要素を操作する機能を提供していますが、操作対象のHTML要素を指定するためにCSSセレクタの構文が利用されています。のちに、これと同等の機能がブラウザのAPIとしても提供されるようになりました。`querySelectorAll()`メソッドや、`querySelector()`メソッドです。これらのメソッドを利用してHTML要素を操作する方法は、第7章で紹介します。

　また、CSSセレクタと似た考え方の技術として **XPath**[注53] が挙げられます。

　XPathは、次節で紹介するXML文書から要素を指定して情報を取り出すための方法として使われている技術です。CSSセレクタとは文法が違いますが、対象がHTMLとXMLという違いだけで、目的はほぼ同じと言えます。

3.6　データ構造を記述するXML

　WWWが普及すると、HTML文書だけでなく、もっとさまざまな情報をインターネットでやりとりしたいと考えられるようになりました。1990年代後半、HTMLと同じくSGMLから生まれたもうひとつのマークアップ言語、XMLが生まれます。

　XMLは2000年代前半に熱狂的に受け入れられましたが、現在では別の技術に代替[注54]され、特にWebシステム開発の場面で目にすることは少なくなってしまいました。

　しかし、XMLは以下のような点で特筆すべき技術です。

- データ記述言語としてSGMLを置き換えた
- HTMLの進化に影響を与えた
- 初期のWeb API（第8章で紹介）にも使用された

注52　https://jquery.com/
注53　https://www.w3.org/TR/xpath/
注54　2020年代現在、Webシステム開発の現場におけるデータ技術言語としてのXMLの位置づけは、多くの場面でJSON（ジェイソン）やYAML（ヤムル）に置き換えられるようになっています。詳しくは「付録A.9　構造化データの表現」を参照してください。

第3章　WWWの基本要素とその発展

　また、XMLが実現したことを完全に置き換える技術は登場していないので、XMLの目的や位置付けを理解しておくことは重要です。ここでは、XMLが生まれた経緯や特徴、どのように使われたかを解説します。

> **HINT**
>
> 　本書では、XMLの細かな解説はしません。読者の皆さんも概要を押さえる程度で、必要になったときに勉強すれば良いでしょう。一方で、残念ながらXMLに関する専門書籍は絶版になっているものも多く、手に入りにくくなっています。本書執筆時点では、以下のWeb上の連載記事がXMLを理解する上でお勧めです。

● 技術者のためのXML再入門—@IT

URL > https://atmarkit.itmedia.co.jp/ait/articles/0110/05/news004.html

　XML周辺技術全般についても、@ITが公開している記事群が非常に充実していますので、参考にすると良いでしょう。

● @IT：XMLカレッジ - 総合インデックス

URL > https://atmarkit.itmedia.co.jp/fxml/indexes/index_col.html

3.6.1　データ表現に適さないHTML

　まず、なぜWWW上の情報交換にXMLが必要となったのかを説明しましょう。そのために、仮にHTMLで情報交換すると、どのようになるかを考えることから始めます。

　HTMLは、SGMLの厳密さを意図的に緩めることで習得しやすくし、Webコンテンツの作成に使いやすくしていました。一方で、HTMLはブラウザに表示して人間が見ることを目的しており、その表現方法にはあいまいさが多いため、コンピュータ同士の情報交換には不向きでした。ここでいう「あいまいさ」とは、どのようなことでしょうか。

　たとえば、書籍の紹介をするサイトで、書籍に関する情報をHTMLで表現することを考えてみてください。それぞれの書籍に対して、次のような情報を掲載したいとします。どのようなHTMLの書き方が考えられるでしょうか。

- タイトル
- ISBN
- 著者
- 出版社
- 金額

一般的なのは定義リスト[注55]を使った書き方です（**リスト3.8**）。

リスト3.8 定義リストでの表現例

```
<dl>
  <dt>タイトル</dt>
  <dd>プロになるためのWeb技術入門</dd>
  <dt>ISBN</dt>
  <dd>978-4774142357</dd>
  ...........
</dl>
```

　`div`要素や`span`要素を組み合わせて指定するケースもあります。この場合、`class`属性でその要素の意味を表すことが多いでしょう（**リスト3.9**）。

リスト3.9 div要素での表現例

```
<div class="bookdetail">
  <p>
    <span class="booktitle">タイトル</span>
    <span>プロになるためのWeb技術入門</span>
  </p>
  <p>
    <span class="isbn">ISBN</span>
    <span>978-4774142357</span>
  </p>
  ...........
</div>
```

　いずれの書き方もHTMLとしては正しく、CSSを適切に記述すればブラウザ上では同じ見た目になるので、人間にとっては気になりません。一方、このようなHTMLファイルを受け取り、書籍のタイトルやISBNなどの情報を読み取るアプリケーションプログラムを作成する立場で考えると、どうでしょうか。上に示したHTMLはページの一部ですから、HTML全体には他のさまざまな情報が混ざっていることでしょう。このような中から必要な情報を抜き出すプログラムを作るためには、記述した人の意図に従って抜き出す必要があります。

　つまり何らかの方法で、**リスト3.8**では定義リストを、**リスト3.9**では`div`要素を、どう読みとれば適切に情報が得られるのかについて規則を伝え、それに従って読み出すプログラムを作成するという手間がかかることになります。コンピュータが読み取る情報を表現するという目的に対して、HTMLではあいまい性が大きいのです。

[注55] 定義リストは`<dt>`要素で「用語」を、`<dd>`要素で「説明」を記載し、それらの組合せのリストを`<dl>`要素で括ったものです。

第3章　WWWの基本要素とその発展

HINT

1998年にはティム・バーナーズ＝リーによって、**セマンティック・ウェブ**[注56]という考え方が提唱されています。HTMLなどWeb上の情報にコンピュータが読み取れる形で意味情報を持たせ、自動的な情報収集や分析など、さまざまな活用につなげようというものです。XMLが普及しつつあった2000年代半ばには、開始タグ内の属性を使って付加情報を追加し、コンピュータがHTML文書から意味を読み取れるようにする技術としてMicroformatsが検討されていました[注57]。

Microformatsは普及しませんでしたが、現在ではJSON-LD、microdata、RDFaなどの形式でHTMLに意味情報を付与するアプローチ進んでおり、Googleなどの検索エンジンがこれらのデータを活用しています。

3.6.2　XMLの登場

このような背景で、SGMLをデータ交換に特化することで簡略化し、インターネット上でやりとりするデータを記述するための、**XML（Extensible Markup Language／エックスエムエル）** が生まれました。XMLは1995年にW3Cで検討が始まり、1998年2月にXML 1.0が勧告されています。HTML 4.0が勧告されたのが1997年12月なので、ほぼ同時期になります。

先にXMLの実例を示しましょう。**リスト3.8** や**リスト3.9** で表現していた書籍情報をXMLで表現すると、**リスト3.10** のようになります。

リスト3.10　XMLでの表現例

```
<?xml version="1.0" encoding="UTF-8"?>
<book>
  <title>プロになるためのWeb技術入門</title>
  <isbn>978-4774142357</isbn>
  <publisher>技術評論社</publisher>
  <author>小森 裕介</author>
  <price>2280</price>
</book>
```

XMLでは、要素を自由に定義できるので、データの内容に即した表現ができ、簡潔であいまい性がありません。ここでは、書籍情報を表現するのに**book** という要素を作成し、その中に**title** や**isbn** といった要素で詳細情報を表現しています。

先ほど述べたようにXMLはSGMLの仕様を一部抜き出したものなので、**リスト3.1**（60ページ）で示したSGMLの例と見た目は同じであることもわかるでしょう。当然、同じくSGMLを元としているHTMLの文書とも、見かけは同じです。

このため、「XMLはタグを自由に定義できるHTMLである」といった表面的な理解をされてしま

注56 https://www.w3.org/2001/sw/
注57 Microformatsについては『Webを支える技術』[3] で詳しく紹介されています。

うこともあります。しかし、本質的な違いは「HTMLは文書を表現する技術」なのに対して、「XMLはデータ構造を表現する技術」である点です（図3.15）。

図3.15 SGML、HTML、XMLの関係

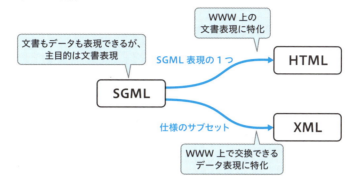

HINT

Webシステムの開発においてSGMLが使われることはまずないので、SGMLとXMLの細かな違いを理解する必要はありません。一般に、ある技術から特定の目的や要件に合うように抽出された技術を、「サブセット」と呼びますが、XMLはSGMLのサブセットです。SGMLは文章表現を主目的としていた一方、XMLの主目的はデータ交換でした。XMLは、SGMLからデータ交換という主目的に対して不要な仕様をそぎ落としたものである、程度の理解で良いでしょう。

3.6.3 スキーマによるデータ構造の規定

スキーマの定義

　XMLではタグや構造を自由に決めることで、たいていのデータ構造を表現できます。しかし、勝手に決めたデータ構造のXMLを相手に送りつけても、相手はそれが正しいデータ構造なのか、どのように読み取ればよいのかといったことがわかりません。なんらかの方法で「データ構造のきまり」を表現し、それを元にしてデータを読み取ってもらう必要があります。たとえばリスト3.10の書籍情報を表すXMLでは、book要素の中にtitle、isbnなどの要素があるということが、このデータ構造の決まりです。このようなデータ構造の決まりのことをスキーマ（Schema）と呼び、スキーマを記述する言語のことをスキーマ言語といいます。

　すでにお気づきの方も多いと思いますが、SGMLやHTMLで採用されているスキーマ言語は3.4.2 SGMLと文書構造（61ページ）でも紹介したDTDのことです。HTMLでは、Webコンテンツを作成する上で都度DTDを作成しなくてもよいよう、文書記述を念頭にある程度汎用性を持たせたDTDが定義されました。XMLでもスキーマ言語としてDTDが採用され、利用者が必要に応じ

て[注58]DTDを作成できるようになっています。

たとえば、リスト3.10で示したXMLのDTDは次のようになります。

リスト3.11　書籍情報を表すDTD

```
<!DOCTYPE book [
    <!ELEMENT book (title, isbn, publisher, author, price)>
    <!ELEMENT title (#PCDATA)>
    <!ELEMENT isbn (#PCDATA)>
    <!ELEMENT publisher (#PCDATA)>
    <!ELEMENT author (#PCDATA)>
    <!ELEMENT price (#PCDATA)>
]>
```

このDTDを**book.dtd**というファイル名で用意し、リスト3.12-①のようにDOCTYPE宣言で参照する[注59]ことで、XMLのスキーマを指定できます。

リスト3.12　XMLでの表現例

```
<?xml version="1.0" encoding="UTF-8"?>
<!DOCTYPE book SYSTEM "book.dtd">   ←── ①

<book>
    <title>プロになるためのWeb技術入門</title>
    <isbn>978-4774142357</isbn>
    <publisher>技術評論社</publisher>
    <author>小森 裕介</author>
    <price>2280</price>
</book>
```

HINT

SGMLやHTMLとは違い、XMLではさまざまなスキーマ言語が利用できます。ここでは当初採用されていたDTDを紹介しましたが、のちにXML SchemaやRELAX NGといったスキーマ言語も登場しました。DTDは独自構文でしたが、後者2種類はそれ自体もXMLで記述するようになり、名前空間（後述）やデータ型など、より高度なスキーマ定義が可能になりました。現在、XMLのスキーマ言語はXML Schemaが主流となっています。

スキーマは必要か不要か

コンピュータの世界では、さまざまなところで「スキーマ」という言葉が出てきますが、どれも「デー

注58　XMLにおいてスキーマは必須ではありません。アプリケーションの内部的なデータ保存用途など、外部とのデータ交換に使わないときなどでは、スキーマを定義せずに手軽にXMLを記述することもできます。
注59　ここでは外部ファイルとして用意したDTDを読み込ませる方法を紹介しましたが、XML内に直接DTDを記述する方法もあります。

タ構造の定義」という意味で使われます。XML以外では、リレーショナルデータベースのテーブル定義のこともスキーマと呼びます。データを保持するテーブルとカラム、カラムにどのような情報を格納するかを決めているので、まさに「データ構造の定義」です。また、第8章で紹介するWeb APIでも、APIの入出力定義をスキーマと呼ぶことがあります。

　スキーマを決めるということは、情報を類型化してその型にはめるということなので、データが扱いやすくなります。一方、スキーマを決めるのは面倒ですし、スキーマにうまく当てはまらない情報をどのように扱うべきか悩む場面も多いです。

　そこでスキーマが流行ってしばらくすると、それに窮屈さを感じた人達が「スキーマなんて面倒だ！」と考えるようになり、「スキーマレス（Schema-less）」つまりスキーマを持たない技術が流行り始めます。データ記述形式ではXMLのあとにJSONやYAMLが流行りましたし[注60]、データベースの分野ではスキーマを持たない「NoSQLデータベース」がもてはやされた時期がありました。しかし、しばらくすると私たちはまたスキーマの必要性に気づきます。もともとスキーマレスであったJSONにも、JSON Schemaというスキーマ技術が導入されたのも面白いところです。

　つまるところ、スキーマもスキーマレスもどちらが優れているということはなく、状況に応じて使い分ける必要があると筆者は考えます。ソフトウェア技術の流行廃りは、時代背景やその前に流行っていた技術の反動の影響を受けることが多いのです。

バリデータによる検証

　XML文書とともにスキーマを提供することで、XML文書を受け取ったアプリケーションは、それがスキーマ通りに記述されているかを検証することもできます。検証用のプログラムはXMLを扱うライブラリとともに提供されていました。このような検証用のプログラムは、**バリデータ（Validator）**と呼ばれています。バリデータを使うと、開始タグと終了タグの関係が崩れていないかといった基本的な書き方のチェックや、スキーマに沿っているかのチェックをしてくれます。

　たとえばリスト3.12のXMLで、DTD（リスト3.11）に記述されたprice要素が抜けていたとしましょう。

　バリデータは、そのようなエラーを事前に検出できます。

　このため、アプリケーション開発者はXMLがスキーマ通りに記述されていることを前提としてそれを読み込むプログラムを作成すれば良く、チェック処理をいちいち自分で作成する必要もありませんでした。

XMLの活用例

　データ構造を厳密に記述でき、バリデータによる検証機能も提供されているなど、XMLはデータを表現するのに理想的な技術でした。最大の欠点は、コンピュータによる可読性が優先されたため、人間が手で書いたり読んだりするのが難しいことでした。このため、XHTMLをはじめとして人間が手で作成する場面ではXMLはあまり広まりませんでした。2010年前後まで、Webアプリケーション

注60　JSONやYAMLについては、「付録A.9 構造化データの表現」で解説しています。

フレームワークの設定ファイルなどもXMLが主流でしたが、人間が記述するには冗長過ぎるため、今ではあまり使われません。

　一方、直接人目に触れない部分、つまりコンピュータが出力し、コンピュータが読み取る場面ではXMLは使われ続けています。多くの企業で使われている表計算ソフト、Microsoft Excelのファイル保存形式（拡張子がxlsxのもの）の実体は、XMLファイルをzip形式で圧縮したものです。Webシステムに近いところでは、近年利用が広まっている拡大縮小可能な画像形式、SVG（Scalable Vector Graphics）や、数式を表現するMathMLなどの中身はXMLです。また、電子書籍フォーマットとして利用されているEPUB形式もXHTML形式の文書やスタイルシート、画像などを圧縮して1つのファイルにまとめたものです。

　特定の業界や業務にかかわるシステムでも、多く使われています。たとえば、e-Tax（国税電子申告・納税システム）、特許の電子出願、電子カルテ、医薬品の添付文書などが挙げられます。いずれも、人間が直接読み書きするのではなく、アプリケーションで作成した情報を保存・流通するための形式として使われています。

🍪 スキーマを区別する名前空間

　名前空間にも軽く触れておきましょう。XMLでは、1つのXML文書内で複数のスキーマを使用できます。**名前空間（Namespace）**は、このようなときに必要な考え方です。たとえば、スキーマaとスキーマbがそれぞれbookという要素名を定義していたとき、スキーマaとスキーマbを使用するXML文書では、bookという要素がどちらのスキーマに由来するものかが区別できません。

　そこで、**<a:book>～</a:book>**や**<b:book>～</b:book>**のように、要素名の前に**:**（コロン）で区切って名前空間を指定することで、どのスキーマに属する要素なのかを明示します。実際のXMLを目にするとき、このようにコロンを含む要素名を目にすることが多いので、名前空間のことは軽く覚えておくと良いでしょう。

3.6.4　XHTMLの登場と衰退

　XMLはHTMLにも影響を与えました。XMLの登場後、XMLを使ってHTMLを再定義しようという動きも起こりました。XMLはスキーマを定義することでさまざまなデータ構造を表現できるので、HTML自体もXMLに合わせてしまえば、さまざまな情報がXMLのもとで統一的に表現できるという理想を目指したものです。まず、当時最新のHTMLであったHTML 4.01をXMLで定義しなおしたXHTML 1.0が勧告されました。表現できることは変わりませんが、XHTMLはXMLに準じた記述方法になる点が変化しました。わかりやすいところでは、以下のような点です。他にも、細かな部分でHTMLでは許容されていた記述方法の揺れが許容されなくなりました。

- すべての要素名を小文字で記述するようになった
- すべての要素に終了タグの記述が必須となった
- 改行を表す**
のように、内容持たない要素は
</br>**と書くところを**
**と記述するようになった

これはHTMLを解釈するプログラムを作成する側にとっては喜ばしいことでしたが、Webデザイナーなど HTML を作成する側にとっては、Web ブラウザ上での表現力が変わらないのに、XML の厳密さが強制される結果となってしまい、あまり歓迎されませんでした（図3.16）。

図3.16　XHTML は XML で定義された HTML

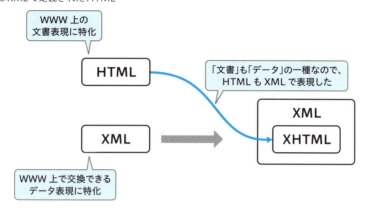

　その後も W3C は XHTML の改善を進めますが、あとで述べる HTML5 の検討が進んだこともあり、2009年に XHTML の開発を停止しました[注61]。

　XHTML がどのようなものだったかを知りたい方は、以下のサイトを参照すると良いでしょう。

- XHTML入門 - とほほのWWW入門
  URL https://www.tohoho-web.com/ex/xhtml.htm

3.7　HTML5策定とHTML Living Standardへの統一

3.7.1　WHATWGの発足

　2000年代を通じた WWW の普及に伴い Web アプリケーションは進化し、HTML にもより多くの表現力が求められました。Web 開発現場における実際のニーズをよく把握していたのは、当時主要なブラウザ開発をしていた企業や団体でした。一方、HTML 仕様を策定していた W3C は、現場のニーズよりも技術的な正しさや、きちんとした策定プロセスを重視する傾向がありました。また、XHTML の策定に現れているように、HTML 自体の発展よりも WWW 上のさまざまな情報を XML で中心に再構築することに舵を切り始めていました。

注61　https://www.w3.org/News/2009#entry-6601

第3章　WWWの基本要素とその発展

このため、現場のニーズを新しい仕様に取りこむことに対して積極的ではなく、ブラウザベンダーとの間に軋轢が生じ始めます。

このような状況で、2004年に発足した団体がWHATWG（Web Hypertext Application Technology Working Group）[注62]です。WHATWGは、当時の主要なブラウザベンダーであったApple、Mozilla Foundation、Opera Softwareの従業員が設立しました[注63]。

そして2007年には、WHATWGが現場のニーズを踏まえたHTMLの改善案を提示し、W3Cと共同でHTML 5の策定作業を開始します。しかしその後に両者の作業は進め方の違いから分裂してしまいます。前述のように内容をしっかり議論・吟味して仕様策定したいW3Cと、新たな技術やニーズを積極的に取りこんでいきたいWHATWGの姿勢の違いが主な理由と思われます。2011年には、WHATWGが HTML Living Standard[注64] という仕様を発表し、WHATWGの考える次世代のHTMLはHTML Living Standardを通して継続的に公開されるようになりました。

▌3.7.2　HTML 5の登場

W3Cは引き続きHTML 5の検討を進め、2014年10月に「HTML 5」が勧告されます。HTML 5ではこれまでとの互換性を保ちつつ、数多くの機能追加がなされたため、現場から大きく歓迎されました。細かな説明は他書に譲りますが、以下に挙げるように、さまざまな要素の追加がされて表現力が向上するとともに、XMLやSGMLとの関係性も変化しました。

- `<article>`、`<section>`、`<aside>`など、文書構造をより明確に表現するための要素が追加された。
- `<input>`要素を中心にフォーム関連の要素が強化され、ユーザビリティが向上した。
- `<video>`、`<audio>`、`<canvas>`など、マルチメディアを扱うための要素が追加された。
- XHTMLのように、XMLのルールに厳密に従って記述する必要がなくなった。
- SGMLからも独立した仕様となった。
- ドキュメント型宣言が簡略化され、`<!DOCTYPE html>`という表記だけでよくなった。

また、ブラウザ上で動作するJavaScriptに提供されるAPIも数多く追加され、同時期に策定されたCSS3でも、見た目をより細かく制御できるようになりました。

このように、HTML 5の策定と関連して大きな変化がおきたため、これら周辺技術も総称して「HTML 5」と呼ばれることもありました。

注62　https://whatwg.org/ また、https://whatwg.org/faq#spell-and-pronounce によると「ワットウィージー」「ワットウィグ」「ワットダブリュージー」といった読み方があるそうです。

注63　https://whatwg.org/faq#what-is-the-whatwg より。2017年には、Apple、Google、Microsoft、Mozillaといった企業や団体がWHATWGを支援する体制となりました。

注64　https://html.spec.whatwg.org/

3.7.3 HTML Living Standardへの統一

しばらくは、W3Cが勧告するHTML 5と、WHATWGが策定を進めるHTML Living Standardが併存する状況が続きました。W3Cが2016年にHTML 5.1、2017年にHTML 5.2と更新する一方で、WHATWGは「仕様は継続的に改善されるもの」とし、バージョンを振らずにHTML Living Standardを改善していきます。両者には微妙な食い違いがあり、WHATWGの構成メンバーが開発するブラウザはHTML Living Standardに準拠していましたが、Microsoft社のEdgeはW3Cの仕様に準拠するなど、ブラウザによっても準拠する仕様が違いました（図3.17）。

図3.17　HTMLの進化

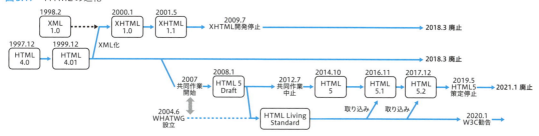

その後、Microsoft社のEdgeもChromiumをベースに開発すると方針転換したことで、主要ブラウザでW3CのHTML 5に準拠するものは無くなってしまいました。そして2019年5月、W3CはHTML 5の策定作業を中止し、今後のHTMLの策定をWHATWGに委ねることを発表しました[65]。

いまでは、W3Cによる協力のもとでWHATWGが策定・公開しているHTML Living Standardに統一されています。先ほど述べたように、HTML Living Standardにバージョンという考え方はなく、常に仕様が進化し続けます。私たちも仕様を追いかけ続けなければなりませんが、それが技術の進化が早い現代に適したスタイルだと言えます。

HINT

Chromium（クロミウム）[66]は、Google社のブラウザ、Chromeのベースとなっているオープンソースプロジェクトです。Chromeの主要な機能はChromiumプロジェクトで公開されたコードが使用されています。後にMicrosoftのEdgeやOperaなど、他のブラウザのコードベースとしても利用されるようになりました。

まとめ

本章では、URI、HTTP、HTMLというWWWの基本要素の成り立ちと発展について紹介しました。特にこれらの技術の設計に関して、WWW普及のためにティム・バーナーズ＝リーが発揮したバランス感覚には、学ぶべきものがあります。先人の生み出した技術を踏まえつつ、

注65　https://www.w3.org/blog/2019/05/w3c-and-whatwg-to-work-together-to-advance-the-open-web-platform/
注66　https://www.chromium.org/Home/

URIでは一方向リンク、HTTPではシンプルで実装しやすいプロトコル、HTMLではSGMLに沿いつつも大幅な簡略化をするなど、利用者・開発者それぞれが受け入れやすい設計とするのは、そう簡単なことではありません。一方で、XHTMLからHTML 5、HTML Living Standardに至る発展の流れでは、理想を追いすぎることが良い結果を生むわけではないことも学べました。

また、WWWの普及を通じて少し遅れて生まれた重要な技術、CSSとXMLについても触れました。より見栄えの良いWebコンテンツが求められるようになった結果、HTMLから視覚情報を分離する技術としてCSSが生まれました。逆に、コンピュータが扱いやすいように純粋にデータだけをやりとりする技術として生まれたのがXMLでした。HTMLもXMLの一種として包括的に扱おうとする取り組みは失敗に終わりましたが、XMLの考え方はとても重要で、いまでも利用されています。

参考Webサイト

- とほほのWWW入門
  https://www.tohoho-web.com/www.htm
  1996年から四半世紀以上にわたり杜甫々（とほほ）氏が更新し続ける、個人運営のサイトです。Web系の基礎技術を中心に、簡潔にわかりやすくまとめられています。本章で細かく紹介しきれなかった、以下のようなトピックについてもまとめられていますので、参照するとよいでしょう。手軽なリファレンスとしても活用できます。
  - CSSリファレンス
    https://www.tohoho-web.com/css/index.htm
  - DTDの読み方
    https://www.tohoho-web.com/ex/dtd.htm
  - XHTML入門
    https://www.tohoho-web.com/ex/xhtml.htm
  - HTML 5
    https://www.tohoho-web.com/html5/
  - HTML Living StandardとHTMLの歴史
    https://www.tohoho-web.com/html/memo/htmlls.htm
  - セマンティック・ウェブ
    https://www.tohoho-web.com/ex/semantic-web.html
- Some early ideas for HTML
  https://www.w3.org/MarkUp/historical
  W3Cのサイト上の記事。初期のHTMLに関する歴史が説明されています。

参考文献

[1] ティム・バーナーズ=リー（著）、高橋 徹（翻訳）、Webの創成──World Wide Webはいかにして生まれどこに向かうのか、毎日コミュニケーションズ、2001年

以降、同書より引用箇所を示す。

    [1-1] P.13より引用

    [1-2] P.23

    [1-3] P.37

    [1-4] P.53

    [1-5] P.77より引用

    [1-6] P.266

    [1-7] P.56によると、0.1秒を目標としていたようです。

    [1-8] P.58〜P.59

    [1-9] P.59

    [1-10] P.59

    [1-11] P.60

[2] Theodor Holm Nelson（著）、竹内 郁雄・斉藤 康己（監訳）、ハイテクノロジー・コミュニケーションズ株式会社（翻訳）、リテラリーマシン──ハイパーテキスト原論、アスキー、1994年

[3] 山本 陽平（著）、Webを支える技術──HTTP、URI、HTML、そしてREST、技術評論社、2010年

第 4 章

HTTPクライアントと
HTTPサーバ

4.1　Webアプリケーションの根本を学ぼう
4.2　最小のHTTPサーバを実現する
4.3　レンダリングエンジンの働きを確認する
4.4　HTTPクライアントをブラウザに変更する
4.5　動的なコンテンツの生成
4.6　Webアプリケーションへの発展

第4章 HTTPクライアントとHTTPサーバ

4.1 Webアプリケーションの根本を学ぼう

4.1.1 フレームワークに隠されたWebアプリケーションの本質

第3章では、初期のWWWに発展について流れを理解しました。現代のWebアプリケーション開発は、さまざまなツールや環境が整ってきたため、比較的手軽に始められるようになりました。読者の皆さんの多くは、Webアプリケーション開発を勉強し始めたとき、とりあえず何らかのWebアプリケーションフレームワークを使ってみた方が多いと思います。

第2章でも触れたとおり、「Webアプリケーションフレームワーク」とは、Webアプリケーションを開発するための「骨組み」のようなものです。Webアプリケーションフレームワークが提供する「骨組み」は、フレームワーク設計者の豊富な知見に根ざした設計に基づいており、どんなWebアプリケーションでも必要となる定型処理もあらかじめ組み込まれています。住宅建築にたとえるなら「基礎工事が済み、主要な柱や梁などが組まれて、電気、水道など生活に必須の設備までが整った状態」ととらえれば良いでしょう。そこから先の「細かな間取りや内装工事」に相当するのが、フレームワークを使った開発者の仕事です。

開発者は、そのフレームワークが定めた作法に従ってプログラムを書くことで、Webアプリケーションを簡単に開発できます。一方で、フレームワークによって提供する骨組みの範囲や使い方の作法はさまざまですので、初学者にとって裏側がどうなっているかを理解するのが難しくなってしまいました。

4.1.2 Webアプリケーションの根本はシンプル

第3章で説明したように、WWWの本質はURI、HTTP、HTMLという取り決めに過ぎません。

どのような方法でWebアプリケーションを開発したとしても、その根本の仕組みはまったく同じで単純なものです。そこで本章では、いくつかの簡単な実験を通してWebアプリケーションの根本原理を説明します。

ここでの実験では、標準的なコマンドである curl（カール）と nc（netcat／ネット・キャット）を使い、HTTPクライアントとHTTPサーバの動作を模倣します。どのようなWebアプリケーションでもHTTP通信は必ず発生するので図4.1に示すようにHTTPクライアントとHTTPサーバの通信に焦点を当て、それらがどのように行われているか自分の手で確認し、実感を持つことが目的です。

これから行う実験は、以下のような手順で進めます。

① nc コマンドと curl コマンドでHTTP通信を実現する

② nc コマンドから、あらかじめ用意したHTMLを返す

③ nc コマンドのHTTPサーバと本物のWebブラウザを通信させる

88

図 4.1 本章の実験範囲

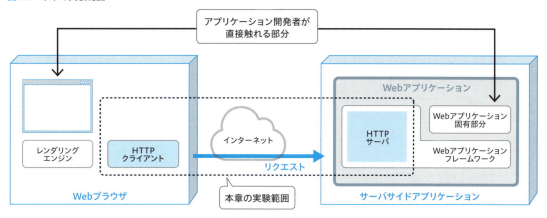

普段、その動きを直接見ることが少ないHTTPサーバの部分をncコマンドで実現することで、HTTPサーバの動きをより実感をもって理解できるはずです。

> **HINT**
> ncやcurlコマンドは、MacやLinuxであれば標準でインストールされています。Windows環境でも、**WSL（Windows Subsystem for Linux）** を利用することでLinux環境を簡単に用意でき、そこでncやcurlコマンドを実行できます。
> WSLはWindows10以降で標準提供されている、Windows上でLinux環境を構築するための仕組みです。従来でも、VMWareやVirtualBoxなどの仮想マシン製品を利用することで同様のことができましたが、WSLの登場で、より手軽にLinux環境が利用できるようになりました。
> Windowsを利用している読者の方は、本章の実験に入る前に、まず「**B.2 WSLのインストールと実験の準備**」を参照してWSLをインストールしてください。

4.2 最小のHTTPサーバを実現する

4.2.1 ncコマンドで実現するHTTPサーバ

まず、図4.2のような、単純なHTTPサーバとHTTPクライアントの構成を、ncとcurlで実現してみましょう。

ncコマンドは、ネットワーク上でデータを送受信できる万能ツールです。ネットワークの診断をはじめ、さまざまな用途で古くから使われており、「ネットワークのスイスアーミーナイフ[注1]」と呼

[注1] 他にドライバーや缶切りなど、さまざまな機能がついている折りたたみナイフのことです。日本では〇徳ナイフとも呼ばれます。ncコマンドの多機能性になぞらえて、このように呼ばれています。

ばれることもあります。

　`curl`コマンドは任意のHTTPリクエストを送信し、応答を受け取ることができるコマンドで、これ単体でHTTPクライアントとして利用できます。このため、Web開発の現場では簡単な実験やテスト、デバッグなど、さまざまな用途で使われます。また身近なところでは、Webからファイルをダウンロードするためにも使われているので、ダウンロード用ツールとして知っている方も多いかもしれません。

　ここでは、`nc`コマンドをHTTPサーバ、`curl`コマンドをHTTPクライアントとして用いて実験をします。

図4.2　HTTPサーバとクライアントの実験

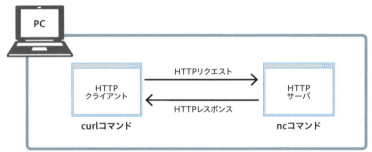

　第2章の図2.2「Webシステムの本質的な全体像」(16ページ) と比較するとわかりますが、ちょうど中央の部分に相当します。

図4.3　Webシステムの本質的な全体像 (部分再掲)

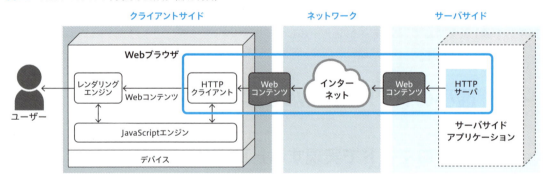

4.2.2　リクエストの待ち受け

　実際のWebシステムでは、HTTPクライアントとHTTPサーバの間はインターネットを経由しますが、この実験では1台のPCの中で完結させます。ターミナルウィンドウを2つ開いてくださ

い[注2]。片方ではHTTPサーバ、もう片方はHTTPクライアントを動かします。

> **HINT**
>
> もし複数のPCを所有していて、それらが自宅やオフィスの中でLAN接続されていれば、nc
> とcurlをそれぞれの別のPCで実行して通信させることもできます。そうすれば、ネットワークを通
> じて通信をしていることがより実感できるので、挑戦してみるとよいでしょう。

まず、nc コマンドで擬似的な HTTP サーバを作ります。サーバサイドのターミナルウィンドウで、
次のコマンドを入力してください。これで、nc コマンドは 8080 番のポートで通信を待ち受けて受信デー
タを表示し、通信相手にデータを送信できるようになります（**画面4.1**）。

画面4.1　nc コマンドをサーバとして実行

```
サーバ側
$ nc -l 8080 Enter
```

> **HINT**
>
> Windows の WSL 環境において Ubuntu で確認する方は、次のように nc コマンドに -q 1 オ
> プションを付与する必要があります。毎回指定するのはたいへんですので、「**付録B.2.2 nc コマンド
> のエイリアス設定**」に従ってエイリアスを設定しておくと良いでしょう。

```
サーバ側
$ nc -q 1 -l 8080 Enter
```

また、通常はコマンドを実行して終了すると、プロンプト（%や$）が表示されて次のコマンドが実
行できるようになります。しかし、ここで実行した nc コマンドではプロンプトが表示されません。
nc コマンドが HTTP サーバとして動作して、クライアントからのリクエストの待機状態に入ってい
るためです。つまり、nc コマンドは実行中のままです。

次に、クライアントサイドのターミナルウィンドウで次のコマンドを入力します。

先ほど起動した nc コマンドが待ち受けている 8080 ポートに向けて、HTTP リクエストを送信させ
るためのものです。localhost は、コマンドを実行しているコンピュータ自身を指す特別なアドレ
スです[注3]。

画面4.2　curl によるクライアントサイドでの HTTP リクエスト送信

```
クライアント側
$ curl http://localhost:8080/ Enter
```

注2　WSLで実験する方もウィンドウを2つ開き、それぞれでWSLを起動してください。
注3　自身のコンピュータを指すIPアドレスとして127.0.0.1も使われますが、これとlocalhostは同じ意味です（画面4.2）。

第4章 HTTPクライアントとHTTPサーバ

すると、サーバサイドでは**画面4.3**のような文字列が表示されます。

画面4.3 サーバサイドが受信したHTTPリクエスト

```
サーバ側
$ nc -l 8080 Enter
GET / HTTP/1.1
Host: localhost:8080
User-Agent: curl/8.4.0
Accept: */*
```

ここで表示されたのは、curlコマンドが送信したHTTPリクエストを、ncコマンドが受け取って表示したものです[注4]。

4.2.3 レスポンスの返却

では、ncコマンドからcurlコマンドにレスポンスを返します。サーバサイドのターミナルウィンドウ上で**画面4.4-**①部分の3行を入力してください[注5]。これは、本来HTTPサーバが返すレスポンスを、手作業で直接送信しています。

画面4.4 サーバサイドからレスポンスを送信する

```
サーバ側
$ nc -l 8080 Enter
GET / HTTP/1.1
Host: localhost:8080
User-Agent: curl/8.4.0
Accept: */*

HTTP/1.1 200 OK Enter
Enter
Hello, Web application! Enter
```
①

クライアントサイドに無事「Hello, Web application!」と表示されました（**画面4.5**）。

画面4.5 クライアントサイドで受信したレスポンス

```
クライアント側
$ curl http://localhost:8080/ Enter
Hello, Web application!
```

これが、もっとも簡単に試せるHTTPサーバとHTTPクライアントの動きです（**図4.4**）。

注4 HTTPリクエストとレスポンスについては、あらためて「5.3 HTTPの基本」で説明します。
注5 2行目の空行も必要です。文字を何も入力せずに、エンターキー Enter だけを入力してください。

図4.4　curlとncのHTTP通信

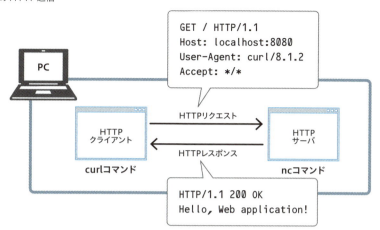

ここでは、「HTTPリクエスト」や「HTTPレスポンス」が登場しましたが、これらについては第5章で説明します。今は雰囲気を感じる程度で読み流しておけば大丈夫です。

なお、この実験を繰り返すには、サーバサイドのターミナルで Ctrl + d を押して、nc コマンドを一度終了させてから繰り返してください[注6]。

HINT

ここで、ncコマンドに入力した HTTP/1.1 200 OK という部分がcurlコマンド側で表示されないのを、不思議に思う方もいるかもしれません。この部分は「レスポンスヘッダ」と呼ばれる部分で、リクエストの成功／失敗などを示す情報が含まれています。

通常、curlコマンドは、ユーザが求める情報だけを出力するため、裏でHTTPサーバとやりとりしている様子すべてを出力するわけではありません。curl -i http://localhost:8080/ のように、-iオプションを付けて実行すると、レスポンスヘッダも表示されます。また、curl -v http://localhost:8080/ のように、-vオプションを付けると、curlコマンドが送信したHTTPリクエストの内容を含む、より細かな通信状況が表示されます。

4.2.4　パイプによるサーバ実行の効率化

さて、以降の実験をもう少し効率的に進めるため、ncコマンドの動かし方を少し改善します。ncコマンドを画面4.6のように実行してください。ncコマンドが待機状態にはいります。

画面4.6　レスポンスをパイプでncコマンドへ渡す

```
サーバ側
$ { echo 'HTTP/1.1 200 OK'; echo; echo 'Hello, Web application!'; } | nc -l 8080  Enter
```

注6　Ctrl + d はデータ（標準入力）の終わりを示すEOF（End Of File）と呼ばれるコードを入力するためのものです。このコードを受け取るまでは、ncコマンドは標準入力から受け取ったデータをクライアントへ送信し続けます。

クライアントサイドでは、先ほどと同じようにcurlコマンドを実行します。

```
クライアント側
$ curl http://localhost:8080/ [Enter]
```

すると今度は、ncコマンド側で何も入力しなくても、同じ結果が得られました。

これは、先ほどは人間がキーボードから入力していた文字列を、echo（エコー）というコマンドを使ってncコマンドに自動的に渡すように変更したためです（図4.5）。echoコマンドは、さまざまなプログラミング言語でのprintに相当するもので、文字列を表示するためのコマンドです。

echoコマンドの出力をncコマンドに渡すために、**パイプ（pipe）**という機能を使っています。「パイプ」や「標準入力」「標準出力」について馴染みがない方は、「**付録A.8 標準入力と標準出力**」で解説していますので、そちらを参照してください。

> **HINT**
> 画面4.6では、セミコロンで区切った3つのechoコマンドを中括弧（{〜}）で囲んで記述していました。これは、「グループコマンド」と呼ばれる機能で、以下のように3つのコマンドの実行を1行にまとめて書いたものです。

```
echo 'HTTP/1.1 200 OK'
echo
echo 'Hello, Web application!'
```

図4.5　レスポンスをパイプでncコマンドへ渡す

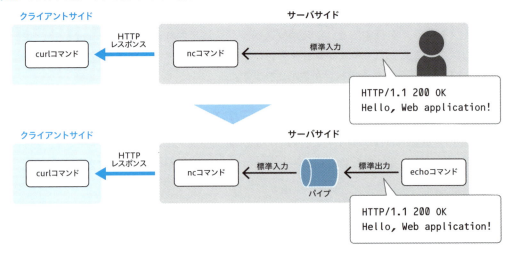

4.3 レンダリングエンジンの働きを確認する

今度はncコマンドはcurlコマンドからのリクエストに応答し終わると、自動的に終了してしまいます。実験を再度繰り返したい場合は、ncコマンドを実行しなおしてください。ここで実験したように、Webシステムにおけるクライアントは普段使用しているWebブラウザがすべてではありません。実際の開発現場ではHTTPクライアントの機能だけを提供するcurlコマンドを使って動作確認やデバッグをすることもよくあります。

> **HINT**
>
> ターミナル上ではカーソルの⬆️キーを押すと、前に実行したコマンドが表示されるので、これを使うと同じコマンドを最初から入力する必要がなくなり便利です。先ほどncコマンドが返すレスポンスの内容をechoコマンドから渡すようにしたことで、処理を1行で記述できるようにしたので、このようなことができるようになりました。

4.3 レンダリングエンジンの働きを確認する

4.3.1　レスポンスを保存してブラウザで開く

ここまで、curlコマンドが受信した内容はターミナルへ表示されるだけでした。

次に、curlコマンドが受信した内容をファイルに保存してブラウザで表示しましょう。

まず、実験の概要を説明します。ここからは、ファイルの保存場所を分けるために、クライアントとサーバを別のディレクトリで動かします。図4.6を見てください。clientとserverというディレクトリ（フォルダ）を作成し、curlコマンドとncコマンドをそれぞれのディレクトリ上で実行します。serverディレクトリには、ncコマンドが返すhello.htmlというファイルを用意しておきます。curlコマンドは、HTTP通信でこれを受信して、clientディレクトリに保存します。最後に、Webブラウザでこのファイルを表示させます。

図4.6 curlコマンドとncコマンドの実行ディレクトリを分離する

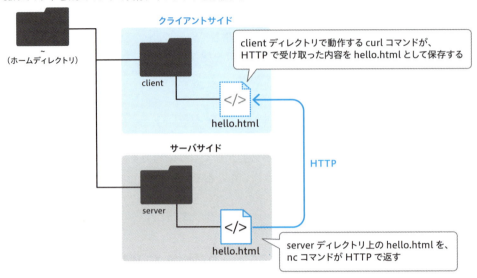

　まず、次のコマンドを実行し、ホームディレクトリの直下にclientとserverという2つのディレクトリを作成してください[注7]。

```
$ mkdir ~/client ~/server
```

　まず、ncコマンドを実行するサーバサイドのターミナルウィンドウでは、serverディレクトリに移動しておきます。

```
サーバ側
$ cd ~/server
```

　最初はファイルを用意せずに、今までと同じやり方でレスポンスを返すことにします（**画面4.7**）。

画面4.7　serverディレクトリでncコマンドを実行する

```
サーバ側
$ { echo 'HTTP/1.1 200 OK'; echo; echo 'Hello, Web application!'; } | nc -l 8080  Enter
```

HINT

　実行環境にもよりますが、現在の作業対象ディレクトリ（カレントディレクトリ）は、ターミナルのプロンプトに表示されます。たとえばMacでは、ユーザ名@PC名　カレントディレクトリ％、

注7　mkdirはディレクトリ（フォルダ）を作成するコマンドです。またチルダ（~）は、ホームディレクトリを表します。

WSL上のUbuntuではユーザ名@PC名：カレントディレクトリ$が標準です。この表示内容は、カスタマイズできるので、人によっては異なる表示になっていることもあります。

なお、カレントディレクトリの部分に~（チルダ）が表示されている場合、それはホームディレクトリを示します。ホームディレクトリは環境によって異なりますが、カレントディレクトリを表示するpwdコマンドで確認できます。Macでは、/Users/ユーザ名となり、WSL上のUbuntuを含むLinux環境では、/home/ユーザ名となります。

次に、curlコマンドを実行するクライアントサイドのターミナルウィンドウでは、clientディレクトリに移動しておきます。

```
クライアント側
$ cd ~/client
```

ncコマンドで実現しているHTTPサーバに接続してみましょう。

```
クライアント側
$ curl -s -o hello.html http://localhost:8080/ [Enter]
```

先ほどに加えて2つのオプションを追加しています。-s（silent）オプションは進捗状況[注8]を表示しないようにするもの、-o（output）オプションは受信内容を指定したファイル名で保存するためのものです。ここでは、受信内容をhello.htmlというファイル名でカレントディレクトリに保存しました。

HINT

多くのUNIXコマンドでは-s -o hello.htmlの代わりに-so hello.htmlのようにオプションをまとめて指定できます。小さなことですが短くタイプできるので覚えておくと良いでしょう。このとき、引数をとるオプションは最後に記述する必要があります。

つまり、-os hello.htmlのような指定はできません。hello.htmlは-oオプションの引き数ですので、続けて記述する必要があるためです。

保存したファイルの内容を確認してみましょう。ファイルの内容を表示するcatコマンドで確認します（**画面4.8**）。

画面4.8　保存されたレスポンス

```
クライアント側
$ cat hello.html [Enter]
Hello, Web application!
```

注8　進捗状況の表示はインターネットから大きなファイルをダウンロードする場面では役に立ちます。一方で、Webアプリケーション開発のツールとしてcurlコマンドを利用する場合は余計な出力となるため、-sオプションを付けて抑制することが多いです。

このファイルをブラウザで開いてみましょう。Macであれば、次のように**open**コマンドでファイルを指定することで、ブラウザ上に表示できます。

```
クライアント側
$ open hello.html  Enter
```

WSL環境では、Windowsのエクスプローラを開き、アドレスバーに`¥¥wsl$`と入力することで、WSL環境内のファイルにアクセスできます。`Ubuntu-22.04 > home > webtech > client`とたどることで、hello.htmlが表示されます。これをダブルクリックするか、ブラウザにファイルをドラッグ＆ドロップすることで開けます。

図4.7のようにファイルの内容が表示されました。

図4.7　ブラウザで表示したWebコンテンツ

これは、ファイルに保存されたWebコンテンツをブラウザが解釈して画面に表示したものです。通常のWebシステムではインターネットからWebコンテンツを取得しますが、このようにPC上に保存されたファイルを表示させることもできます。通常はURLが表示されているアドレスバーの部分に`file://`〜と表示されているのは、PC上のファイルを開いているためです。`file:`は「3.3 HTTP」で紹介したURLにおけるスキームの1つであったことを思い出してください。

この動作は、ブラウザのレンダリングエンジンの部分だけを使ったとも言えます（図4.8）。

図4.8　Webコンテンツをブラウザで表示

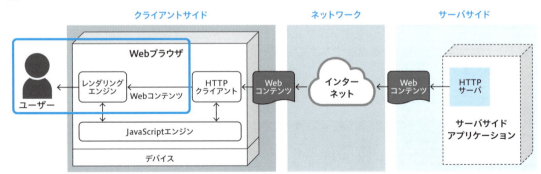

4.3 レンダリングエンジンの働きを確認する

> **HINT**
> Google Chromeを使用している方で、アドレスバーに`file://`~が表示されない場合は、アドレスバーのURLが表示されている部分を右クリックしてメニューを表示させ、「URL全体を常に表示」をチェックしてください。

4.3.2 HTMLファイルの準備

先ほど`curl`コマンドで保存したhello.htmlは、拡張子がhtmlとなっていますが、実際の内容はHTMLではありません。ブラウザはHTMLの解釈に関しては寛容で、HTMLの定義に沿っていない内容でもそれなりの表示をしてくれます。これではレンダリングエンジンの役割がわかりにくいため、次は簡単なHTMLを表示させてみることにします。リスト4.1の内容を好きなテキストエディタ[注9]で入力し、先ほど作成したserverディレクトリ配下に`hello.html`というファイル名で保存してください。

リスト4.1 hello.html

```
<!doctype html>
<html lang="ja">
<body>
  <h1>Test contents</h1>
  <p>Hello, Web application!</p>
</body>
</html>
```

WSL環境では、`cd server`でserverディレクトリに移動してから以下のコマンドを実行することで、空のhello.htmlファイルが作成されます[注10]。これを、先ほどと同じようにエクスプローラで`\\wsl$`を開いてから、Ubuntu-22.04>home>webtech>serverとたどって表示させ、メモ帳で開いて編集すると良いでしょう。

```
サーバ側
$ touch hello.html  Enter
```

コラム　ヒアドキュメントによるファイルの作成

簡単なファイルであれば、GUIのエディタを使わなくても、次のように入力することでコマンドラインでも作成できます。

[注9] わからない方は、Macであれば「テキストエディット」、Windowsであれば「メモ帳」でかまいません。
[注10] `touch`コマンドは、ファイルの更新時刻を現在時刻に変更するコマンドですが、存在しないファイルを指定すると、そのファイルを作成します。このため、空のファイルを作成するコマンドとしても使われます。

```
cat <<EOF > hello.html [Enter]
<!doctype html> [Enter]
<html lang="ja"> [Enter]
<body> [Enter]
  <h1>Test contents</h1> [Enter]
  <p>Hello, Web application!</p> [Enter]
</body> [Enter]
</html> [Enter]
EOF
```

　ここでは、「**ヒアドキュメント**」と「**リダイレクト**」というシェルの機能を利用しています。`cat`コマンドの後の`<<EOF`がヒアドキュメントの指定で、`<<`の後ろに指定した`EOF`という文字列が行頭に登場するまで、キーボードから入力された文字列を標準入力として扱ってくれます。

　ヒアドキュメントの終了を示す文字列は自由に決められるので、`EOF`の部分は、どんな文字列でもかまいません。ここでは、"End Of File"という意味で`EOF`としています。

　上の例では、2行目から8行目に入力した内容が標準入力として`cat`コマンドに渡されます。なお、ヒアドキュメント入力中は、それがわかるような`>`や`heredoc>`といったプロンプトが表示されますが、かまわず入力してください[注11]。

　`cat`は引数で指定されたファイルの内容を表示するコマンド[注12]ですが、ファイル名を指定しないときは標準入力から受け取った内容をそのまま表示します。ここで`> hello.html`のように、リダイレクトを表す記号`>`に続けてファイル名を指定すると、本来は標準出力へ出力される（つまり、コンソールに表示される）内容が、そのファイルに保存されます。

図4.9 ヒアドキュメントによるファイルの作成

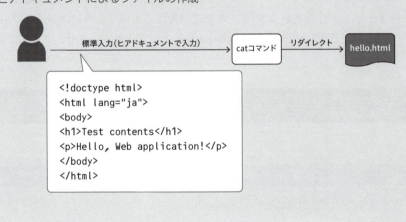

[注11] ヒアドキュメント入力時は前の行にさかのぼって修正することはできないため、間違ってしまった場合は[Ctrl]+[c]キーを押して中止してから、最初からやりなおしてください。

[注12] 正確には、`cat`の語源であるconcatenate（結合する）の意味が示すとおり、指定された複数のファイルを結合して出力するコマンドですが、ファイルを1つしか指定しない場合はそのファイルの内容だけを出力することになります。

4.3 レンダリングエンジンの働きを確認する

　システムの開発時にはターミナル上で作業をすることも多いので、このような機能の使い方を覚え
ておけば、エディタとターミナルの行き来が不要になります。またドキュメントなどで例示する時も、
ヒアドキュメントで表現しておくと、コマンドをそのままコピー＆ペーストするだけでファイルを作
成できるというメリットもあります。

　作成したファイルの内容を確認しておきましょう（**画面4.9**）。

画面4.9　hello.htmlの内容を確認

```
サーバ側
$ cat hello.html  Enter
<!doctype html>
<html lang="ja">
<body>
  <h1>Test contents</h1>
  <p>Hello, Web application!</p>
</body>
</html>
```

　今度は、ncコマンドがこのファイルの内容を返すように起動します（**画面4.10**）。

画面4.10　hello.htmlを返すncコマンドの起動

```
サーバ側
$ { echo 'HTTP/1.1 200 OK'; echo; cat hello.html; } | nc -l 8080  Enter
```

　クライアントサイドのターミナルウィンドウで、ふたたびcurlコマンドを実行し、受信したレス
ポンスをhello.htmlとして保存します（**画面4.11**）。

画面4.11　curlでhello.htmlを取得

```
クライアント側
$ curl -s -o hello.html http://localhost:8080/
```

　curlが保存したhello.htmlをブラウザに表示させましょう。もともとは**画面4.9**で確認したよう
な文字列だったものが、ブラウザのレンダリングエンジンがこれを解釈して表示した結果、**画面4.10**の
ように表示されました。たとえば**<h1>Test contents</h1>**はトップレベルの見出しと解釈されて、
大きな文字で目立つように表示されます。

　「**3.5 CSSによる視覚情報の分離**」でも説明したように、具体的にどのようなフォントでどのくら
いの大きさや色で表示するか、といった表現方法はブラウザに任されます。ここではCSSを指定し
ていないため、ブラウザ固有のデフォルトのスタイルになっています（**図4.10**）。

101

図4.10　ブラウザがレンダリングしたHTML

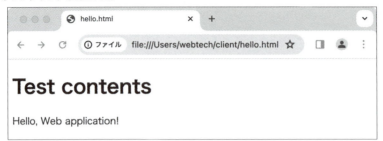

4.4 HTTPクライアントをブラウザに変更する

4.4.1 仕組みを理解して問題解決に役立てよう

いよいよ最後のステップです。ここまでcurlを使っていたHTTPクライアントを、Webブラウザに置き換えてみましょう。ただし最初は少しだけ、いたずらを仕込みます。どこかおかしいのか、皆さんも考えてみてください。なお、この実験はブラウザによって挙動が少々異なるため、Google Chromeで試してください。

まずは、今までと同じようにHTTPサーバとなるncコマンドを実行しておきます。

```
サーバ側
$ cat hello.html | nc -l 8080  Enter
```

今度は、Webブラウザ（Google Chrome）のアドレスバーに次のURLを入力してみてください。

```
クライアント側
http://localhost:8080/
```

次のように表示されてしまいました（図4.11）。

図4.11　接続失敗

　一方、ncコマンドを実行したサーバサイドのターミナルウィンドウでは、どのように表示されたでしょうか。curlコマンドからアクセスした時よりも、たくさんの文字列が表示されました。よくみると、「Chrome」という文字列も入っているので、Chromeが送信した情報であることが推測できます。

画面4.12　ブラウザから受信したリクエスト

```
サーバ側
$ cat hello.html | nc -l 8080  Enter
GET / HTTP/1.1
Host: localhost:8080
Connection: keep-alive
sec-ch-ua: "Google Chrome";v="125", "Chromium";v="125", "Not.A/Brand";v="24"
sec-ch-ua-mobile: ?0
sec-ch-ua-platform: "macOS"
Upgrade-Insecure-Requests: 1
User-Agent: Mozilla/5.0 (Macintosh; Intel Mac OS X 10_15_7) AppleWebKit/537.36 (KHTML, like ⏎
Gecko) Chrome/125.0.0.0 Safari/537.36
Accept: text/html,application/xhtml+xml,application/xml;q=0.9,image/avif,image/webp,image/ ⏎
apng,*/*;q=0.8,application/signed-exchange;v=b3;q=0.7
Sec-Fetch-Site: none
Sec-Fetch-Mode: navigate
Sec-Fetch-User: ?1
Sec-Fetch-Dest: document
Accept-Encoding: gzip, deflate, br, zstd
Accept-Language: ja,en-US;q=0.9,en;q=0.8
```

このことからChromeが確かにHTTPリクエストを送信し、それがncコマンドまで到達したことがわかります。つまり、ここから先、ncコマンドがレスポンスを返すところから先に問題がありそうだと推測できます。

もうお気づきでしょうか。今回は、以下のようにncコマンドを起動していました。

```
サーバ側
$ cat hello.html | nc -l 8080 Enter
```

`HTTP/1.1 200 OK`という行を送信せず、いきなりHTMLの内容を返してしまったのが原因です。そのため、ブラウザはHTTPのルールに反した応答を受け取ったとしてエラーを表示しました。少し脇にそれましたが、このように仕組み理解して確認することで、ブラウザ上では単に「エラー」と表示されている事象が、「少なくともサーバにはリクエストが届いている。そこから先がおかしい」という問題の切り分けができるようになります。

4.4.2　正しいレスポンスを返す

原因がわかったので、ncコマンドが正しいレスポンスを返すように修正します。次のように起動してください。

```
サーバ側
$ { echo 'HTTP/1.1 200 OK'; echo; cat hello.html; } | nc -l 8080 Enter
```

これで準備ができました。ブラウザから、もう一度`http://localhost:8080/`にアクセスしてみましょう。今度は無事に「Hello, Web application!」と表示されましたね（図4.12）。

図4.12　接続成功

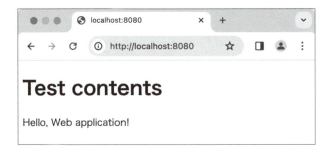

表示内容は先ほどと同じですが、あらためてアドレスバーの表示内容を確認してください。先ほど（102ページ図4.10）は`file://`～となっており、ブラウザはPC上のHTMLファイルを表示しただけでした。今回は、`http://`～となっているので、ブラウザ自身がncコマンドとHTTPで通信して得たHTMLを表示したことがわかります。

とても簡単な例ですが、ncコマンドによるたった1行のコマンドでHTTPサーバが実現でき、実際にブラウザと通信できることがわかりました。また、curlコマンドでブラウザの代わりにHTTPリクエストを発行できることもわかりました。実験を通して、HTTPクライアントやHTTPサーバといったWWWの構成要素が差し換え可能であり、HTTPというルールを守ってさえいれば互いに通信できることが実感できたと思います。

開発者の味方、curlコマンドとncコマンド

本章では、HTTPクライアントとHTTPサーバの動作を真似るため、curlコマンド[注13]とncコマンド[注14]を使用しました。この2つのコマンドは、実際の開発でもデバッグやテストの場面でよく使いますので、使い方に馴染んでおくと良いでしょう。

特にcurlコマンドは、次のようにさまざまな場面で使えるため、本書の中でもたびたび登場します。

- HTTPでファイルをダウンロードする
- HTTPの疎通確認。相手のHTTPサーバに接続して、レスポンスを受け取れるかどうかを確認する
- 相手サーバのWeb API[注15]を呼び出して結果を取得する
- 自分が作成したWeb APIを呼び出せるか確認する
- HTTP以外の著名なプロトコルのクライアントとしても動作する

LinuxやmacOSなど、UNIXベースのOSであれば標準でインストールされていることも強みです。Windowsでも、Windows10以降でcurl.exeが提供されており、コマンドプロンプト上でもcurlコマンドが利用できます。

nc (netcat) コマンドは、curlと比べると知名度は少し落ちるかもしれませんが、1995年に開発された歴史の古いツールです。curlはHTTPクライアントとしてのツールですが、ncは一段低いレイヤーでネットワークのデータ送受信ができます。このため、使いこなすためには少し知識が必要かもしれませんが、しばしば「ネットワークのスイスアーミーナイフ」と表される万能ツールです。本章での使用例のように簡易サーバとして使うほか、TCPやUDPで相手サーバへ通信できるかを確認する場面でよく利用します。

ncコマンドは、オリジナルの他にいくつかの派生版ツールが作られています。有名なものは「nmap」というツールの一部として作られた「Ncat」[注16]です。

注13 https://github.com/curl/curl
注14 https://nc110.sourceforge.io/
注15 Web APIについては、第8章を参照してください。
注16 https://nmap.org/ncat/

4.5 動的なコンテンツの生成

さて、ここまでのcurlとncコマンドを使った実験は、HTTPリクエストに対してあらかじめ用意された応答、つまり静的コンテンツを返すだけのものでした。実際のWebアプリケーションでは、ブラウザからのリクエスト内容に応じてさまざまな情報を返す「動的コンテンツ」が中心となります。本章後半では、初期のWebアプリケーションがどのように動的コンテンツを生成していたかを紹介します（図4.13）。

図4.13 動的コンテンツの生成実験

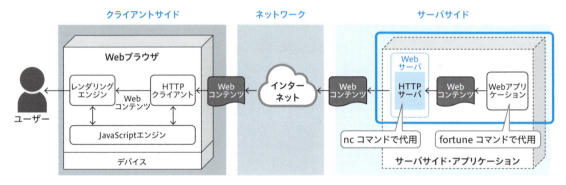

4.5.1 fortuneコマンドによる動的コンテンツ

先ほどと同じように、ncコマンドとパイプを使って動的コンテンツを返す実験をしてみましょう。ここでは、HTTPリクエストに対してfortuneコマンドの出力を返すようにしてみます。fortuneは伝統的なジョークコマンドで、格言や迷言をランダムに表示します。第4章でcatコマンドの出力をパイプでncコマンドに渡したように、fortuneの出力をncに渡してみましょう（図4.13[注17]）。

HINT

fortuneコマンドをインストールするには、次のコマンドを実行します。

- LinuxやWSL環境の場合
  ```
  sudo apt-get update -y && sudo apt-get install -y fortune
  ```
- macOSの場合
  ```
  brew install fortune
  ```

macOSで使用するbrewコマンドは、Homebrew（ホームブリュー）というよく使われているパッケー

注17　WSL環境で実行している方は、ncコマンドに-q 1オプションの追加するようにしてください。

ジ管理ツールで、開発に使用するさまざまなコマンドをインストールするのにも使います。まだインストールしていない方はサイトの説明（https://brew.sh/ja/）に従ってインストールしましょう。

画面4.13 fortuneコマンドで動的コンテンツを返す

curlでHTTPリクエストを送信すると、実行するたびに違うメッセージが表示されます。

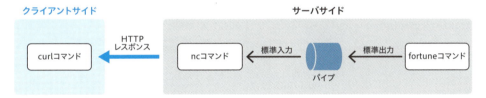

図4.14 fortuneコマンドによる動的コンテンツ

このように、何らかのプログラムの結果をHTTPレスポンスとして返すことで、簡単な動的コンテンツを実現できます。

HINT

fortuneコマンドのインストールが面倒な方は、dateコマンドやcalコマンドに置き換えて試すと良いでしょう。これらは標準で利用できます。dateは現在時刻を表示するコマンド、calはカレンダーを表示するコマンドです。

ここでは、コンテンツを生成するプログラムがfortuneコマンドで、それを受け取ってレスポンスを返すプログラムがncコマンドでした。実際のWebアプリケーションでも、このような分業になっていることもあれば、単一のプログラムが両方の役割をになうこともあります。いずれにせよ、クライアントとサーバの間の通信はHTTPという明確な取り決めがあるため、これに沿ってさえいれば実現方法は自由なのです。このため「**2.4.3 Webアプリケーションの実行方式**」でも説明したように、サーバサイドのアプリケーション構成は多様化しています。また、時代によって進化もしているため、初学者にとっては理解を妨げる要因になっているかもしれません。

4.5.2 CGIの登場

実際のWebサーバでも、先ほどの実験と似たような仕組みで動的コンテンツを実現していました。Webサーバは静的コンテンツを返すことに専念し、Webサーバが外部のプログラムを実行することでそのプログラムに動的コンテンツの生成を委ねていたのです。

外部プログラムと連携する標準的な仕組みを提供したのが、1993年に公開されたWebサーバ、**NCSA HTTPd**[注18]です。NCSA HTTPdは、アプリケーションを呼び出すための標準的な方法として**CGI（Common Gateway Interface／シージーアイ）**と呼ばれる仕組みを提供しました。CGIによって起動されるアプリケーションは「CGIプログラム」などと呼ばれていました。現代でCGIが使われる場面は少なくなってきましたが、現在に続く技術の変化を学ぶ上では重要ですので、その仕組みを簡単に紹介します（図4.15）。

図4.15　CGIの仕組み

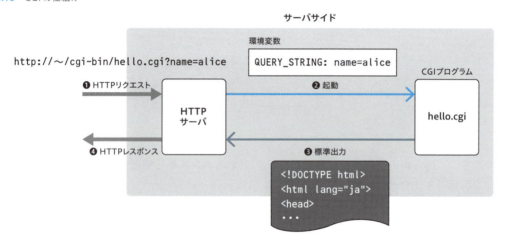

まずWebサーバは、受け取ったHTTPリクエストを解析し、CGIプログラムの実行対象かどうかを判定します。この判定方法はWebサーバの設定によっても変わりますが、ここではリクエストターゲットが`/cgi-bin/`で始まるときに、CGIプログラムに対するリクエストであるとします。Webサーバは、リクエストターゲットの残りの部分から、起動すべきCGIプログラムを決定します。ここでは、`/cgi-bin/hello.cgi`というリクエストターゲットから、`hello.cgi`を実行すると判定しています。

WebサーバがCGIプログラムを実行する際には、HTTPリクエストやHTTPクライアントに関する情報を環境変数として渡します。たとえば、GETリクエストのクエリストリングは`QUERY_STRING`という環境変数として渡します。また、POSTリクエストのメッセージボディは、CGIプログラムが標準入力として受け取れるようにします。CGIプログラムの出力は標準出力経由でWebサーバに戻され、WebサーバがHTTPクライアントに返します。CGIとは、このようなWebサーバと

注18　NCSA HTTPdは、2000年代以降Webサーバとして幅広く利用されたApache HTTP Serverの前身です。

CGIプログラム間での情報受け渡し方法や流れの取り決めのことなのです。

HINT

環境変数（Environment variables）は、コンピュータ上で実行されるプログラムに対して渡される情報のことで、オペレーティングシステムが提供する機能です。具体的には、Linuxやmacて OSではexportコマンド、Windowsのコマンドプロンプトではsetコマンドで設定する文字列です。また、CGIの例のようにあるプログラムが別のプログラムを実行するときに環境変数を使って情報を受け渡しするのにも使われます。

このような仕組みであることから、CGIプログラムはどのようなプログラミング言語でも開発できましたが、実際に数多く使われたのはPerl（パール）[注19]という言語でした。HTMLを動的に生成するというCGIプログラムの特性上、当時普及していたプログラミング言語の中でPerlがテキスト処理に長けていたことが理由の1つです。このため、一時は「CGI = Perl」といった誤解をされることもよくありました。

なお、当時、CGIの仕様はRFCとして標準化されたものではありませんでした。しかし、その後登場したWebサーバがNCSA HTTPdに倣ってCGIを実装したことで、デファクトスタンダートとなりました。のちの2004年、CGIはInformationalの扱いではありますが、RFC 3875[注20]として文書化されました。

4.5.3 テンプレートエンジンの元祖・SSI

動的コンテンツを生成する技術として、CGIと同時期に作られた技術がもう1つあります。SSI（Server Side Includes）です。これもNCSA HTTPdで初めて導入されました。

SSIは、WebサーバがHTMLをクライアントに返すとき、そこに含まれる命令を解釈してHTMLを編集してから返す技術です。SSIの命令はディレクティブ（Directive）と呼ばれており、次のような形式でHTML中に記述します。

```
<!-- #命令 属性＝値 属性＝値…… -->
```

<!-- ～ -->はHTMLにおけるコメントです。SSIを解釈しないWebサーバがこのHTMLをそのままブラウザに返したとしても、ブラウザはSSIの命令をコメントとして無視できるように工夫されています[注21]。

SSIにはいくつかのディレクティブがありますが、その語源にもなったと考えられる、includeディ

[注19] 現在、Webアプリケーションの開発でよく使われているプログラミング言語「Ruby」は、Perlを参考に開発されています。Perlの発音が6月の誕生石である「Pearl」（真珠）と同じであったことから、Perlに続くという意味で7月の誕生石であるルビーにちなんで名づけられました。
[注20] RFC3875: "The Common Gateway Interface (CGI) Version 1.1", https://www.rfc-editor.org/rfc/rfc3875.html
[注21] このように、もとの形式のコメント文を利用して拡張する方法は、SSIに限らずよく使われる手段です。

第4章 HTTPクライアントとHTTPサーバ

レクティブ[注22]の使い方を紹介します。includeディレクティブはその名のとおり、その場所にほかの
ファイルの内容を埋め込みます。

たとえば、リスト4.2のようなHTMLがあったとします。①の部分がSSIのincludeディレクティ
ブで、footer.htmlというファイルの内容をこの位置に読み込むことを指示しています。

リスト4.2　SSIによるフッターのインクルード（hello.html）

```
<!doctype html>
<html>
  <body>
    <h1>Test contents</h1>
    Hello world!
  </body>
  <!--#include virtual="footer.html" -->  ←———①
</html>
```

埋め込まれるファイルは、リスト4.3のように用意されているとしましょう。

リスト4.3　インクルードされるファイル（footer.html）

```
<footer>
  <p>&copy; Gijutsu-Hyoron Co., Ltd.</p>
</footer>
```

hello.htmlをWebサーバがクライアントに返すとき、includeディレクティブを解釈してfooter.
htmlの内容を埋め込みます[注23]。その結果、クライアントに返されるHTMLはリスト4.4のようにな
ります。

リスト4.4　includeディレクティブの処理結果

```
<!doctype html>
<html>
  <body>
    <h1>Test contents</h1>
    Hello world!
  </body>
  <footer>
    <p>&copy; Gijutsu-Hyoron Co., Ltd.</p>
  </footer>
</html>
```

注22　SSIのディレクティブにはRFC等で標準化されたものはなく、当時開発されていたWebサーバがそれぞれ独自に実装していました。こ
こでは、Apache HTTP ServerのSSIディレクティブ（https://httpd.apache.org/docs/2.4/mod/mod_include.html）を例に説明してい
ます。

注23　当時のサーバの性能では、すべてのHTMLに対してSSIの解釈を加えることは負荷の増加につながったため、SSIを処理するファイルを
限定していました。たとえば、Apache HTTP Serverの標準設定では、「.shtml」という拡張子のファイルだけをSSIの対象としていまし
た。

110

このように、includeディレクティブは、多くのHTMLに対してフッターなどの同一の内容を埋め込むときなどに有用でした。

4.5.4　テンプレートエンジンへの進化

SSIが使われたのは2000年前後頃のごく短い期間で、現代ではほとんど使われていません。しかしSSIの考え方は**テンプレートエンジン（Template Engine）**として一般化され、さまざまなところで使われています。

テンプレートエンジンは、雛形（テンプレート）となるテキストに何らかの形式で情報の埋込箇所や方法を指定しておき、アプリケーションから与えられたデータと合成することで処理結果を生み出すプログラムです（図4.16）。

図4.16　テンプレートエンジンの考え方

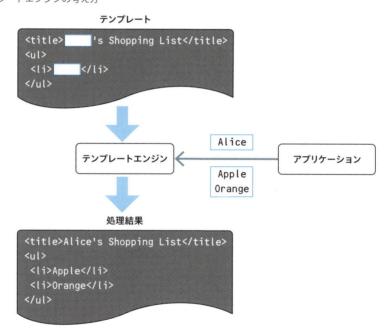

本書執筆時点でもWebアプリケーション開発言語として大きなシェアを占めているPHPは、それ全体がテンプレートエンジンと言えます。またたいていのプログラミング言語でも、なんらかの形でテンプレートエンジン相当の機能が提供されています[注24]。

テンプレートエンジンの考え方は、さまざまなテキスト処理の場面で利用できるため、Webアプリケーションの分野に限らない汎用的な使い方ができるものが増えてきました。一方であまりにも

注24　前作『プロになるためのWeb技術入門』で紹介したJSP（Java Sever Pages）は、いわば「Java標準のWebアプリケーション用テンプレートエンジン」です。

第4章　HTTPクライアントとHTTPサーバ

多くの製品が登場しているため、標準として普及しているものもなく、プログラミング言語や時代時代で流行廃りがあるのが現状です。しかしその考え方に大きな違いはないので、どれか1つの使い方を学んでおけば、それほど困るものでもありません。

当初はWebサーバがSSIとして提供していたテンプレートエンジンの機能は、さまざまなプログラミング言語に吸収されていった結果、このように不要になっていきました。

4.6 Webアプリケーションへの発展

「3.3.4 フォーマットネゴシエーション」でも触れたように、WWWでは初期の構想段階ですでに動的コンテンツの生成が想定されていました。現代のWebアプリケーションにつながる、クライアントとサーバの双方向性をもたらすきっかけとなったのが、form要素です。

HINT

form要素は1993年に提案されたHTMLの拡張仕様「HTML+」[注25]で提案されました。残念ながらHTML+は標準化に至らず、form要素は1995年に標準化されたHTML 2.0[注26]で正式なものとなりました。なお、HTML+の解説[注27]によると、form要素は当初、インターネット上のデータベースに対する検索条件を指定するためのUIとして想定されていたようです。

form要素はテキスト入力フィールドだけでなく、チェックボックスやラジオボタンなど、GUIアプリケーションで一般的なUI要素をHTML上で表現できました[注28]。このことから、HTMLをドキュメントの表現手段だけではなく、アプリケーションのUIを実現する手段としても利用できるようになったのです。

また、ほぼ同時期の1993年には、前項で紹介したCGIが登場したことでWebサーバとプログラムの連携が容易になり、Webページに徐々に動的な要素が組み込まれるようになりました。いわば、初期のWebアプリケーションです。CGIを使った初期のWebアプリケーションとしては、Webサイトの訪問カウンタ、問い合わせなどのメール送信フォーム、会員登録システム、掲示板システムなどが挙げられます。

CGIは1990年代後半から2000年代前半にかけて、幅広く利用されました。当初これらは、静的コンテンツ主体のWebサイトに対する付加的な要素に過ぎませんでした。しかし、WWWの広まりとともにWebサイトの主体が動的コンテンツとなり、やがてWebアプリケーションへと変化していきます。

今振りかえると、WebブラウザをUIとして、遠隔のコンピュータ上にあるプログラムを実行できるようになったことは、大きな転機でした。これをきっかけとしてWebアプリケーションが広まっ

注25　https://www.w3.org/MarkUp/HTMLPlus/htmlplus_1.html
注26　RFC1866: "Hypertext Markup Language - 2.0", https://www.rfc-editor.org/rfc/rfc1866.html
注27　「Fill-out forms https://www.w3.org/MarkUp/htmlplus_paper/htmlplus.html」を参照。
注28　form要素の利用例は「5.4 HTTPリクエストの実践」で紹介しています。

たのには、2つの理由が考えられます。

- アプリケーションのインストールが不要
- 自由度の高いUIが提供できる

アプリケーションのインストールが不要

　当時のコンピュータでアプリケーションを使用するには、まず「インストール」という行為が必要でした。現在のようにWindows StoreやApp Storeなどのアプリケーション配信サービスが整備されていなかったため、そもそも入手自体が面倒でした。店舗でCDやDVDなどの媒体を購入[注29]したり、インターネットから自分で探してダウンロードしたりするなどの手間がかかりました。一方、Webアプリケーションでは、ブラウザからURLにアクセスするだけで良いので、非常に手軽です（図4.17）。

　また、企業内の業務システムでは、業務に合わせた専用のアプリケーションを開発し、多くの従業員が使用します。これらをバージョンアップする際には、アプリケーションの配布が必要で、これが大きな負担になっていました。Webアプリケーションは、この問題も解決できました。

図4.17　アプリケーションのインストールが不要

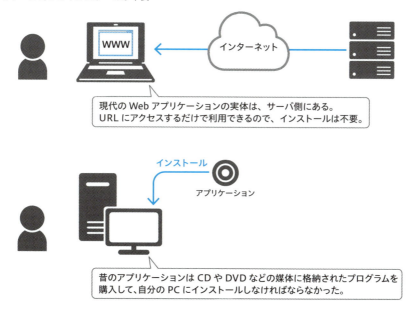

[注29] さらに昔の1990年代後半頃まではフロッピーディスクで流通していました。大規模なアプリケーションになると10枚以上のディスクに分かれることもあり、インストールするにもディスクの差し換えが何度も必要で一苦労でした。

自由度の高いUI

当時、GUIアプリケーションを開発する際には、OSが標準提供する部品（UIツールキット）を利用するのが一般的でした。テキストフィールド、ボタン、ツリー、チェックボックスなどをゼロから実装する必要なく、開発できます。生産性が高い一方で、デザインが画一的になるというデメリットもありました（図4.18）。

WWWの商用利用が広まると、利用者の増加がビジネスの発展にも直結するため、デザインが重視されるようになります。またHTMLによるUIは、独自性を出しやすいため、ユーザにより良い使い勝手を提供して差別化を図れるというメリットもありました。

さらなるメリットとして、GUIアプリケーションと比べた学習コストの低さも挙げられます。Webアプリケーションでは、HTMLやCSSを覚えるだけでUI部分を作成できます。従来のGUIアプリケーション開発では、プログラミング言語に加えてUIツールキットの使い方まで覚える必要があったのに比べると、大きな差でした。また、UIのデザイン作業にプログラミングスキルが不要という点で、プログラマーとデザイナーの分業も可能になりました。

図4.18　自由度の高いUI

従来のデスクトップアプリケーション　　　Webアプリケーション

このような背景から、動的コンテンツからWebアプリケーションへの進化が進みました。

2010年代以降は、デスクトップGUIアプリケーションでもWebと同じようにHTMLとCSSでUIを実現する技術が登場し、技術の逆流入も起きています。このようなフレームワークの代表として、Electron（エレクトロン）[注30]が挙げられます。

> **まとめ**
>
> 本章ではncコマンドとcurlコマンドを使い、簡単なHTTPサーバとHTTPクライアントの動作を再現しました。ncコマンドに渡すレスポンスの作り方を変えることで、静的コンテンツと動的コンテンツの違いも学ぶことができました。自分の手元で実行してみることで、Webアプリケーションの裏側で行われているHTTPのやりとりがとても簡単なものだということが、わかったのではないかと思います。次章では、Webアプリケーションの仕組みについて本格的に学ぶに先立ち、URLとHTTPについて体系的な理解を進めていきます。

注30　https://www.electronjs.org/

第 5 章

URL と HTTP

- **5.1** URLの基本構造
- **5.2** URLの詳細構造
- **5.3** HTTPの基本
- **5.4** HTTPリクエストの実践

第5章 URLとHTTP

第4章ではHTTPクライアントとHTTPサーバのやりとりを実験し、Webアプリケーションの根本部分を理解しました。本章では、以降の説明に備えてURLとHTTPについて体系的に説明し、後半で実験を交えて理解の確認をします。すでにご存じの方は、本章を読み飛ばして先に進んでも大丈夫です。もしわからないことが出てきたら、また戻って復習すると良いでしょう。

5.1 URLの基本構造

HTTPの説明に先立ち、まずURLの構造について説明します。URLの概要は第3章でも軽く触れましたが、ここではWebアプリケーション開発に向けてきちんとした理解をしていきます。しかし、いきなり細かな説明をすると理解が大変ですので、2段階に分けて説明します。まず皆さんがよく目にする一般的な形式を説明し、次に、開発者が知っておくべき、より細かな仕様を説明します。

> **HINT**
>
> 「3.2 URIとハイパーリンク」で、本書では説明の文脈で「URI」と「URL」と呼び方を変えると書きました。本節の説明は厳密にはURIの説明なのですが、構造を理解することが主目的ですので、皆さんにとって馴染み深い「URL」という用語で説明を進めます。なお、URIとURLの関係については、次のコラムで説明していますので、興味ある方はそちらを参照ください。
> - コラム「URIとURL、呼び方の変遷（その1）」（52ページ）、コラム「URIとURL、呼び方の変遷（その2）」（131ページ）

前章でも紹介したように、URLはティム・バーナーズ＝リーが考案したWWWの重要な柱でした。**URL**は、「Uniform Resource Locator」の略で、日本語では「統一資源位置指定子」と訳されています。だいぶ堅苦しいですが、「資源」は「ファイル」や「情報」と読み替えると良いでしょう。URLが示すのはファイルだけではないので、一般化して「**リソース（資源）**」と呼ばれています。

つまり「情報の位置を統一的な形式で指示するもの」ということで、多くの皆さんが持っている印象のように、「インターネットにおける情報の住所のようなもの」ととらえておけば大丈夫です。企業やサービス、製品などを紹介するWebサイトのURLがさまざまなメディアに登場するほど、私たちの日常生活にも浸透しています。コンピュータに詳しくない人でも「http://〜」で始まる文字列を目にしたことがない人は、いないくらいでしょう。

私たちが普段みかけるURLは、おおむね図5.1のよう形式になっています。URLは大きく3つの部分に分かれており、それぞれ「スキーム」「ホスト」「パス」と呼ばれます。

図5.1 一般的なURL

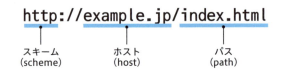

116

RFCの歩き方

すでに触れたように[注1]、RFCはIETFが公開する一連の技術文書のことです。もともと「RFC」は、広く意見を募るという意味の「Request For Comments」の略でしたが、いまでは単に「RFC」と呼ばれています[注2]。

通信プロトコルやファイルフォーマットなど、インターネットにかかわる多くの仕様がRFCとして公開されています。Webブラウザや、Webサーバなど、WWWを支える多くのソフトウェアは、RFCで規定された仕様に沿うように作られています。多少不正確な表現ではありますが、いわば「インターネットの設計図集」ととらえていただくと良いかもしれません。

たとえばHTTPがそうであるように、RFCとして公開されている仕様を学ぶにあたって、最初からそれを読む必要はありません。初学者にとっては難解ですし、広く利用されている技術であれば、よりわかりやすく解説された情報が手に入るからです。

一方、Webシステムの開発に長く携わるようになると、次のような場面に直面することも増えてきます。

- 難しい問題を解決するため、私たちが使うソフトウェアの正確な挙動を知らなくてはならない
- 世の中に情報が少ない新技術を利用しなければならない

そんなときこそ、RFCの出番です。すべて英語ですのでハードルが高いかもしれませんが、今では自動翻訳サービスを使えば英語が苦手でもそれなりに読むこともできます。一方RFCには大量の文書があり、RFC特有の相互関係性の読み取りかたを知っておかないと、古い情報を参考にしてしまうこともあります。ここでは、そんなときに役立つよう、RFCの読み方について紹介します。

RFCにはさまざまな性格の文書が公開されており、表5.1に示すいくつかのステータスに分類されます[注3]。特に「Standards Track」カテゴリは、IETFの標準化プロセス上のステータスを表しています[注4]。「Proposed Standard」から始まり、IETF内の議論を経て標準と認められた仕様は、「Internet Standard」に昇格します。なお、以前は「Draft Standard」というステータスが存在しましたが、RFC 6410によって削減されました。しかし、それ以前の文書でこのステータスで公開された以前の文書はそのままのこっているので、位置付けは理解しておいたほうが良いでしょう。

たとえば、本書の執筆時点で最新のHTTP/1.1に関する仕様を構成しているRFC 9110（HTTP Semantics）は、「Internet Standard」になっています。一方、1996年にティム・バーナーズ＝リーが執筆したRFC 1945（HTTP/1.0）は、「Informational」となっており、IETFの標準化プロセスを経ていないことがわかります。

注1　コラム「WWWの仕様はどこで決まるのか」（66ページ）を参照
注2　https://www.ietf.org/standards/rfcs/
注3　なお、このカテゴリ自体もRFC 2026（https://www.rfc-editor.org/rfc/rfc2026.txt）として文書化されています。ちなみに、RFC 2026はBest Current Practiceに分類されています。
注4　IETFの標準化プロセスやRFCについては、『IETFの構造とインターネット標準の標準化プロセス』（https://www.ietf.org/proceedings/94/slides/slides-94-edu-localnew-3.pdf）で説明されています。

表5.1 RFCのステータス

カテゴリ	ステータス	概要
Standards Track	Proposed Standard	重要なコミュニティによるレビューを受けて認められた、提案段階の仕様
	(Draft Standard)	少なくとも2つの独立した実装による相互運用の実績があり、標準化の一歩手前であると認められた仕様
	Internet Standard	インターネット標準として認められた仕様
Non-Standards Track	Experimental	研究開発の一部である文書
	Informational	インターネットコミュニティのための一般的な情報
	Historic	新しい仕様で置き換えられたものや、ほかの理由で時代遅れとみなされた仕様
Best Current Practice		これまでに最良と考えられて実践されてきた慣行を標準化したもの

　RFCを読むにあたって特に注意すべきは、RFCには「版」のような概念がなく、一度公開されたら上書きして更新されることがない、という点です。ある仕様がRFCとして公開されたあと、それを更新したり、廃止して別の仕様に置き換えたりするときは、元の文書は変更されません。新しく別の文書が発行され、その中で更新／廃止対象のRFC指定する形で連鎖しています。また、単純なミスがあった場合は、元の文書に対する正誤表（Errata）も公開されています。

　あるRFCが別のRFCを廃止する場合は「Obsoletes」、更新する場合は「Updates」と記載されています。一方、廃止／更新される側のRFCには、そのような記載がありません。これは、RFCは一度公開されたら内容が変更されないためです。

　たとえば、URIに関するInternet StandardであるRFC 3986の関係性を一部図示したものが、図5.2です。

図5.2 RFCの関係性

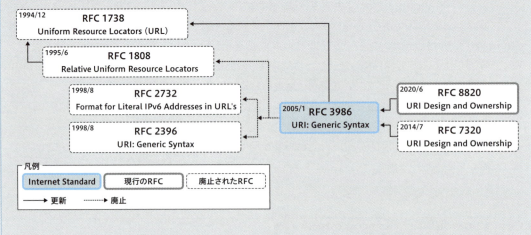

　このように複雑な依存関係であることがわかり、RFCを参照するときには互いの関係性を注意深く

確認する必要があります。RFC Editor[注5]というサイトで検索すると、関係性が調べられるので、活用するとよいでしょう。

5.1.1 スキーム

スキームは第3章でも簡単に説明しましたが、URLが表す情報にアクセスするための方法を示すものです。ティム・バーナーズ＝リーがWWWを考案した際、すでに普及していたhttp以外のプロトコルも包括的に表現できるように導入したものです。通常は`http:`や`https:`が使われます。`https:`は、HTTPの通信内容を暗号化したものです。当初は個人情報やカード情報の送信など、機密性が求められる場面だけで使われていましたが、現在では可能な限り`https`で暗号化することが推奨されるようになっています。

さまざまなスキーム

「3.3.3 スキーム」では、nntp、wais、gopherなど、WWW当初にティム・バーナーズ＝リーが定義したものを紹介しました。現在、ポート番号と同様にスキームもIANAが管理しており、Webサイトで一覧を参照できます。

● Uniform Resource Identifier (URI) Schemes

URL https://www.iana.org/assignments/uri-schemes/uri-schemes.xhtml

ここでは、httpやhttps以外に現在使われているスキームをいくつか紹介します。

● `file`スキーム

インターネットではなくPCなどデバイス上のファイルを参照するためのスキームです。たとえば、Windows上でJohnユーザのデスクトップ（C:¥Users¥John¥Desktop）にあるtest.htmlというファイルは、以下のようなURIで表現できます。

```
file://C:/Users/John/Desktop/test.html
```

なお、LinuxやmacOSなど、UNIX系OSのファイルシステムのパスは`/home/john`のようにスラッシュで始まります。このためスキーム名とそれ以降の区切りであるダブルスラッシュと連続してしまい、`file:///home/john`のようにスラッシュが3つ続く表記となることに注意してください。

● `mailto`スキーム

メールアドレスを示すスキームで、RFC 2368[注6]で規定されています。たとえば、`mailto:someone@example.com`というURIをHTML内のハイパーリンクとして記述しておくと、ブラウザに

注5 https://www.rfc-editor.org/search/
注6 RFC 2368: "The mailto URL scheme", https://www.rfc-editor.org/rfc/rfc2368.html

表示されたメールアドレスをクリックすることで、メールクライアントが起動してその宛先にメール送信できると期待されています。インターネットが一般に広まった頃はよく利用されていましたが、昨今では利用頻度が少なくなってしまいました。これは、HTML中からmailtoスキームを検索することで、メールアドレスが自動収集されて迷惑メールの送信対象となるなど、セキュリティ上の懸念が大きくなったことや、インターネット上のコミュニケーション手段の主役が電子メールではなくなってきたことが、背景として挙げられます。

● dataスキーム

2000年代後半以降に広まった比較的新しいもので、「データURIスキーム」と呼ばれています。これは、小さな画像などのデータを文字列で表現（エンコード）することで、URI中に直接埋め込めるようにしたものです。たとえば、以下の例はデータURIスキームを使って赤い小さな丸印の画像を表現したものです[注7]（誌面の都合上改行していますが、実際は1行です）。

```
<img src="data:image/png;base64,iVBORw0KGgoAAAANSUhEUgAAAAUAAAAFC
AYAAACNbyblAA
AAHElEQVQI12P4//8/w38GIAXDIBKE0DHxgljNBAAO9TXL0Y4OHwAAAABJRU5E
rkJggg==" />
```

従来はどのような画像であってもHTMLとは別にファイルを用意して`<img>`要素でURIを指定して別途読み込ませる必要がありました。装飾用の画像やアイコンなど、小さな画像を多用するWebページでは、HTTPによる通信のオーバーヘッドが増え、ページが表示されるまでに時間がかかるといった問題がありました。

データURIスキームでデータをHTML内に直接埋め込むことで、通信のオーバーヘッドを減らせるというメリットが得られます。一方、同一ページに同じ画像が複数含まれるような場合でも、同じデータURIをそれぞれに記述しなければならないというデメリットもあるため、使いどころを慎重に判断する必要もあります。

● javascriptスキーム

正式ではないものの、多くのブラウザでサポートされ、デファクトスタンダードとなっているスキームです。次のように、**javascript:**に続けて記述されたJavaScriptのコードが実行されることが期待されています。多くのブラウザでは、アドレスバーにこの文字列を入力するとJavaScriptが実行されます。これを応用して、javascriptスキームの文字列をブックマークとして保存することで、ブラウザ上でちょっとした動作を行わせる「ブックマークレット」として活用されています。ただ、これを悪用することで、ITに不得手な人に任意のプログラムを実行させることもでき、セキュリティ上の問題にもなっています。このため、昨今のブラウザでは、**javascript:**で始まる文字列をアドレスバーに貼り付けると、スキーム部分が自動的に削除されるようになっているものもあります。

注7　このDataURIは、https://ja.wikipedia.org/wiki/Data_URI_scheme に掲載されていたものを引用しました。

5.1 URLの基本構造

```
javascript:alert('Hello world!');
```

　また、Webページ上では、HTML内でハイパーリンクの参照先としてjavascriptスキームを使用することで、リンクをクリックしたときに任意のJavaScriptを実行させる手段として使われることもあります。

```
<a href="javascript:someFunction();">〜〜〜</a>
```

● その他のスキーム

　ブラウザを離れて開発時のさまざまなシーンで登場するスキームもあります。**ssh:**はサーバへリモート接続するときに使用するプロトコルであるSSH (Secure Shell) を示すもので、**ssh://ユーザ名@ホスト名**といった形式で接続先や使用するユーザ名を表現します。また、データベースへの接続情報を表す文字列にも、しばしばURIに類似した表現方法が使われます。たとえば、著名なデータベース「MySQL」への接続方法は、`mysql://user@localhsot:3306`のように表されます。**mysql:**もまた、IANAで管理されているスキームではありません。しかし、URIとスキームの考え方はコンピュータの世界で普遍的に利用できるため、このように考え方だけを流用されることもあるのです。

5.1.2　ホスト

　ホストは、接続先のコンピュータを表す文字列です。ほとんどの場合、「example.com」や「gihyo.jp」のようなドメイン名で表現されます[注8]。ドメイン名は世界唯一の文字列で、ドメイン名を管理する機関に申請して取得します。

　ドメイン名はDNSという仕組みを使って対応するIPアドレスを検索し、そのIPアドレスを使って相手のコンピュータへアクセスします。このため、ホスト部分には「192.168.1.2」のようなIPアドレスを直接指定することもできます。

URLから消えた「www.」

　以前はWebサイトのURLといえば、「www.gihyo.jp」のように「www.」がつくのがお決まりでしたが、最近は少数派となりました。昔はURLのホスト部分と実在のコンピュータとの結び付きが強かったため、「技術評論社内のWebサーバ」を表す名前として「www.gihyo.jp」とすることが多かったようです。サーバにはさまざまなものがあるため、たとえばメールサーバを表す「smtp.gihyo.jp」といったように使い分けられていました。

　現在ではドメインを取得しやすくなり、1つの組織がブランドとして多くのドメインを所有することも一般的となっています。またクラウドが一般化したこともあり、必ずしもURLのホスト部と実在のコンピュータに対応するわけでもなくなりました。このため、消費者にとって覚えやすいような短

注8　このため、仕様上の呼び方は「ホスト」ですが、現場では「URLのドメイン部分」や、単に「ドメイン」と呼ばれることが多いです。

いURLが好まれ「www.」が消えたのではないかと、筆者は考えています。

5.1.3 パス

パスは、相手のコンピュータにおける情報の位置を表す文字列です。一般に、パスはそのホスト上のファイルの位置に対応します。たとえば「/books/index.html」というパスであれば、「booksディレクトリ内のindex.htmlというファイル」を表すでしょう。

静的コンテンツを提供するWebサーバでは、URLのパスに対応するサーバ上のファイルの内容を返すのが基本的な動作です。一般的には、サーバ上のあるディレクトリを基点とし、URLのパスをそこからの相対パスと解釈して対応するファイルを返します。この基準となるディレクトリを**ドキュメントルート（Document root）**と呼びます[注9]。

図5.3の例では、/var/www/htmlが基点となっています[注10]。/part1/document.htmlというリクエストに対しては/var/www/html/part1/document.htmlの内容を返します。なお、ドキュメント・ルートの場所は、Webサーバの設定によって変わります。ここではよく用いられる/var/www/htmlを例としました。

図5.3 Webサーバ上のファイル

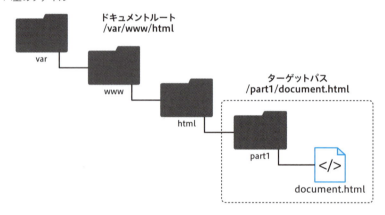

ただ、パスをどのように解釈するのは情報提供側の自由です。ドキュメントルートを基点としたパスのファイルを返すのは、あくまでもWebサーバの一般的な挙動であることに注意してください。ターゲットをどのように解釈するかは、アプリケーション側に委ねられており、HTTPの仕様として定められているわけではありません。第4章のncコマンドを使った実験では、ブラウザやcurlコマンドで「http://localhost:8080/」というURLにアクセスしましたね。このURLにおけるパスは「/」ですが、ncコマンドを使って「hello.html」の内容を返していました。

注9　ドキュメント・ルートは、仕様として定められた呼び方ではないため、Webサーバ製品によっては呼び方が違うかもしれません。WWWの発展期に幅広く使われていたApache HTTP Serverでの基準ディレクトリが「ドキュメントルート」と呼ばれていたため、これに沿った呼び方をしている製品が多いようです。

注10　Windowsの場合、ファイルシステムのパスはC:¥~のように<ドライブ名>:¥~という表現になりますが、LinuxやMacなど、UNIX系のOSでは単純に/から始まります。

このように、URLのパスとサーバ上の情報源が一致している必要性はありません。しかし、一般にパスは情報を階層化して表現したものととらえられるので、わかりやすいパスにすることが求められます。

現代のWebアプリケーションでは、これを利用してURL上のパスをアプリケーションに対する要求パラメータの1つとして解釈する考え方も一般的になっています。これついては第8章で紹介します。

5.2 URLの詳細構造

前節では私たちが日常生活でも目にする、URLの一般的な記述について説明しました。

次は、Webシステムの開発にあたって必要となる細かな定義をRFC 3986[注11]に基づいて解説します[注12]。

RFC 3986が定めるURLの構造は、図5.4のようになっています。

図5.4　URLの構造

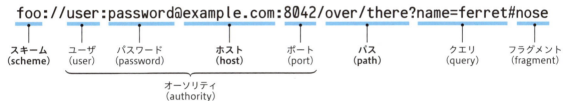

なんだか難しくなったように見えますね。私たちが普段目にするURLでは、このうちいくつかの要素が不要なので記述されていないか、省略されているに過ぎません。先ほど説明した3つの基本的な要素、スキーム、ホスト、パスは太字で示しました。ここでは残りの部分を説明します。

5.2.1 ユーザとパスワード

認証が必要なサーバへアクセスするときに必要となる認証情報を指定します。ユーザ名とパスワードの両方を指定することも、ユーザ名だけを指定することもできます。しかし、パスワードをURLに含めることはセキュリティ上危険ですし、RFC 3986でも非推奨と明記されています。

httpやhttpsスキームで使われることは少ないですが、HTTP以外のスキームでは認証情報を表すためにこの形式を使用することがあります。たとえば、他のコンピュータへの遠隔ログインで使用されるsshプロトコルの接続先を表すスキーム[注13]は、**ssh:ユーザ名@ホスト名**という形式になります。

注11　"Uniform Resource Identifier (URI):Generic Syntax", https://www.rfc-editor.org/rfc/rfc3986.html
注12　最新のURLの定義としては、RFC 3986の他にWHATWGが公開する「URL Living Standard」(https://url.spec.whatwg.org/) があります。細かな差違はあるかもしれませんが、実質的に大きな違いはないことと、RFC 3986の説明の方がわかりやすいため、ここではRFC 3986に基づいて説明します。
注13　https://www.iana.org/assignments/uri-schemes/prov/ssh

5.2.2 ポート

　ポートは、ホストと組み合わせて指定されます。現在、インターネットで使われている通信方式[注14]では、**ポート（Port）**と呼ばれる通信の出入り口の概念があります。ポートは「港」という意味ですが、コンピュータを港にたとえるならば、桟橋のようなものととらえると良いでしょう。ポートは65,536個あり、0から65535までの番号が振られています。プログラムが外部と通信したいときは、どれかのポートを使って通信します。データを送信する相手を指定するには、住所であるIPアドレスとポート番号が必要です。IPアドレスで相手先のコンピュータが特定され、ポート番号でその中のプログラムを特定します。

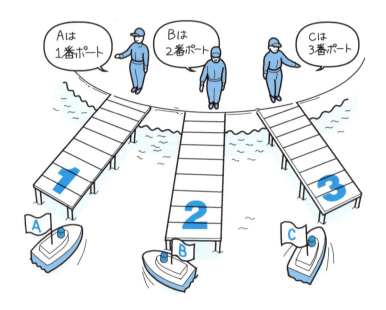

　Webサーバのように、通信を待ち受けるプログラムは、標準で利用すべきポート番号がプロトコルごとに決められています。たとえば、httpでは80番、httpsでは443番といった具合です。URLのスキームを見れば使用するプロトコルがわかるため、ポート番号の指定を省略したときはこの標準ポートが使われます。

　一方、URLで宛先が標準とは異なるポートである場合、ポート番号を明示します。本章前半の実験を思い出してください。「`http://localhost:8080/`」というURLにアクセスしましたが、httpのデフォルト（80番）とは異なる、8080番にアクセスすることを意味しています。

　このときの実験で80番ポートを使わなかったのには、理由があります。0から1023番のポートは**ウェルノウンポート（Well-known port）**と呼ばれており[注15]、重要なサービスが使うために予約されてい

注14　TCPやUDPのことです。「付録A.8 TCP/IP」でTCP/IPで簡単に説明しています。
注15　最新の仕様では、「ウェルノウンポート」ではなく「システムポート」と説明されていますが、この呼び方はあまり普及していないようです。

ます。このポートを利用するには管理者権限が必要になるため、開発や実験のときなどはこれとは異なるポートを使うのが一般的です。Webアプリケーションでは80番の代わりに8080番や8000番が使われることが多いですが、これは慣習に過ぎないので、他のポート番号でも問題ありません。

80番ポートで待ち受けてみよう

第4章の実験では、**nc** コマンドを使って8080番ポートで待ち受けるWebサーバを実現しました。読者の方が管理者権限を持つPCであれば、これを標準の80番ポートで待ち受けることもできます。次のようにncコマンドの前に **sudo**[注16] を追加して実行してみてください。「Password:」と表示されるので、現在ログイン中のユーザのパスワードを入力します。WSL環境の場合は、Ubuntuをインストールしたときに決めたパスワードです。

```
$ { echo 'HTTP/1.1 200 OK'; echo; cat hello.html; } | sudo nc -l 80 Enter
```

HTTPクライアントである **curl** コマンドを次のように実行してみてください。今までとは違い、localhostのあとに **:8080** を付けません。

```
curl -v http://localhost/
```

ここでは、通信状況を確認するために **-v** オプションを付けました。表示内容をよく見ると、以下のような出力が見つかるはずです。確かに、80番ポートに接続していることが確認できますね。

```
……略……
* Connected to localhost (127.0.0.1) port 80
……略……
```

このように、サーバの待ち受けポートを正しく指定しさえすれば、好きなポートで通信できます。興味ある方は、**nc** と **curl** で他のポート番号を使って通信させてみると良いでしょう。

なお、**sudo** は後続のコマンドを現在とは別のユーザとして実行するためのコマンドで、多くの場合は一時的に管理者権限で実行するために使われます。本文で解説したように、ウェルノウンポートである80番で待ち受けるプログラムを実行するには、管理者権限が必要なためです。このような作業が手間になるため、開発時は正規の80番ポートを使わないことが多いのです。

HINT

ポート番号はコラム「WWWの仕様はどこで決まるのか」（66ページ）で紹介したように、IANAが管理しています。次のサイトでIANAが管理するポート番号の一覧を確認できます。

- Service Name and Transport Protocol Port Number Registry
  URL https://www.iana.org/assignments/service-names-port-numbers/service-names-port-numbers.xhtml

---

注16 sudoコマンドは「スードゥ」と読みます。「superuser do」が名前の由来と言われています。

第5章　URLとHTTP

5.2.3　オーソリティ

RFC上では、ユーザ名とパスワード、ホスト、ポートを合わせた部分を**オーソリティ（Authority）**と呼んでいます。Authorityは「権威」や「支配」を表しますが、RFC 3986[注17]を読むと「URL内の後続のパス名以降の命名権利を持つ者」という意味で使われているようです。しかし、筆者の経験上、開発現場でこの用語が登場することはあまりありません。

5.2.4　クエリ

クエリは、Webサーバに渡すパラメータ部分です。パスのあとに**？**（クエスチョンマーク）で区切り、**名前＝値**の形式で記述します。Webサーバに渡すパラメータがなければ、**？**も含めてURLには入りません。

なおクエリという言葉は一般的過ぎるためか、**クエリパラメータ（Query parameter）**と呼ばれることも多いです[注18]。本書でも、以降は「クエリパラメータ」と呼びます。

クエリパラメータの身近な利用例は、検索エンジンです。実際に確認してみましょう。GoogleのWebサイトにアクセスし、検索条件として「WWW」を入力してください。

■ Google

> **URL**　`//www.google.co.jp/`

検索結果が表示されたら、ブラウザのアドレスバーを見てみましょう。筆者の手元では、以下のようになっていました（**画面5.1**）。

画面5.1　Google検索時のURL

```
https://www.google.co.jp/search?q=WWW&sca_esv=598******&sxsrf=ACQVn08q5...（以下略）
```

長いため、一部だけを掲載[注19]しますが、/searchというパスのあとに**？**に続けて**q=WWW**という文字列があるはずです。これが、ブラウザの画面上で入力した検索条件をGoogleのサーバへ渡している部分、つまりクエリパラメータです。クエリパラメータが「名前＝値」の形式であることをふまえると、**q**がパラメータ名、**WWW**がパラメータの値であることもわかりますね。

クエリパラメータは複数渡すこともでき、そのときは個々のパラメータを**＆**（アンパサンド）で区切ります。よく見ると**画面5.1**のクエリパラメータは3つ[注20]あることがわかります。

注17　https://www.rfc-editor.org/rfc/rfc3986.html#section-3.2
注18　他にも「クエリ文字列」や「クエリストリング」という呼び方もあります。RFCをあたったところ、クエリパラメータも含めていずれも正式な呼称ではないようです。
注19　「******」の部分は実際では数値でしたが、何を意味するパラメータか筆者にもわからないため、念のため伏せて掲載しました。
注20　図5.5では一部しか掲載しなかったので、実際にすべて数えたところ、クエリパラメータは11個ありました。

図5.5 複数のクエリパラメータ

$$? \boxed{\texttt{q=WWW}} \; \& \; \boxed{\texttt{sca\_esv=598******}} \; \& \; \boxed{\texttt{sxsrf=ACQVn08q5...}}$$

5.2.5 フラグメント

フラグメント（Fragment）は、Webサーバへ送られる情報ではなくブラウザが解釈する情報で、HTML内の特定位置を表します。皆さんもWebサイトを閲覧しているとき、画面上部に目次があり、目次の項目をクリックすると、同じページの該当箇所が表示される経験をしたことがあると思います。

フラグメントの参照先を**アンカー（Anchor）**と呼びます。たとえば、HTML中の見出しにid属性を付けると、そこがアンカーになります[注21]（**リスト5.1**）。

リスト5.1 アンカーを設置したHTML (chapter1.html)

```
<title>第1章</title>
<h1 id="section1">1.1 xxxxx</h1>
 …… （省略） ……
<h1 id="section2">1.2 xxxxx</h1>
 …… （省略） ……
```

このアンカーを参照するには、URLにフラグメントを追加します。**リスト5.2-①、②**のように、HTMLのパスに続けて#で区切り、id属性で指定した名前を記述すればよいです。

リスト5.2 アンカーを参照するHTML

```
<h1>目次</h1>
<ol>
  <li><a href="http://～/chapter1.html">第1章</a></li>
  <li><a href="http://～/chapter1.html#section1">1.1 xxxxx</a></li> ←——— ①
  <li><a href="http://～/chapter1.html#section2">1.2 xxxxx</a></li> ←——— ②
  <li><a href="http://～/chapter2.html">第2章</a></li>
   …… （省略） ……
</ol>
```

HINT

ここではわかりやすいように「http://～」から始まる絶対URLで記述していますが、同一ページ内のアンカーを参照する場合は、`<a href="#section1">`のようにフラグメントだけを記述すれば良いです。

このフラグメントは、HTMLドキュメント内のリンクを参照する方法であったため、初期のWebアプリケーションの挙動にはあまり関係がありませんでした。しかし、**第7章**で紹介するシングルペー

[注21] HTML5より前は、`<h1><a name="section1">1.1 xxxxx</a></h1>`のようにa要素のname属性を使ってアンカーを定義していましたが、この方法は現在では廃止されています。

ジアプリケーション（SPA）では、フラグメントが積極的に使われるようになります。

5.2.6 URLに使える文字

最後に、URLに使用できる文字についても説明します。URL上で私たちが自由に利用できる文字は以下に限られています。これは、RFC 3986では「未予約文字」とされているものです。

- アルファベットの大文字・小文字（A～Z、a～z）
- 数字（0～9）
- －（ハイフン）、．（ピリオド）、＿（アンダースコア）、～（チルダ）

厳密には、図5.4で示したURLの各部ごとに使用できる文字が異なり、RFC 3986では細かく説明されています。しかし、これらをきちんと理解するのは大変ですので、ここで紹介したレベルを理解しておけば十分です。

5.2.7 パーセントエンコーディング

では、パスやクエリ部分に日本語を使いたいときは、どうすればよいのでしょうか。

実際に試してみましょう。先ほどと同じように、Googleで「Web技術」と漢字を含むキーワードを入力して、アドレスバーに表示されるURLを確認してください（図5.6）。

図5.6 日本語を含むキーワード検索時のURL

```
https://www.google.com/search?q=Web技術&sca_esv=59992
```

おや？　使えないはずの「技術」という文字がクエリパラメータの部分に表示されてしまいました。どういうことでしょうか。では、アドレスバーに表示されたURLを選択してコピーし、メモ帳などに貼り付けてみてください。

```
https://www.google.com/search?q=Web%E6%8A%80%E8%A1%93&sca_esv=59992~
```

先ほどとは違い、「技術」の部分だけが「%E6%8A%80%E8%A1%93」という文字列に置き換わっています。これは、パーセントエンコーディングと呼ばれるURLの仕様です。URL上で使用できない文字を表現したいときに、その文字そのものではなく、その文字を表す数値を使って表現する方法です。

昔のブラウザは、アドレスバーにパーセントエンコーディングされた文字列をそのまま表示していました[注22]。しかし、これではユーザにとって見にくいため、ブラウザがアドレスバーにURL表示

注22　筆者の記憶では、おおむね2010年前後まではこの仕様でした。

する際は、これを本来の文字に戻して表示しています。URLで本来使用可能な文字は昔から変わっておらず、使えない文字はパーセントエンコーディングしなければならないことを覚えておいてください。

　パーセントエンコーディングの仕組みをもう少し説明しましょう。ご存じの方も多いかもしれませんが、コンピュータの中では、文字は数値として表現されています。簡単に言えば、文字に対応する数値が「文字コード」で、日本語のひらがな・カタカナ・漢字などもすべて文字コードで表現できます。

HINT

　厳密にいうと、文字そのものの数値表現が「文字コード」で、それをコンピュータやネットワークで保存・送受信するのに扱いやすく変換（「文字符号化」と言います）したものは違います。ここで「文字コード」と呼んでいるのは、正確には「UTF-8という符号化方式で表された文字コード」なのです。しかし、初学者にとってはわかりにくいですし、開発現場でも単に「文字コード」と呼んでしまうことが多いので、ここでは「文字コード」という呼称で説明します。

　文字コードと符号化方式については、「付録A.3 文字コード」で解説しますので、きちんと知りたい方はこちらを参照してください。

　ある文字列に対応する文字コードを確認するには、ターミナルで画面5.2のコマンドを実行します[注23]。ここでは、「技術」に対応する文字コードを表示させてみました。

画面5.2　odコマンドで文字コードを確認する

```
$ echo -n "技術" | od -An -tx1 [Enter]
```

HINT

　od（Octal Dump）コマンドは、与えられた情報をコンピュータ内で扱われる数値情報で表示するコマンドです。画面5.2ではechoコマンドで表示した「技術」という文字列をパイプでodコマンドに渡して数値として表示しています。なお、-Anはアドレス（何バイト目かを表す目次情報）を出力させないオプション、-tx1は、1バイトずつの16進数で区切って表示するためのオプションです。また、echoコマンドの-nオプションは、改行の出力を抑制するオプションです。これをつけないと、odコマンドは改行を表す文字コードも出力してしまいます。

　e6 8a 80 e8 a1 93と表示されましたね。これが「技術」の2文字に対応する文字コードで、3つの16進数の組合せが1つの文字を表しています。先ほど、ブラウザのアドレスバーからコピーした内容と比べると、次のような対応関係であることがわかります（図5.7）。

注23　Mac/LinuxまたはWindowsではWSL環境で試してください。Windowsのコマンドプロンプトでは実行できません。

図5.7　パーセントエンコーディングの例

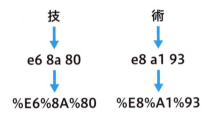

> **HINT**
> 「16進数」とは、文字通り16で繰り上がる数値の表現体系です。私たちが日常生活で使うのは10進数ですが、コンピュータの世界では2の累乗で表せると扱いやすいため、16（2の4乗）で繰り上がる16進数が使われます。16進数では0～9に加えてA～Fの6個のアルファベットを使い、1桁で0～15を表現します。詳しく知りたい方は、「付録A.1 2進数と16進数」を参照してください。

このように、パーセントエンコーディングを利用することで、事実上はどのような文字でもURLのパスやクエリに含めることができます。また、/、&、?、%など、URL内で特別な意味をもつ記号についてもパーセントエンコーディングで表現します。なお、特例としてクエリ内でスペースを表現するときは、パーセントエンコーディング表現である%20の代わりに+で表現されることがあります。これは、最初にRFC化されたHTML2.0の仕様で、HTMLのフォームに入力した文字列のうち、スペースはまず+に変換すると記載されている[注24]ことに基づいているようです。

コラム　URLには何文字まで使えるか？

Webアプリケーションを開発していると、URLのパスやクエリはユーザの入力内容の反映されるケースが多いため、何文字まで指定できるのか、気になる方も多いかもしれません。URLの文字数は、RFC上は制限が定められていません。このため、文字数を制限するかどうかはブラウザやWebサーバ、Webアプリケーションの実装に委ねられています。

2000年代に大きなシェアを占めていたMicrosoft社のブラウザ・Internet Explorerでは、2083文字という制限があることが知られていました。その後継ブラウザであるEdgeについて本書執筆時点の2024年1月に筆者が実験したところ、このような制限はないようで、2100文字のURLでも表示・送信できていました。

しかし、通信経路にHTTPを中継するプロキシサーバが存在する場合など、どこかでURL長さに制限がある可能性もあります。このため、あまりにも長いURLを想定したアプリケーション設計はしない方が無難であるというのが、筆者の見解です。

注24　"Hypertext Markup Language - 2.0"「8.2. Form Submission」, https://www.rfc-editor.org/rfc/rfc1866.html#section-8.2 より。

URIとURL、呼び方の変遷（その2）

　コラム「URIとURL、呼び方の変遷（その1）」（52ページ）で紹介したように、1992年のIETFの議論では、「URL」という言葉が優勢となりました。しかし、その後の1994年にバーナーズ＝リー本人によって書かれたRFC 1630[注25]では、URI (Universal Resource Identifiers) を「リソースを識別する文字列の統一的な書式」とし、URL (Uniform Resource Locator) とURN (Uniform Resource Name) をその一形態と位置付けています[注26]。ここで登場したURNはあまり一般的とはならなかったため、URLとURIがほぼ同じような意味で使われるようになりました。

　このような名称の混乱に対して、2001年にW3Cがまとめた RFC 3305[注27] で現状整理が試みられています。そして、2005年にInternet Standardとして公開されたRFC 3986[注28]では、URLやURNに替わり、URIという一般用語を使うように推奨しています。本書執筆時点（2024年）においても、URIに関する最新のRFCはRFC 3986です。

　これで決着がついたかのようにみえました。しかし2012年、W3Cに替わりHTMLの策定を進めるようになったWHATWGが新たに「URL Living Standard[注29]」という文書を発表します。ここではRFC 3986を過去のものとして、「URI」ではなく「URL」という呼び方を推奨するようになりました。アプリケーションの実装上、両者は同じであり、現実として「URL」という用語の方が普及していることを、その理由としています[注30]。

　この主張には一理あるかもしれません。URIはティム・バーナーズ＝リーがWWWの創世とともに生み出した概念ではありました。しかし、スキームという概念のおかげで、Webサイトの位置を示す方法にとどまらず、HTTPとは直接関係ない場面でも使われています。またWHATWGとIETFは別団体であるため、WHATWGにRFC 3986を無効化する権限はなく、RFC 3986も依然有効であるという、ややこしい状況になっています[注31]。

　以上の経緯をふまえ、ポイントとして以下を押さえておけば良いと思います。

- さまざまなスキームが導入されたことで、URIは、HTTPと関係ない場面でも使われている
- Web技術に関する限り、URIとURLどちらの言葉を使っても実質的な違いはないが、強いて言えばURIの方が広い意味を指す言葉である
- RFC3986とURL Living Standardはいずれも有効で、統一標準は存在しない

　なお筆者が見たところ、URL Living StandardはWebブラウザがURLを解釈するアルゴリズムに主眼をおいた書き方になっています。URI/URLについて理解するには、RFC 3986の方がわかりやす

注25　RFC 1630: "Universal Resource Identifiers in WWW", https://www.rfc-editor.org/rfc/rfc1630.html
注26　前著『プロになるためのWeb技術入門』53ページのコラムでも、「URIはURLとURNに分かれる」と説明していました。しかし、現在では古典的見解とされています。最新のRFC 3986（1.1.3節）では、「URNはURIにおけるスキームの1つである」と書かれています。
注27　RFC 3305: "Uniform Resource Identifiers (URIs), URLs, and Uniform Resource Names (URNs): Clarifications and Recommendations", https://www.rfc-editor.org/rfc/rfc3305.html
注28　RFC3986: "Uniform Resource Identifier (URI): Generic Syntax", https://www.rfc-editor.org/rfc/rfc3986.html
注29　https://url.spec.whatwg.org/
注30　https://url.spec.whatwg.org/#goals より。
注31　このような状況については、本章でも活用しているcurlの作者、Daniel Steinberg氏も苦言を述べています。『私のURLはあなたのURLとは違う：curl作者の語る、URLの仕様にまつわる苦言 | POSTD』（https://postd.cc/my-url-isnt-your-url/）

いと感じました。

5.3 HTTPの基本

第4章の nc コマンドとWebブラウザの通信実験を思い出してください（図5.8）。当初失敗してしまったのは、Webサーバ役のncコマンドが `HTTP/1.1 200 OK` という文字列と空行を返していなかったためでした。ncコマンドがHTTPの取り決めに従った方法で情報を返さなかったため、Webブラウザが正しい通信相手ではないと判定し、エラーになったのです。

図5.8　HTTPリクエストとHTTPレスポンス

　Webの世界は、クライアントとサーバがHTTPの取り決めに従って情報を交換することで成り立っています。自分が開発したWebアプリケーションが期待通りに動かない時、原因を探る第一歩はHTTP通信の内容を確認することです。そのために、HTTPについても最低限理解しておかなくてはなりません。ただ、第3章でも紹介したように、HTTPはもともとティム・バーナーズ＝リーが簡単で理解しやすいプロトコルとして設計したものですので、それほど難しいことはありません。いくつかの基本的なルールさえ覚えれば、これ以降の本書の説明を理解するのに十分です。

> **HINT**
> 　本書執筆時点の2024年では、本章で説明するHTTP/1.1の次の世代であるHTTP/2が普及しており、さらに次世代のHTTP/3も利用が始まっています。HTTP/1.1とHTTP/2、HTTP/3の関係性は少し難しいのですが、HTTP/2やHTTP/3は通信の効率化に焦点を置いており、アプリケーションから見た通信方式はこれまでのHTTP/1.1と同じです。このためHTTP/2やHTTP/3が普及していても、HTTP/1.1については必ず理解する必要があります。

5.3.1　HTTPリクエスト

　図5.9は、`http://gihyo.jp/index.html` へのHTTPリクエストを図示したものです。

図5.9 HTTPリクエストの構造

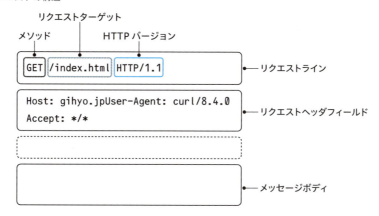

　HTTPリクエストは大きく3つの部分に分かれており、それぞれ「**リクエストライン（Request Line）**」、「**リクエストヘッダフィールド（Request Header Field）**」、「**メッセージボディ（Message Body）**」と呼びます[注32]。HTTPリクエストのうち、最初の1行がリクエストラインです。また、リクエストヘッダフィールドとメッセージボディの間には必ず空行を1行挟むルールになっているので、それぞれ簡単に見分けられます。

リクエストライン

　リクエストラインは、簡単に言えば「どのような方法で」「何を」要求するかを端的に表します。リクエストラインは「**メソッド**」「**リクエストターゲット**」「**HTTPバージョン**」の3つの部分からなり、それぞれが1つのスペースで区切られています。「どのような方法で」に相当するのがメソッドで、「何を」に相当するのがリクエストターゲットです。

メソッド

　メソッドはHTTPリクエストの種類を表しており、クライアントがサーバに対してどのような処理を要求するのかを伝えます。**表5.2**に示す9種類が定義されています[注33]。通常のWebサイトで使用されるのは、大半が`GET`メソッドと`POST`メソッドですので、まずはこの2種類を覚えておけば良いでしょう。2000年代後半にWeb APIの利用が本格化しだすと、それ以外の`HEAD`、`PUT`、`PATCH`、`DELETE`、`OPTIONS`といったメソッドの利用も広まってきました[注34]。

[注32] これらの呼び方は、RFC 9112に記載されているものに合わせました。実際の開発現場では、リクエストヘッダフィールドが「リクエストヘッダ」や「HTTPヘッダ」など、略して呼ばれることが多いです。
[注33] RFC 9110: "HTTP Semantics"「9. Methods」、https://www.rfc-editor.org/rfc/rfc9110.html#section-9
[注34] Web APIにおいて、GETとPOST以外のメソッドがどのように使われるのかは、第8章で説明します。

表5.2 HTTPメソッド

メソッド	説明	パラメータ	Formからの送信
GET	指定したリソースを要求する	クエリに含める	可
POST	リソースに新しい情報を作成または追加する	ボディに含める	可
PUT	指定したリソースを新しい内容に置き換える	ボディに含める	不可
PATCH	指定したリソースの一部を変更する	ボディに含める	不可
DELETE	指定したリソースを削除する	なし	不可
HEAD	指定したリソースのヘッダだけを要求する	なし	不可
OPTIONS	サーバが利用可能なメソッドの一覧を返す	なし	不可
CONNECT	中継サーバへの接続に使用する	なし	不可
TRACE	受信したリクエストをそのまま返す	任意	不可

HINT
表5.2内の「form」については「4.6 Webアプリケーションへの発展」で簡単に紹介していました。このあと「5.4 HTTPリクエストの実践」であらためて説明します。

OPTIONSメソッドは、Web APIのセキュリティを高める目的でも使われるようになりました。この用途については、「8.6.5 CORSによるクロスオリジン制限の回避」で解説します。また、CONNECTメソッドとTRACEメソッドは、現在ではほとんど使われていないため、本書でも解説しません[注35]。

リクエストターゲット

リクエストターゲットには、HTTPサーバ上のどのファイルを要求するか、そのパスを記述します。通常、ここにはURLのパスとクエリの部分が入ります。たとえば、ブラウザのアドレスバーに `http://example.jp/index.html` というURLを入力したとき、リクエストターゲットには `/index.html` が入ります。

HINT
example.jpは例示用に予約されているドメインで、実在しないことが保証されています。本書では、以下のドメインを例示に使用します。
- example.jp
- example.com

HTTPバージョン

HTTPリクエストがどのバージョンにHTTPに沿っているかを表します。ここでは、**HTTP/1.1**固定と考えてかまいません。とても古いHTTPクライアントが**HTTP/1.0**でリクエストする可能性は

注35 CONNECTとTRACEについては『Real World HTTP 第3版——歴史とコードに学ぶインターネットとウェブ技術』[1]の5章に利用例も含めて解説されています。

ありますが、HTTP/1.1が公開されたのは1997年のことですので、まずないと考えて良いでしょう。

リクエストヘッダフィールド

リクエストヘッダフィールドは、リクエスト・ラインを補足する情報です。その構造は図5.10のようになっています。

図5.10　HTTPフィールドの構造

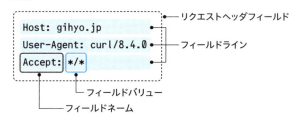

「名前」（フィールドネーム）と「値」（フィールドバリュー）をコロン（:）で区切ったものを1行に記述し、これを「フィールドライン」と呼びます。フィールドラインを必要なだけ並べたもので、リクエストヘッダフィールドが構成されています。

補足とはいえ、リクエストヘッダフィールドには、さまざまな情報が含まれます。現代のWebアプリケーションにとって、ほぼ必須となるような情報もあるため、とても重要です。ここですべてを紹介することはできませんが、よく目にするリクエストヘッダを紹介します（表5.3）。

表5.3　代表的なリクエストヘッダ

ヘッダ名	説明
Host	リクエスト送信先のドメイン名とポート番号
Connection	レスポンスを受け取った後、ネットワーク接続を切断するかどうか
Cookie	サーバへ送信するCookie（「6.5.2 ブラウザの情報保管庫-Cookie」を参照）
Content-Type	サーバへ送信する情報の種類
Authorization	サーバへ送信する認証情報
User-Agent	HTTPクライアントの製品名を示す文字列
Referrer	現在リクエストしているURLの訪問元URL
Accept	HTTPクライアントが受け取れるコンテンツタイプ
Origin	リクエストの発生元（「8.6.5 CORSによるクロスオリジン制限の回避」を参照）

この中で重要なのは**Hostヘッダ**で、HTTP/1.1の仕様では唯一送信を義務づけられているヘッダです。簡単にいえば、Hostヘッダにはアクセスしようとする URL のドメイン部分が入ります。先ほど説明したリクエストターゲットの説明とあわせると、たとえば`http://example.jp/index.html`というURLにアクセスした時、`example.jp`というドメイン名がHostヘッダに入り、`/index.html`というパスの部分はリクエストターゲットに入ります（図5.11）。

図5.11　ホストヘッダとリクエストターゲット

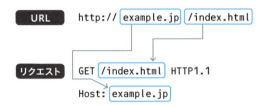

　また、Webアプリケーションで重要なのはCookieヘッダですが、これについては第6章で詳しく説明します。Connectionヘッダは、第9章で紹介するように、異なるプロトコルへ切り替えるためにも使われます。さらに、Webアプリケーションが必要に応じて独自のリクエストヘッダを送信することもできます[注36]。これについても第9章で活用例を紹介します。

 Hostヘッダはなぜ必要か

　初期のWWWでは、URLのドメイン名は接続先のサーバと1対1と考えられていたため、HTTPリクエストがサーバへ届いた時点でそのリクエストがどのサーバ宛のものかは自明でした（図5.12）。しかしこの仕組みでは、ドメインごとにWebサーバを用意する必要がありました。

図5.12　ドメインごとに存在するWebサーバ

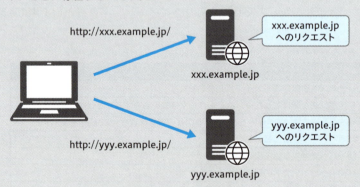

　WWWが普及することで、インターネット上のドメインは「サーバを識別する名前」という位置付け以上に、Webサイトのブランドとしての位置づけが増してきます。1つの組織が複数のドメインを保有することが増えてくると、ドメインごとにWebサーバを用意するのは大変です。しかし、1台のWebサーバで複数ドメインのコンテンツを提供しようとすると、リクエストがどのドメイン宛のものだったのかを判断しなければ、コンテンツの出し分けができません。

注36　独自のヘッダは、通信経路のサーバやWebアプリケーションが処理するための付加情報を格納する場所として使われます。そのヘッダを処理しないサーバは無視するだけですので、余計なヘッダがあっても問題はありません。

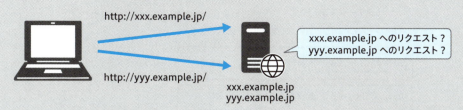

図5.13 単一のWebサーバで複数のドメインを提供

HTTP/1.1で必須となったHostヘッダを参照することで、Webサーバはリクエストがどのドメイン宛のものなのかを判別できるようになりました。このように、Hostヘッダを参照して複数ドメインのコンテンツを提供するWebサーバの機能は、**名前ベースのバーチャルホスト（Name-based Virtual Host）**と呼ばれていました。

> **HINT**
> 個々のHTTPヘッダについては、以下のサイトで紹介されています。必要に応じて参考にしてください。
>
> ● HTTPヘッダ―HTTP　MDN
> URL https://developer.mozilla.org/ja/docs/Web/HTTP/Headers

メッセージボディ

HTTPサーバに対して送信する情報本体の部分です。POSTやPUTなどのメソッドでHTTPサーバへ送信する情報は、メッセージボディに格納されます。

これまで使用していたGETリクエストでは、メッセージボディは使用せず、URLのクエリ部分にパラメータに含めていました。POSTリクエストでメッセージボディにどのように情報が入るのかは、**5.4　HTTPリクエストの実践**で実験を通して確認します。

5.3.2　HTTPレスポンス

HTTPレスポンスの構造は、HTTPリクエストとほとんど同じです（図5.14）。

図5.14　HTTPレスポンスの構造

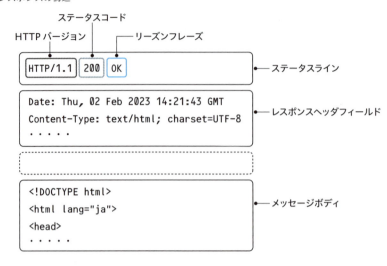

　HTTPリクエストと同様に3つの部分に分かれており、それぞれ「ステータスライン（Status Line）」、「レスポンスヘッダフィールド（Response Header Field）」、「メッセージボディ（Message Body）」と呼びます[注37]。最初の1行がステータスラインで、2行目から最初の空行までがレスポンスヘッダフィールド、それ以降がメッセージボディという構成も同じです。

ステータスライン

　1行目のステータスラインが、リクエストの処理結果を端的に表しています。ステータスラインには、1つの行にHTTPバージョン、ステータスコード、リーズンフレーズがスペース区切りで入っていますが、本質的な情報はステータスコードだけです。

　ステータスコードは、リクエストの成功／失敗等の結果を表す3桁の数字です。リーズンフレーズは人間が読んでわかるように、ステータスコードの意味を英語で表したものですので、本質的にはステータスコードと同じです。

　ステータスコードは、表5.4に示すように1桁目で大きく5種類に区分されています。

　まずはこの5種類だけ頭に入れておけば、すべてのステータスコードを覚えなくともだいたいのことがわかるようになっています。

注37　これらの呼び方は、RFC 9112に記載されているものに合わせました。実際の開発現場では、レスポンスヘッダフィールドが「レスポンスヘッダ」や「HTTPヘッダ」など、略して呼ばれることが多いです。

5.3 HTTPの基本

表5.4 ステータスコードのカテゴリ

コード	カテゴリ	説明
1xx	情報	処理の継続を表す
2xx	成功	処理の成功を表す
3xx	リダイレクト[注38]	他のURLを参照すべきであることを表す
4xx	クライアントエラー	クライアント側に起因する処理の失敗を表す
5xx	サーバエラー	サーバ側に起因する処理の失敗を表す

個々のステータスコードについて、現代のWebシステムで登場する代表的なものを表5.5に示します。これでも少し多いかもしれないので、まずは「200 OK」「404 Not Found」「500 Internal Server Error」あたりを覚えるだけでも十分です。また、3xx系のステータスコードについても、最初は細かな違いを覚える必要はありません。

表5.5 主要なステータスコード

コード	リーズン	説明
101	Switching Protocols	プロトコルの切り替えを表す（「9.4 WebSocket」を参照）
200	OK	処理が成功したことを表す
201	Created	POSTやPUTメソッドで、サーバに情報を作成または更新できた場合使われることがある
304	Not Modified	条件付きGET[注39]でサーバ側の情報が変更されていないことを表す
301	Moved Permanently	Locationヘッダで示される別のURLへのリクエストが必要。それぞれの違いは、コラム「さまざまなリダイレクト」（175ページ）を参照
302	Found	
303	See Other	
307	Temporary Redirect	
308	Permanent Redirect	
400	Bad Request	クライアントのリクエストが正しくないため、サーバが処理できないことを表す
401	Unauthorized	要求されたリソース（ファイル）の参照には、認証が必要であることを表す
403	Forbidden	リソース（ファイル）にアクセスする権限がないことを表す
404	Not Found	サーバ側に要求されたリソース（ファイル）がサーバ側に存在しなかったことを表す
405	Method Not Allowed	要求されたメソッドがサーバ側で許可されていないことを表す
500	Internal Server Error	サーバ側のアプリケーションエラー等によって、レスポンスを返せないことを表す
503	Service Unavailable	過負荷やメンテナンス中などの原因で、サーバが一時的に処理できないことを表す
504	Gateway Timeout	リクエストを中継するサーバが、中継先からの応答を受け取れずにタイムアウトしたことを表す

HINT

すべてのステータスコードは、RFC 9110[注40]で規定されています。日本語で説明されたものは、

注38　リダイレクトについては第6章で詳しく説明します。
注39　条件付きGETは本書では詳しく扱いません。GETリクエストでIf-MatchヘッダやIf-Modified-Sinceヘッダなどとともに送信するGETリクエストのことで、その条件に合致したときだけレスポンスボディを返します。これによって不要な情報の送信を減らし、処理を高速にすることが目的です。詳しくは、『HTTP 条件付きリクエスト - HTTP | MDN』（https://developer.mozilla.org/ja/docs/Web/HTTP/Conditional_requests）を参照すると良いでしょう。
注40　"HTTP Semantics", https://www.rfc-editor.org/rfc/rfc9110.html「15. Status Codes」を参照

139

以下のサイトを参照するとよいでしょう。

- HTTPレスポンスステータスコード—HTTP | MDN

  https://developer.mozilla.org/ja/docs/Web/HTTP/Status

コラム HTTP仕様を変えた「418 I'm a teapot」

　RFCには、エイプリルフールのジョークとして公開されるものがあり、ある種の風物詩になっています。有名なものでは、「RFC 1149：鳥類キャリアによるIPデータグラムの伝送規格[注41]」などがあり、前著『プロになるためのWeb技術入門』では、「RFC 4824：手旗信号システムによるIPデータグラムの伝送[注42]」を紹介しました。

　なかには、実際のHTTP仕様に影響を及ぼしてしまったジョークRFCもあります「RFC 2324：Hyper Text Coffee Pot Control Protocol（HTCPCP/1.0）[注43]」は、コーヒーポットを遠隔制御するため、HTTPを模して作られたプロトコルでした。IoTが普及しつつある現代では、本当にあってもおかしくないかもしれませんが、このRFCが公開されたのは1998年のことです。この中に記載されたのが、ティーポットにコーヒーを要求したときに返すとされる「418 I'm a teapot」でした。これは多くの人の笑いを誘い、実際にジョークとしてステータスコード418を返す機能を実装したプロダクトも登場しました。たとえば、Googleも418を返すURLを用意しています[注44]。

- GoogleのI'm a teapot

  URL　https://www.google.com/teapot

[注41] RFC 1149: "A Standard for the Transmission of IP Datagrams on Avian Carriers", https://www.rfc-editor.org/rfc/rfc1149.html
[注42] RFC 4824: "The Transmission of IP Datagrams over the Semaphore Flag Signaling System (SFSS)", https://www.rfc-editor.org/rfc/rfc4824.html
[注43] RFC 2324: "Hyper Text Coffee Pot Control Protocol (HTCPCP/1.0)", https://www.rfc-editor.org/rfc/rfc2324.html
[注44] ターミナルで curl --http1.1 -i https://www.google.com/teapot と実行すると、実際に418が返ることを確認できます。なおポットの絵をクリックすると、紅茶（？）を注いでくれます。

あまりにも有名となったことから、本当のHTTP仕様で418を定義すると紛らわしく支障をきたすということで、この扱いについて真面目な議論も行われました。そして、2022年に更新された最新のHTTP仕様 (RFC 9110：HTTP Semantics) では、ステータスコード418が「Unused」(使用しない) と記載されるにいたりました。RFC 9110では、『このコードはジョークとして頻繁に実装されてきたため、今後このコードを使用することはできない。[注45]』と書かれており、事実上の欠番となっています。

レスポンスヘッダフィールド

レスポンスヘッダフィールドは、レスポンスを補足する情報です。構造は136ページで紹介した**リクエストヘッダフィールド**とまったく同じです。代表的なレスポンス・ヘッダを**表5.6**に示します。

表5.6 代表的なレスポンスヘッダ

ヘッダ名	説明
Location	リダイレクト先のURL (「6.4.2 リダイレクトによる安全な画面遷移」を参照)
Set-Cookie	サーバからクライアントへ送信するCookie (「6.5.2 ブラウザの情報保管庫 - クッキー」を参照)
Connection	レスポンス返却後、通信継続の可否を表す。closeの場合は終了し、keep-aliveの場合は継続する
Keep-Alive	通信を継続する場合の詳細な条件を示す
Content-Type	サーバが送信する情報の種類 (詳細は後述)
Content-Length	送信内容の長さ (バイト数)
Content-Encoding	サーバが返す情報の符号化方法。たとえば、gzip形式で圧縮されている場合はgzipとなる
Date	レスポンスが発信された日時
ETag	リソース内容を識別するための情報。ファイルのハッシュ値などが用いられる
Last-Modified	リソースの最終更新日
Cache-Control	レスポンス内容のキャッシュに関する指示 (キャッシュについては「9.1.2 通信量の削減」を参照)

レスポンスボディ

レスポンスボディには、クライアントからの要求に対してサーバが返す情報の本体が入ります。具体的には、HTMLやCSS、各種画像などファイルの内容になるでしょう。

ファイルの種類を表すMIMEタイプ

レスポンスボディで渡される情報の種類は、Content-Typeヘッダで**MIME (マイム) タイプ**と呼ばれる文字列を使って示されます[注46]。MIMEタイプは**text/html**のような文字列で、私たちが普段使用するWindowsやMacなどのPC上での、ファイルの拡張子のようなものです。拡張子は、HTMLであれば**.html**、JPEG画像であれば**.jpg**のようになりますが、MIMEタイプでは**text/html**や**image/jpeg**のようになります。

Webブラウザは Content-Type ヘッダに基づいて、HTTP レスポンスで受け取った情報をどのよう

注45 https://www.rfc-editor.org/rfc/rfc9110.html#name-418-unused
注46 MIMEは「Multipurpose Internet Mail Extensions」の略です。この語源のとおり、もともとは電子メールで添付ファイルの種類を表すために作られました。余談ですが、HTTPでヘッダとボディを空行で区切ることで識別するスタイルも、メール送信プロトコルであるSMTPを参考にしたようです。

第5章　URLとHTTP

に扱うべきかを決めます。URLのパスに含まれるファイル名ではないことに注意しましょう。

MIMEタイプは**大分類／小分類**という形式になっているので、大分類をみれば、おおよそどんな種類の情報かわかるようになっています。代表的なMIMEタイプを**表5.7**に示します。

表5.7　代表的なMIMEタイプ

MIMEタイプ	説明
text/plain	テキストファイル
text/html	HTMLファイル
text/css	CSSファイル
text/javascript	JavaScriptコード
image/png	PNG形式の画像ファイル
image/jpeg	JPEG形式の画像ファイル
image/svg+xml	SVG形式の画像ファイル
video/mp4	MP4形式の動画ファイル
application/json	JSONファイル「7.6 JSONによるデータ交換」を参照

HINT

MIMEタイプの仕組みは[注47]で規定され、個々のMIMEタイプはIANAが管理しています。登録されているMIMEタイプの一覧は、以下のサイトで確認できます。

● Media Types

URL　https://www.iana.org/assignments/media-types/media-types.xhtml

5.4　HTTPリクエストの実践

前章では、curlコマンドとncコマンドを使った実験で、HTTPの基本的なリクエストとレスポンスの様子を確認しました。ここでは、ブラウザ上でのフォームの入力内容がどのように送信されるのか、その対応関係に着目した実験をします。なお「5.3.1 HTTPリクエストーメソッド」では、HTTPに全部で9種類のメソッドがあると説明しました。しかし、HTMLのform要素から送信できるのは、GETとPOSTの2種類だけです。ここでは、基本的なこの2つのメソッドに絞って実験をします。これ以外のメソッドについても、送信方法に大きな違いはありませんが、具体的な使用例は**第7章**以降で紹介します。

注47　RFC 6838: "Media Type Specifications and Registration Procedures", https://www.rfc-editor.org/rfc/rfc6838.html

5.4.1 サーバが受信したリクエストを確認しよう

ここでの実験のために、ブラウザから送信されたリクエストをHTTPサーバが受け取った結果を表示するWebアプリケーション「HTTP request inspector」を用意しました。以下のURLにアクセスしてください。

URL https://inspector.webtech.littleforest.jp/

図5.15のような画面が表示されます。

図5.15 HTTP request inspector

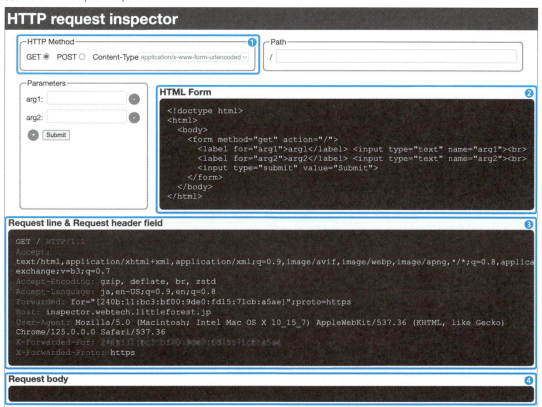

このサイトでは、GETかPOSTメソッドで好きなパラメータをHTTPサーバに送信できます。HTTPサーバが受信したHTTPリクエストの内容がWeb画面に表示されるので、これまで説明してきたHTTPの仕様通りに送信されているのか、実験を通して確認できます。

画面上部の「HTTP Method」「Path」「Parameters」（図5.15-①）では、リクエストの送信内容を変更できます。次の「HTML Form」の部分（図5.15-②）は、①で入力した内容を送信するHTMLフォー

143

ムがどのようになるかを示すものです。最初は、リスト5.3のように表示されています。

リスト5.3　HTML Formの初期表示内容

```
<!doctype html>
<html>
  <body>
    <form method="get" action="/">　←──①
      <label for="arg1">arg1</label> <input type="text" name="arg1"><br>　←──②③
      <label for="arg2">arg2</label> <input type="text" name="arg2"><br>
      <input type="submit" value="Submit">　←──④
    </form>
  </body>
</html>
```

この内容をブラウザで表示したときには、以下のようになります（図5.16）。HTML内の各要素と実際の表示との対応は、図に示したとおりです。

図5.16　HTMLと表示内容との対応

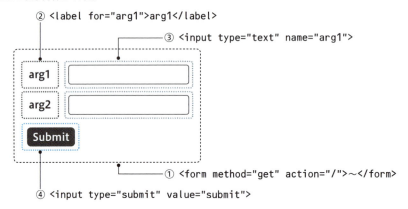

このあとの説明でメソッドやアクションを変更すると、画面に表示されるHTMLも変化しますので、どのようなHTMLフォームからどのようなHTTPリクエストが送信されるのか、対応を理解しやすいでしょう。

「Request line & Request header field」と、「Request body」（図5.15-③、④）は、①の入力内容をHTTPサーバが受け取った結果を表示します。なお、「Request line & Request header field」にはすでに結果が表示されていますが、これはこのページにブラウザがアクセスした時のリクエスト内容です。

5.4.2 GETリクエストの確認

では、GETリクエストの送信を試してみましょう。HTTP request inspectorで図5.17のように入力してから、[Submit]ボタンを押してください。

図5.17 GETリクエストの送信テスト

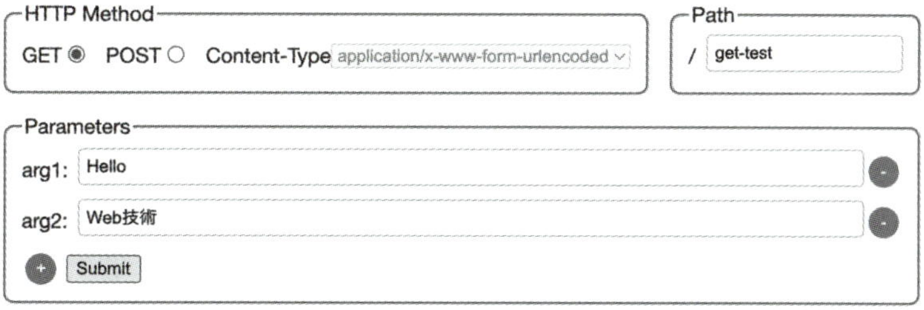

「Request line & Request header field」に表示されるのは、「HTTPリクエストの構造」（図5.9、133ページ）で説明した、リクエストラインとリクエストヘッダフィールドそのもので、このような文字列をHTTPサーバが実際に受信します。

1行目のリクエストラインを見ると、「5.3.1 HTTPリクエスト - リクエストライン」で説明したとおりの形になっていることがわかります。

```
GET /get-test?arg1=Hello&arg2=Web%E6%8A%80%E8%A1%93 HTTP/1.1
```

GETリクエストで送信するパラメータは、URLに含まれるのでしたね。2つ目のクエリパラメータであるarg2には「Web技術」という漢字を含む文字列を指定しました。ブラウザのアドレスバーには「Web技術」と表示されていますが、実際には`Web%E6%8A%80%E8%A1%93`と、漢字の部分がパーセントエンコードされていることも確認できます。

一方「Request body」には、何も表示されません。GETリクエストはリクエストボディを送信しないためです。

また、Pathを`fragment-test#fragment`のように変更して、[Submit]ボタンを押してみましょう。#以降はフラグメントと呼ばれる部分で、HTTPサーバには送信されないのでした[注48]。HTTPサーバが受信したリクエストのステータスラインを確認すると、以下のようになっており、確かにフラグメント部分が送信されていないことがわかります。

```
GET /fragment-test?arg1=&arg2= HTTP/1.1
```

あとは、PathやParametersの部分を好きなように変更して試してみてください。たとえば、

注48 5.2.5 フラグメント（127ページ）を参照

第5章　URLとHTTP

Parameterに日本語を入力すると、クエリパラメータと同じようにパーセントエンコーディングされます。Parametersは「+」と「-」のボタンで増減できます。

　パラメータの数が変化すると、クエリパラメータに反映されることも確認できるでしょう。

5.4.3　POSTリクエストの確認

　次に、POSTリクエストも試してみましょう。フォーム上で図5.18のように入力してから［Submit］ボタンを押してください。

図5.18　POSTリクエストの送信テスト

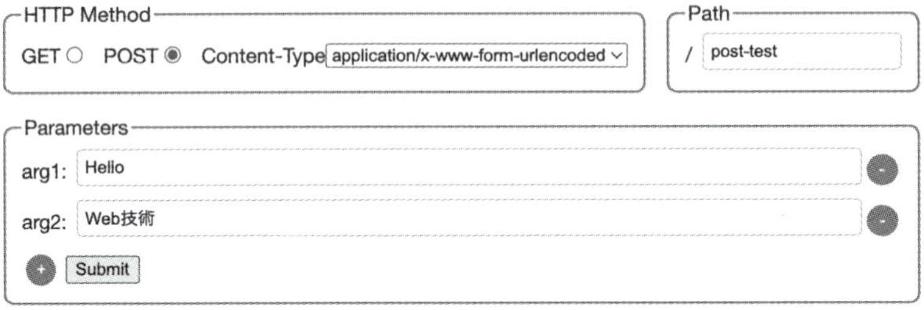

　表示結果のステータスラインとリクエストボディを確認しましょう。GETリクエストではリクエストターゲットに含まれていたパラメータが、リクエストボディに含まれていることがわかります。これがGETリクエストとPOSTリクエストの大きな違いです。

```
POST /post-test HTTP/1.1
```

```
arg1=Hello&arg2=Web%E6%8A%80%E8%A1%93
```

　このように、GETリクエストとPOSTリクエストではパラメータの送信方法が異なります。

　しかし、皆さんが普段開発に使っているプログラミング言語やWebアプリケーションフレームワークでは、この違いが吸収されていることが多いです。以下のようなコードで、HTTPリクエストで送られてきた**arg1**というパラメータの値を簡単に取得できるようになっていることでしょう。

```
arg1 = request.getParameter ("arg1") ;
```

　受信したリクエストがGETなのかPOSTなのかに応じて、裏側でパラメータの読み取り方法を変更してくれるからです。また、パーセントエンコードされた文字列も自動で復元してくれるため、私たちがアプリケーションを開発する際にはこのようなことを気にする必要はありません。

146

5.4.4 Content-Typeによる送信形式の違い

POSTリクエストで、もう1つ知っておくべきは、Content-Typeヘッダによるボディ送信方法の違いです。先ほど試したPOSTリクエストの受信内容をよく見ると、以下のようなヘッダが含まれています。

```
Content-Type: application/x-www-form-urlencoded
```

Content-Typeヘッダは、**表5.3**（135ページ）で代表的なリクエストヘッダの1つとして紹介しました。ここでは、MIMEタイプとしてapplication/x-www-form-urlencodedが記述されています。要はPOSTリクエストのボディに含まれる「名前＝値＆名前＝値＆...」の形式のことを指しています。これが、HTMLのform要素から送信されるPOSTリクエストの規定Content-Typeです。

通常は使用しませんが、このContent-Typeを別の形式に変更することもできます。再び、HTTP request inspectorで試してみましょう。**図5.19**のように、POSTメソッドのContent-Typeをtext/plainに変更してください。text/plainは、単なるテキスト形式を表すMIMEタイプです。

図5.19 text/plainでの送信テスト

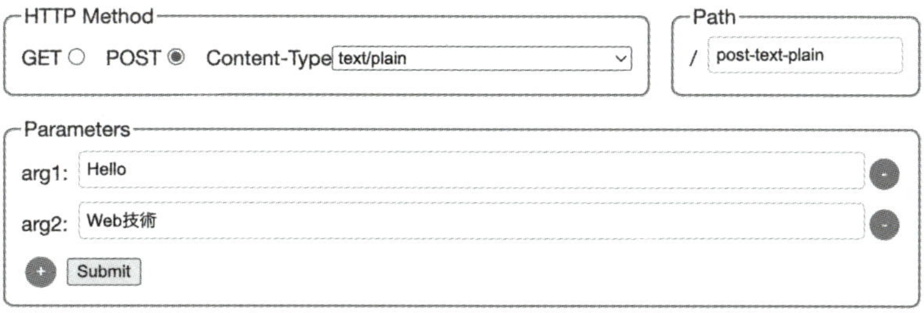

```
┌HTTP Method──────────────────────────────────┐   ┌Path──────────────┐
│ GET ○   POST ⦿   Content-Type text/plain   ▽ │   │ /  post-text-plain │
└─────────────────────────────────────────────┘   └──────────────────┘

┌Parameters─────────────────────────────────────────────────┐
│ arg1:  Hello                                            ⊖  │
│ arg2:  Web技術                                          ⊖  │
│ ⊕  Submit                                                 │
└───────────────────────────────────────────────────────────┘
```

「HTML Form」を確認すると、次のようにform要素にenctype属性が追加されています[注49]。このenctype属性でContent-Typeが指定されます。

```
<form method="post" action="/post-text-plain" enctype="text/plain">
```

では［Submit］ボタンを押してPOSTリクエストを送信してみましょう。リクエストヘッダを確認すると、Content-Typeが変化しています。

```
Content-Type: text/plain
```

リクエストボディはどのようになったでしょうか。

注49 属性省略時のデフォルトはapplication/x-www-form-urlencodedです。このため、通常はenctype属性の指定は不要です。

147

第5章　URLとHTTP

```
arg1=Hello arg2=Web技術
```

　先ほどと少し違いますね。パラメータ名と値を単に＝でつなげたものがスペース区切りで列挙されているだけです。漢字の部分もパーセントエンコードされていません。

　単なるテキストとして、入力内容がそのまま送信されていることがわかります。form要素からPOSTリクエストを送信する際は、enctype属性で次の3つのContent-Typeを選べます。

- application/x-www-form-urlencoded
- text/plain
- multipart/form-data

　HTTP request inspectorでは選べませんでしたが、3つ目のmultipart/form-dataはファイルアップロードの際に使用します。ここではContent-Typeを変更できることを示すためにtext/plainを使ってみましたが、実際のformからの送信でtext/plainを使うことはまずないでしょう[注50]。

　一方第7章で紹介するように、JavaScriptからPOSTリクエストを送信する際や、curlコマンドでリクエストを送信する際は、Content-Typeを自由に選択できるため、送信する情報に応じて適切なContent-Typeを指定します[注51]。

5.4.5　GETとPOSTの使い分け

　先ほどの実験ではGETとPOSTのそれぞれで、HTTPリクエスト送信の様子を確認しました。

　実験結果を見ると、GETとPOSTではパラメータの渡し方に違いはありますが、最終的にサーバへ伝わる情報は同じです。であれば、どちらのメソッドを使っても良いように思えるかもしれません。

　しかし、HTTPの仕様では各メソッドの目的が決まっているため、それに沿った使い分けが必要です。ここではまず、GETとPOSTの使い分けについて理解しましょう[注52]。前節で紹介したHTTPメソッドの役割をもう一度見てみましょう（表5.8）。最初のうちは大雑把に「GETは読み取り」、「POSTは書き込み」ととらえてしまってもかまいません。

　GETリクエストはサーバからリソースを取得するのが目的であり、GETリクエストのパラメータは検索条件などリソースの取得方法を指定するためのものです。このため、GETパラメータは情報の位置を示すURLの中に含まれ、ブラウザのブックマークとして保存したり、他の人に伝えたりするのに役立ちます。一方、POSTリクエストはサーバに情報を送信するのが目的です。身近な例では、サイトに会員登録するようなケースが挙げられます。ブラウザに入力した氏名やメールアドレスな

注50　ここで示したように、非アルファベット文字がパーセントエンコードされないため、アプリケーションが解釈するのが難しくなってしまうためです。

注51　具体的には、JSON形式のデータを送信するときにapplication/jsonを指定するケースがあります。JSON形式については、「8.6 JSONによるデータ交換」で説明します。

注52　各HTTPメソッドの使い分けについては「8.4.8 HTTPメソッドとCRUD」であらためて説明します。

148

どの情報はPOSTリクエストとして送信され、サーバ側に保存されます。

　GETリクエストは「読み取り」ですので、リクエストを何度発行してもリソースの状態が変化しないことが期待されています。理屈上、GETリクエストを受け取って、クエリパラメータで与えた情報をサーバに登録するようなアプリケーションを作成することもできるでしょう。しかし、このようにHTTPメソッドを誤用したWebアプリケーションを作るべきではありません。

　極端な例ですが、GETリクエストでリソースの状態を変化させてしまうようなリンクを含むHTMLがインターネットに公開されていると、検索サイトのクローラ[注53]が自動的にアクセスし、意図せずリソースが変化してしまうことにもなりかねませんので、注意しましょう。

> **HINT**
>
> 　HTTP request inspectorでPOSTリクエストを送信したあと、ブラウザをリロードすると次のようなダイアログが表示されます。このようなダイアログは、皆さんも一度は見たことがあるでしょう。
>
>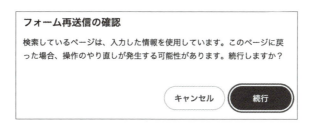

　正確には、ブラウザのリロードは、「前回送信したのと同じリクエストを再送すること」です。このため、POSTリクエストを送信した結果表示されている画面をリロードすると、前回と同じPOSTリクエストを送信することになります。POSTリクエストではリソースの状態が変化し得るので、その処理内容によっては会員登録や注文が二重に行われるなど、利用者にとって不利益な結果につながることもあります。このため、リロードによってPOSTリクエストを送信しようとするときには、ブラウザがこのような警告を出すのです。なお、このようなPOSTリクエストの再送に伴う意図しない挙動を防ぐのは、Webアプリケーションの役割になります。

まとめ　本章では、Webアプリケーションの動きを理解するために必須となるURLとHTTPについて、体系的に説明しました。実際にはHTTP/2やHTTP/3が普及していますが、ここで説明したことの必要性は変わりません。ここで説明したことがすべてではありませんが、本章の内容を押さえておけば、Webアプリケーションの動作原理の大部分は理解できるでしょう。

注53　インターネット上の情報を自動的に収集するためのプログラムのことです。

参考文献

- [1] 渋川よしき（著）、Real World HTTP 第3版——歴史とコードに学ぶインターネットとウェブ技術、オライリー・ジャパン、2024年

第6章 従来型のWebアプリケーション

- 6.1 GoによるWebアプリケーション
- 6.2 Goによる簡単なWebサーバの作成
- 6.3 ToDoアプリケーションで学ぶ基礎
- 6.4 Webアプリケーションの画面遷移
- 6.5 Webアプリケーションの状態管理
- 6.6 セッションとユーザ管理
- 6.7 ユーザ認証の実装
- 6.8 Webアプリケーションの複雑性をカバーするフレームワーク

第4章でHTTPクライアントとHTTPサーバの動作を、第5章ではURLとHTTPについて基礎的な部分を学びました。また、これらに動的な要素が加わることで、徐々に初期のWebアプリケーションへ発展した流れを解説しました。本章ではいよいよ本格的なWebアプリケーションの仕組みを学んでいきます。

すでにご存じの方も多いかもしれませんが、現代のWebアプリケーションは「**シングルページアプリケーション（Single Page Application：SPA）**」（以下、SPA）と呼ばれる手法で作られているものが増えています。このため、初めて作ったWebアプリケーションがSPAであったという読者の方もいることでしょう。

しかし前章で紹介したようなCGIやSSIといった最初期のWebアプリケーションと現代のSPAの間には、技術的に大きな隔たりがあります。また、SPAに絶対的な優位性があるわけではなく、状況によって従来型の設計が選択されることもあります。このため開発者は、基本である従来型のWebアプリケーションとSPAの両方を理解し、状況に応じた使い分けができるようになるのが望ましいでしょう。

> **HINT**
>
> 「従来型のWebアプリケーション（Traditional Web Application）」という呼び方は、一般的ではないかもしれません。SPA（Single Page Application）が登場した現在では、本章で説明するような従来型のWebアプリケーションはSPAと対比する文脈でMPA（Multi Page Application）と呼ばれることもあります。当時はMPAという呼び方をしていたわけではないため、ここでは「従来型のWebアプリケーション」と呼ぶことにしました。

本章ではまず、2000年代まで主流であった従来型のWebアプリケーションの仕組みについて、実際のコード例をふまえながら解説を進めます。実働するサンプルも筆者のWebサイトで試すことができますので、コードと実際の動きを比べながら、理解していきましょう。その上で、次の章で従来型とSPAの違いを説明します。

図6.1 本章の学習範囲

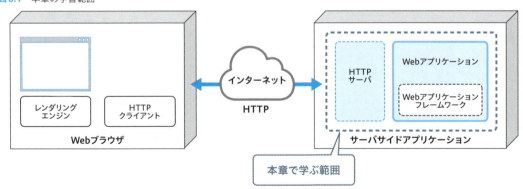

図6.1に、本章の解説範囲を図示しました。実際の開発現場では、なんらかのWebアプリケーションフレームワークを利用することがほとんどでしょう。Webアプリケーションフレームワークを利用することで、ほんの少しのコードで簡単にWebアプリケーションが実現できます。一方で、その裏側がどのようになっているのか、初学者が理解するのは困難です。ここでは、フレームワークを使わずにWebアプリケーションを作ることで、Webアプリケーションの根本的な動作原理の理解を深めていきます。

6.1 GoによるWebアプリケーション

Webアプリケーションは、ネットワーク通信さえ実現できれば、どのようなプログラミング言語でも作成できます。本書では、**Go（ゴー）**[1]というプログラミング言語で作成してみます。

Goは比較的新しいプログラミング言語です。Google社のエンジニアによって開発が進められ、2009年11月に公開、2012年3月にバージョン1.0がリリースされました。本書の執筆時点でリリースから10年以上経過していますが、ほかのプログラミング言語と比べれば歴史は浅い方で、知名度も一歩譲るところがあります。しかし、その実績は着実に伸びつつあります。著名な企業では、開発元のGoogleをはじめ、Microsoft、X[2]、Dropbox、Salesforceなど[3]が採用しています。オープンソース・ソフトウェアでも利用が広まっており、Docker、Kubernetesなど、昨今のシステム基盤を支えるソフトウェアを中心に利用が広まっています。

Goは多くのプログラミング言語と同じく、手続き型のプログラミング言語です。オブジェクト指向プログラミングの要素は持ち合わせているものの、Javaのようにオブジェクト指向が前面に出ているわけではありません。このため、簡単なプログラムであればオブジェクト指向を意識せずに書くことができます。

本書では次のような理由から、サンプルプログラムに使用するプログラミング言語としてGoを採用しました。

- 習得が容易
- 短いプログラムで実現できる
- さまざまなプラットフォームで実行できる

習得が容易

Goは基本文法に登場する要素が少ないため、すでにほかのプログラミング言語に馴染んでいる方であれば、比較的容易に習得できます。Goのプログラムを実行しながら基本的なことが学べる「Go

---

注1　https://go.dev/
注2　旧Twitter。2023年7月にサービス名が「Twitter」から「X」に変更されました。
注3　https://go.dev/ に掲載されている「Companies using Go」の情報より。またここには記載されていませんが、日本国内ではメルカリがGoを採用していることで有名です。

第6章　従来型のWebアプリケーション

Tour[注4]」というチュートリアルや、ブラウザ上でGoのプログラムを作成・実行できるプレイグラウンド[注5]が提供されており、気軽に入門するための工夫がされています。

短いプログラムで実現できる

Goでは、Webアプリケーション開発に必要なもの含め、現代のシステムを開発するうえで必要な多く機能が標準ライブラリ[注6]として提供されています。比較的新しいプログラミング言語であるため、他のプログラミング言語では外部ライブラリが必要となるような機能も、Goでは標準ライブラリとして提供されています。文法が単純であることに加え豊富な標準ライブラリのおかげで、Webアプリケーションも短いプログラムで実現できます。サンプルコードを読む側にとっても大きなメリットです。

さまざまなプラットフォームで実行できる

Goのプログラムは、Windows、Mac、Linuxなど代表的なプラットフォーム向けにコンパイルできます。同じプログラムが多くの環境で動作するため、本書のサンプルコードを読者の皆さんの好きな環境で動かすことができます。

本書では、Webアプリケーションの実際を解説するための題材としてGoを採用するに過ぎないので、Goに関する説明は最小限度に留めます。Goに初めて触れる方は、付録Cで入門的な内容を紹介しますので、必要に応じてそちらを参照してください。

また、本書のサンプルコードは次のGitHub上のリポジトリで公開しています。

> URL https://github.com/little-forest/webtech-fundamentals

HINT

「Go」は一般的すぎる単語なので、Google等の検索エンジンで調べるときにプログラミング言語以外の情報が過剰にヒットします。このため「Golang」（Go languageの略）で検索すると良いです。

6.2 Goによる簡単なWebサーバの作成

6.2.1 文字列を返すアプリケーション

最初に前章で実現した「Hello, Web application!」という文字列を返すアプリケーションを、Goで作成してみましょう。第4章では、echoコマンドとncコマンドで画面6.1のように実現していました。

注4　Go Tour：https://go.dev/tour/ 日本語版は https://go-tour-jp.appspot.com/ で公開されています。
注5　https://go.dev/play/
注6　https://pkg.go.dev/std

6.2 Goによる簡単なWebサーバの作成

画面6.1 echoコマンドとncコマンドで文字列を返すWebアプリケーション

```
$ echo 'Hello, Web application!' | nc -l 8080 Enter
```

これと同じことをGoで実現すると、**リスト6.1**のようなプログラムになります。

リスト6.1 Goで文字列を返すプログラム (main.go)

```go
package main

import (
    "fmt"
    "log"
    "net/http"
)

func hello(w http.ResponseWriter, r *http.Request) {    ←── ③
    fmt.Fprint(w, "Hello, Web application!")            ←── ④
}

func main() {
    http.HandleFunc("/", hello)                  ←── ②
    err := http.ListenAndServe(":8080", nil)     ←── ①
    if err != nil {
        log.Fatal("failed to start : ", err)
    }
}
```

HINT

　Goに初めて触れる方は**リスト6.1**の文法要素を理解するために、まず「**付録C.2 はじめての Goプログラム**」を参照すると良いでしょう。

　Goのnet/httpパッケージは、HTTP通信に関するさまざまな処理を提供してくれます。**http. ListenAndServe()**がHTTPサーバを起動する関数で、引数の**:8080**は、待ち受けポートを表しています（**リスト6.1-①**）。HTTPリクエストに対する処理は、HTTPサーバを起動する前の準備として**http.HandleFunc()**関数で登録します（**リスト6.1-②**）。ここでは、**/**というパスにリクエストが届いたときの処理として、**リスト6.1-③**の**hello()**関数を登録しました。なお、GoではJavaScriptなどと同じように、関数自体をほかの関数の引数として受け渡せる点に注意してください。

HINT

　Javaなどのオブジェクト指向言語に馴染んでいる方が**http.ListenAndServe()**という記述を見ると、「http変数の**ListenAndServe()**メソッドを呼び出している」と解釈してしまうかもしれません。ここでの**http**は、ただのパッケージ名で、変数ではありません。また、本書では説明文で関数名を指すとき、わかりやすいように「**hello()**関数」のように関数名の後に括弧をつけて表記します。

155

次に、リクエストに対する処理を実現するhello()関数を見てみましょう。リスト6.1-④で「Hello, Webapplication!」という文字列を出力しています。fmt.Fprint()関数は、多くの言語で提供されているprint関数と似たもので、文字列を出力するものです。よく使われるfmt.Print()関数では標準出力へ表示しますが、fmt.Fprint()関数では指定した出力先に文字列を書き込むことができます。ここではHTTPレスポンスとして返すため、それ担うhttp.ResponseWriterを引き数に渡し、Fprint()関数が作った文字列をhttp.ResponseWriterでHTTPレスポンスに出力させています。なお、このようにHTTPリクエストを処理する関数を一般にリクエストハンドラ（Request handler）と呼びます[注7]。では、このプログラムを実行してみましょう。main.goがあるディレクトリで、画面6.2のように実行してください[注8]。

画面6.2 Hello Web application の実行

```
$ go run main.go [Enter]
```

実行するとGoプログラムがHTTPサーバとして8080ポートで待ち受けを開始します。Webブラウザやcurlコマンドで次のURLにアクセスすると、文字列が返されることが確認できます。なお、終了するときは[Ctrl]+[c]を押してください。

```
URL  http://localhost:8080
```

いかがでしょうか。とても短いコードで実現できていることがわかると思います。

HINT

画面6.2を実行したとき、以下のようなメッセージが表示されてしまったときは、リスト6.1の①内の「8080」の部分を「8081」など他の数字に変更して実行してみてください。

```
2024/06/07 21:55:24 failed to startlisten tcp :8080: bind: address already in use exit status 1
```

その場合、ブラウザからアクセスするときもhttp://localhost:8080ではなく、http://localhost:8081のように数字をあわせて変更します。これは、同じPC上で別のプログラムが8080ポートを利用中であるためです。第4章の実験でncコマンドを起動したままの可能性もありますので、その場合は[Ctrl]+[c]でncコマンドを停止させると良いでしょう。

HINT

Goを実行してプログラムをコンパイルする時間のない方は、筆者のサイトで配布しているコ

注7　handleは「対処する」「処理する」という意味です。プログラミング一般に、HTTPリクエストやユーザ操作のようにプログラムの外部で発生する事象を扱う関数やメソッドを「○○ハンドラ」と呼びます。ですので「○○ハンドラ」という言葉を見かけたら、○○を処理する関数やメソッドだと理解すれば良いでしょう。

注8　Windowsでの実行時には「パブリックネットワークとプライベートネットワークにこのアプリへのアクセスを許可しますか？」というダイアログが表示されることがあります。その際は［許可］ボタンを押してください。

ンパイル済みの実行ファイルを動かして試すこともできます。「**付録D.2 サンプルコードのダウンロー
ドと実行**」を参照して、`/chapter06/simple-webserver1`を実行してください。

6.2.2　ファイルの内容を返すアプリケーション

次はこのプログラムを少し改良して、あらかじめ用意したファイルを返せるようにします。**第4章**
の**画面4.10**のhello.htmlを返す`nc`コマンドの起動（101ページ）では、あらかじめ用意したHTMLファ
イルを、`cat`コマンドと`nc`コマンドを使ってレスポンスとして返しました。これと似たようなこと
を実現します。

リスト6.2は、Goで標準提供されている簡単なWebサーバを実現するライブラリ、`http.`
`FileServer`を使って簡単なWebサーバの動作を実現するプログラムです。先ほどのコードとほぼ
同じですが、①の部分が異なりますね。`/`に対するアクセスがあったときの処理として、`hello()`関
数ではなく`http.FileServer()`が返す関数を渡しています。これがURLで指定されたファイルを
返す処理を実現します。引数に指定した`http.Dir("static")`が基点となるディレクトリを表し、
ここでは`static`という名前のディレクトリ配下から、ファイルを探すという意味になります。

リスト6.2　Goによる簡単なWebサーバ (main.go)

```go
package main

import (
    "log"
    "net/http"
)

func main() {
    http.Handle("/", http.FileServer(http.Dir("static")))  ←──①
    err := http.ListenAndServe(":8080", nil)
    if err != nil {
        log.Fatal("failed to start : ", err)
    }
}
```

このWebサーバが返すファイルとして、hello.htmlを用意します（**リスト6.3**）。

リスト6.3　hello.html

```html
<!doctype html>
<html>
  <body>
    <h1>Test contents</h1>
    <p>Hello, Web application!</p>
  </body>
</html>
```

http.FileServer()の返す関数がhello.htmlを読み込めるように、staticディレクトリの配下におきます。ディレクトリ構成は、図6.2のようにしてください。

図6.2　Goによる簡単なWebサーバのディレクトリ構成

main.goがあるディレクトリで、プログラムを実行しましょう。

```
$ go run main.go [Enter]
```

起動できたら、ブラウザから次のURLへアクセスしてください。

URL　http://localhost:8080/hello.html

無事にhello.htmlの内容が表示されたでしょうか。

> **HINT**
> 手元でコンパイル済み実行ファイルを動かしたい方は「付録D.2 サンプルコードのダウンロードと実行」を参照して、/chapter06/simple-webserver2を実行してください。

　このプログラムは、staticディレクトリ配下のファイルを返すことができます。ほかにも自分で好きなファイルを置いてブラウザからアクセスし、動作を確認してみると良いでしょう。
　Webアプリケーションでは、プログラムが作成する動的なコンテンツだけではなく、CSSやJavaScriptのファイルなど静的なコンテンツも必要です。ここで作成したプログラムは、静的コンテンツを提供するのに必要な機能となります。

6.3　ToDoアプリケーションで学ぶ基礎

　ここからは、前節の成果を土台として、ToDoリストの管理アプリケーションを作成していきます。本章では、これまで紹介した技術を使って古典的な手法でアプリケーションを作成し、次の世代の技術であるSingle Page Applicationへの発展の流れを紹介します。
　ここで作成するToDoアプリケーションを「Tiny ToDo」と名付け、理解しやすくするために、機能を少しずつ付け足しながら作っていくことにします。

6.3.1 アプリケーション本体 (main.go)

まず、あらかじめ用意したToDoリストを表示するだけの機能を作ります（**リスト6.4**）。

リスト6.4 main.go

```go
package main

import (
    "html/template"
    "log"
    "net/http"
)

var todoList []string ←①

func handleTodo(w http.ResponseWriter, r *http.Request) { ←⑤
    t, _ := template.ParseFiles("templates/todo.html") ←⑥
    t.Execute(w, todoList)                              ←⑦
}

func main() {
    todoList = append(todoList, "顔を洗う", "朝食を食べる", "歯を磨く") ←②

    http.Handle("/static/",
        http.StripPrefix("/static/", http.FileServer(http.Dir("static")))) ←③

    http.HandleFunc("/todo", handleTodo) ←④

    err := http.ListenAndServe(":8080", nil)
    if err != nil {
        log.Fatal("failed to start : ", err)
    }
}
```

　プログラムは、先ほど作成したもの（**リスト6.2**）と似たような構成です。まず、ToDo項目を格納する変数、todoListを用意しました（**リスト6.4-①**）。本格的なToDoアプリケーションでは作成日や期限などの情報が必要となりますが、ここでは簡単にするため文字列のスライス[注9]にしています。

🔵 main関数

　次に、**main()**関数の内容を見ていきましょう。今の段階では、画面からToDo項目を追加する機能を作らないので、**todoList**変数には固定の要素を入れておきます（**リスト6.4-②**）。
　また、HTML内から読み込むCSSファイルを返すため、先ほどと同じく**http.FileServer()**が返す関数を登録します（**リスト6.4-③**）。ここは**リスト6.2-①**とほぼ同じですが、少し変更があります。

注9　Goでは可変長配列のことを「スライス」と呼びます。

第1引数は/ではなく/static/に変更しています。これは、/static/〜というパス配下を静的コンテンツに割り当てるためです。さきほどは第2引数にhttp.FileServer()の返す関数が渡されていましたが、ここではhttp.StripPrefix()の返す関数が渡され、http.FileServer()の返す関数は、その引数として渡されています。

　http.StripPrefix()は、http.FileServer()に渡すパスを調整するためのものです。http.FileServer()の引数には、リスト6.2と同じようにhttp.Dir("static")を指定しています。このため、何もしないとhttp://localhost:8080/static/todolist.cssにアクセスしたとき、FileServerはファイルシステム上のstatic/static/todolist.cssというパスからファイルを取得しようとします。ここで、最初のstaticはhttp.Dir()関数で指定したもので、ファイルシステム上で静的ファイルを探すための基点です。2番目のパスはURLに指定されていたものです。このようなパスの重複を防ぐため、http.StripPrefix()関数で、http.FileServer()に渡すパスからstaticという文字列を取り除いているのです。ここまでが、静的なファイルを返すための準備です。

　次は、ToDoリストを表示するためのHTTPリクエストを受け付ける準備をします。リスト6.4-④で、/todoというパスがリクエストされたら、handleTodo()関数を呼び出すようにします。この部分は、本章の最初に作成したプログラム（リスト6.1-②）と同じですね。

🌑 handleTodo関数

　handleTodo()関数の中では、Goで標準提供されているテンプレート機能（html/templateパッケージ）を使っています。「4.5.4 テンプレートエンジンへの進化」でも紹介した、テンプレートエンジンのことです[注10]。todoList変数に保持するToDo項目は、ユーザの操作に応じて変化します。これを表示するためにはHTMLの動的な生成が必要になるため、テンプレート機能を使います。

　ここでは、todo.htmlというファイルで用意されたテンプレートに、todoList変数が保持するToDo項目を組み合せてHTMLを生成し、レスポンスとして返しています（図6.3）。

図6.3　GoテンプレートによるHTTPレスポンスの生成

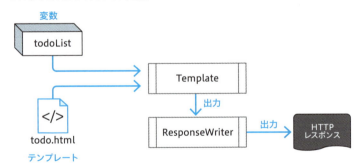

注10　Javaなど他のプログラミング言語では、テンプレートエンジンが標準提供されていないものも多いです。Goは比較的新しいプログラミング言語なので、テンプレートエンジンが標準提供されています。

template.ParseFiles()関数の呼び出し（リスト6.4-⑥）で、templateディレクトリにtodo.htmlという名前で用意されたテンプレートファイルを読み込み、テンプレートとして解析します。解釈されたテンプレートは変数tに保存されます。

　次のExecute()関数に、HTTPレスポンスを出力するためのhttp.ResponseWriterと、テンプレートに埋め込むべきtodoList変数を与えることで、最終的なHTMLを生成してレスポンスとして返しています（リスト6.4-⑦）。

Goの多値返却とエラー処理

　Goに初めて触れる読者の皆さんにとって、リスト6.4-⑥の戻り値の受け取り方は、見慣れない記述かもしれません。Goの関数は**多値返却**といって複数の値を返すことができるので、たとえば次のように変数を入れ替えるswap()関数が簡単に作れます。

```go
func swap(x int, y int) (int, int) {
    return y, x
}

func main() {
    x, y := 1, 2
    fmt.Printf("before: x=%d, y=%d\n", x, y) // before: x=1, y=2
    x, y = swap(1, 2)
    fmt.Printf("after : x=%d, y=%d\n", x, y) // after : x=2, y=1
}
```

　またGoでは、ほかの多くのプログラミング言語にあるような例外処理機構が、あえて組み込まれていません。これは、例外処理がプログラムの流れをかえってわかりにくくすると考える、Goの設計思想のためです。

　その代わり、多値返却を使って関数の処理結果とともにエラーを返せるようにしています。リスト6.4で使用したtemplate.ParseFiles()関数では、テンプレートの読み込みに失敗したとき2つ目の戻り値でエラーを返します。本来、次のようにしてエラーの有無をチェックして条件分岐すべきですが、本書のサンプルではエラー処理は本質的ではないため、省略しています。

```go
t, err := template.ParseFiles("templates/todo.html")
if err != nil {
    // エラー処理
}
```

　では、以下のように変数に代入したエラーを無視すればよいでしょうか。ほかのプログラミング言語では問題ありませんが、Goではコンパイルエラーになってしまいます。未使用の変数はバグの原因となるため、Goではこれが許されません。

```go
// err 変数を使用しないと、Goではコンパイルエラーになる
t, err := template.ParseFiles("templates/todo.html")
```

　このようなときは、変数の代わりに**ブランク識別子**（_）を指定することで、戻り値を無視できます。

第6章　従来型のWebアプリケーション

Goでは、「不要であることは明示すべき」という考え方なのです。

```
// ブランク識別子でエラーを無視する
t, _ := template.ParseFiles("templates/todo.html")
```

6.3.2　テンプレートファイル (todo.html)

次に、テンプレートファイルの内容を解説しましょう（リスト6.5）。

第4章で紹介したSSI[注11]と同様に、HTMLの一部に特別な形式で指示を埋め込むという考え方は同じです。SSIでは、`<!-- ～ -->`のようにHTMLのコメントで指示を埋め込んでいました。一方、Goのテンプレートでは`{{ ～ }}`のように、二重の中括弧でくくり、その中に「アクション」と呼ばれる指示を記述します。

リスト6.5　templates/todo.html

```
<!DOCTYPE html>
<html lang="ja">
  <head>
    <meta charset="UTF-8" />
    <title>Tiny ToDo</title>
    <link rel="stylesheet" href="static/todo.css" />  ←―― ④
  </head>
  <body>
    <header>
      <h1>Tiny ToDo</h1>
    </header>
    <main>
      <ul class="todo-list">
        {{range .}}  ←―― ①
        <li class="todo-item">
          <div class="todo-item-left">
            <input type="checkbox" />
            <label>{{.}}</label>  ←―― ③
          </div>
        </li>
        {{end}}  ←―― ②
      </ul>
    </main>
  </body>
</html>
```

リスト6.5-①、②の`{{range .}}` ～ `{{end}}`は対のアクション[注12]で、これらに挟まれる内容

注11　「4.5.3 テンプレートエンジンの元祖・SSI」を参照
注12　Goのテンプレートで使用できるアクションは、https://pkg.go.dev/text/template#hdr-Actions で説明されています。

6.3 ToDoアプリケーションで学ぶ基礎

を繰り返し出力することを指示しています。**.**（ピリオド）は、このテンプレートに与えられたデータ（変数の内容）を表します。**リスト6.4-⑦**では、テンプレートを出力する際に次のように**todoList**変数を渡していました。

```
t.Execute(w, todoList)
```

このため、**{{range .}}**は、**todoList**に格納されたスライスの各要素に対して繰り返し出力するという指示になります。**range**ブロックの内部では再度**.**が登場します（**リスト6.5-③**）。ここにはスライス内の各要素、つまりToDo項目の文字列が展開されます。テンプレートが処理されると**リスト6.6**のようになります。

リスト6.6　展開されたテンプレート

```
<li class="todo-item">
  <div class="todo-item-left">
    <input type="checkbox" />
    <label>顔を洗う</label>
  </div>
</li>
<li class="todo-item">
  <div class="todo-item-left">
    <input type="checkbox" />
    <label>朝食を食べる</label>
  </div>
</li>
<li class="todo-item">
  <div class="todo-item-left">
    <input type="checkbox" />
    <label>歯を磨く</label>
  </div>
</li>
```

HINT

　リスト6.5のHTML内でToDoリストを表現するのに使用しているul要素とli要素は「箇条書き」を表す要素で、それぞれ「Unordered Lists」、「List Item」の頭文字から命名されています。汎用的なdiv要素で表現しても見た目は同じですが、ToDoリストの構造がわかりやすいように、意味が近いHTML要素を使って表現しています。

ディレクトリ構成

　最後に、このプログラムのディレクトリとファイルの構成を示します（**図6.4**）。

163

図6.4　ディレクトリ構成

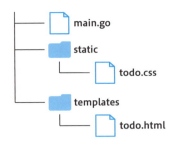

なお、リスト6.5-④で読み込んでいる todo.css の説明は、ここでは本質的ではないため割愛します。todo.css の内容は次のURLで公開していますので参照してください。

> URL　https://github.com/little-forest/webtech-fundamentals/blob/v1-latest/chapter06/tinytodo-01-base/static/todo.css

動作確認

このプログラムを実行してブラウザから次のURLにアクセスすると、図6.5のような画面が表示されます。

```
$ go run main.go [Enter]
```

> URL　http://localhost:8080/todo

図6.5　最初のTiny ToDo

HINT

手元でコンパイル済み実行ファイルを動かしたい方は、「付録 D.1 サンプルコードのダウンロードと実行」を参照して、/chapter06/tinytodo-01-base を実行してください。もしくは、以下の

URLで実行結果を確認することもできます。

> **URL** https://tinytodo-01-base.webtech.littleforest.jp/todo

---

　少しWebアプリケーションに近づいてきましたね。今はプログラム内にハードコードされたToDo項目を表示しているだけですが、**リスト6.4-②**でtodoListに追加している文字列を変えたり増やしたりして実行しなおせば、画面の表示内容も変化します。つまり、動的コンテンツを生成できているということになります。

6.3.3　ToDo項目の追加

　あらかじめ用意したToDo項目の表示ができたので、次は画面から追加できるようにします。**リスト6.4**に機能を追加して、ToDoを追加できるようにしたものが、**リスト6.7**です。

リスト6.7　main.go

```go
package main

import (
    "html/template"
    "net/http"
)

var todoList []string

func handleTodo(w http.ResponseWriter, r *http.Request) {
    t, _ := template.ParseFiles("templates/todo.html")
    t.Execute(w, todoList)
}

func handleAdd(w http.ResponseWriter, r *http.Request) {    ←── ①
    r.ParseForm()
    todo := r.Form.Get("todo")
    todoList = append(todoList, todo)    ←── ③
    handleTodo(w, r)                     ←── ④
}

func main() {
    http.Handle("/static/",
        http.StripPrefix("/static/", http.FileServer(http.Dir("static"))))

    http.HandleFunc("/todo", handleTodo)

    http.HandleFunc("/add", handleAdd)    ←── ②
```

第6章　従来型のWebアプリケーション

```
    http.ListenAndServe(":8080", nil)
}
```

　新たにhandleAdd()関数（**リスト6.7-①**）を追加して、**/add**というパスにアクセスされたときに呼び出されるようにしました（**リスト6.7-②**）。handleAdd()関数の中では、最初の2行でHTTPリクエストを解析して**todo**という名前のPOSTパラメータから値を取り出しています。取り出した値は**todoList**に追加します（**リスト6.7-③**）。最後に、前節で作成した**handleTodo()**関数を呼び出して、ToDoリストのHTMLを生成してレスポンスを返すようにしました（**リスト6.7-④**）。

　HTMLのテンプレートには、ToDo項目を登録できるように以下のform要素を追加します（**リスト6.8-①**）。

リスト6.8　todo.html

```html
<!DOCTYPE html>
<html lang="ja">
  <head>
    <meta charset="UTF-8" />
    <title>Tiny ToDo</title>
    <link rel="stylesheet" href="static/todo.css" />
  </head>
  <body>
    <header>
      <h1>Tiny ToDo</h1>
    </header>
    <main>
      <form method="post" action="add">                            ─┐
        <input type="text" name="todo" placeholder="Add a new todo" />  ├─ ①
        <button type="submit">Add</button>                            │
      </form>                                                       ─┘
      <ul class="todo-list">
        {{range .}}
        <li class="todo-item">
          <div class="todo-item-left">
            <input type="checkbox" />
            <label>{{.}}</label>
          </div>
        </li>
        {{end}}
      </ul>
    </main>
  </body>
</html>
```

　ここでは、input要素で受け取ったToDo項目を、**todo**という名前のパラメータに格納し、form要素のaction属性で指定した**add**というパスに対してPOSTメソッドで送信しています。

166

6.4 Webアプリケーションの画面遷移

> **HINT**
> 手元でコンパイル済み実行ファイルを動かしたい方は、「付録D.2 サンプルコードのダウンロードと実行」を参照して、/chapter06/tinytodo-02-addを実行してください。

このプログラムを実行してhttp://localhost:8080/todoにアクセスすると図6.6のような画面が表示されます。

図6.6　項目追加に対応したToDoListアプリケーション

入力フィールドにToDo項目を入力して［Add］ボタンを押してください。入力した項目がリストに追加されます（図6.7）。

図6.7　ToDo項目の追加

6.4 Webアプリケーションの画面遷移

6.4.1 画面遷移の問題点

ここまでで、簡単ながらWebアプリケーションとしての振る舞いが形になってきました。

ここで1つ実験してみましょう。前節の最後で図6.7のように、1つ以上の項目をToDoリストに追加した状態で、ブラウザの画面を再読み込み（リロード）してください。Windowsでは F5 キーか Ctrl + R キー、Macでは ⌘ + R キーで再読み込みできます。すると図6.8のような警告ダイアログが表示されるはずです。

第6章　従来型のWebアプリケーション

図6.8　フォーム再送信の確認ダイアログ

　そのまま［続行］ボタンを押すと、最後に入力した項目が再度追加されてしまいましたね。これはなぜでしょうか。ここでブラウザのアドレスバーを確認してみてください。次のように表示されているはずです。

```
http://localhost:8080/add
```

　このとき、ブラウザとアプリケーション間のHTTP通信で起きていることを図示すると、図6.9のようになります。

図6.9　従来型Webアプリケーションの画面遷移

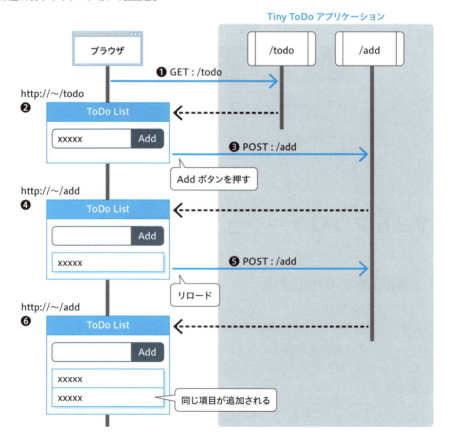

168

まず、Webブラウザは`http://localhost:8080/todo`にアクセスします（図6.9-①）。なお以降の説明では「`http://localhost:8080`」を省略して、単に`/todo`などと表記します。アプリケーション側では`handleTodo()`関数が呼び出され、テンプレートからHTMLが生成されてHTMLを返し、ブラウザが最初の画面を表示します（図6.9-②）。

次にブラウザ上でToDo項目を入力して［Add］ボタンを押すと、フォーム要素の指定（リスト6.8-①）によって、入力内容をパラメータとしてPOSTメソッドで`/add`にリクエストが送信されます（図6.9-③）。その結果、アプリケーション側の`handleAdd()`関数が呼び出され、新たな項目が追加された画面が表示されます（図6.9-④）。ここまでは前節の最後に確認しましたね。問題はここからです。

リロードが指示されると、ブラウザは現在の表示結果を取得したときのリクエストをサーバに再送します。つまり、`/add`に対するPOSTリクエストが再発行されます。このとき送信されるパラメータも先ほど入力したのと同じものになります。その結果アプリケーション側では同じ処理が繰り返され、ToDo項目が再度追加されてしまうのです。

ここでの問題は図6.9-②と図6.9-④で、ユーザにとっては同じ画面にもかかわらず、異なるURLで表示されていることです。これを解決するために考えられたのが、次に紹介する手法です。

6.4.2　リダイレクトによる安全な画面遷移

まず、HTTP通信の流れを図で示します（図6.10）。前ページの図6.9と見比べてください。

図6.10　Post-Redirect-Getによる画面遷移

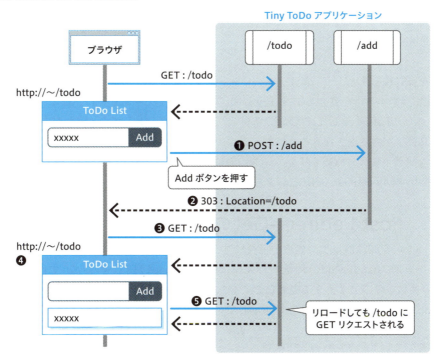

この遷移方法では、ブラウザ上で［Add］ボタンを押してPOSTリクエストを送信（図6.10-①）したあとの挙動が変わります。先ほどまでは、アプリケーション側でToDo項目追加後の状態を表示するHTMLを生成し、それをレスポンスとして返していました。ここではHTMLを返すのではなく、ステータスコード303（SeeOther）を返して/todoへリクエストしなおすようにブラウザに指示しています（図6.10-②）。

HTTPレスポンスでサーバが300番台のステータスコードを返すことを**リダイレクト（Redirect)**と呼びます。リダイレクトでは、サーバはLocationヘッダに新しいURLを入れてレスポンスを返します。リダイレクトレスポンスを受け取ったブラウザは、Locationヘッダに記述されたURLにアクセスしなおします。

もともと、リダイレクトは次のような用途を想定して作られた機能でした。

- サイトのURLが移転したとき、ブラウザを新しいURLに誘導する[注13]
- サーバのメンテナンス等で一時的にアクセスできないとき、代わりに表示すべきページに誘導する

それが、ここで紹介したようにWebアプリケーションの画面遷移にも応用されるようになった経緯があります。リダイレクトにはいくつかの種類があり、それぞれブラウザの挙動が異なりますが、まずは次の点だけを押さえておけば大丈夫です。

1. 300番台のステータスコードはリダイレクトを表す
2. リダイレクトでは、Locationヘッダに新しいURLが記述されている
3. ブラウザはそのURLにアクセスしなおす

さて、話を元に戻しましょう。303リダイレクトを受けたブラウザは、Locationヘッダで示される/todoへGETリクエストを送信します（図6.10-③）。アプリケーションは、ここで新しいToDo項目が追加されたHTMLを返します（図6.10-④）。ここでリロードしても/todoにアクセスするだけですので、POSTが繰り返されることはありません（図6.9-⑤）。

このような遷移手法は、POSTリクエストの後にリダイレクトを挟んでGETリクエストを送信するため、「**Post-Redirect-Get（PRG）パターン**」と呼ばれています。

| 6.4.3　Post-Redirect-Getの実装

PRGパターンの実装は簡単で、処理の最後にリダイレクトのためのステータスコードを返すだけです。**リスト6.7**のhandleAdd()関数で、最後にhandleTodo()関数を呼び出す代わりに、**http.Redirect()**関数を呼び出すように変更します（**リスト6.9-①**）。ここでは、ステータスコード303を返して/todoにリダイレクトするように指示しています。

注13　私たちの実生活でも、転居したときに郵便局へ届け出ておくと、しばらくの間は旧住所宛の郵便物を新住所へ転送してくれますね。それと同じようなイメージでとらえると良いでしょう

リスト6.9　PRGパターンの実装

```go
func handleAdd(w http.ResponseWriter, r *http.Request) {
    r.ParseForm()
    todo := r.Form.Get("todo")
    todoList = append(todoList, todo)
    http.Redirect(w, r, "/todo", 303) ←——— ①
}
```

6.4.4　Post-Redirect-Getの動作確認

リダイレクト経由のGETは、ユーザの目には直接触れません。このため、ブラウザ上では「http://~/todo」というURLで表示されている画面で項目を入力して［Add］ボタンを押すと、もう一度「http://~/todo」が表示されているように見えます。本当にリダイレクトされているのか、確かめてみましょう。

現代の代表的なWebブラウザには開発者向けのツールが内蔵されており、これを使えばサーバとの通信内容や、HTMLやCSSの解釈状況を確認できます。これらのツールを使いこなしが、開発や学習の効率に大きく影響します。本書でも解説の進行に合わせて使い方を説明していきます。本書では、Googleの提供するブラウザ「Google Chrome」（以下、Chrome）における「デベロッパーツール[注14]」（以下、DevTools）を例に使い方を説明します。

まず、Post-Redirect-Getによる画面遷移を行う Tiny ToDo を PC 上で実行します。付録D.2 サンプルコードのダウンロードと実行を参照して、/chapter06/tinytodo-03-prg を実行してください。

HINT

現段階のTiny ToDoは、後述のセッション管理機能を実装していないため、Web上で公開すると他の人の入力したToDoが見えてしまう問題があります。Post-Redirect-Getの動作確認を手軽に試したい方は、次の段階のサンプルにアクセスすることでも確認できます。

URL　https://tinytodo-04-session.webtech.littleforest.jp/todo

🍪 Chrome DevTools の起動

まず、Chromeで新しい空のタブを開いてください。DevToolsを開くには、Chromeのウィンドウ右上に表示されているケバブメニューアイコン（「⋮」縦にドットが3つ並んだアイコン[注15]）をクリックして［その他のツール］—［デベロッパーツール］を開きます。もしくは、F12 キーでも開くことができます[注16]。すると、ブラウザに表示中のタブが分割されてDevToolsが表示されます（図6.11）。

注14　https://developer.chrome.com/docs/devtools/
注15　「⋮」は串に刺さった肉のイメージから、中東の肉料理にちなんで「ケバブ」と呼ばれているようです。「縦3点リーダーアイコン」と、真面目な呼び方もあるようですが、本書では馴染みやすい「ケバブ」を採用しました。ちなみに「≡」のようなメニューアイコンもよく見かけますが、こちらは「ハンバーガーメニュー」とも呼ばれます。
注16　Windows や Linux では Ctrl + Shift + I、Mac では ⌘ + ⌥ + I のショートカットキーで開くこともできます。

DevToolsは、現在表示中のタブに関するさまざまな内部情報の表示や変更ができます。

図6.11　DevToolsの起動

なお、DevToolsの表示位置はいくつかのパターンから選べます。DevTools右上のケバブメニューアイコンを選択し「Dock side」のアイコン（図6.12）から切り替えられるので、見やすい位置に設定すると良いでしょう。

図6.12　DevToolsの表示位置変更

本書では詳しい使い方を説明しませんが、Google Chrome以外の主要ブラウザにもDevToolsと同様の開発者用ツールが搭載されています。

Networkパネルの表示

DevToolsが提供する主要機能はいくつかのパネルに分かれて提供されており、DevTools上部のパネルから切り替えることができます。今回使用するのは、ネットワーク通信に関する情報を表示するNetworkパネルです。

図6.13　DevToolsのNetworkパネル

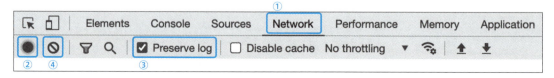

まず、DevToolsの上部に表示されている、「Network」（図6.13-①）を選択してください。表示内容が切り替わるので図6.13-②が通信の記録が始まっていることを示す赤丸になっていることを確認し、「Preserve log」[注17]（図6.13-③）にチェックを入れてください。図6.13-②のアイコンが赤丸になっていない場合は、クリックすることで記録が始まります。また記録内容をNetworkパネルの表示から消去したいときは、図6.13-④のボタンを押してください。

🌙 PRGによる画面遷移の確認

これで、現在表示中のタブで発生する通信をDevToolsで記録して確認できるようになりました。このタブで http://localhost:8080/todo にアクセスしましょう。todoとtodo.cssに対するリクエストが表示されるはずです[注18]。

ここで、本書での学習内容を確認できるように表示項目を調整しておきます。この設定は最初の一度だけで大丈夫です。通信内容のカラムヘッダ部分を右クリックし（図6.14）、表6.1でチェックされている項目だけを選択してください[注19]。

図6.14　Networkパネルのカラム選択

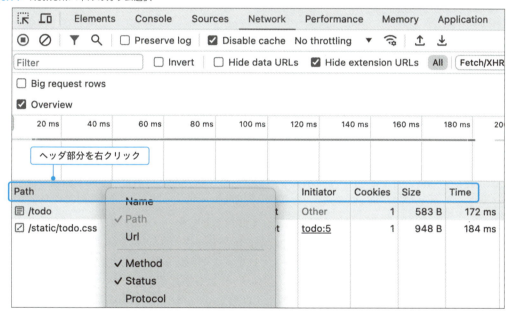

注17　Preserve logは、ページ遷移をまたがったときにログを消去しないようにする設定です。ここではPRGパターンによるページ遷移時の通信状況を確認したいので、有効にしておきます。サーバサイドのデバッグでHTTP通信の流れを追いたいときは、有効にしておいた方がよいでしょう。一方、Webページ表示のパフォーマンス改善目的でページ表示時に発生するHTTPリクエストを精査したい場合は、OFFにしたほうがわかりやすくなります。

注18　初回アクセス時には /favicon.ico へのGETリクエストが行われ、404 (Not Found) が記録されることがあります。これは、ブラウザのタブやブックマークに表示するためのFavicon（ファビコン：「favorite icon」の略）を取得するために、ブラウザが自動的に発行しているリクエストです。

注19　カラム表示項目を表示するときに誤って左クリックすると、そのカラムでソートされて順番がリクエスト順ではなくなってしまいます。順序を元に戻したいときは、カラム部分を右クリックし、一番下の［Waterfall］－［Start Time］を選択すると、元の順序に戻ります。

表6.1　Networkパネルのカラム表示選択項目

☐ Name	☐ Domain	☑ **Set Cookies**
☑ **Path**	☐ Remote Address	☑ **Size**
☐ Url	☐ Remote Address Space	☑ **Time**
☑ **Method**	☑ **Type**	☐ Priority
☑ **Status**	☑ **Initiator**	☐ Connection ID
☐ Protocol	☐ Initiator Address Space	
☐ Scheme	☑ **Cookies**	

表示カラムを選択したら、引き続きブラウザの画面上でToDo項目を入力して［Add］ボタンを押し、ToDoリストに項目が追加されることを確認してください。

最終的な記録は、図6.15のようになるはずです。

図6.15　PRGパターンによる遷移の記録結果

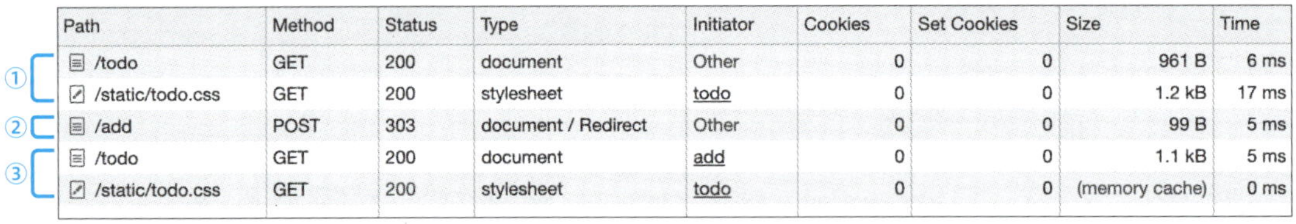

	Path	Method	Status	Type	Initiator	Cookies	Set Cookies	Size	Time
①	/todo	GET	200	document	Other	0	0	961 B	6 ms
	/static/todo.css	GET	200	stylesheet	todo	0	0	1.2 kB	17 ms
②	/add	POST	303	document / Redirect	Other	0	0	99 B	5 ms
③	/todo	GET	200	document	add	0	0	1.1 kB	5 ms
	/static/todo.css	GET	200	stylesheet	todo	0	0	(memory cache)	0 ms

Networkパネルに表示される通信記録の各行は、一往復分のHTTPリクエストとレスポンスのやりとりを表します。図6.15-①が、初期表示時の**/todo**に対するリクエストと、HTMLを表示する過程で発生した`/static/todo.css`へのリクエストです。図6.15-②は、ブラウザ上で［Add］ボタンを押したときに発生した**/add**に対するPOSTリクエストです。「Status」列が「303」となっているので、リダイレクトの指示である「303 See Other」を受信したことが確認できます。その結果図6.15-③でふたたび**/todo**に対するGETリクエストが送信され、新たな項目が追加された画面が表示されることがわかります[注20]。

最後にリダイレクトレスポンスの内容も確認しておきましょう。「**/add**」の行（図6.15-②）を選択すると、右側にリクエストとレスポンスの詳細が表示されます（図6.16）。第4章や第5章の実験で確認したように、実際のリクエストやレスポンスは単純なテキストですが、DevToolsではある程度わかりやすく整理して表示されます[注21]。いくつかのタブに分かれていますが、最初に表示されている「Headers」タブの内容を見てください。「General」「Response Headers」「Request Headers」の3つのセクションに分かれています。Generalセクションはリクエストラインに相当する情報を表示しています。「Status Code」が「303 See Other」になっているのは、先ほども確認しました（図6.16-①）。

ステータスコードとして303を返すときは、リダイレクト先をLocationヘッダで指示されるのでし

注20　なお、最後の**todo.css**へのリクエストは、「Size」列が（memory cache）となっています。これは、実際にGETリクエストが発生したのではなく、ブラウザが最初のリクエストでメモリにキャッシュしていた情報を使用したことを表します。このようにDevToolsの情報を詳しく確認することで、実際にどのような通信が発生していたかがわかり、問題発生時の調査にも役立てることができます。

注21　画面4.11のhello.htmlを返すncコマンドの起動（101ページ）や、画面4.13のブラウザから受信したリクエスト（106ページ）を見返して、DevToolsの表示と見比べてみると良いでしょう。

たね[注22]。「ResponseHeaders」セクションを見ると、確かにLocationヘッダに**/todo**と出力されています（**図6.16-②**）。これは198ページの**リスト6.10-①**で出力したパスです。ブラウザはこのヘッダを参照して**/todo**にリクエストしています。

図6.16 リダイレクトの内容を確認する

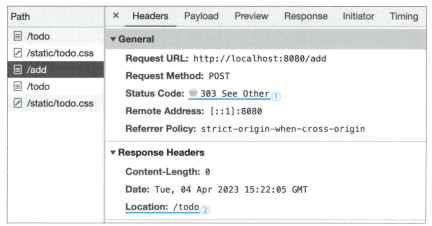

　PRGパターンによる画面遷移の考え方と、実際のHTTP通信をDevToolsで確認することを通して理解しました。リダイレクトによる通信が1往復増えてしまいますが、画面とURLの対応がわかりやすくなり、リロードや［戻る］ボタンに伴う直感とは異なる挙動を防げるという大きなメリットがあります。

　リダイレクトで画面遷移を制御する手法は現代のWebアプリケーションでも使われているので、もっとも基本的な事例をここで紹介しました。

> **コラム　さまざまなリダイレクト**
>
> 　本書で紹介したPRGパターンで、リダイレクトのために返したステータスコードは、303（See Other）でした。HTTPの仕様では、リダイレクトを表すステータスコードが何種類かあり、用途によって使い分ける必要があります。HTTPの策定当初のリダイレクトは、WebページのURLが変更になったとき、移転先のURLをクライアントに伝えるためのものでした。
>
> 　たとえば、**foo.example.jp**というドメインのWebサイトが**bar.example.jp**というドメインに移転したとします。古いURLにアクセスしてきたブラウザを新しいURLに誘導することが、もともと考えられていたリダイレクトの使い方の1つです。ブラウザが**http://foo.example.jp/index.html**にアクセスしたとき、Webサーバは次のようなレスポンスを返し、Locationヘッダで移転先のURLを通知します。ブラウザがこのヘッダを元にして新しいURLに自動的にアクセスすることで、ユーザをスムーズに移転先に誘導できます。

注22　リダイレクトについては、「6.4.2 リダイレクトによる安全な画面遷移」（169ページ）で説明しました。

```
HTTP/1.1 301 Moved Permanently
Location: http://bar.example.jp/index.html
```

リダイレクトを表すステータスコードは、300番台で何種類か定義されています。それぞれ少しずつ意味が異なり、歴史的な経緯で似たような位置付けになっているステータスコードもあります。これらの意味をきちんと理解して使い分けることが必要ですので表6.2で整理しておきます。

表6.2　HTTPリダイレクトで使われるステータスコード

種別	ステータス	再リクエスト時のメソッド	初出
恒久移動	301 Moved Permanently	規定されていない	HTTP/0.9
	308 Permanent Redirect	変更してはいけない	RFC 7538 (2015)
一時移動	302 Found	規定されていない	HTTP/0.9
	307 Temporary Redirect	変更してはいけない	RFC 7231 (2014)
	303 See Other	GET	HTTP/1.1
その他	300 Multiple Choice	-	HTTP/1.0
	304 Not Modified	-	HTTP/0.9

● 301 Moved Permanently

URLが恒久に移動したことを伝えます。さきほど説明したように、サイトの移転先を通知するなどの用途で使われます。恒久的な移動ですので、次にアクセスするとき新しいURLに直接アクセスしてもかまいません。

● 302 Found

何らかの理由でコンテンツのURLが一時的な移動していることを通知します。一時的なメンテナンスや、モバイル用サイトへの転送などの用途で使われます。恒久移動ではないので、次にアクセスするときも元のURLにアクセスすべきとされています。

● 307 Temporary Redirect / 308 Permanent Redirect

307と308は、それぞれ302と301と同じ意味のステータスですが、歴史的な経緯で求める挙動が厳密化されています。HTTPの策定当初、POSTメソッドでリクエストしてリダイレクトが通知されたとき、再リクエストするときにGETでリクエストすべきか、POSTでリクエストすべきかの明確な規定がありませんでした。このため、ブラウザによって異なる挙動を示すことがありました。POSTメソッドでリクエストしたときに301や302を受け取ったとき、Locationヘッダで示される新しいURLにアクセスする際、POSTではなくGETでアクセスすることがあったのです。

これを厳密化するため、必ず最初と同じメソッドでリクエストすることを仕様として規定したのが、307と308です。どちらも、HTTP/1.1策定当初は存在しませんでしたが、307は2014年のRFC 7231、308は2015年のRFC 7538で新たに追加されました。

● 303 See Other

本章のPost-Redirect-Getパターンで使用したステータスコードです。リクエストに対する結果を

別のURLから取得することを求めます。302や307とは異なり、再リクエスト時は必ずGETメソッドでリクエストすることが求められています。

　なお、303はHTTP/1.1で追加されたステータスです。HTTP/1.1に対応しないブラウザが残っていた時期は、古いブラウザでも解釈可能な302が利用されていたこともありました。

● 300 Multiple Choice

　コンテンツが複数のURLから選択できることを示し、選択肢のURLを通知します。実際に使われることはほとんどありません。

● 304 Not Modified

　条件付きのGETまたはHEADリクエストを受信したとき、コンテンツに変更がないことを通知します。「条件付き」というのは、主に静的コンテンツでブラウザのキャッシュを有効利用するためのしくみです。静的コンテンツを返すWebサーバがLast-Modifiedヘッダとともに、そのコンテンツの最終更新時刻を返します。ブラウザはコンテンツと最終更新時刻をキャッシュしておき、次に同じURLにアクセスするときにはLast-Modified-Sinceヘッダに、記憶しておいた最終更新時刻を含めます。つまり、「この時刻以降に更新されていたら、コンテンツを返してください」という意味です。コンテンツが変更されていないときに返されるのが、304です。ブラウザは、304を受けるとキャッシュしていたコンテンツを表示します。こうすることで、通信量の削減につながります。

● 305 Use Proxy / 306 (Unused)

　305は非推奨となったステータス、306は以前仕様が検討されていたものの、確定しなかったため未使用となったステータスコードです。いずれも、現在使われることはありません。

　リダイレクトに関する本書執筆時点で最新の仕様は、RFC 9110に記載されています。また、mdn web docsのリダイレクトの項にもわかりやすく解説されています。

● RFC 9110 HTTP Semantics
　URL　https://www.rfc-editor.org/rfc/rfc9110.html#name-redirection-3xx

● HTTPのリダイレクト - HTTP | MDN
　URL　https://developer.mozilla.org/ja/docs/Web/HTTP/Redirections

6.5 Webアプリケーションの状態管理

6.5.1 ステートレスなHTTP

Webアプリケーションに求められる状態管理

ここで、Tiny ToDoを複数の人が同時に利用することを考えてみます。現代のWebアプリケーションとしては、一般的な使い方といえます。

たとえば、ユーザAとBの2人がTiny ToDoを利用するとき、望ましい挙動は図6.17のようになるでしょう。同じパス(/todo)にアクセスしても、それぞれのユーザは自身のToDoリストを見られることが期待されます。

図6.17 Tiny ToDoの望ましい挙動

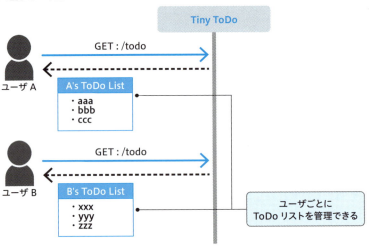

しかし前節で作成したTiny ToDoでは、そのようにはなりません。現時点ではTiny ToDoをインターネットに公開していないので、このような問題を実感しにくいのですが、簡単な実験をしてみましょう。皆さんのPC上で、Microsoft EdgeやSafari、FirefoxなどChromeとは別のブラウザを起動して、前節で起動したPost-Redirect-Get版のTiny ToDo[注23]にアクセスしてみてください。一般的には、ログインが必要なWebサイトを利用しているとき、異なるブラウザでアクセスすると再度ログインが

注23 まだ起動していない方は、「付録D.2 サンプルコードのダウンロードと実行」を参照して、「06-05_tinytodo-prg/tinytodo-03-prg」を実行してください。

必要になります。これはブラウザ間ではログイン状態[注24]が引き継がれないためです[注25]。しかし、今のTiny ToDoでは同じ内容が表示されています。他人のToDoリストの内容が見られてしまうのですから、実際のWebシステムでこのようなことが発生すると、セキュリティ上の問題となります。

これはそもそも、Tiny ToDoが複数ユーザの情報を管理できるようになっていないことが原因です。今の作り方では、アクセスしてきたユーザを識別できるようになっていないため、ユーザごとのToDoリストを管理できず、誰がアクセスしても同じToDoリストが表示されてしまいます（図6.18）。

図6.18　リクエストの発行者がわからない

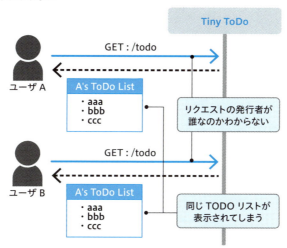

ステートレスな通信とステートフルな通信

ここで、ティム・バーナーズ＝リーがHTTPを設計した当初の思想を思い返してみましょう。HTTPとHTMLは、インターネット上で情報共有するための手段として生み出されたもので、アプリケーションのUIに応用されるとは考えられていませんでした。また、できるだけ多くの人が快適にWebブラウジングをできるように、彼はHTTPをできるだけ複雑性を廃したプロトコルとして設計しました。

このときにそぎ落とされた要素が、プロトコルによる状態の管理でした。サーバ上にあるファイルをブラウザに返すだけの用途であれば、個々のリクエストの関連性を知る必要はなかったからです。このため、HTTPはステートレス（Stateless）、つまり状態を持たないプロトコルと言われています。ステートレスなプロトコルでは、個々のリクエスト/レスポンスに対して関係性を定義しません（図6.19）。

[注24] ここでは「ログイン状態」と記載していますが、正確にはブラウザには「ログイン状態」という概念はありません。後述の「クッキーに保存された状態が共有されない」という表現が正しいのですが、ここではまだクッキーについて説明していないため、「ログイン状態」と表現しました。

[注25] Chromeのシークレットモードで開いたタブからアクセスしてもかまいません。

図6.19 ステートレスな通信

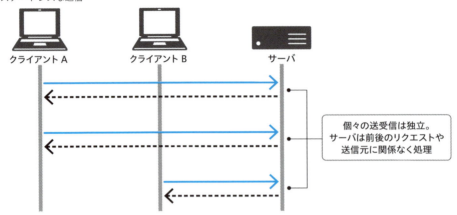

一方、FTP（File Transfer Protocol）[注26]のように、ステートフルなプロトコルも存在します[注27]。ステートフルなプロトコルでは通信の開始と終了が明確で、その間の一連の通信が識別できるようになっています。たとえば、あるクライアントとサーバが通信をはじめると、「これはクライアントAからの通信で、前回届いたリクエストA-1に続くリクエストA-2である」というように紐付けられます（図6.20）。

図6.20 ステートフルな通信

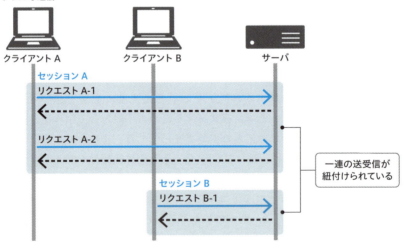

コンピュータネットワーク一般において、このような一連の通信を「**セッション（Session）**」と呼びます。また、セッションには付随する情報が生まれるため、何らかの方法でこれを保存する仕組みが提供されます。なお、コンピュータの世界では一連の流れに付随する背景情報を、一般に「**コン**

注26 FTPはHTTPの登場以前から利用されていた、ファイル転送用のプロトコルです。HTTPの登場以前、インターネットにおけるファイルダウンロードの用途には、もっぱらFTPが使われていました。
注27 ステートレスなHTTPとステートフルなFTPの違いについては、前作『プロになるためのWeb技術入門』4章（P.97）でも紹介しています。

テキスト（Context）[注28]」と呼ぶことが多いです。たとえば、FTPではログイン中のユーザ名や、カレントディレクトリといった情報がコンテキストに相当し、これはセッションごとにFTPサーバが管理しているといった具合です。

　ステートフルな通信とステートレスな通信は、人間同士のコミュニケーションに置き換えると、電話のやりとりと手紙のやりとりに例えられるかもしれません。電話の場合は、相手につながって通話を開始すると、通話を切るまで会話ができます。これがセッションであり、ステートフルであるといえます。一方手紙では、個々のやりとりが独立しておりステートレスです。手紙のやりとりを繰り返していると、注意深く自分で管理しておかない限り、前後関係がわからなくなるでしょう[注29]。

コラム　時代の変化を乗り越える技術

　ソフトウェアに関して、長く使われる技術は当初の設計思想を越えた使われ方がされることがあります。設計当時に解決しようとしていた問題背景が変わったり、設計当時は想定していなかった用途で使われるようになったりすることが原因です。

　筆者は、HTTPやHTMLもそのような技術の1つだと考えています。HTTPが設計された当初の用途は、インターネットに公開された情報をユーザに届けることでした。しかし前章の後半で説明したように、SSIやCGIの登場を基点として動的なコンテンツが提供できるようになり、そこから発展してWebアプリケーションというあらたな概念が生まれ、HTTPとHTMLはその基盤として使われるに至りました。

　このように、ある技術の応用範囲が広がってくると、用途に対して不足する部分も増えてきます。不足分に対して継ぎ足しの拡張や改訂が繰り返された結果、無秩序で歪なものとなってしまいます。HTMLでいえば、無秩序に要素が増やされたHTML2.0〜3.0の時代がそうでした。HTTPにしても、セッションの考え方が必要になったのは、当初の想定を越えていたのかもしれません。

　このような拡張が続くと、どこかでその時代背景やニーズにあった根本的な作りなおしが必要になり、また似たような技術が新たに登場するといった「歴史の繰り返し」が見られます。幸いにもHTTPとHTMLは時代とニーズの変化を乗り越え、当初の設計思想を大きく崩さないように慎重に拡張され、今日まで使い続けられています。これはひとえに多くの関係者の努力のたまものでしょう。

6.5.2　ブラウザの情報保管庫「クッキー」

クッキーの概念

　HTTPにはセッションの考え方がないため、Webアプリケーションではこれを独自に実現しなければなりません。そのためには、個々のHTTP通信を識別して互いに紐付ける必要があります。

注28　Contextは「文脈」「背景情報」「前後関係」といった意味で使われています。このような意味であることから「Context」は、さまざまなところで登場する用語で、初心者泣かせの言葉かもしれません。

注29　少し強引ですが、現代風に例えるならばLINEとX（Twitter）に当てはめられるかもしれません。LINEの場合はステートフル、Xは、DMやリプライの機能を考えなければ、ステートレスといえます。

そこで利用されるのが、**HTTP Cookie（HTTPクッキー）**です（以降、単に「クッキー」と呼びます）。クッキーはHTTPサーバとHTTPクライアント（サーバ）の間で状態を管理するために考えられたメカニズムで、その代表的な応用例がセッションの実現です。クッキーはWebの世界で非常に重要なしくみですので、噛み砕いて説明しましょう。まず概念を図6.21に示します。

図6.21　クッキーの概念

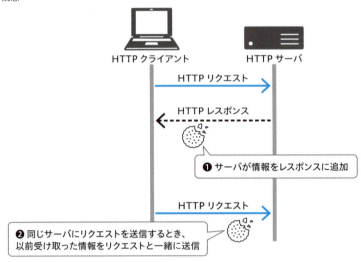

HTTPサーバがクライアントからのリクエストに対してレスポンスを返すとき、任意の情報をレスポンスに追加してクライアントに渡します（図6.20-①）。ここでサーバから渡される情報を「クッキー」と呼びます[注30]。クライアントは受け取ったクッキーを保存しておき、次に同じサーバにリクエストを送信するとき、保存していたクッキーをリクエストに追加してサーバへ送信します（図6.20-②）。

つまり、サーバとクライアントの間で保持しておきたい情報をクッキーという形で、クライアント（Webブラウザ）側に持たせておくということです。どのような情報をクッキーとしてやりとりするかはアプリケーションの設計次第ですが、もっとも一般的な使い方がクライアントの識別です。

サーバがクライアントからのリクエストを最初に受け取ったとき、クライアントを識別する情報を発行し、クッキーとしてクライアントに渡します。クライアントが次に同じサーバにリクエストを送るとき、最初に受け取った識別情報をクッキーとしてサーバに渡します。サーバはクライアントから送られてくるクッキー内の識別情報を参照することで、どのクライアントからのリクエストなのかを知ることができるのです。

これは、現実世界で私たちが飲食店や病院などに行ったとき、順番待ちで受け付け番号を発行されるのと同じだと考えれば良いでしょう。私たちは店舗から受け取った受け付け番号票を示すことで、「XX番目に受け付けをしたお客様」と識別してもらうことができます。

注30　少し紛らわしいですが、この仕組み全体のことをクッキーと呼びますし、やりとりされる情報そのものもクッキーと呼びます。

6.5 Webアプリケーションの状態管理

> **HINT**
> クッキーは、1994年にNetscapeCommunications社が開発したWebブラウザ、Netscape Navigatorに実装された独自機能でした。その後、1997年にRFC 2109として標準化され、現在はRFC 6265[注31]で仕様化されています。クッキーの開発者であるルー・モントゥリ（LouMontulli）によると、「Cookie」という名称は、一般的にプログラム間で受け渡される小さなデータを指す「MagicCookie」に由来しているとのことです[注32]。

クッキーの仕組み

次に、クッキーの仕組みを具体的に説明します。図6.22を見てください。これは図6.21と同じことを示していますが、もう少し具体的な内容に踏み込んでいます。

図6.22 クッキーの基本

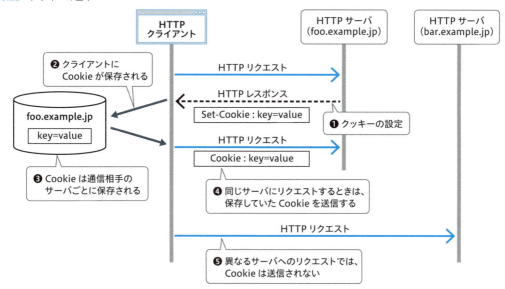

実際のクッキーは、HTTPリクエストやレスポンスのヘッダとして受け渡しされます。サーバがクライアントへ情報を渡すときは、HTTPレスポンスにおいて**Set-Cookie**というヘッダに格納されます（図6.22-①）。情報は「名前＝値」の組合せを1つの単位とします。たとえば、「識別番号＝1234567」のようなイメージです[注33]。なお、このような「名前＝値」の組合せを一般的に「**Key-Value（キー・**

注31 RFC 6265: "HTTP State Management Mechanism", https://www.rfc-editor.org/rfc/rfc6265.html
注32 Where cookie comes from（https://web.archive.org/web/20031220214905/http://dominopower.com/issues/issue200207/cookie001.html）より。なお、前著『プロになるためのWeb技術入門』P.101の脚注で、『アメリカ合衆国やカナダの中華料理店で食後に出される「fortune cookie（フォーチュン・クッキー）」に由来しているという説が有力です。フォーチュン・クッキーには、日本のおみくじのように1つずつ違う言葉が書かれた紙片が入っています。』と紹介しましたが、この説は誤りだったようです。お詫びして訂正いたします。
注33 ここではわかりやすいように「識別番号」という名前を例に出しましたが、実際には日本語は使えません。Set-CookieはHTTPヘッダであるため、第5章で説明したように、利用できる文字に制限があります。

バリュー）」と呼びます。1つのSet-Cookieヘッダで送信できるKey-Valueは1組だけですが、1つのレスポンスに複数のSet-Cookieヘッダを付けることができるので、同時に複数のKey-Valueペアを送ることができます。

　クライアントは、受け取ったクッキーを自身のデバイス上に保存しておきます（図6.22-②）。保存方法については特に既定がないので、クライアントによって異なります。クライアントはさまざまなWebサイトからクッキーを受け取るので、発行元のサーバごとにクッキーを分けて保存しておきます（図6.22-③）。そして、クライアントがサーバへリクエストを送信するとき、そのサーバのクッキーが保存されていれば、Cookieというヘッダでその内容を送信します（図6.22-④）。

　また、あるサーバが発行したクッキーが別のサーバに送信されることはありません（図6.22-⑤）。これは、情報の漏洩につながってしまうためです。ただし厳密には、クッキーがサーバに送信される条件はSet-Cookieヘッダの属性で変化します。これについては次項で説明します。

クッキーを送受信するのは誰？

　ここではクッキーをやりとりする主体を抽象化して「HTTPクライアント」や「HTTPサーバ」と説明しました。HTTPクライアント側でクッキーを保存したり送信したりする処理はWebブラウザが行ってくれるので、皆さんがそのようなプログラムを作成する必要はありません。また`curl`コマンドにもクッキーを保存・送信する機能があります。

　サーバ側では、Webアプリケーション開発者が必要に応じてクッキーの送受信処理を作成するケースもありますし、フレームワークが自動的にクッキーを発行するケースもあります。後者のケースは、このあと紹介するセッション管理機能をフレームワークが提供するような時です。

　たいていはフレームワークが提供するセッション管理機能を利用すれば済むので、皆さんが直接クッキーを操作するプログラムを書く必要は生じないかもしれません。しかし、クッキーはWebアプリケーションの根幹の1つであるため、複雑なアプリケーションの設計やデバッグといった場面では、その理解が必須です。

🌙 どのようにしてサーバを見分けるのか──オリジン

　さきほどは「クッキーは発行元と同じサーバにアクセスした時に送信される」と説明しました。では「同じサーバ」とは、どのように見分けるのでしょうか。これにはルールがあり、Webの世界では**オリジン（Origin）** と呼ばれています。オリジンとは、「コンテンツの送信元」という意味です。オリジンの考え方は、クッキーだけでなく今後紹介するJavaScriptの世界でも登場します。Webアプリケーションのセキュリティを理解する上でも必要ですので、ここで説明しておきます[34]。

　あるクライアントがサーバにリクエストを送信するとき、送信先URLの以下の3つの要素[35]によって相手先（オリジン）を区別します。この3つの要素が1つでも異なれば、別のオリジンと見なします。サーバが物理的に同じであるかどうかは、いっさい関係がありません。

注34　オリジンについては、MDN Web Docsでも説明されています（https://developer.mozilla.org/ja/docs/Glossary/Origin）。
注35　スキーム、ホスト、ポートについては、「5.2 URLの詳細構造」で説明しました。

- スキーム（プロトコル）
- ホスト（ドメイン）
- ポート番号

オリジンの判定例を表6.3に示します。ルールさえ覚えてしまえば、それほど難しくありませんね。

表6.3 オリジンの判定例

URL1	URL2	同一オリジン？
https://example.com/app1	https://example.com/app2	同じ（パスは関係ない）
https://example.com/	https://example.jp/	異なる（ホストが違う）
https://example.com/	https://example.com:8080/	異なる（ポートが違う）
https://example.com/app1	https://example.com:443/app2	同じ（httpsのデフォルトポートは443のため）
https://example.com/	http://example.com/	異なる（スキームが違う）

クッキーの詳細仕様

クッキーの送信条件について、もう少し深掘りして解説します。先ほど説明したとおり、クッキーの基本的な考え方は「発行元と同じサーバにアクセスしたときに、Cookieヘッダで送信する」というものです。しかし、実際にはもう少し細かな条件があります。それはDomainとPathです。

サーバがクライアントに対してクッキーを発行するとき、HTTPレスポンスのSet-Cookieヘッダによってクッキーが渡されますが、ここにはいくつかの属性が付加されます。具体的には、図6.23のように、クッキーの名前の後ろに属性が追加されます。

図6.23 Set-Cookieヘッダの形式

Set-Cookie: 名前＝値; 属性名＝値; 属性名＝値; ...

RFC 6265で規定されているクッキーの属性には、以下のようなものがあります。

- Expires/Max-Age属性
- Domain属性
- Path属性
- Secure属性
- HttpOnly属性

Expires/Max-Age属性

ExpiresとMax-Ageは、どちらもクッキーの有効期限を示す属性で、日時で指定するか秒数で指

第6章　従来型のWebアプリケーション

定するかの違いです。

Expires属性は、クッキーの有効期限を日時形式で示します。Expires属性で指定された時刻以降、クライアントはそのクッキーをサーバへ送信しません。

■ 例

```
Expires=Sat, 16 Mar 2024 07:09:12 GMT;
```

一方、Max-Age属性はクッキーの有効期限までの秒数を示します。ゼロまたは負の数値の場合は、クッキーはただちに期限切れになります。このため、サーバからクライアントに対してクッキーの消去を指示するために、Max-Ageを0または-1に指定してSet-Cookieヘッダが送信されます。また、ExpiresとMax-Ageの両方が設定されていると、Max-Ageが優先されます。なお、ExpiresとMax-Ageのいずれも設定されていないクッキーは「**セッションクッキー**」と呼ばれ、ブラウザが終了するまで有効となります。

■ 例

```
Max-Age=3600;
```

WARNING

⚠️　セッションクッキーはブラウザが終了するまで有効です。しかし、近年の多くのブラウザは、ブラウザを再起動しても前に開いていたタブを復元する機能があり、その際にセッションクッキーも復元されます。このため、セッションクッキーは必ずしもブラウザが終了した時に消去されるわけではないと考えておいたほうが良いでしょう。

🔵 Domain属性

クッキーを受け取ったクライアントが、どのサーバに対してアクセスした時にクッキーを送信すべきかを指定します。発行元ドメインとクッキー発行時のDomain属性の指定、そしてHTTPリクエスト送信先のドメインによって、クッキーの送信可否が変わります。Domain属性が省略された場合は、リクエストの送信先がクッキーの発行元ドメインと完全一致したときだけ、クッキーが送信されます。このため、必要以上のドメインに対してクッキーを送信しないためには、Domain属性を指定しないのが確実です。

■ 例

```
Domain=example.jp;
```

Domain属性とアクセス先、クッキーの送信可否の関係については少し煩雑ですので、**表6.4**にまとめました。

186

6.5 Webアプリケーションの状態管理

表6.4 Domain属性によるクッキー送信の可否例

ケース	発行元ドメイン	Domain属性	アクセス先	クッキーの送信可否
1	example.jp	（未指定）	example.jp	送信される
2			foo.example.jp	送信されない
3			bar.example.jp	送信されない
4			example.com	送信されない
5		example.jp	example.jp	送信される
6			foo.example.jp	送信される
7			bar.example.jp	送信される
8			example.com	送信されない
9	foo.example.jp	example.jp	example.jp	送信される
10			foo.example.jp	送信される
11			bar.example.jp	送信される
12	example.jp	example.com		ブラウザは受け付けない

表6.4に例示した内容をまとめると、以下のようになります。

- Domain属性が未指定の場合は、発行元とアクセス先が完全一致したときだけ送信される（ケース1〜4）
- Domain属性を指定した場合は、発行元ドメインおよびサブドメインへのアクセスに対して送信される（ケース5〜8）
- Domain属性は、発行元の親ドメインに対しても指定できる（ケース9〜11）
- 発行元と異なるドメインをDomain属性に指定しても、ブラウザは受け付けない（ケース12）

特にケース11は注意が必要で、foo.example.jpが、兄弟ドメインであるbar.example.jpへ送信されるクッキーを発行できてしまう[注36]ことを表していますが、すべてのドメインでこのようになるわけではありません。極端な例ですが、**.jp**や**.com**をDomain属性に指定しても、ブラウザはクッキーを受け付けません。しかし、このDomain属性の受け付け可否は機械的に判断できません。たとえば、tokyo.jpのような都道府県型JPドメインのサブドメインは、異なる個人や法人が取得できます。過去、一部のブラウザ[注37]では、たとえばfoo.tokyo.jpからDomain属性にtokyo.jpを指定したクッキーを発行すると、そのクッキーはtokyo.jp配下のすべてのサブドメインに対して送信されてしまう問題があり、「**クッキーモンスターバグ**」と呼ばれています。これを逆手に取ると他のドメインのサイトが発行したクッキーを、まったく関係ないドメインのサイトから上書きする攻撃が成立します。

現在、主要なブラウザは「PublicSuffixList[注38]」というリストを参照し、ここに掲載されたドメインのCookieを受け入れない実装になっているようです。皆さんがサイトを公開する際、レンタルサー

[注36] このことはクッキーの仕様書であるRFC 6265の「8.6 Weak Integrity」(https://www.rfc-editor.org/rfc/rfc6265.html#section-8.6)にも記載されています。

[注37] 徳丸浩氏のブログエントリ『IEのクッキーモンスターバグはWindows 10で解消されていた』(https://blog.tokumaru.org/2017/11/ie-cookie-monster-bug-fixed-on-windows-10.html) によると、Windows10より前のInternet Explorerで発生していました。

[注38] https://publicsuffix.org/ Public Suffix Listについては、Jxck氏のブログエントリ『Public Suffix Listの用途と今起こっている問題について』(https://blog.jxck.io/entries/2021-04-21/public-suffix-list.html) にわかりやすくまとまっています。

187

バなどでこのリストに掲載されないドメインを使用している場合は、同じドメイン配下の別サイトからクッキーを書き換えられてしまう危険性を考慮しなくてはなりません。

Path属性

クッキーを受け取ったクライアントが、Domain属性で指定したサーバのどのパスに対してアクセスした時にクッキーを送信すべきかを指定します。たとえば、以下のように**Path=/docs**として発行したクッキーは、**/docs**や**/docs/index.html**へのリクエストでは送信されますが、**/**や**/pages**へのリクエストでは送信されません（**表6.5**）。

■ 例

```
Domain=example.jp;Path=/docs;
```

表6.5　Path属性によるクッキー送信の可否例

URL	クッキーの送信可否
http://example.jp/	送信されない
http://example.jp/docs/	送信される
http://example.jp/docs/index.html	送信される
http://example.jp/pages/	送信されない

Secure属性

暗号化されたHTTPS通信のときだけ、クッキーを送信するように指定します。暗号化されていない通常のHTTP通信では、通信経路においてクッキーの内容が第三者に傍受される可能性があるためです。

以前は個人情報や決済など、重要な情報を送信するフォームの部分だけをHTTPSで保護するのが主流でした。しかし2010年代後半頃からは、内容にかかわらずWebサイト全体をHTTPSで保護することが推奨されるようになっています。このため、特別な理由がない限りはSecure属性を付与したクッキーを送信する方が良いでしょう。

なお、Secure属性に値はないので以下のように属性名だけが出力されます。

■ 例

```
Secure;
```

HttpOnly属性

ブラウザが保存しているクッキーは、ブラウザ上で動作するJavaScriptから読み書きできます。一方、HttpOnly属性が付与されたクッキーは、JavaScriptからのアクセスが禁止されます。これにより、クロスサイト・スクリプティング[注39]などで第三者による悪意あるJavaScriptがブラウザ上で

注39　クロスサイト・スクリプティングについては「6.5.5 セッション管理不備の危険性」（202ページ）で紹介しています。

実行されたとき、クッキーの内容を盗み取られるのを防げます。このためSecure属性と同様、特別な理由がない限りはHttpOnly属性も付与しておくべきでしょう。

　HttpOnly属性も属性名だけが出力されます。

■ 例

```
HttpOnly;
```

進化するクッキーの仕様

　Domain属性のところでも説明したように、クッキーは使い方を誤るとサイト間で情報をやりとりでき、脆弱性につながることがあります。このため、より安全にクッキーを扱えるように仕様の改善が進められています。本書執筆時点ではまだ正式仕様とはなっていないものの、すでに主要なWebブラウザがサポートしている機能として以下のようなものがあります。

● **SameSite属性**[注40]
　ブラウザからのクッキーの送信条件をより厳密に制限する

● **Cookie Name Prefixes**[注41]
　`__Host-`や`__Secure-`という名前で始まるクッキーについて、ブラウザの受け入れ条件をより厳しくする

　特にSameSite属性はセキュリティ向上やプライバシー保護の目的で重要度が高まっています。この属性を適切に設定することで、他サイト上のHTMLからのリクエスト[注42]ではクッキーが送信されないようになるなど、安全性が高まります。
　これらについては本書では詳しく扱いませんが、以下のサイトで紹介されています。

● **HTTPCookieの使用 - HTTP | MDN**

　URL　https://developer.mozilla.org/ja/docs/Web/HTTP/Cookies

HINT

　この後の節で述べますが、クッキーにはユーザのログイン状態に関する情報など、重要な情報が含まれることが多いです。このため、クッキーの属性はWebアプリケーションのセキュリティを守る上で非常に重要です。属性の指定を誤ると、想定外のサーバへクッキーが送信され、外部への漏洩や不正アクセスにつながる危険性があるためです。セキュリティ上重要となる各属性につい

注40　https://datatracker.ietf.org/doc/html/draft-ietf-httpbis-rfc6265bis-13#section-5.5.7
注41　https://datatracker.ietf.org/doc/html/draft-ietf-httpbis-rfc6265bis-13#name-cookie-name-prefixes
注42　このようなリクエストをクロスオリジンと通信と呼びます。「8.6.3 クロスオリジン通信」で説明します。

第6章　従来型のWebアプリケーション

ては、次のように指定すると良いことを覚えておきましょう。

- Domain属性：基本的に未指定とし、クッキーを生成したドメインだけに、送信されるようにする
- Secure属性：Secure属性を指定し、HTTPS通信時だけクッキーが送信されるようにする
- HttpOnly属性：HttpOnly属性を指定し、JavaScriptからクッキーにアクセスできないようにする
- SameSite属性[注43]：可能な限りLaxまたはStrictを設定し、クッキーを発行したドメインとは異なるオリジンのHTMLやJavaScriptからのリクエストにおいてクッキー送信を制限する

🍪 クッキーの発行を体験しよう

ここでサーバ側によるクッキーの発行と、クライアント側からの送信について体験してみましょう。「Cookie Playground」という実験用のサイトを用意したので次のURLにアクセスしてみてください。

■ **Cookie Playground**

URL〉 https://cookie-playground.webtech.littleforest.jp/

図6.24のような画面が表示されます。

図6.24　Cookie Playground

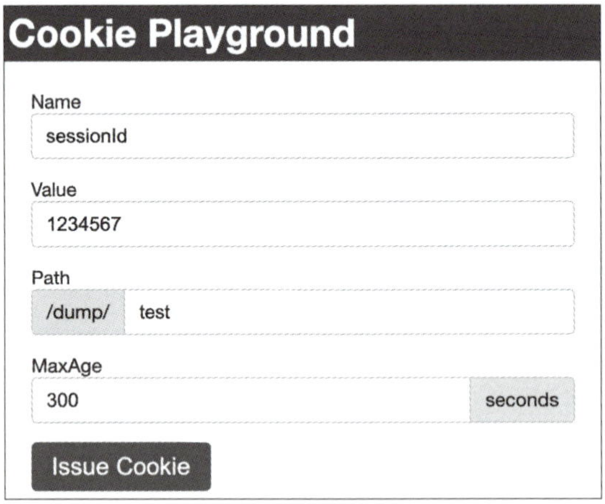

ここでは、Name、Value、Path、MaxAgeを好きなように設定してクッキーを発行させることができます。試しに図6.24のように入力し、DevToolsのNetworkタブを有効にしてから、［Issue Cookie］ボタンを押してください。すると、Pathで指定した**/dump/test**へ遷移します。

注43　SameSite属性は少し難しいため、本書ではコラム「進化するクッキーの仕様」での紹介程度に留めています。

190

図6.25　Cookie Playgroundが発行したクッキーの確認

　ここでは、/dump/testへのHTTPリクエストに付与されていたCookieヘッダが表示されます。指定したとおりのクッキーが送信されていることがわかりますね（図6.25）。先ほど［IssueCookie］ボタンを押したときのHTTPレスポンスもDevToolsで確認してみましょう。このボタンを押したときには、/issue-cookieというパスにPOSTリクエストが送信されますので、そのレスポンスを見ると、次のようなヘッダが見つかるはずです。

```
Set-Cookie: sessionId=1234567; Path=/dump/test; Max-Age=300
```

　また、ブラウザのアドレスバーに表示されているパスを、~/dump/testから~/dump/に変更するとどうなるでしょうか。図6.26のように、Cookieヘッダが送信されていないことが確認されます。これは、クッキー発行時に指定したPath属性とは違うパスにリクエストを送信しているためです。

図6.26　パスが異なるとクッキーは送信されない

　MaxAgeは300（5分）に指定していますので、5分以上経過してから再度/dump/testにアクセスすると、クッキーが無効になり送信されないことも確認できるはずです。他にもパラメータを変えていろいろなクッキーを発行し、どのような条件で発行したクッキーが送信されるのかを確認してみてください。

> **HINT**
> 　クッキーに関しては、以下の書籍やサイトも参考になります。
> - 徳丸浩（著）、体系的に学ぶ 安全なWebアプリケーションの作り方 第2版、ソフトバンククリエイティブ、2018年
> - 渋川よしき（著）、Real World HTTP 第3版—歴史とコードに学ぶインターネットとウェブ技術、

オライリー・ジャパン、2024年
- RFC 6265 - HTTP State Management Mechanism
  URL https://www.rfc-editor.org/rfc/rfc6265.html
- HTTP Cookie の使用 - HTTP | MDN
  URL https://developer.mozilla.org/ja/docs/Web/HTTP/Cookies
- Set-Cookie - HTTP | MDN
  URL https://developer.mozilla.org/ja/docs/Web/HTTP/Headers/Set-Cookie

6.5.3　セッションの考え方

クッキーを利用したクライアントの識別

　クッキーを利用することで、サーバが生成した任意の情報をクライアントに保存できることがわかりました。これを応用することで、クライアントを識別できます。ここでは、クライアントを識別する文字列を「**セッションID**」と呼ぶことにします。ブラウザがクライアントを識別する文字列を発行し、それを`sessionId`という名前のクッキーに保存するとしましょう。具体的な処理の流れを図6.27に示します。

図6.27　セッションIDによるクライアントの識別

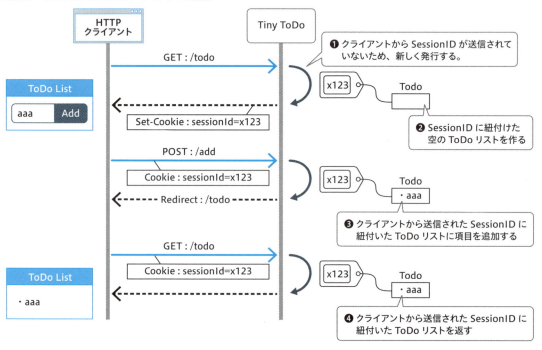

■ 初回アクセス（図6.27-①）

クライアントが初めてTiny ToDoにアクセスした時、`sessionId`は送信されません。Tiny ToDoは`sessionId`がクッキーに含まれていないため、はじめてアクセスしてきたクライアントと判断します。そこでセッションIDを発行し、レスポンスのSet-Cookieヘッダに載せてクライアントへ渡します。

またTiny ToDoは、そのセッションIDに対応するToDoリスト作って内部で管理します。ここでのToDoリストのように、セッションIDに紐付いて保存されるデータを一般的に**セッション情報**と呼びます。

■ ToDoの追加（図6.27-③）

クライアントの画面上でユーザが新たなToDoを追加した時、クライアントは先ほど受け取ったセッションIDをPOSTリクエストのクッキーに載せて送信します。Tiny ToDoは、クッキーの`sessionId`をチェックして、セッションIDに対応するToDoリストに新たなToDo項目を追加します。

■ ToDoの表示（図6.27-④）

以降、クライアントが**/todo**にアクセスするときにはクッキーに`sessionId`が含まれます。Tiny ToDoはそれを元にしてクライアントを識別し、セッション情報から表示すべきToDoリストを選択してクライアントに返します。

このように、クッキーを通じてセッションIDをやりとりすることで、サーバ側ではセッションに紐付けて情報を保持できるようになるのです。

> **コラム　さまざまなセッション情報の管理方法**
>
> ここでは、セッション情報の保存先として、アプリケーション上の変数（つまり、コンピュータのメモリ）を選択しました。セッション情報の保存先には次に挙げるバリエーションがあります。
>
> 1. メモリ（変数）
> 2. データベースやKey-Valueストア
> 3. クッキー
>
> ● **メモリ（変数）**
> メモリに保存するのは手軽で高速に動作しますが欠点もあります。
>
> - サーバを複数台構成にしたとき、そのままではセッション情報を共有できない
> - アプリケーションが再起動するとセッション情報が失われる

第6章　従来型のWebアプリケーション

● データベースやKey-Valueストア

　データベースや、Key-Valueストアは、多くのケースで採用される選択肢でしょう。Key-Valueストアは、2010年台に登場した「NoSQLデータベース」と呼ばれるカテゴリの1つで、マップ構造に特化したデータベースのようなものです。その登場前はもっぱらリレーショナルデータベース（RDB）が使われていましたが、現在ではKey-Valueストアの方がよく使われています。HTTPリクエストを処理するたびにセッション情報へのアクセスが発生するため、セッション情報を管理するデータベースはボトルネックになりやすいためです。Key-ValueストアはRDBの持つ特性[注44]をいくつかをあえて実現しない代わりにサーバを分散化しやすくし、データに対する高速アクセスを実現しています。この方式はアクセス数の多い大規模システムでは必須となりますが、システム構成が複雑になることが難点です。

● Cookie

　クッキーに保存する方式は意外かもしれません。クッキーはクライアントごとの情報格納庫なので、クッキーにセッションIDではなくセッション情報そのものを格納してしまうという考え方です。クッキーはHTTPヘッダとしてやりとりされるため、通信経路が暗号化されていない場合、第三者に漏洩する可能性もあります。このため、サーバアプリケーション側でセッション情報をJSON形式等のテキスト形式で表現したのちに暗号化し、さらにHTTPヘッダに含められるようにBase64エンコードするといった方式が採られます。また、1つのクッキーには4096バイトまでしか格納できないため、これを越える場合は複数のCookieに分割して保存されます。しかし、すべてのHTTPリクエストにセッション情報が付加されるため、あまり大きな情報をセッションに格納すると、通信上のパフォーマンス低下につながります。

　この方式の大きなメリットは、サーバ側にセッション情報を保存するための仕組みが不要で、システムの利用者が増えても問題ないことです。一方で、クッキーの扱いはクライアント側に任されるため、サーバ側が能動的にセッション情報を破棄できないのが難点です。通常、ログイン状態はセッション情報に保管されるため、強制的にログアウトさせることができなくなります。このため、高いセキュリティが求められるシステムでは、気軽に採用すべきではないかもしれません。

6.5.4　セッションの実装

◉ クッキーでやりとりされるセッションIDの確認

　では、セッションを使ってToDoリストをユーザごとに管理できるようにしたTiny ToDoの動作を見てみましょう。ここからは、筆者のWebサイトで提供するアプリケーションを試すことができ

注44　ACID（アシッド）特性と言われ、「Atomicity（原子性）」「Consistency（一貫性）」「Isolation（独立性）」「Durability（永続性）」の頭文字です。詳しくは本書の範疇を超えるので、ここでは簡単な説明に留めます。ACID特性は、データベースが一連のデータを処理する際の信頼性を担保するために満たすべき特性です。ACID特性を満たすことで高い信頼性が提供されますが、一定の性能が犠牲となります。Key-Valueストアでは想定用途を限定することで必要以上のACID特性の実現にこだわらず、性能を上げやすくしています。RDBとNoSQLデータベースはどちらか一方が優れているというわけではなく、特性の違いに過ぎません。

194

ます。クッキーがどのようにやりとりされているかを確認するため、先ほどと同じようにDevTools
を使いながら試してみます。

　まず、Chromeで新しい空白のタブを開いてから[注45]先にDevToolsを起動しておき、Networkパネ
ルの記録が有効になっていることを確認してから（172ページ参照）、次のURLにアクセスしてくだ
さい。

URL　https://tinytodo-04-session.webtech.littleforest.jp/todo

　DevTools上で/todoへ送信したリクエストヘッダを確認すると、Cookieヘッダがないことがわか
ります。これは、初回のリクエストなのでブラウザがまだクッキーを受け取っていないためです。
一方レスポンスヘッダには、以下のようなSet-Cookieヘッダがあります（図6.28）。これは、Tiny
ToDoがセッションIDを発行してクッキーとして送信したものです。

図6.28　クッキーとして渡されたセッションID

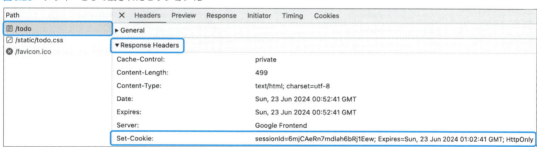

　ブラウザが保存したクッキーもDevToolsで確認できます。Applicationパネルを開き、左のサイド
メニューから［Storage］→［Cookies］とたどると、ブラウザが保存しているクッキーがドメインご
とに表示されます。先ほどSet-Cookieヘッダで受け取ったクッキーと同じ内容が表示されています
ね（図6.29）。

図6.29　ブラウザに保存されたクッキー

HINT

　昔のブラウザでは、クッキーをテキストファイルとして保存しており、他のアプリケーショ
ンからも容易に参照できる状態でした。しかし現代のブラウザでは内部のデータベースに保存して

注45　先にTiny ToDoを表示した状態でDevToolsを開くと、初回のアクセスがNetworkパネルに表示されません。

第6章　従来型のWebアプリケーション

おり、さらに暗号化して直接参照できないようにしているケースが増えています。

　ここで説明したように、ChromeではDevToolsから表示中のサイトに関するクッキーが表示でき、追加・削除・編集もできます。なお、ここで表示されるのは、DevToolsを開いているタブが表示中のサイトに関するクッキーだけです。ブラウザが保存しているクッキーをすべて確認できるわけではありません。

　次に、ブラウザがセッションIDをクッキーとして送信している部分を確認しましょう。なんらかのToDo項目を入力してAddボタンを押します。DevToolsのNetworkパネルに戻り、/addへのPOSTリクエストを選択して「Request Headers」セクションを確認してください。セッションIDを送信するCookieヘッダが見つかるはずです（図6.30）。

図6.30　クッキーとして渡されたセッションID

Path			
📄 /todo	✕ Headers Payload Preview Response Initiator Timing Cookies		
🗹 /static/todo.css	▼ Request Headers		
✖ /favicon.ico	:authority:	tinytodo-04-session.webtech.littleforest.jp	
📄 /add	:method:	POST	
📄 /todo	:path:	/add	
🗹 /static/todo.css	:scheme:	https	
	Accept:	text/html,application/xhtml+xml,application/xml;q=0.9,	
	Accept-Encoding:	gzip, deflate, br, zstd	
	Accept-Language:	ja,en-US;q=0.9,en;q=0.8	
	Cache-Control:	max-age=0	
	Content-Length:	59	
	Content-Type:	application/x-www-form-urlencoded	
	Cookie:	sessionId=6mjCAeRn7mdlah6bRj1Eew	
6 requests　2.7 kB transferred	Origin:	https://tinytodo-04-session.webtech.littleforest.jp	

🍪 セッションIDによるクライアントの識別

　ここまで、見た目上は先ほど作成したTiny ToDoとの違いはわかりません。では、シークレットモードのタブを開いて[注46]、同じURLにアクセスしてみましょう。今度は空のToDoリストが表示されます。

　これはシークレットモードで開いたウィンドウと通常のウィンドウの間では、クッキーが共有されないためです（図6.31）。このため、新しく開いたシークレットモードのタブからTiny ToDoにアクセスしたときはセッションIDが送信されず、異なるセッションになったのです。

注46　Chromeの場合、ウィンドウ右上のケバブメニュー（「⋮」アイコン）から、「新しいシークレットウィンドウ」で開けます。

図6.31　通常モードとシークレットモードではクッキーが共有されない

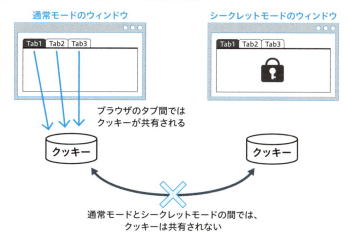

シークレットモードのタブ側でもDevToolsを開き、なにかToDo項目を登録して通信内容を確認してください。クッキーに入っている`sessionId`は、先ほどとは異なる文字列であるはずです。

また、保存されているクッキーはブラウザごとに固有なのでChrome以外のブラウザでアクセスしても、同じようになります。ここでクライアントの識別に使われているのはクッキーに保存されたセッションIDなので、クッキーが異なれば同じクライアントと見なされないことがわかります。

開発にも役立つシークレットモード

シークレットモードの本来の目的は、ブラウジング時のプライバシー保護です。シークレットモードでは通常のウィンドウとクッキーが別々となり、閲覧履歴も残りません。特にクッキーが保存されていない状態になるという特性は、Webアプリケーション開発の場面でも有用です。本章のような実験以外にも、既存のクッキーの影響を排除した上でデバッグをするといった用途で使われることが多いです。

なお、シークレットモードはブラウザ固有の機能なので、細かな挙動がブラウザ間で同じである保証はありませんが、主要ブラウザなブラウザはそれぞれシークレットモード相当の機能を提供しています（表6.6）。

表6.6　各ブラウザのシークレットモード相当機能

ブラウザ	機能名
Google Chrome	シークレットモード／シークレットウィンドウ
Microsoft Edge	InPrivate ブラウズ
Safari	プライベートブラウズ
Mozilla Firefox	プライベートブラウジング

第6章　従来型のWebアプリケーション

🌐 セッションID発行の実装例

Tiny ToDo でセッション ID をどのように発行しているのか、考え方を紹介しましょう。

リスト6.10は、クライアントを識別してセッション ID を発行する処理です。

本節のサンプルコードは、以下の URL から全体を見ることができます。

■ セッション機能を追加したTiny ToDoのソースコード

> URL https://github.com/little-forest/webtech-fundamentals/tree/v1-latest/
> chapter06/tinytodo-04-session

WARNING

⚠️　ここではセッション ID 管理の方法を説明するため、筆者が独自に実装したコードを紹介します。しかし、実際の Web システム開発においてはセッション管理を自作すべきではありません。ここで紹介するコードを実運用するシステムに流用することも避けてください。あくまでも学習用のサンプルコードであり、筆者が長期的にメンテナンスする予定はないため、品質を長期的に保証できないためです。

　セッション管理は Web システムのセキュリティに直結する機能であるため、不備があると致命的な問題につながります。本書で紹介するコードには細心の注意を払っていますが、将来にわたって脆弱性が生じないという保証はありません。

　皆さんが利用するプログラミング言語や Web アプリケーションフレームワークでは、必ずと言って良いほどセッション管理の仕組みが提供されています。脆弱性が発見されたときも、メンテナンスされているコードであれば修正される可能性が高いので、それらを使用してください。

リスト6.10　Goによる簡単なセッション管理 (session.go)

```go
package main

import (
    "crypto/rand"
    "encoding/base64"
    "io"
    "net/http"
    "time"
)

const cookieSessionId = "sessionId"

// セッションが開始されていることを保証する。
//
// セッションが存在しなければ、新しく発行する。
func ensureSession(w http.ResponseWriter, r *http.Request) (string, error) {  //──① 
    c, err := r.Cookie(cookieSessionId)
    if err == http.ErrNoCookie {
        // CookieにセッションIDが入っていない場合は、新しく発行して返す
```

198

```go
        sessionId, err := startSession(w)  ←——— ②
        return sessionId, err
    }
    if err == nil {
        // CookieにセッションIDが入っている場合は、それを返す
        sessionId := c.Value
        return sessionId, nil  ←——— ③
    }
    return "", nil
}


// セッションを開始する。
func startSession(w http.ResponseWriter) (string, error) {  ←——— ④
    sessionId, err := makeSessionId()
    if err != nil {
        return "", err
    }

    cookie := &http.Cookie{  ←——— ⑤
        Name:     cookieSessionId,
        Value:    sessionId,
        Expires:  time.Now().Add(1800 * time.Second),
        HttpOnly: true,
    }

    http.SetCookie(w, cookie)
    return sessionId, nil
}


// セッションIDを生成する。
func makeSessionId() (string, error) {  ←——— ⑥
    randBytes := make([]byte, 16)
    if _, err := io.ReadFull(rand.Reader, randBytes); err != nil {
        return "", err
    }
    return base64.URLEncoding.WithPadding(base64.NoPadding).EncodeToString(randBytes), nil
}
```

　ensureSession() が、セッションを発行する役割の関数です（リスト6.10-①）。この関数では、クライアントから送られたクッキーに **sessionId** という値がが入っているかどうかを確認し、セッションIDがなければ新たに発行します（リスト6.10-②）。すでにクッキーにセッションIDが入っていれば、そのIDを返します（リスト6.10-③）。いずれにせよ、この関数を呼び出せば現在のクライアントに紐付くセッションIDが得られるようにしてあります。

　startSession()（リスト6.10-④）は、セッションIDが存在しなかったときに新たに発行する関数で、リスト6.10-②で **ensureSession()** の中から呼び出されているものです。ここでは、セッションIDを生成してクッキーに格納し（リスト6.10-⑤）、レスポンスにセットしています。クッキーには、

第6章　従来型のWebアプリケーション

Expires属性とHttpOnly属性を追加しています。Expires属性はクッキーの有効期限で、ここでは1800秒（30分）としています。また、HttpOnly属性をyesとすることで、JavaScriptからのアクセスを禁止しています。

　実際にセッションIDを生成する処理は、**makeSessionId()**関数（**リスト6.10-⑥**）に分離してあり、これが**startSession()**関数から呼び出されます。ここでは、16バイトのランダム値を生成し、それをBase64URLエンコード[注47]したものをセッションIDとしています。

🍪 セッション管理の実装

　次にセッション管理機能をTiny ToDoへ組み込む部分を解説します（**リスト6.11**）。

リスト6.11　Tiny ToDoへのセッション機能組み込み (todo.go)

```go
package main

import (
    "html"
    "html/template"
    "net/http"
    "strings"
)

// セッションIDをキーとしてToDoリストを保持するマップ
var todoLists = make(map[string][]string) ←──── ①

// セッションIDに紐付くToDoリストを取得する。
func getTodoList(sessionId string) []string { ←──── ②
    todos, ok := todoLists[sessionId]
    if !ok {
        todos = []string{} ←──── ③
        todoLists[sessionId] = todos
    }
    return todos
}

// ToDoリストを返す。
func handleTodo(w http.ResponseWriter, r *http.Request) {
    sessionId, err := ensureSession(w, r) ←──── ④
    if err != nil {
        http.Error(w, err.Error(), 500)
        return
    }

    todos := getTodoList(sessionId) ←──── ⑤

    t, _ := template.ParseFiles("templates/todo.html")
```

注47　「付録A-1 Base64エンコーディング」で説明します。

200

```
        t.Execute(w, todos)
}

// セッション上のToDoリストにToDoを追加する。
func handleAdd(w http.ResponseWriter, r *http.Request) {
        sessionId, err := ensureSession(w, r)
        if err != nil {
                http.Error(w, err.Error(), 500)
                return
        }
        todos := getTodoList(sessionId)

        r.ParseForm()
        todo := strings.TrimSpace(html.EscapeString(r.Form.Get("todo")))
        if todo != "" {
                todoLists[sessionId] = append(todos, todo)
        }
        http.Redirect(w, r, "/todo", 303)
}
```

まず、セッションごとにToDoリストを保持できるよう、セッションIDをキーとしたスライスのマップに変更しています（リスト6.11-①）。なお、プログラミングに不慣れで「スライスのマップ」のイメージがつかない方は、図6.32を見れば**todoLists**変数が持つデータ構造が理解できると思います。データを一意に識別できる情報をキーとし、キーに対してバリュー（情報）を紐付けて管理するのがマップ[注48]です。ここでは、セッションIDをキーとして、ToDoリストをバリューとして保存しています。配列やスライスに保存したデータは先頭から調べていかなければ求めるデータを見つけることができませんが、マップに保存したデータはキーさえわかれば、ただちにバリューを取り出すことができます。

図6.32 ToDoリストのデータ構造

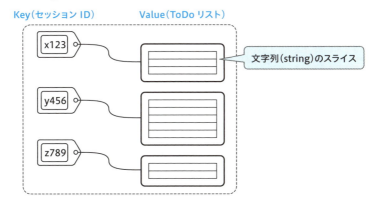

[注48] 多くのプログラミング言語ではマップ（Map）と呼ばれていますが、「連想配列」（Associative array）や「辞書」（Dictionary）と呼ばれることもあります。

リスト6.11-②のgetTodoList()関数は、このマップに対してセッションIDを指定してToDoリストを取得する関数です。セッションIDに対応するToDoリストがまだ存在しない場合、新しく空のリストを作成してマップに登録する処理も行っています（リスト6.11-③）。

次にToDoリストのHTMLを返すhandleTodo()関数を見てみましょう。リスト6.11-④で、リスト6.10で作成したensureSession()関数を呼び出してセッションIDを取得し、先ほどのgetTodoList()関数使ってセッションに対応するToDoリストを取得しています（リスト6.11-⑤）。ToDoの追加を行うhandleAdd()関数でも、同様の処理を追加しています。

以上で、簡単なセッション管理の実装方法を紹介しました。

最初に述べたように、セッションの仕組みは独自実装せず、あらかじめ提供されたものを利用すべきです。基本的な仕組み自体は難しくないのですが、次項でも述べるようにセキュリティ上考慮すべき点がとても多いためです。一方で、あらかじめ提供された機能を使っているだけでは、それがブラックボックス化してしまい、本質的な仕組みを理解できません。ここでは、セッションをきちんと理解するために、実装例もあわせて紹介しました。なお、ここではソースコード全体を掲載していないので、興味がある方は以下のサイトを参照ください。

> URL https://github.com/little-forest/webtech-fundamentals/tree/v1-latest/chapter06/tinytodo-04-session

6.5.5 セッション管理不備の危険性

セッションには利用中のユーザ情報を保持することが多いため、セキュリティ面でもさまざまな注意が必要です。ここでは、その一例を紹介します。サーバ上でセッション情報として保持されたユーザの情報を引き出すための鍵がセッションIDですから、仮にそれがわかれば他人の情報を参照できてしまいます。

実験してみましょう。先ほどDevToolsで確認したセッションIDをコピーしておき、画面6.3のコマンドを実行してみてください。**<セッションID>**の部分は、DevToolsからコピーしたセッションIDに置き換えます。

画面6.3　curlコマンドによるセッションIDの送信

```
$ curl -H 'Cookie: sessionId=<セッションID>' -o todo.html https://tinytodo-04-session.webtech.littleforest.jp/todo
```

レスポンスがtodo.htmlというファイルに保存されるので、これをWebブラウザで開いてくださ

い[注49]。先ほど開いていたのと同じ ToDo リストが表示されてしまいました[注50]。curl コマンドと Chrome はクッキーを共有していませんが、セッション ID を curl から直接送信する[注51]ことで、ToDo リストを表示できてしまいました。

ここでは皆さんが自分自身のセッション ID を利用しただけなので問題ありません。しかし、仮に他人のセッション ID を何らかの方法で知ることができれば、同じ Web アプリケーションの他人の情報にアクセスできることがわかります。

このように他人のセッションを乗っ取ってしまうことを「**セッションハイジャック**」と呼びます。セッションハイジャックの手法として、大きく分けて次の3つの方法が知られています。

- セッション ID の推測
- セッション ID の盗用
- セッション ID の固定化

セッション ID の推測を防ぐ

極端な例ですが、セッション ID に「1」「2」……といった連番の数値を採用すると、どうなるでしょうか。先ほどの実験でわかるように、任意のセッション ID をサーバに送りつけることは容易です。セッション ID が連番の数値である場合、適当な数値をセッション ID として送信すれば、たまたまその数値を割り当てられている他人のセッションを乗っ取ることができてしまいます。

このように、生成規則を容易に想像できてしまうようなセッション ID 体系は、不適切です。セッションの考え方や仕組みは RFC 等で規定されているわけではないので、セッション ID の作り方にも決まりはありません。しかし、一般的にはセキュリティを考慮して次のような要件が求められます。

- 推測不能なこと
- 衝突しないこと
- 意味を持たないこと

推測不能なことについては先に述べました。衝突しないことについては、異なるクライアントに対して同じセッション ID を発行してはいけないということです。これは、2つのクライアントの情報が混ざってしまうからです。たとえば、ユーザ A とユーザ B に同じセッション ID が発行されると、ユーザ A が登録した ToDo リストの内容が、ユーザ B のブラウザに表示されてしまいます。

また、セッション ID は利用者にとっては完全に意味のない文字列である必要があります。たとえば衝突を防ぐためとはいえ、セッション ID にユーザ ID や IP アドレスなどを含めてはいけません。

注49 Mac であれば open todo.html とコマンド実行することでも開けます。
注50 画面が崩れて表示されてしまいますが、これは HTML 内で CSS ファイルの場所を相対パスで指定しているため、ローカル PC から CSS ファイルを取得できずに CSS を適用できないためです。
注51 サーバへ送信するクッキーは単なる HTTP ヘッダに過ぎないので、HTTP ヘッダさえ操作できればサーバから受け取っていないクッキーでも送信できてしまいます。

攻撃者が他人のセッションIDを推測することの手がかりになってしまうためです。

> **HINT**
>
> 以上の要件は **OWASP（Open WebApplication Security Project：オワスプ）** という、Webアプリケーションのセキュリティに関する研究を行っている団体が公表している資料「Session Management-OWASP Cheat Sheet Series」[注52]を元にしました。この資料には、「暗号論的にセキュアな疑似乱数生成器（CSPRNG）から得られる、少なくとも128ビット以上の長さを持つ数値で、既存のセッションIDと重複しないもの」と記載されています。
>
> CSPRNGは「**暗号論的擬似乱数生成器（cryptographically secure pseudo random number generator）**」のことです。コンピュータの世界で「乱数」つまり予測のつかない数字の列を得るのは難しいことです。なんらかの計算式を使って、一見乱数に見える数値（疑似乱数）を得ることしかできませんが、簡単なものだと計算式のパラメータがわかれば次の値を推測できてしまいます。暗号の世界では質の良い（十分に予測不可能な）乱数が求められるため、CSPRNGでは暗号での利用に耐えうる乱数の要件を定めています。これを満たす乱数を使うのが望ましいということです。

セッションIDの盗用を防ぐ

セッションIDの盗用については、暗号化されていない通信の傍受や**クロスサイトスクリプティング（XSS:Cross-site scripting）**[注53]と呼ばれる手法で攻撃者の作成したJavaScriptを被害者のブラウザ上で実行し、クッキーを盗み出す方法が知られています。

また、「リファラ問題」によってセッションIDが他のサイトに漏洩することを利用し、セッションIDが盗まれることもありました。「リファラ問題」は、セッションIDをクッキーではなくURLのクエリパラメータとしてやりとりする際に影響を受けます。クッキーはWebマーケティングの文脈でユーザ行動の追跡に利用されることもあり、2000年代中頃まではクッキーの利用が忌避される傾向がありました。このため、ブラウザの設定でクッキーの受け入れを禁止しているユーザは、クッキーによるセッション管理が利用できず、Webアプリケーションが正常動作しないことがありました。これを防ぐため `http://example.jp/?SESSIONID=xxxxx` のようにセッションIDをクエリパラメータとして受け渡しする手法が登場したのです。このような手法は、**URL Rewrite** と呼ばれていました。

一方、ブラウザがあるページにリクエストするとき、前に表示していたリンク元ページのURLを **Referer** というヘッダで送信します。セッションIDに限らず、他のユーザが知るべきでない情報がURLに含まれる場合、それがRefererヘッダを通して他のサイトに漏洩する可能性があります。これが「リファラ問題[注54]」です。

これらについては、完全ではないもののリスク緩和できる対策があります。セキュリティ領域の

注52　https://cheatsheetseries.owasp.org/cheatsheets/Session_Management_Cheat_Sheet.html
注53　XSSは、入力フォームやクエリパラメータを経由して、攻撃者が用意したJavaScriptを被害者のブラウザ上で実行させる手法のことです。詳しくは、情報処理推進機構（IPA）の公開する『安全なウェブサイトの作り方 - 1.5 クロスサイト・スクリプティング』（https://www.ipa.go.jp/security/vuln/websecurity/cross-site-scripting.html）を参照すると良いでしょう。
注54　リファラ問題は、https://developer.mozilla.org/ja/docs/Web/HTTP/Headers/Referer や https://developer.mozilla.org/ja/docs/Web/Security/Referer_header:_privacy_and_security_concerns で解説されています。

話になるためここでは簡単な紹介に留めますが、概要を紹介しましょう。まず、セッションIDはクエリパラメータではなくクッキーでやりとりすることが必要です。通信傍受については、すべてhttpsによる暗号化通信を採用することと、クッキーにsecure属性を付与してhttpなど暗号化されていない通信では送受信させないするようにすることで対処できます。XSSによる窃取についてはアプリケーション側で入力情報を検証してXSSを防ぐことと、クッキーにHttpOnly属性を付与してJavaScriptからのアクセスを禁止することが一定の対策になります。また、セッションIDを保存するクッキーには余計なDomain属性を付与せず、意図しないサイトへの送信を防ぐことも重要です。

セッションIDの固定化を防ぐ

セッションの固定化（SessionFixation）は、盗み出しとは逆の発想です。近年のWebサイトは、最初にアクセスしたときに未ログインであってもセッションIDを発行することが多いです。このようなサイトで攻撃者があらかじめ取得したセッションIDを、何らかの方法[55]で被害者のブラウザに送り込んで使用させることで、セッションハイジャックが成立します。

これを防ぐには、ログイン後にセッションIDを変更すること、さらにいえば一定間隔でセッションIDを変更することも推奨されています。また、セッションに有効期限を設け、期限切れのセッション情報は破棄することも必要です。

セッションハイジャックとその対策については、情報処理推進機構（IPA）が公開する「安全なウェブサイトの作り方-1.4セッション管理の不備[56]」でより詳しく解説されています。

HINT

本章で紹介するTiny ToDoのセッション管理機能は、原理を理解しやすくするために最低限の実装にしていますが、筆者のWebサイトで公開しているサンプルは、より安全性を高めたものにしています。たとえば、セッション管理については、以下のような対策を追加しています。

- セッションID発行時、すでに発行済みのIDと重複していないことを確認する処理
- 自身が発行したセッションID以外を受け付けないようにする処理
- セッションの固定化対策
- 期限切れセッションの破棄

注55　後述の「安全なウェブサイトの作り方 - 1.4 セッション管理の不備」の脚注で紹介されています。
注56　https://www.ipa.go.jp/security/vuln/websecurity/session-management.html

サードパーティクッキーと個人情報保護

新たに訪れた Web サイトで、図6.33のようなダイアログが表示されるのを見かけたことはありませんか？

図6.33　クッキーの利用同意ダイアログ

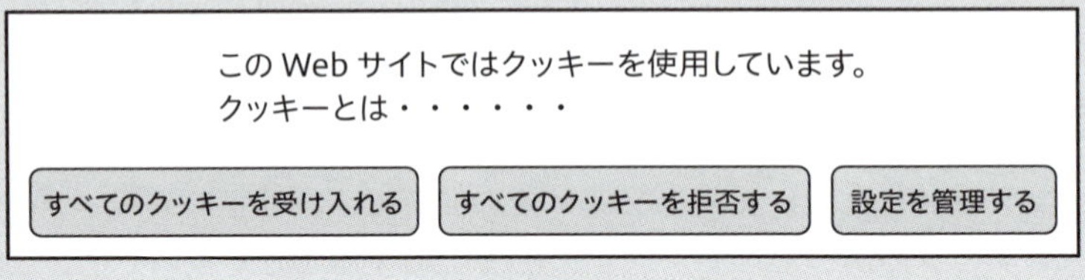

```
この Web サイトではクッキーを使用しています。
クッキーとは・・・・・・

[すべてのクッキーを受け入れる]  [すべてのクッキーを拒否する]  [設定を管理する]
```

　これは、Webサイトから発行されるクッキーの利用に関する同意を求めるためのものです。このような同意画面が設置されるようになった背景には、サードパーティクッキーと個人情報保護といった背景があります。

　サードパーティクッキー（3rd Party Cookie） とは、ユーザが訪問したWebサイト以外のドメインから発行されたクッキーのことです。一方、本章で説明したクッキーのように、訪問したWebサイト自身から発行されるクッキーは**ファーストパーティクッキー（1st Party Cookie）** と呼ばれます。サードパーティクッキーは、Webサイトに表示される広告のターゲティングや、Webサイト改善のためのユーザ行動の追跡といった用途で使われることが多いため、個人情報保護の観点から問題視されています。皆さんの中にも、あるWebサイトを閲覧しているとき、別のショッピングサイトで見ていた商品が広告に表示された経験がある方は多いのではないでしょうか。互いにまったく関係がないサイトのはずなのに、なぜあなたが閲覧していた商品がわかるのでしょうか。そのからくりがサードパーティクッキーです。

　サードパーティクッキーの仕組みを簡単に説明しましょう。

6.5　Webアプリケーションの状態管理

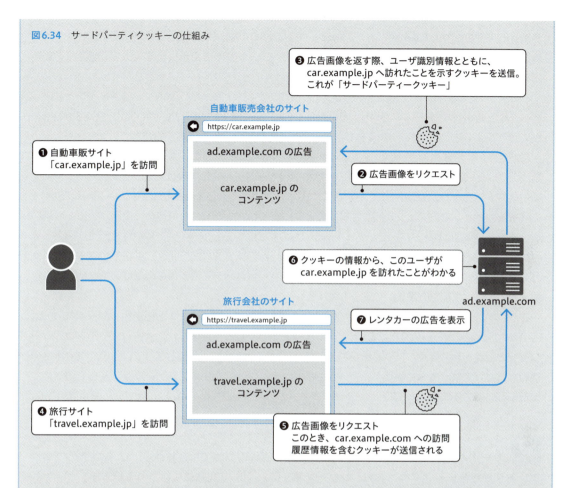

図6.34　サードパーティクッキーの仕組み

　あるユーザが、自動車販売会社のサイト「car.example.jp」を訪れたとします（図6.34-①）。そのサイトには広告表示枠があり、表示内容は広告配信会社「ad.example.com」へHTTPリクエストを送信して取得します[注57]（図6.34-②）。広告配信会社のWebサーバは、広告画像と一緒にクッキーを発行し、そこにユーザを識別する情報やcar.example.jpを訪れたことを示す情報を含めます（図6.34-③）。これがサードパーティクッキーです。ユーザが訪れ、ブラウザのアドレスバーに表示されているのは自動車販売会社のcar.example.jpですが、ここで発行されたクッキーの発行元はそれとは異なるad.example.comであるためです。

　サードパーティクッキーはどのように活用されるのでしょうか。次にユーザは旅行サイト「travel.example.jp」を訪問したとします（図6.34-④）。ここにも広告配信会社の広告が設置されていると、ブラウザはふたたびad.example.jpへ広告画像を要求します。このときクッキーの仕様に基づいて、car.example.jpを訪問したときに発行されたサードパーティクッキーも送信されます（図6.34-⑤）。これによって、広告配信会社のサーバはこのユーザが以前car.example.jpを訪問したのと同一人物

注57　実際の広告配信の仕組みはもっと複雑ですが、ここでは本筋から逸れるため、簡略化した例として示しています。

207

第6章　従来型のWebアプリケーション

であると判断できます（図6.34-⑥）。このユーザは自動車に興味があると推定できるので、レンタカーなど自動車と旅行に関連した広告を配信することで、ユーザがその広告に興味を持つ可能性が高まることが狙いです（図6.34-⑦）。

このように、サードパーティクッキーはブラウザのアドレスバーに表示されているドメインとはまったく異なるWebサイトとの間でやりとりされるものです。技術的には工夫された活用方法ですが、ユーザにとっては「自分の行動を誰かに見られている」と受け取れ、不快に感じることでしょう。

このため、EU（欧州連合）のGDPR[58]や米国カリフォルニア州のCCPA[59]、日本の改正電気通信事業法[60]など、クッキーの利用とユーザの同意について一定のルールを設けることでプライバシーに配慮した実装を求める動きが広がっています[61]。なお本書では紹介しませんが、サードパーティクッキーには複数のサイトでログイン状態を共有するといった使い方もあり、これ自体に問題があるとは言い切れません。問題はサードパーティクッキーそのものではなく、これを使ってユーザ行動の追跡（トラッキング）をしていることにあります。しかし、現実としてサードパーティクッキーの利用方法の多くがトラッキングであることから、ブラウザとしてもサードパーティクッキーの受け入れを拒否する機能などの提供が進んでいます。

こういった動きから、非技術者からはクッキーそのものに対して「個人情報を流出させかねないもの」という否定的なイメージも持たれてしまっているかもしれません。しかし、クッキーがWebアプリケーションの根幹として重要な技術であることに変わりはありません。問題となっているのはクッキーの使われ方だけです。本書で説明したセッションの実現など、Webアプリケーションとしての機能を実現するために必要なファーストパーティクッキーの利用は問題ないので、その点での心配は無用です。

HINT

サードパーティクッキーにまつわる技術の流れについては、Jxck氏による以下のブログエントリから始まるアドベントカレンダー記事（全25回）で詳細に説明されています。

3PCA 1日目: 3rd Party Cookie Advent Calendar Agenda | blog.jxck.io

https://blog.jxck.io/entries/2023-12-01/3pca-agenda.html

注58　一般データ保護規則：https://gdpr.eu/cookies
注59　カリフォルニア州消費者プライバシー法
注60　https://www.soumu.go.jp/main_sosiki/joho_tsusin/d_syohi/gaibusoushin_kiritsu.html
注61　各法律の詳細については本書では解説しないので、必要に応じて専門サイトなどの信頼できる情報を参照してください。

6.6 セッションとユーザ管理

6.6.1 ユーザ認証の必要性

前節では、Webアプリケーションで状態を保持するための、クッキーとセッションの仕組みを説明しました。これでToDoリストが混ざることはなくなりましたが、ブラウザ単位で分離しているに過ぎません。

たとえば、同じユーザがPCとスマートフォンから別々にアクセスした時、異なるToDoリストが表示されてしまいます。2つのデバイス上のブラウザはセッションがそれぞれ異なるので、アプリケーションからは同一ユーザということがわからないためです。つまり、セッションIDに紐付けてToDoリストを管理する今の方式では、同じユーザが異なる環境から利用することができません。

ここで必要となるのが、ユーザ認証です。「認証」とは、利用者が誰なのかを確認するための行為です。現実世界で免許証やパスポートなどの身分証で、本人確認を行うことと似ています。

Webアプリケーションでは、①から②のような流れで利用者を識別することが多いでしょう。

① Webアプリケーションの初回利用時に「ユーザ登録」する。「ユーザID」でユーザを識別する
② Webアプリケーション利用時は「ログイン画面」で、「ユーザID」と「パスワード」を入力し、ユーザを識別する

「ユーザID」は、ユーザを一意に識別するための文字列です。利用者が任意のユーザIDを選べることもあれば、メールアドレスをユーザIDとして使うケースもあるでしょう。

WARNING

⚠️ 「ID」とは「Identifier」（識別子）のことで、対象を一意に識別できる番号や文字列です。たとえば、現実世界では「氏名」は同姓同名の人物が存在しうるので、IDとしては使えません。一方、「マイナンバー」や「免許証番号」は個々人に発行されるのでIDとしての条件を満たします。これらは技術要件を満たしますが個人情報にあたるので、コンピュータ上でIDとして用いてはいけません。メールアドレスは、共用されない限り一意性があります。しかし企業ドメインのメールアドレスなどでは、それ単体で個人を特定できる可能性が高い[注62]ので、WebシステムのIDとして採用するのに慎重に考える必要があります。

一般的にWebアプリケーションのログイン機能では、正しいユーザIDとパスワードの組み合わせが入力された場合に限り、現在のクライアントがそのユーザであることを確認します。これが認証です。

注62 個人情報保護委員会のFAQ（https://www.ppc.go.jp/all_faq_index/faq1-q1-4/）にも記載があります。

> **HINT**
>
> 本節で紹介する認証は、とても基本的なものです。現代のWebアプリケーションでは、FacebookやGoogleなどのソーシャルアカウントでログイン[63]できるものも増えてきました。また、指紋認証や顔認証などと組み合わせることでパスワードを不要にした認証方式[64]も普及しつつあります。これらについてここで解説すると、大きく脇道にそれてしまうため、別の機会とさせてください。

認証に成功したら、サーバで管理するセッション情報にユーザIDを保存しておきます。ToDoリストなどユーザ固有の情報は、セッションIDではなくユーザIDに紐付けてセッション情報とは別（一般的にはデータベースなど）に保存しておくことで、異なる環境からも同じ情報にアクセスできます。

図6.34と、図6.32（201ページ）と比べてみてください。

図6.35　ユーザごとに管理されるToDoリスト

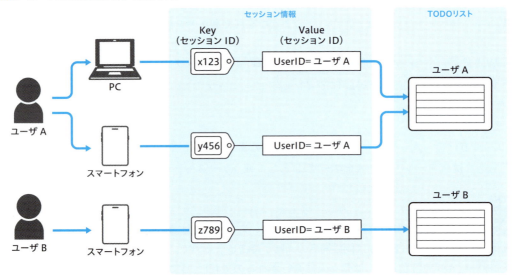

図6.32では、ToDoリストをセッション情報として保持していました。図6.33では、セッション情報として保持するのは、そのセッションで認証されたユーザIDです。ToDoリストは、別の場所でユーザIDに紐付けて保存します。このようにすることで、同一ユーザが異なるセッションから自分のToDoリストにアクセスできます。

ToDoリストのようなユーザごとの情報は、一般的にはデータベースなど永続性のある方法で保存しますが、このあたりはアプリケーションの規模や特性にもよります。たとえば簡単なアプリケーションでは、サーバ上にテキストファイルとして保存するような実装方法もありえます。

注63　ソーシャルアカウントでのログインでは、OAuth2やOIDC（OpenID Connect）という技術が活用されています。
注64　この認証方法は2022年に「パスキー」と命名され、2023年以降、徐々に広がりつつあります。もともとは、FIDO2やWebAuthnと呼ばれていた技術を使ったものです。

> **HINT**
> コンピュータにおける永続性（Persistence）とは、プログラムが終了したり、コンピュータの電源が切れたりしてもデータが残り続けることを指します。プログラム中の変数など、メモリだけに保存されたデータは永続性がありません。ファイルやデータベースなど、ディスクに記録されたデータはコンピュータを再起動しても残り続けるので、「永続性がある」と言います。

6.6.2　ユーザ認証に対応したTiny ToDo

本章の最後のサンプルとして、ユーザ認証機能を追加したTiny ToDoの実例を紹介します。以下のURLにアクセスしてみましょう。

■ ユーザ認証機能を実装したTiny ToDo
URL　https://tinytodo-05-user.webtech.littleforest.jp/

図6.36のようなログイン画面が表示されますので、まず［Create new account］ボタンを押してください。

図6.36　Tiny ToDoのログイン画面

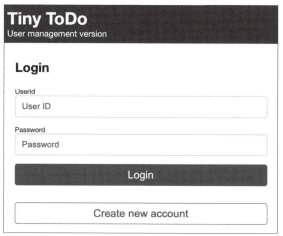

ユーザアカウント作成画面が表示されたら、好きなアカウント名を入力して［Create］ボタンを押します[注65]。なお、「すでに使われているユーザIDです。他のIDを試してください。」と表示された場合は、そのユーザIDは他の読者の方が使用中ですので、別のIDを試してください。

注65　画面に表示されているとおり、ユーザIDとして使用できる文字は、半角英数字と+-_@の4種類の記号です。

図6.37 　Tiny ToDoのユーザアカウント作成画面

> **HINT**
> 　Tiny ToDoでは、ユーザアカウントの有効期限を60分としています。60分が経過するとそのアカウントは削除されますので、新しく作り直してください。アカウント作成時に「すでに使われているユーザIDです。」と表示された場合でも、60分経過すればそのユーザIDが使えるようになります。

　ユーザアカウントが作成できると、図6.38の画面が表示されて、パスワードと有効期限が表示されます[注66]。パスワードはこの画面にしか表示されないため、文字列を選択してコピーするなどして控えておいてください。「OK」ボタンを押すとログイン画面に戻るので、今作成したユーザIDとパスワードを入力し、ログインしましょう。

図6.38 　Tiny ToDoで作成したユーザアカウント

[注66] 一般的には、アカウント作成時にユーザがパスワードを決められるようにするか、仮パスワードをメール等で送信して、改めてパスワードを変更するなどの流れにすることが多いでしょう。Tiny ToDoでは作りを簡単にするため、アカウント作成時にパスワードを表示する仕組みとしました。また、パスワードの変更機能も実装していません。

6.6 セッションとユーザ管理

これまで作ってきたTiny ToDoの画面に遷移しますが、画面の右上にログイン中のユーザに関する情報と、ログアウトボタンが表示されるようにしました。

図6.39 ユーザ認証に対応したTiny ToDo

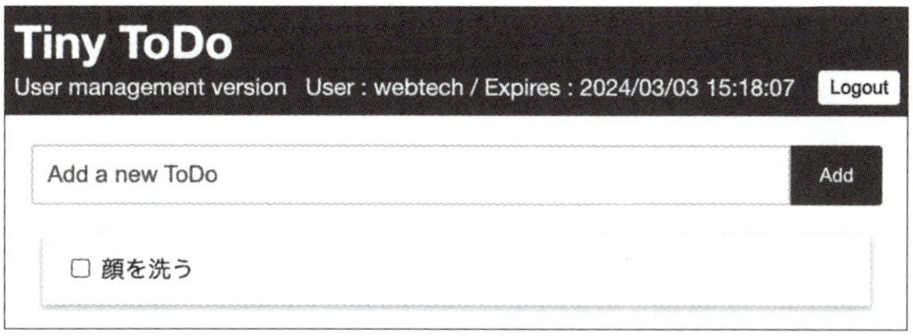

何かToDoを追加しておき、次にシークレットモードで新しいタブを開くか、Chrome以外のブラウザを開いて、同じアカウントでTiny ToDoにログインしてみましょう。スマートフォンを持っている方は、スマートフォンからアクセスしても良いでしょう。追加したToDoが表示されるのが確認できるはずです。

これは、図6.35（210ページ）に示したように、ユーザ認証機能を追加することで、現在のセッションがどのユーザに紐付くのかを管理できるようになったためです。

新しいTiny ToDoでは、ログイン画面の追加によって画面遷移が複雑になりました。画面遷移の関係を1つの図にまとめたのが図6.40です。

図6.40 Tiny ToDoの画面遷移

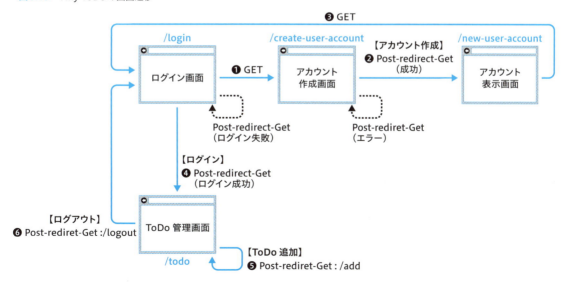

水色の実線で示した線（図6.40-①〜⑥）が、最初に説明した基本的な遷移です。画面遷移は、以

213

第6章　従来型のWebアプリケーション

下のようにGETとPost-Redirect-Getを使い分けています[注67]。

- 新しい画面を表示するだけの場合はGETメソッド（①と③）
- サーバ側の状態変化を伴うアプリケーション処理を挟むものは、POSTメソッド（②と④〜⑥）

POSTが必要なものについては、以下の2つの理由から、すべてリダイレクト経由で次のページに遷移させる、Post-Redirect-Getを使っています。

- リロードしてもサーバ側で同じ処理が行われないようにするため
- URLとページの表示内容を一致させるため

6.7 ユーザ認証の実装

ユーザ認証機能を追加したTiny ToDoは、コード量が大きく増えていますので、ここではポイントとなる部分だけ解説します。

■ ユーザ認証機能を追加した**Tiny ToDo**のソースコード

URL https://github.com/little-forest/webtech-fundamentals/tree/v1-latest/chapter06/tinytodo-05-user

6.7.1　セッション情報を保持する構造体

まず、セッションIDに紐付く情報をまとめて管理するため、HttpSessionという名前の構造体を定義します。**構造体（struct）**は、複数の情報をひとまとまりで管理するためのプログラミング言語上の仕組みです。馴染みのない方は、「関係する複数の変数をひとまとまりにして、わかりやすく名前をつけたもの」と理解すれば大丈夫です。Javaなどのオブジェクト指向言語に慣れている方は、「クラスのようなもの」と理解してもよいでしょう。

リスト6.12　HttpSession構造体の定義（session.goより抜粋）

```
// セッション情報を保持する構造体。
type HttpSession struct {
    // セッションID
    SessionId string ←── ①
    // セッションの有効期限（時刻）
    Expires time.Time ←── ②
    // Post-Redirect-Getでの遷移先に表示するデータ
    PageData any ←── ③
```

注67　GETとPOSTの使い分けについては5.4.5節でも触れました。

214

```
    // ユーザアカウント情報への参照
    UserAccount *UserAccount ←——— ④
}
```

　リスト6.12は、`HttpSession`構造体の定義です。Goにおける構造体の定義は**図6.41**のような書き方になっています。Goの構造体に内包される各変数のことを**フィールド**と呼びます。

図6.41　Goにおける構造体の宣言

```
type 構造体名 struct {
    フィールド名 型
    フィールド名 型
    ...
}
```

　HttpSession構造体では、次の4つのフィールドを用意しています。

- セッションID（①）
- セッションの有効期限（②）
- 遷移先画面で表示する情報（③）
- セッションを利用中のユーザアカウント（④）

　一般に、セッションには有効期限を設けておき、有効期限が切れたセッション情報は削除します。このようにしないと、サーバのメモリやディスクがセッション情報で溢れてしまうためです。また、③の遷移先画面で表示する情報の用途は、後で解説します。

　リスト6.13は、構造体がどのようなフィールドを持つかというデータ構造の定義に過ぎません。実際にデータが入った構造体のインスタンス（実体）を作るには、以下のような書き方になります[注68]。

図6.42　Goにおける構造体のインスタンス生成

```
&構造体名{
    フィールド名: 値,
    フィールド名: 値,
    ...
}
```

　Goにはオブジェクト指向言語におけるコンストラクタのようなものがないので、**New構造体名()**

注68　ここでは構造体名の前に＆をつけていますが、この場合は構造体インスタンスのポインタ（メモリへの参照）が得られます。＆をつけない場合は、構造体のインスタンス自体が得られます。

第6章　従来型のWebアプリケーション

という関数を作り、その関数を呼び出すと構造体のインスタンスを返すようにすることが多いです。**HttpSession**構造体についても、それにならって**NewHttpSession()**という関数をつくってあります（**リスト6.13**）。

リスト6.13　NewHttpSession関数（session.goより抜粋）

```go
// 新しいセッション情報を生成する。
func NewHttpSession(sessionId string, validityTime time.Duration) *HttpSession {
    session := &HttpSession{
        SessionId: sessionId,
        Expires:   time.Now().Add(validityTime),
        PageData:  "",
    }
    return session
}
```

6.7.2　セッションを管理する構造体

単一のセッションを管理する構造体として**HttpSession**を作りましたので、次はアプリケーション内でセッション全体を管理する構造体、**HttpSessionManager**を作ります（**リスト6.14**）。

リスト6.14　HttpSessionManager構造体（session_manager.goより抜粋）

```go
// セッションを管理する構造体
type HttpSessionManager struct {
    // セッションIDをキーとしてセッション情報を保持するマップ
    sessions map[string]*HttpSession ←──── ①
}

func NewHttpSessionManager()  *HttpSessionManager {
    mgr := &HttpSessionManager{
        sessions: make(map[string]*HttpSession) ,
    }
    return mgr
}
```

HttpSessionManagerでは、**リスト6.14-①**のようにセッションIDをキーとして**HttpSession**をバリューとするマップをフィールドに持ちます。現時点では、フィールドが1つだけの構造体はあまり意味がないように見えますが、このようにしておけば、あとでフィールドを増やすことができます。また、Goの構造体では、その構造体インスタンスのデータを扱うための専用関数である「メソッド」を定義することもできます[注69]。実際、**HttpSessionManager**にはセッションを管理するために以下のようなメソッドを定義しています。これらのメソッドのコードは後ほど必要に応じて紹介します。

注69　このように、Goの構造体はオブジェクト指向言語における「クラス」にかなり近い存在です。

表6.7 HTTPSessionManagerに定義したメソッド

メソッド	役割
StartSession (w http.ResponseWriter) (*HttpSession, error)	セッションを開始して、クッキーにセッションを書き込む
GetValidSession (r *http.Request) (*HttpSession, error)	HTTPリクエストのクッキーから、有効なセッションを取得する
RevokeSession (w http.ResponseWriter, sessionId string)	セッションを破棄する

6.7.3　ユーザ情報を保持する構造体

ユーザ情報は、セッション情報と同じように構造体として定義しています（リスト6.15）。

リスト6.15　UserAccount構造体とNewUserAccount() 関数 (user_account.goより抜粋)

```go
// ユーザアカウント情報を保持する構造体。
type UserAccount struct {
    // ユーザID
    Id string
    // ハッシュ化されたパスワード
    HashedPassword string
    // アカウントの有効期限
    Expires time.Time
    // ToDoリスト
    ToDoList []string
}

// ユーザアカウント情報を生成する。
func NewUserAccount(userId string, plainPassword string, expires time.Time) *UserAccount {
    // bcryptアルゴリズムでパスワードをハッシュ化する
    hashedPassword, _ := bcrypt.GenerateFromPassword([]byte(plainPassword), bcrypt.DefaultCost)
    account := &UserAccount{
        Id:             userId,
        HashedPassword: string(hashedPassword),
        Expires:        expires,
        ToDoList:       make([]string, 0, 10),
    }
    return account
}
```

ここでは、ユーザ固有の情報として、ユーザID、パスワード、アカウントの有効期限、ToDoリストの4つをフィールドに持たせています。Tiny ToDoでは、ユーザ固有の情報をメモリに持たせていますが、実際のアプリケーションではデータベースに保存するのが一般的でしょう。

先ほど説明した**HttpSession**構造体（リスト6.12）では、④の部分で**UserAccount**構造体への参照を持たせていました。これが、前節との大きな違いです。**HttpSession**と**UserAccount**を分離し、**HttpSession**が**UserAccount**を参照することで、複数のセッションが同じユーザ情報を参照するデー

タ構造ができあがります。これによって、皆さんがPCからもスマートフォンからも同じToDoリストを表示できるようになります。

　セッション情報とユーザ情報の関係を図6.43に示しました。これは、210ページの図6.35と同じことを示していますが、本節で紹介した実際のソースコードに即して表現したものです。

図6.43　セッション情報とユーザ情報の関係

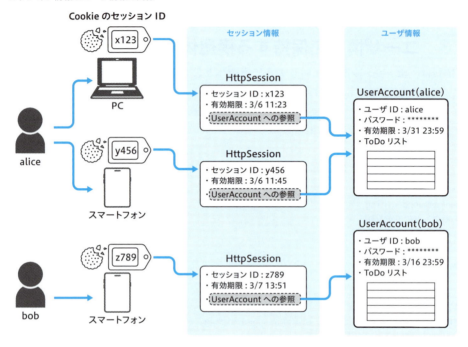

　aliceはPCとスマートフォンと2つのデバイスからシステムにアクセスしています。それぞれのデバイスがクッキーに持っているセッションIDは異なりますが、アプリケーション内でそれぞれのセッションが参照しているユーザ情報は同じものです。一方、異なるユーザであるbobは、セッションもユーザ情報もaliceのものとは異なります。

6.7.4　ログイン画面の表示

　Webアプリケーションにアクセスしてきたクライアントが、サーバ上で管理するどのユーザなのか識別する処理が「認証」です。いわゆるログイン機能ですね。Tiny ToDoのログイン画面（211ページ図6.36）がどのように作られているか、見てみましょう。リスト6.16が、ログイン画面の入力フォーム部分を表示するHTMLテンプレートです。

リスト6.16　ログイン画面のHTMLテンプレート（templates/login.htmlより抜粋）

```
<main id="login">
```

```
  <form class="form-login" method="post" action="/login">  ←——— ④
    <h1>Login</h1>

    <div class="form-item">
      <label>UserId</label>
      <input type="text" name="userId" placeholder="User ID" required autofocus>  ←——— ①
    </div>

    <div class="form-item">
      <label>Password</label>
      <input type="password" name="password" placeholder="Password" required>  ←——— ②
    </div>

    {{ if ne .ErrorMessage "" }}  ←——— ⑤
    <div class="error-message">{{ .ErrorMessage }}</div>
    {{ end }}

    <button type="submit">Login</button>  ←——— ③

    <button onclick="location.href='/create-user-account'">Create new account</button>
  </form>
</main>
```

ユーザIDとパスワードをinput要素で受け取り（**リスト6.16-①、②**）、［Login］ボタン（**リスト6.16-③**）が押されるとform要素の指定で**/login**に対してPOSTリクエストを送信します（**リスト6.16-④**）。HTMLのform要素からどのようにリクエストが送信されるかは、「5.4.HTTPリクエストの実践」で実験をして確認しましたね。また、**リスト6.16-⑤**にはログイン失敗などエラーメッセージを表示する箇所を、Goテンプレートのif文を使って用意しています。

6.7.5 /loginのリクエストハンドラ

/loginへのリクエストに対して呼び出されるハンドラが、**handleLogin()**関数（**リスト6.17**）です。**/login**では、GETでアクセスされたときとPOSTでアクセスされたとき、それぞれで処理内容が変わります。**図6.40**（213ページ）の画面遷移図をもう一度見てみましょう。それぞれ、以下のようになっていますね。

- GETリクエスト：ログイン画面を表示
- POSTリクエスト：認証処理後、Post-Redirect-Getで次の画面に遷移

リスト6.17 /loginのリクエストハンドラ（page_login.goより抜粋）

```
// ログインに関するリクエスト処理
func handleLogin(w http.ResponseWriter, r *http.Request) {
    session, err := ensureSession(w, r)
```

第6章　従来型のWebアプリケーション

```go
    if err != nil {
        return
    }

    switch r.Method {
    // GETリクエスト:ログイン画面の表示
    case http.MethodGet:
        showLogin(w, r, session)
        return

    // POSTリクエスト:ログイン処理
    case http.MethodPost:
        login(w, r, session)
        return

    default:
        w.WriteHeader(http.StatusMethodNotAllowed)
        return
    }
}
```

　handleLogin()関数では、最初にensureSession()関数を呼び出して、セッションが必ず開始されている状態にします（リスト6.17-①）。ensureSession()関数は、前節のリスト6.10（198ページ）で作成したものとほぼ同じですので割愛しますが、セッションIDの文字列ではなくHttpSession構造体を返すように手直ししてあります。

　次に引数で受け取ったhttp.RequestからどのHTTPメソッドで呼び出されたのかを調べ、GETならばshowLogin()関数、POSTならばlogin()関数を呼び出すよう分岐しています（リスト6.17-②、③）。なお、GETとPOST以外のメソッドでは「405 Method Not Allowed[70]」を返すようにしています（リスト6.17-④）。このようなエラー処理も大切です。

HINT

　ここでは、http.RequestのMethodを見てHTTPリクエストのメソッドに応じた処理の分岐を実装しました。本章でのサンプルではコードを単純にするため、必要最低限しかHTTPリクエストをチェックしていませんでした。しかし本来は、個々のパスに対してどのようなメソッドで呼び出されているのかをチェックすべきです。多くのWebアプリケーションフレームワークでは、HTTPメソッドとパスの組み合わせを簡単にチェックする機能が提供されていますので、それを利用すると良いでしょう。

6.7.6　認証処理

　先に、/loginへPOSTリクエストが送信されたときの認証処理を見てみましょう。リスト6.17の

注70 「表5.5 主要なステータスコード」（139ページ）を参照

form要素で`method="post" action="/login"`と記述していたので、ログイン画面上で[Login]ボタンを押したあとの実質的なサーバサイドの処理が`login()`関数です（**リスト6.18**）。

リスト6.18 認証処理（page_login.goより抜粋）

```go
// ログイン処理を行う。
func login(w http.ResponseWriter, r *http.Request, session *HttpSession) {
    // POSTパラメータを取得 ←──── ①
    r.ParseForm()
    userId := r.Form.Get("userId")
    password := r.Form.Get("password")

    // 認証処理
    log.Printf("login attempt : %s¥n", userId)
    account, err := accountManager.Authenticate(userId, password) ←──── ②
    if err != nil { ←──── ③
        log.Printf("login failed : %s¥n", userId)
        session.PageData = LoginPageData{ ←──── ⑥
            ErrorMessage: "ユーザIDまたはパスワードが違います",
        }
        http.Redirect(w, r, "/login", http.StatusSeeOther) ←──── ⑦
        return
    }

    // ログイン成功
    session.UserAccount = account ←──── ④

    log.Printf("login success : %s¥n", account.Id)
    http.Redirect(w, r, "/todo", http.StatusSeeOther) ←──── ⑤
    return
}
```

それぞれの処理を見ていきましょう。最初に、**リスト6.17**のform要素で入力したユーザID（`userId`）、とパスワード（`password`）を`http.Request`からPOSTパラメータとして取得します（**リスト6.18-①**）。

ユーザIDとパスワードのチェックは、`AccountManager`構造体に用意した`Authenticate()`メソッドで実施しています（**リスト6.18-②**）。これについては後ほど説明します。`Authenticate()`メソッドでユーザIDとパスワードのチェックが成功すると、`account`に`UserAccount`のインスタンスが返り、`err`は`nil`となります。

リスト6.18-③のif文でチェック結果を判定し、成功であれば**リスト6.18-④**で現在のセッションに認証したユーザの`UserAccount`インスタンスを紐付けます。最後に、次の画面である`/todo`へのリダイレクトを指示して正常系の処理は終了です（**リスト6.18-⑤**）。

一方、ログイン失敗時の処理は**リスト6.18-③**のif文内部になります。まず、ログイン画面に表示するエラーメッセージを`LoginPageData`という構造体に格納し、`session`の`PageData`フィールドに保持します（**リスト6.18-⑥**）。その後、成功時と同じようにリダイレクトしますが、遷移先はもとの画面である`/login`になります（**リスト6.18-⑦**）。

6.7.7 Post-Redirect-Getでのメッセージ受渡

さて、リスト6.18-⑥の部分は少し説明が必要でしょう。Post-Redirect-Getによる画面遷移にはメリットが多いのですが、1つ厄介な点があります。それは、遷移前後でエラーメッセージのような一時的な情報の受渡ができないことです。

ブラウザは遷移前後のページに独立してGETリクエストを送信しますので、前のページで処理した結果を後続のページに受け渡すには、セッションを使うしかありません。このような用途のため、`HttpSession`構造体に`PageData`というフィールドを用意し、そこに遷移先の画面の表示に使う情報を格納するようにしています（リスト6.19-③）。遷移先では、`PageData`に情報があればそれを使用してエラーメッセージなどを表示し、一度表示に使った`PageData`はセッションから削除します。

リスト6.19 HttpSession構造体の定義（再掲）

```
// セッション情報を保持する構造体。
type HttpSession struct {
    // セッションID
    SessionId string      ← ①
    // セッションの有効期限（時刻）
    Expires time.Time     ← ②
    // Post-Redirect-Getでの遷移先に表示するデータ
    PageData any          ← ③
    // ユーザアカウント情報への参照
    UserAccount *UserAccount  ← ④
}
flash scope.drawio
```

図6.44 セッションを使ったメッセージの受け渡し

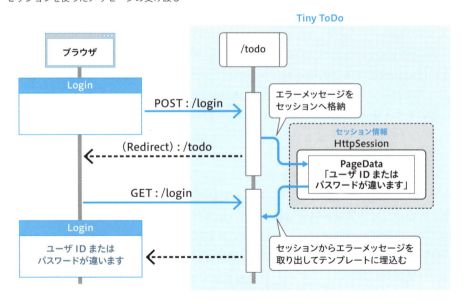

> **HINT**
>
> このような仕組みは一般に「フラッシュスコープ」や「フラッシュメッセージ」と呼ばれています。フラッシュメッセージは、遷移後の画面に表示する情報をセッションに保持しておき、一度表示されたらセッションから削除されます。RubyのWebアプリケーションフレームワーク、Ruby on Railsで実装されたのが起源のようで、多くのフレームワークで同様の機能が実装されています。

6.7.8 ハッシュ値によるパスワードの照合

最後に、説明を後回しにしていたパスワードのチェック処理を解説します。リスト6.18-②の呼び出し先である、**AccountManager**構造体の**Authenticate()**メソッドの内容がリスト6.20になります。

リスト6.20 ユーザアカウントの認証処理 (user_account_manager.go より抜粋)

```go
// ユーザアカウントを認証する。
func (m UserAccountManager) Authenticate(userId string, password string) (*UserAccount, error) {
    // アカウントの存在チェック
    account, exists := m.GetUserAccount(userId) ←――― ①
    if !exists {
        return nil, ErrLoginFailed
    }

    // パスワードのチェック
    err := bcrypt.CompareHashAndPassword([]byte(account.HashedPassword), []byte(password)) ←――― ②
    if err != nil {
        return nil, ErrLoginFailed
    }
    return account, nil
}
```

まず、ユーザIDに紐付くアカウントが登録されているかを調べます（リスト6.20-①）。アカウントが存在すれば、パスワードのチェックに進みます。パスワードチェックは単純な文字列比較ではなく、パスワードのハッシュ値[注71]同士を比較します[注72]。アカウント情報を保持する**UserAccount**構造体では、アカウント作成と同時に生成したパスワードをそのまま保存するのはなく、bcrypt[注73]というアルゴリズムを通して算出したハッシュ値を保存しています。ログイン画面で入力されたパスワードも同様にbcryptでハッシュ化し、そのハッシュ値同士を比較することで、照合しています（図6.45）。

[注71] ハッシュ値については、「付録A.5 ハッシュ値」で解説しています。

[注72] Tiny ToDoはサンプルアプリケーションですし、ユーザ情報もデータベースに保存していないため、パスワードを平文で保存してもセキュリティ上まず問題はありません。しかし、実際のWebアプリケーションではパスワードを平文のまま扱うべきではないため、サンプルコードでも実際と同じような処理方法としました。

[注73] bcrypt（ビー・クリプト）は、パスワードをハッシュ化するために使われる代表的なアルゴリズムで、多くのプログラミング言語でライブラリが提供されています。「付録A.5 ハッシュ値」でも触れていますが、近年はより優れたアルゴリズムも登場しています。

図6.45　ハッシュ値によるパスワードの照合

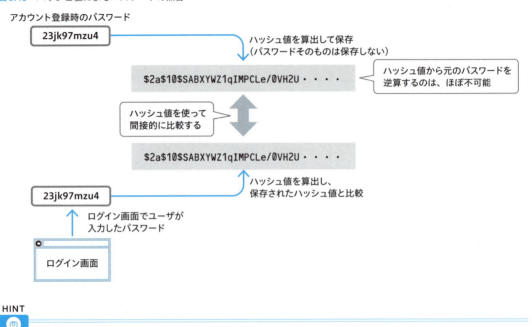

> **HINT**
> ハッシュ値については「付録A.5 ハッシュ値」で詳しく解説します。

6.7.9　認証のチェック

　最後に、ToDoリストの表示・操作時に認証済みかどうかをチェックする処理を示します。Webアプリケーションがデスクトップアプリケーションと大きく違うのは、画面遷移を制限できないことです。Webアプリケーションでは、ブラウザのアドレスバーにURLを直接入力したり、**curl**コマンドなどのHTTPクライアントを使ったりすることで、任意のURLに対して直接リクエストを送信できてしまいます。Tiny ToDoを例に説明すると、ログイン画面で認証した後に**/todo**にリダイレクトしてToDoリストを表示するのが想定した画面遷移です。しかし、ブラウザのアドレスバーにURLを直接入力すれば、未ログインの状態でいきなり**/todo**にアクセスすることもできてしまいます。この状態でToDoリストを表示してはいけないので、アプリケーションがチェックして適切に対処しなければなりません（図6.46）。

図6.46　URL直接アクセスの防止

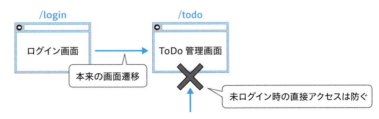

このため、各リクエストハンドラでは、必ず次のチェックが必要です。

- A：クッキーにセッションIDがあるか
- B：セッションIDに対応する有効セッション情報が存在するか
- C：セッション情報がログイン済みの状態であるか

1番目は、いきなり**/todo**にアクセスされるようなケースです。初めてのリクエストなので、クッキーにセッションIDが存在しないはずです。2番目のケースは、アプリケーションが発行していない不正なセッションIDが送られてくる場合や、サーバ上のセッション情報が有効期限切れの場合が考えられます。3番目のケースは、セッション情報は存在していても、ログイン済みユーザ情報が無い場合です。現在のTiny ToDoでは、Post-Request-Getを挟んだメッセージ受け渡しのためにもセッションを使用しているので、未ログインの状態でもセッション情報が存在しています。このため、セッション情報が存在するからといってログイン済みとは限りません。

では、実際のコードではどのように実現しているかを紹介しましょう。**リスト6.21**の**handleTodo()**は、**/todo**へGETリクエストが送信されたときに呼び出されるリクエストハンドラです。

リスト6.21 /todo表示時の認証チェック（page_todo.goより抜粋）

```go
func handleTodo(w http.ResponseWriter, r *http.Request) {
    // セッション情報が存在するかチェック
    session, err := checkSession(w, r)  ←——— ①
    if err != nil {
        return
    }
    // 認証済みかどうかをチェック
    if !isAuthenticated(w, r, session) {  ←——— ②
        return
    }

    // ToDoリストの表示
    pageData := TodoPageData{  ←——— ③
        UserId:   session.UserAccount.Id,
        Expires:  session.UserAccount.ExpiresText(),
        ToDoList: session.UserAccount.ToDoList,
    }

    templates.ExecuteTemplate(w, "todo.html", pageData)
}
```

ここでは、処理の最初に2つのチェックをしています。

1. **リスト6.21-①**で**checkSession()**関数を呼び出し、セッションの有効性を確認。（前述A、Bの処理）

第6章　従来型のWebアプリケーション

2. リスト6.21-②でisAuthenticated()関数を呼び出して、ログイン済みかどうかを確認。（前述Cの処理）

両方のチェックを通過したときだけ、リスト6.22-③以降のToDoリストの表示処理に進みます。次にcheckSession()関数をリスト6.22に示します。checkSession()関数は、内部でHttpSessionManager構造体のメソッドであるGetValidSession()およびgetSession()も使用しているので、併せて掲載しています。

リスト6.22　セッションの有効性チェック処理（session_manager.goより抜粋）

```go
// セッションが存在するかチェックする。
//
// セッションが存在しなければ、ログイン画面へリダイレクトさせる。
func checkSession(w http.ResponseWriter, r *http.Request) (*HttpSession, error) {
    // Cookieのセッション IDに紐付くセッション情報を取得する
    session, err := sessionManager.GetValidSession(r)  ←――― ①
    if err == nil {
        // セッション情報が取得できたら終了
        return session, nil  ←――― ②
    }
    orgErr := err

    // セッションが有効期限切れまたは不正な場合、セッションを作りなおす
    log.Printf("session check failed : %s", err.Error())
    session, err = sessionManager.StartSession(w)  ←――― ③
    if err != nil {
        http.Error(w, err.Error(), http.StatusInternalServerError)
        return nil, err
    }

    page := LoginPageData{}
    page.ErrorMessage = "セッションが不正です。"
    session.PageData = page

    http.Redirect(w, r, "/login", http.StatusSeeOther)  ←――― ④
    return nil, orgErr
}

// Cookieから有効なセッションを取得する。
//
// CookieにセッションIDがなければ ErrSessionNotFound を返す。
// CookieにセッションIDが存在すれば、セッションIDに紐付く HttpSession を返す。
// セッションIDが不正な場合や、セッションの有効期限が切れている場合は、エラーを返す。
func (m *HttpSessionManager) GetValidSession(r *http.Request) (*HttpSession, error) {
    c, err := r.Cookie(CookieNameSessionId)  ←――― ⑤
    // CookieにセッションIDが存在しない場合
    if err == http.ErrNoCookie {
        return nil, ErrSessionNotFound  ←――― ⑥
    }
```

```go
        // Cookieにセッション ID が存在する場合
        if err == nil {
            // セッションを取得して返す
            sessionId := c.Value
            session, err := m.getSession(sessionId) ←──── ⑦
            return session, err
        }
        return nil, err
    }


    // セッション ID に紐付くセッション情報を返す。
    func (m *HttpSessionManager) getSession(sessionId string) (*HttpSession, error) {
        if session, exists := m.sessions[sessionId]; exists { ←──── ⑧
            // セッションの有効期限をチェックする
            if time.Now().After(session.Expires) { ←──── ⑨
                // 有効期限が切れていたらセッション情報を削除してエラーを返す
                delete(m.sessions, sessionId)
                return nil, ErrSessionExpired
            }
            return session, nil
        } else {
            return nil, ErrSessionNotFound
        }
    }
```

checkSession()関数では、まず`HttpSessionManager`[注74]の`GetValidSession()`メソッドを呼び
だして、クッキー内のセッション ID に紐付くセッション情報を取得します（**リスト6.22-①**）。この
メソッドについては、あとで説明します。ここで有効なセッション情報が取得できたら、チェック
は終了です（**リスト6.22-②**）。一方、セッションが有効切れだったり、取得できなかったりした場
合は、セッションを作り直し（**リスト6.22-③**）、**/login**へリダイレクトします（**リスト6.22-④**）。

HINT

リスト6.22-④では`http.Redirect()`関数を呼び出してリダイレクトを指示するので、ここ
でHTTPリクエストに対する処理が終了してレスポンスが返されるように見えてしまいます。しかし、
この段階でレスポンスがすぐに返されるわけではなく、次のreturn文が実行されて呼び出し元の
`handleTodo()`関数に戻ります。`http.Redirect()`は、あくまでHTTPレスポンスに303リダイレ
クトを指示するステータスコード（ここでは`http.SatusSeeOther`）とリダイレクト先である
Locationヘッダを設定しているだけです。HTTPレスポンスが実際に返されるのは、リクエストハ
ンドラである`handleTodo()`関数の処理が終了したあとになります。

最後に、`GetValidSession()`メソッドの解説です。まず、HTTPリクエスト内のクッキーから

注74 「6.7.2 セッションを管理する構造体」を参照。

sessionIdという名前がついた値を取得します（リスト6.22-⑤）。セッションIDが存在しない場合は、エラーを返します（リスト6.22-⑥）。セッションIDが存在したら、さらにgetSession()メソッドを呼び出し、セッションIDに紐付くセッション情報を取得します（リスト6.22-⑦）。

getSession()メソッドでは、HttpSessionManager構造体が持つセッション情報を保持するマップ（リスト6.14（216ページ）-①）から、セッションIDに紐付くHttpSession構造体を取得します（リスト6.22-⑧）。HttpSession構造体が取得できたら、有効期限が切れていないかを確認したうえで戻り値として返します（リスト6.22-⑨）。

少し長くなりましたが、Tiny ToDoに追加したユーザ認証機能のポイントを解説しました。本節で解説したコードが実現しているのは、次の3つだけです。

- ログイン画面を表示して、ユーザIDとパスワードの入力を受け付ける
- アプリケーションに登録されている情報と照合することで、ユーザを認証する
- 認証したユーザ情報をセッションに紐付ける

しかし、セッション管理の仕組みが本格化したので、これまでよりも一気に複雑になりました。Tiny ToDoではセッション管理機構を独自実装しているためコード量が増えてしまいましたが、本節での説明を通してセッション管理の仕組みを理解できたのではないでしょうか。

6.8 Webアプリケーションの複雑性をカバーするフレームワーク

6.8.1 Webアプリケーションの複雑さ

ユーザ認証機能を追加したTiny ToDoは、ずいぶんと複雑なものになりました。ToDoアプリケーションとしての機能は、まだ大したものではありません。しかし、Webアプリケーションとして複数の利用者が同時に使えるようにするため、ずいぶんといろいろなことを実現する必要が生じました。
　その代表が、本章後半で説明したセッション管理でした。6.5.1 ステートレスなHTTP（178ページ）で述べたように、本来HTTPはステートレスなものです。しかし多くのWebアプリケーションにはステートフルであることが求められるので、アプリケーション側で「セッション」という仕組みを追加することで、全体としてステートフルになるようにしなければならず、多くの実装が必要です。このように実用に耐えるWebアプリケーションのサーバサイド処理は複雑で、これをWebアプリケーション毎に毎回作るのは、とても大変です。
　Tiny ToDoを例に考えると、ユーザに提供したい機能は「ToDoリストの管理」であり、ユーザ認

証やセッション管理は、ToDo管理機能をWebで提供するための手段にすぎません。「アプリケーションの本質的な機能」をコア機能と呼ぶならば、Webを通じてコア機能をユーザに届けるために必要となるさまざまな処理、その複雑さを肩代わりしてくれる存在がWebアプリケーションフレームワークです。

> **HINT**
>
> 前節で皆さんに実際に操作してもらった筆者のサイトで公開しているTiny ToDoは、インターネットで公開しても問題ないよう、細部をもう少し作り込んでいます。紙面での説明に使ったTiny ToDoのソースコードは、説明には関係ないいくつかの実装をそぎ落として理解しやすくしたものでした。公開版のTiny ToDoのソースコードはGitHubで公開していますので、より深い理解を得たい方は、そちらを参照してください。
>
> URL https://github.com/little-forest/webtech-fundamentals/tree/v1-latest/chapter06/tinytodo-05-user-final

6.8.2 Webアプリケーションフレームワークが提供する機能

　Webアプリケーションフレームワークを利用することで、私たちはWeb特有の事情にあまり捕らわれず、コア機能の開発に注力できます。プログラミングにおける**フレームワーク（Framework）**とは、一般にアプリケーションを開発するための「骨組み」のことで、アプリケーションの土台となる、共通処理の部分を提供してくれます。フレームワークを土台とすることで、私たち開発者はアプリケーションのコア機能だけを作れば良いようになります。フレームワークはプログラミングの世界で一般的な考え方なので、用途に応じてさまざまな「○○フレームワーク」があり、規模もさまざまです。

　一般にWebアプリケーションフレームワーク（以下、本節では単に「フレームワーク」と呼びます。）が提供し得る機能は、以下のようなものです（図6.47）。

図6.47　Webアプリケーションフレームワークが提供する機能

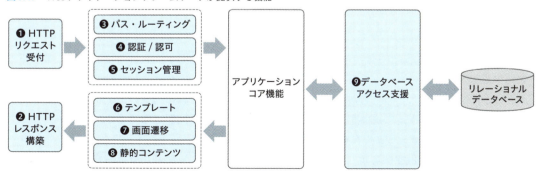

第6章　従来型のWebアプリケーション

先ほど述べたように、フレームワークが提供する機能は千差万別です。図6.44に示す機能をすべて提供している巨大なフレームワークもあれば、一部の機能に絞った「軽量フレームワーク」と呼ばれるものもあります。

Tiny ToDoでは、Goの標準ライブラリと独自のコードで、フレームワークを使わずに図6.44の大部分を実現しています。ここまでのTiny ToDoの実装を振り返りながら、一般的なフレームワークがどのような機能を提供してくれるのか、図6.44-①〜⑨について簡単に解説しましょう。

①、②HTTPリクエスト受付／レスポンス構築

これはHTTPサーバとしての機能です。Tiny ToDoでは、Goのhttpパッケージを利用しました。フレームワークでもこの部分は内部で何らかのライブラリを活用しているものがほとんどで、HTTPサーバの機能を独自実装しているものは少ないでしょう。

③パス・ルーティング

受信したHTTPリクエストのターゲットパスやHTTPヘッダを解析し、その内容に応じてアプリケーション側の処理へ分岐させる機能です。Tiny ToDoでは、これもhttpパッケージの**HandleFunc()**関数を利用しました。たとえば以下のようなコードで、**/add**に対するリクエストが届いたとき、リクエストハンドラとして**handleAdd()**関数が呼ばれるようにしましたね。この部分が相当します。

```
http.HandleFunc("/add",handleAdd)
```

実際のフレームワークでは、リクエストハンドラを呼び出すときに以下のようにもう少し気の利いた処理も行ってくれるものが多いです。Tiny ToDoでは、これらの部分を独自実装していました。

- HTTPメソッドとターゲットパスの組合せでリクエストハンドラを呼び分けられる
- リクエストパラメータを取り出して、リクエストハンドラの引き数に渡してくれる
- リクエストパラメータの入力チェックをしてくれる

④認証・認可

認証・認可は、フレームワークが提供してくれる代表的な機能です。Tiny ToDoでは、ユーザ認証に関する処理に多くのコードを費やしました。また、**/todo**へアクセスした際に認証済みであったかどうかをチェックしていましたが、ページが増えるとそれぞれに同様のチェック処理をいれなければならず、面倒なうえに抜けがあるとセキュリティ上大きな問題となります。フレークワークでは、このような認証チェックを自動で行う機能も提供されます。

「認可」は、Tiny ToDoでは実現しませんでしたが、ユーザによって利用できる機能を制限するも

のです。たとえば「管理者」「編集者」「ゲスト」などで、利用できる機能が違うシステムは皆さんも見たことがあるでしょう。Tiny ToDoでも、「自分のToDoリストを他のユーザへ閲覧専用で公開したい」といった要件を実現するならば、認可機能が必要になるでしょう。

⑤セッション管理

セッション管理はTiny ToDoで自作しましたね。前述のとおり、多くのフレームワークがセッション管理機構を提供していますので、自作せずにこれらを利用すべきでしょう。

⑥テンプレート

Tiny ToDoではGoのテンプレートを利用しました。テンプレート機能はフレークワークの特色が出やすい部分かもしれません。一方、独自のテンプレート機能を提供せず、他のライブラリに任せるフレームワークもあります。

⑦画面遷移

画面遷移は、テンプレートとの関連性が高い機能です。Tiny ToDoでは、ログイン処理の結果で遷移先のページを切り替えるため、リダイレクトで返すパスを変更していました。このような処理も、アプリケーションロジックの戻り値によってレスポンスの返し方を変更するなどの方法でフレームワークがサポートしてくれます。

⑧静的コンテンツ

CSSや画像、JavaScriptなど、あらかじめ用意されたファイルを提供する機能もフレームワークが提供します。Tiny ToDoでは、Goの標準機能である`http.FileServer()`を利用しました。ただ、こういった機能は静的コンテンツの提供に特化したWebサーバの方が得意であるため、フレームワークの機能としては最低限の機能しか提供しないものが多いです。

⑨データベースアクセス支援

アプリケーションが扱うデータをリレーショナルデータベースに保存する際に生じるさまざまな問題を解決するものです。一般には、「O/Rマッパー(オー・アール・マッパー)」もしくは「ORM」と呼ばれることも多いです。Tiny ToDoでは今のところデータベースは使っていませんが、より実用的なアプリケーションに発展させる時には、ToDoリストをリレーショナルデータベースに保存することになるでしょう。

なお、以前の一定規模以上のWebアプリケーションでは、必ずと言って良いほどリレーショナルデータベースが使われていました。しかし現代ではデータの保存方法が多様化したことで、必ずしもリレーショナルデータベースが必要ではなくなっています。このような背景もあり、データベースアクセ

スに関する機能は独立したフレームワークとして提供され、必要に応じて利用するケースが増えています。

> **HINT**
>
> O/Rマッパーの「O/R」は、「Object/Relational」の略です。O/Rマッパーは、オブジェクト指向言語におけるデータ構造であるオブジェクト（Goでいえばポインタでつながった構造体のカタマリ）と、表形式でデータを管理するリレーショナル・データベースの間で、データの相互変換をするとともに、データベースアクセスにまつわる繁雑な処理を肩代わりしてくれます。本書では解説しませんが、前著『プロになるためのWeb技術入門』の「LESSON6 Webアプリケーションを効率良く開発するための仕組み」で紹介しています。
>
> RDB以外にもDocumentDBやKVストアなどNoSQL系のDBが登場してきたことは、続編で触れるつもりです。

6.8.3　Webアプリケーション・フレーワークの裏側を知ろう

Webアプリケーション・フレーワークは多くの重要な機能を提供してくれるので、積極的に活用していくべきでしょう。次に挙げるように、開発効率や品質の向上といったメリットが大きいからです。

- Webの仕組みを深く理解しなくても、Webアプリケーションが作れる
- 典型的な機能を1から作る必要がなくなるため、コードの記述量を減らせる
- 実績あるフレームワークであれば、高い品質を享受できる

一方で、注意すべき点もあります。

- フレームワークに頼り切りになると、問題発生時に自分で対応できなくなる
- 流行／廃りがある
- アプリケーション設計上、一定の制約を受ける

メリットの裏返しでもありますが、クッキーやセッションなど基本的な仕組みを理解せずにフレームワークを使っていると、意図通りの動きにならないときに原因を調べられなかったり、思わぬところで致命的なバグを作り込んでしまったりすることもあります。そのため、どれか1つのフレームワークに慣れてきたら、本章で紹介したような裏側の仕組みへの理解を深めていってください。

時代や技術の変化にあわせて次々と新たなフレークワークが登場し、競争に晒されていますので、皆さんがせっかく慣れたフレームワークが廃れてしまうこともあるでしょう。一般にフレームワークは学習コストの高さが指摘されることもありますが、裏側の仕組みさえ理解していれば、新しいフレームワークを学ぶ時のハードルは大きく下がります。

またフレームワークは、アプリケーションの設計自体も提供するので、それぞれの設計思想があります。その設計思想から外れたことは実現できなかったり、実現できたとしても実装量が増えてしまったりすることもあります。多くの機能を持つフレームワークが一概に優れているとはいえないので、流行っているからといって採用するのではなく、図6.47に示した全体像と照らし合わせ、自分たちの必要性に合致するかどうかを検討すると良いでしょう。

> **まとめ**
>
> 　本章では、2000年代から2010年代前半頃まで多く採用されていた、従来型のWebアプリケーションの仕組みを解説しました。Webアプリケーション開発の難しさは、以下の2点に根ざしています。
>
> - ブラウザとサーバをつなぐHTTPがステートレスなプロコトルであること
> - 複数ユーザによる同時利用を考慮しなければならないこと
>
> これを踏まえ、従来型のWebアプリケーションでは次のようなアプローチで実現されています。
>
> - アプリケーションの主要機能はすべてサーバ上で実現される
> - UIを構成するHTMLは、すべてサーバサイドで生成する
> - ユーザの情報はすべてサーバが保持する
> - 画面遷移は、ブラウザが新たなURLへリクエストすることで実現する
> - クッキーとセッションIDを使ってクライアントを識別する
> - セッションIDに紐付く「セッション情報」をサーバ側で管理する
> - セッション情報の中に、クライアントに関する状態を保存する
>
> 　本章で取り組んだTiny ToDoを通じて、「状態の維持」と「ユーザの区別」に多くの手間が割かれていることがわかったと思います。そして本章の最後では、これらの難しさを隠蔽して開発を楽にするために生まれたのが、Webアプリケーションフレームワークであることも説明しました。皆さんが普段利用しているWebアプリケーションフレームワークの裏側が、なんとなく理解できてきたのではないでしょうか。

HINT

「安全なウェブサイトの作り方」

独立行政法人 情報処理推進機構（IPA）が公開する啓蒙資料です。定期的に改訂されており、本書執筆時点では2021年3月31日に発行された改訂第7版第4刷が最新版です。以下のサイトからPDF版も無料ダウンロードできます。

URL　https://www.ipa.go.jp/security/vuln/websecurity/about.html

第 7 章

SPAへの進化

- 7.1 SPAへの潮流
- 7.2 JavaScriptの起源と発展
- 7.3 Tiny ToDoのUIを改善する
- 7.4 サーバとの非同期通信
- 7.5 Tiny ToDoに非同期通信を実装する
- 7.6 JSONによるデータ交換
- 7.7 フラグメントによる状態の表現
- 7.8 SPAの課題とサーバサイドレンダリング

第7章　SPAへの進化

　前章では、2000年代に主流であった従来型のWebアプリケーションの仕組みについて解説しました。本章では、2010年代以降に広まり現代のWebアプリケーションで大きな位置を占める「**シングルページアプリケーション（Single Page Application：SPA）**」の仕組みを解説します。

7.1　SPAへの潮流

7.1.1　従来型Webアプリケーションの問題点

　当初、Webコンテンツを提供するだけの仕組みであったWWWは、サーバによる動的コンテンツの生成から発展し、クッキーやセッションの導入によって、インターネット上にアプリケーションを実現する基盤へと発展しました。ここまで登場した技術によって、さまざまなWebアプリケーションが作られるようになりました。その応用例は、ショッピングサイト、宿泊やレストランなどの予約サービス、銀行やクレジットカードなどの金融系サービス、SNS、ブログなど多岐にわたります。また、一般の目には触れにくい、企業内の業務システムもWebアプリケーション化が進みました。

　そのような中、Webベースのアプリケーションであるがゆえの課題も無視できなくなってきました。課題は大きく2つに集約されます。

- 画面遷移が多く、遅いこと
- サーバからの通知ができないこと

それぞれ解説しましょう。

画面遷移の課題

　Webアプリケーションの画面はHTMLで表現され、ブラウザが表示します。HTMLを生成するのはサーバ側の仕事でした。このため、ほんの少しであっても、表示内容が変化するときは、サーバがHTML全体を生成しなおしてブラウザへ送り、ブラウザが全体を描画しなおすという手順が発生します。

　前章で作成したTiny ToDoも同じです。たとえば、すでに10個のToDo項目が表示されているところへ、11個目を追加するとします。画面の見た目上は11個目の項目が追加されるだけですが、裏ではHTMLの再生成と再描画が行われています。デザインが複雑であったり表示内容が多かったりすると、これらの処理に時間がかかり、ユーザからも目に見えて動作が遅くなります。

　また、画面遷移の多さも課題です。Tiny ToDoにおいて、登録済みのToDo項目を編集する機能の追加を考えてみましょう。従来型のWebアプリケーションでは、図7.1のような画面遷移となることが一般的でした。ほんの少しの情報を変更するだけなのに、画面遷移が2回も発生します。

図7.1 情報編集時の画面遷移

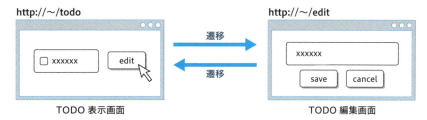

サーバ通知の課題

従来型のWebアプリケーションでは、表示内容を自動更新することも苦手です。たとえば、Tiny ToDoをPCとスマートフォンから使用しているとします。スマートフォンでToDo項目追加しても、PC側では画面をリロードしない限り表示されません。

HTTPはクライアントがサーバへ情報を要求することを基本としているので、リクエストを送信しなければ情報の新たな変化がわからないのです。身近な例でいえば、株価や為替相場など逐一変化する情報を即時に表示することや、メールやチャットの到着を通知することなど、サーバ側の状態変化を基点として情報を受け取ることができません。このような課題については、第9章であらためて深掘りして紹介します。

7.1.2　Ajaxによるブレイクスルー

シングルページアプリケーション（以下、SPA）は、主にブラウザの画面遷移に起因する操作性や応答性の悪さを克服したWebアプリケーションの一形態です。その名のとおり、単一のWebページ（HTML）で構成され、HTML全体の再読込を極力廃して表示を切り替えます。SPAは、それまで登場してきたさまざまな要素技術をうまく組み合わせることで実現されています。まず、SPAにつながる技術群がどのように登場したかを、簡単に紹介しましょう。

従来型Webアプリケーションの操作性や応答性の悪さといった課題に対して突破口をもたらしたのは、2004年から2005年にかけて登場し、現在も広く使われているGoogle社のサービス、GmailやGoogle Mapsでした。これらのサービスは既存のWeb標準技術だけで、それまでのデスクトップ・アプリケーションと同等の軽快な操作性と表現力を実現し、脚光を浴びました。

鍵となったのは、ブラウザ上で動作するプログラミング言語、JavaScriptです。これらのサービスは、前章で紹介したWebアプリケーションとは大きく異なる方法で作られました。

- HTML全体を再読込せずに画面の一部だけを更新する
- 非同期通信[注1]でサーバにアクセスする

注1　非同期通信については「7.4 サーバとの非同期通信」で紹介します。

たとえば、ブラウザ上で地図を表示するアプリケーションを考えてみましょう。従来型のWebアプリケーションでは、ユーザが見たい方向のボタンを押すと、次のエリアの地図画像がまるごとダウンロードされて書き直されるような作りが一般的でした（図7.2）。

図7.2　従来型の地図アプリケーション

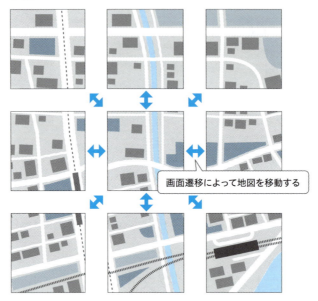

一方、Google Mapsでは、ブラウザ上でのマウスカーソルによるドラッグ操作を検知して、表示中の地図画像を動かします（図7.3）。動かした分の空白に表示すべき地図画像は、JavaScriptによるプログラムがサーバへ要求して埋め込みます。地図画像は多くのタイルに分割されているので、地図を動かした分だけ新しく取得すればよく、画面全体を更新する必要はありません。

図7.3　Google Mapsの動作原理

また、これらの処理はユーザ操作と並行してJavaScriptが行うことで、表示の切り替えでユーザを待たせなくても良いようになっています。このような地図のスムーズスクロールがWebブラウザ上でも実現できたことは、当時としては革新的でした。

それまでの実用的な地図アプリケーションは、大量のデータを高速に表示する必要があることから、デスクトップ・アプリケーションとして提供されていました。しかし、デスクトップ・アプリケーションでは大量の地図データをPCにコピーする必要があり、インストールに手間がかかります。また最新の情報を閲覧するには、新しい地図データを購入して再度インストールする必要もありました。一方Google Mapsは、ブラウザだけで常に最新の地図を閲覧でき、それまでの地図アプリケーションを大きく上回るユーザ体験をもたらしたのです。

これらを実現したのが、後に「**Ajax（エイジャックス）**」と名付けられた、JavaScriptを中心とした技術体系です。

Ajaxは、「Asynchronous JavaScript + XML」の略で、米国におけるUXデザインのコンサルティング会社・Adaptive Path社を創設したジェシー・ジェイムス・ギャレットが2005年2月に提唱した造語です。『Ajax：A New Approach to Web Applications』[注2]の中で、彼はAjaxについて次のような技術要素を融合させたものだと説明しています[注3]。

- XHTMLとCSSを使用した標準ベースのプレゼンテーション
- Document Object Modelを使った動的な表示とインタラクション[注4]
- XMLとXSLTを使ったデータ交換と操作
- XMLHttpRequestを使った非同期データ取得
- すべてを束ねるJavaScript

Ajaxが提唱されたのは2005年2月のことで、GmailやGoogle Mapsが登場したのとほぼ同時です。Ajaxを構成する上記の技術要素は1990年代後半に出そろっており、それほど新しいものではありませんでした。しかしGmailやGoogle Mapsといったサービスがこれらを効果的に組み合わせ、これまでとは大きく異なるUX（ユーザ体験）を実現したことで、ジェシー・ジェイムス・ギャレットはこれらに大きく注目しました。既存技術の組み合わせに対してAjaxという名前が付けられたことで多くの人々に認知され、さらなる発展につながる好循環が生まれたことは、大きな成果でした。

本章ではこれ以降、Ajaxに包括される次のような技術要素をTiny ToDoを題材として解説しながら、SPAの仕組みを学んでいきます（図7.4）。

注2 　Adaptive Path社は2014年に買収されてしまったため、オリジナルのページは残っていません。しかし、MITのサイト（https://designftw.mit.edu/lectures/apis/ajax_adaptive_path.pdf）でそのコピーを見ることができます。

注3 　いくつか、初めての用語が出てきました。Document Object ModelとXMLHttpRequestについては、本書で解説します。XSLTは現在ではあまり使われない技術ですので、本書では扱いません。XSLT（XML Stylesheet Language Transformations）はXMLの周辺技術で、XMLデータを変換して活用するためのものです。

注4 　相互作用、ユーザからの操作を受け取ってサーバサイドへ伝え、サーバサイドにおける処理結果を画面への表示を通じてユーザに伝えること。要はユーザとのやりとりのことです。

1. JavaScript
2. Document Object Model
3. イベントドリブンプログラミング
4. 非同期通信
5. JSON

図7.4　本章で学ぶ技術要素

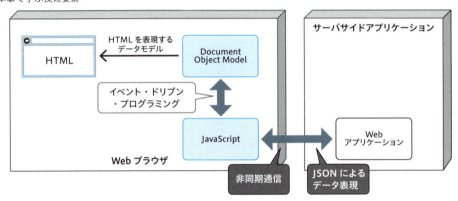

コラム Rich Internet Applicationの台頭と衰退

　現代のWebアプリケーションではAjaxを土台としてユーザ体験の向上が図られていますが、2000年代中盤から後半にかけてはAjaxとは異なる技術も発展していました。「Rich Internet Application（RIA）」または「リッチクライアント」と総称される技術で、Javaアプレット、Adobe Flash、Microsoft Silverlightなどがありました。いずれもブラウザが提供するプラグイン機構を利用してブラウザ内に独自の箱庭のようなものを作り、その中で各技術によるアプリケーションを実行するものです[注5]。

図7.5　RIAの実行イメージ

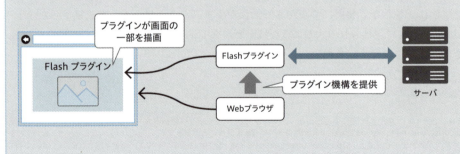

注5　当時はこのような外部プラグインを表示させるためのHTML要素として、object要素がありました。object要素の内部をAdobe Flashなどが描画する仕組みです。

この中でもっとも広く普及したのはAdobe Flashでした。当初はアニメーションや双方向性のあるコンテンツを作成・提供するためのソフトウェアとして登場し、アニメーションだけでなくゲームや教育コンテンツ、動画再生など、幅広い用途で活躍しました。2000年代半ば以降はAdobe FlexというRIA開発用のフレームワークも公開され、Flash上で動作するRIAも広がりはじめました。Flashのコンテンツを再生するためのプラグイン、Flash Playerは主要ブラウザに提供され、2010年頃にかけて広く普及していきます。

　FlashによるRIAはこのままデファクトスタンダードになるかに見えました。しかし、いくつかの複合的な要因で、2000年代後半から徐々に勢いを落としていきます。度重なるセキュリティホールの発見、2008年にApple社がiOS[6]でFlashをサポートしないと明言[7]したことで、スマートフォンへの普及の道が閉ざされたこと、そしてHTML5の普及が理由として挙げられています。Flashで実現されていたことは、このあと述べるWebの標準技術によって置き換えられていき、2020年末をもってサポートが終了[8]しました。

　RIAと、本章で説明するSPAとの大きな違いは何だったのでしょうか。RIAは既存のWeb技術のうち、主にHTTPをアプリケーション配布に、Webブラウザのプラグイン機構をアプリケーション実行の手段として活用していましたが、それ以外の部分は独自仕様とも言えます。ティム・バーナーズ＝リーがWWWの標準化と普及に細心の注意と多大な労力を払ったことにもわかるように、巨大な技術体系を世界中で足並みを揃えて発展させていくのは、とても大変なことです。FlashがAdobe社の主導した技術であったように、独自仕様は調停に時間がかからないため、短期間で大きく発展できる可能性があります。それによって、Webのさまざまな可能性を示せたのはFlashを初めとするRIAの大きな功績でした。しかし、クローズドな技術[9]は、そこに関わる人間が限られるため、その複雑性が増してくると発展速度が鈍ったり、信頼性の向上が難しくなったりという課題が生じます。

　RIAの衰退後、現代のWebアプリケーションは、標準化された技術の積み重ねで成り立っています。発展の過程で一時的に非標準の技術が利用されることもあるかもしれません。しかし、それらを新たに標準化したり、既存の標準技術の進化によって置き換えたりする活動が絶えず行われるようになりました。

7.2 JavaScriptの起源と発展

　Ajaxを理解するには、中核となっているJavaScriptについての理解が欠かせません。ここでは、JavaScript発展の流れと使い方のイメージを説明しながら、Ajaxへのつながりを解説していきます。

注6　Apple社のモバイルデバイス、iPhoneやiPadに搭載されているモバイルオペレーティングシステム
注7　https://en.wikipedia.org/wiki/Thoughts_on_Flash
注8　https://www.adobe.com/jp/products/flashplayer/end-of-life.html
注9　一部の企業や団体によって制御され、一般の人々や他の開発者と共有されない技術のこと。

7.2.1 JavaScriptの誕生

　JavaScriptはもともと、ブラウザを制御するためのスクリプト言語として開発されました。1996年3月に発表されたブラウザ、Netscape Navigator 2.0に搭載されたのが始まりです。JavaScriptは主にブラウザ上でのユーザ操作を基点として実行され、表示中の画面を変化させることができました。これによって、マウス操作に伴って画面の一部を変化させたり、フォームの入力内容をサーバへ送信する前にチェックしたりするなど、Webページの装飾的・付加的な用途[注10]で使われはじめました。

　なお1990年代末の当時、JavaScriptによってブラウザ上の画面を動的に変更する技術を総合して「ダイナミックHTML（DHTML）」とも呼ばれていました。これは「Ajax」と同じく特定技術を表す用語ではなく、もう少し抽象度の高いものでした。筆者の印象ですが、当時はブラウザ戦争も盛んで差別化を図るためのマーケティング上の意味合いが強い言葉だったように思います。

> **HINT**
> 　初学者がよく混乱するところですが、JavaとJavaScriptはまったく別のプログラミング言語です。JavaScriptは当初、「LiveScript」という名前で開発されていました。しかし同時期に発表されたプログラミング言語Javaが大きな注目を集めていたため、マーケティング戦略上それに合わせて「JavaScript」に変更されました。これには、JavaScriptを開発したNetscape社とJavaを開発したSun Microsystems社（現在はOracle社に吸収合併）が業務提携していた背景があります。

7.2.2 クライアントサイドJavaScriptとサーバサイドJavaScript

　JavaScriptのプログラムは、Webブラウザに内蔵されているJavaScriptエンジンと呼ばれるソフトウェアが解釈・実行します（図7.6）。

図7.6　JavaScriptエンジン

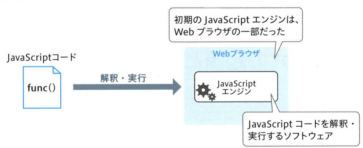

　JavaScriptが登場してからしばらくの間、Webブラウザだけが JavaScriptを実行できる環境でした。その後、JavaScriptの汎用性が高く評価されたことから、2009年に発表されたNode.jsをはじめと

注10　現在では、簡単な画面の変化や入力チェックは、CSSやHTML5の標準機能でも実現されているので、わざわざJavaScriptで実装する必要はなくなりました。

して、ブラウザ以外でJavaScriptを実行できる環境も増えてきました。これによって、サーバサイドアプリケーションやコマンドラインツールなど、さまざまな場面に用途が広がり、JavaScriptは汎用的なプログラミング言語へと発展しています。

このように、さまざまな環境でJavaScriptが動作するようになったため、ブラウザ上で動作するJavaScriptを「**クライアントサイドJavaScript**」、主にサーバ上で動作するJavaScriptを「**サーバサイドJavaScript**」と呼び分けるようになりました（図7.7）。

図7.7　クライアントサイドJavaScriptとサーバサイドJavaScript

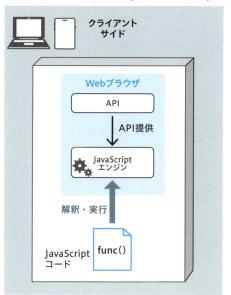
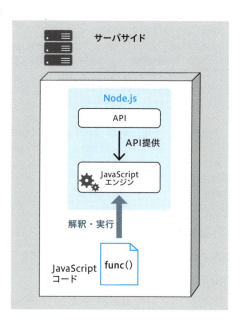

いずれも基本的な文法は同じですが、利用できるAPIには違いがあります[注11]。たとえば、この後で紹介するDOMのようにJavaScriptからブラウザ上のHTMLを操作するAPIは、クライアントサイドJavaScriptでしか利用できません。一方、サーバサイドJavaScriptでは、コンピュータ上のファイルを直接読み書きするなど、クライアントサイドJavaScriptでは提供されていないAPIがあります。

本章では、SPAに用いられるクライアントサイドJavaScriptに焦点を当てて解説します。

7.2.3　簡単なクライアントサイドJavaScript

まず、クライアントサイドJavaScriptの簡単な例を紹介しましょう。**リスト7.1**は、JavaScriptで簡単な計算を行うサンプルです。手元で**リスト7.1**を入力してブラウザで開くか、以下のURLを開くと実行できます。

注11　ここでは、JavaScriptから使えるオブジェクトや関数に違いがあります。

第7章　SPAへの進化

> **URL** https://hello-js.webtech.littleforest.jp/hello-js.html

リスト7.1　簡単なクライアントサイド JavaScript

```html
<!DOCTYPE html>
<html lang="ja">
  <body>
    <input id="arg1" type="text" oninput="calc ();">     ←——— ①
    + <input id="arg2" type="text" oninput="calc();">
    = <span id="result"></span><br>     ←——— ②
    <script>
      function calc() {
        const arg1Value = parseInt(document.getElementById('arg1').value);     ←——— ③
        const arg2Value = parseInt(document.getElementById('arg2').value);
        let result = "";
        if (!isNaN(arg1Value) && !isNaN(arg2Value)) {
          result = arg1Value + arg2Value;
        }
        document.getElementById('result').innerHTML = result;     ←——— ④
        console.log(`calc called : ${arg1Value} + ${arg2Value} = ${result}`)     ←——— ⑤
      }
    </script>
  </body>
</html>
```

■ **コード解説**

① 加算する値の入力エリア。値が入力されると script 要素内の calc() 関数を呼び出す

② 加算結果を表示する span 要素

③ id 属性が arg1 の input 要素に入力された値を取り出す

④ 計算結果を id 属性が result の span 要素へ書き込む

図7.8のような画面が表示されるので、好きな数字を入力してみましょう。数字を入力するたびに、足し算の結果が表示されます。

図7.8　クライアントサイド JavaScript の実行例

123 ＋ 456 ＝ 579

　注目すべきは、今までのようなサーバサイドのロジックが存在せず、HTMLとそこに埋め込まれたJavaScriptコードだけで完結している点です。ここで、JavaScriptのプログラムがこのようにブラウザを操作できる背景となっている技術、DOMとイベントドリブンプログラミングについて紹介します。

244

>
> ### console.log()によるデバッグ・プリント
>
> 　ここでJavaScriptの簡単な挙動確認に役立つ手法を紹介します。リスト7.1-⑤の`console.log()`では、ブラウザの開発者ツールに情報を出力しています。また、バッククォートで括られた部分（`` ` ``〜`` ` ``）は「テンプレートリテラル」と呼ばれる記法で、`${〜}`によって文字列中に式や変数を直接埋め込むことができます。
>
> 　`console.log()`による出力は、第6章でも紹介したDevToolsで確認できます。リスト7.1の動作確認をするとき、DevToolsを開いて「consoleパネル」に切り替えてから、テキストボックスに数値を入力してみてください。数値を入力するたびに画面にログが表示され、inputイベントによってcalc()関数が実行されていることがわかります（図7.9）。
>
> 図7.9　console.log()の出力例
>
>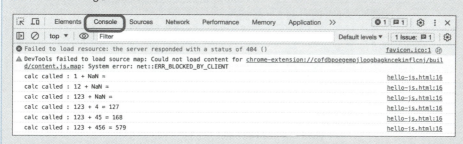
>
> 　このように、`console.log()`はブラウザ上でのデバッグ・プリントの手段として利用できます。

7.2.4　Document Object Model

　JavaScriptからHTMLやXMLを操作するための仕様が**DOM（Document Object Model/ドム）**です。WebブラウザはHTMLファイルを読み込むと、それを解釈して内部でDOMと呼ばれるツリー状のデータ構造を構築します（図7.10）。

図7.10　DOMの構築

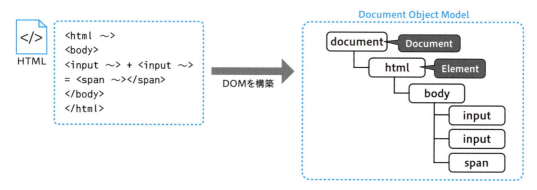

第7章 SPAへの進化

JavaScriptからは、documentオブジェクト[注12]を基点として、HTML要素のツリー構造をたどったり、個々の要素を操作したりできます。documentオブジェクトは、WebブラウザがJavaScriptの実行環境に対して提供するオブジェクトの1つで、クライアントサイドJavaScriptでは宣言なしに使うことができます。documentオブジェクトでは表7.1示すように[注13]、配下の要素を取得するためのメソッド群が提供されています。

表7.1 要素を取得するためのメソッド群

メソッド名	説明
getElementById()	指定したid属性を持つ要素を取得する
getElementsByClassName()	指定したCSSクラスを持つ要素をすべて取得する
getElementsByName()	指定したname属性を持つ要素をすべて取得する
getElementsByTagName()	指定した名前の要素をすべて取得する
querySelector()	指定されたCSSセレクタにマッチする最初の要素を取得する
querySelectorAll()	指定されたCSSセレクタにマッチするすべての要素を取得する

また、個々の要素オブジェクトでは、表7.2に示すようなメソッドやプロパティが提供されています。これらを利用することで、ある要素の子や兄弟といった要素をたどり、その要素の状態を変更できます。

表7.2 Elementの代表的なメソッドとプロパティ

種別	名称	説明
メソッド	getAttributeNames()	要素が持つすべての属性名のリストを返す
	getAttribute()	指定された属性の値を返す
	setAttribute()	指定された属性の値を追加／変更する
プロパティ	parentElement	親要素
	nextElementSibling	すぐ次にある兄弟要素
	previousElementSibling	すぐ手前にある兄弟要素
	children	すべての子要素
	childElementCount	すべての子要素の数
	classList	その要素のclass属性のリスト
	innerHTML	要素内のHTML

HINT

DOMの仕様では、Document、Node、Elementなどのインターフェースが区別されています。たとえば、HTMLの要素を表すオブジェクトはElementインターフェースですが<h1>タイトル</h1>というHTML表現における「タイトル」という文字列の部分はElementではなく、Nodeインターフェースを継承したTextインターフェースのオブジェクトです。このように、DOM

注12 https://developer.mozilla.org/ja/docs/Web/API/Document
注13 正確には、これらはDocumentインターフェースのメソッドですが、わかりやすくするために多少の正確性を犠牲にして説明しています。

を操作するには、その体系をより正確に理解する必要があります。またベースとしてオブジェクト指向に関する知識も必要になります。しかしここでは、理解しやすくするために正確性を犠牲にしてこれらを区別せずに紹介しました。DOMについては次のサイトで体系的に説明されていますので、参考にすると良いでしょう。

- ドキュメントオブジェクトモデル

> URL https://developer.mozilla.org/ja/docs/Web/API/Document_Object_Model

---

たとえば、**リスト7.1-③**では、`document.getElementById('arg1')`というコードで、DOMから`arg1`というID属性を持つ要素、つまり、**リスト7.1-①**に対応するオブジェクトを取得しています。その`value`プロパティを読み取ることで、ユーザがinput要素に入力した値を読み取っています。

HINT

`value`プロパティは**表7.2**に登場しませんが、HTML要素中の属性は **. 属性名**というプロパティで直接アクセスすることもできます。

また、**リスト7.1-④**ではDOM操作による値の表示も実現しています。先ほど同じ

ように、**リスト7.1-②**のspan要素を取得し、`innerHTML`プロパティに値を書き込む異で計算結果を表示させています。つまり、以下のようなHTMLを記述したのと同じ状態にしています。

```
<span id="result">456</span>
```

7.2.5　イベントドリブンプログラミング

逐次処理との違い

一般にプログラムは「逐次処理」といって、記述された順番で処理されていきます。しかし、GUI[注14]を扱うプログラムのように、ユーザ操作を基点した処理が必要な状況では、逐次処理の書き方は非常に煩雑になります。

そこで、「**イベントドリブンプログラミング（Event Driven Programing）**[注15]」という考え方が生まれました。イベントとは、システム上で発生した何らかの事象で、一般的にはユーザ操作や外部システムからの入力など、そのプログラムが起因ではない事象が多いです。

イベントドリブンプログラミングでは、あるイベントが発生したときに実行すべき処理を、そのイベントと紐付けて記述します。このような処理のことを、一般に「**イベントハンドラ（Event**

注14　Graphical User Interface
注15　日本語では「イベント駆動プログラミング」とも言います。

Handler)」や「**イベントリスナ（Event Listener）**」と呼びます。イベントハンドラは発生したイベントに関する情報を受け取り、そのイベントに関する処理だけを実現します。

　たとえば、画面上でボタンが押されたときに何らかの処理をするケースを考えてみます。逐次処理では、各ボタンに対してボタンが押されたどうかをチェックして、ボタンが押されていたらそれぞれの処理を実施するということを、ひたすら繰り返していきます（図7.11）。

図7.11　逐次処理のイメージ

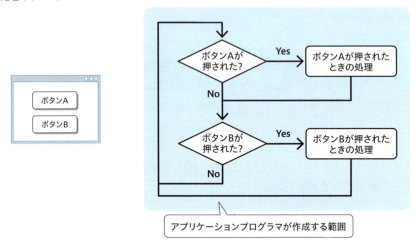

　一方イベントドリブンプログラミングでは、それぞれのボタンが押されたときに実行する処理をイベントハンドラとして登録しておきます。ボタンが押されたときにイベントが発火[注16]し、登録されたイベントハンドラが呼び出されます（図7.12）。このようにすることで、イベントハンドラは関心のあるイベントに対する処理だけを記述すればよいことになり、プログラムの見通しが良くなります。また、あるイベントに対して複数のイベントハンドラを登録することもでき、その場合もそれぞれのハンドラが呼び出されます。

図7.12　イベントドリブンプログラミングのイメージ

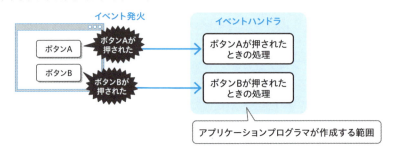

注16　イベントドリブンプログラミングにおいて、イベントが発生することを「発火」と言います。英語で"Fire"と表現されていたものが「発火」と訳されたものと思われます。

実際のところ、イベントドリブンプログラミングの裏側は逐次処理と同じです。**図7.11**にあるような、ボタンが押されたか（つまり、イベントが発生したかどうか）を繰り返しチェックする部分をイベントループと呼びますが、イベントドリブンプログラミングでは、OSやミドルウェア、フレームワークなどがイベントループの処理を肩代わりしているだけです[注17]。イベントループとイベントハンドラを分離し、その間をイベントという概念で結び付ける設計がイベントドリブンプログラミングの本質です。

ここでは、代表例としてGUIプログラミングを紹介しましたが、イベントドリブンの考え方を適用できるケースは幅広く存在します。たとえばネットワーク通信やハードウェアの制御など、コンピュータの外部に起因する事象を扱う場合にイベントドリブンの考え方が適しています。また、前章で学んだサーバサイドのWebアプリケーションでも、イベントドリブンの考え方が使われています。/todoというパスに対するHTTPリクエストを「イベント」ととらえ、それに対する処理をリクエストハンドラとして登録していましたね。

ブラウザにおけるイベント処理

さて、ブラウザとJavaScriptに話を戻しましょう。Webブラウザで発生するさまざまな事象はイベントとして定義されています。多くのイベントは「ボタンがクリックされた」「キーが押された」など、ユーザ操作に起因するものです。しかし、中には「ブラウザがDOMの構築を完了した」など、内部動作に起因するイベントもあります。イベントの多くは、前述のDOM仕様の一部として定義されています[注18]。

ブラウザ上で発生するイベントに対して、JavaScriptのコードをイベントハンドラとして登録する方法は、3つあります。それぞれ紹介していきましょう。

HTML属性への登録

簡単なのはHTMLの属性として指定する方法です。HTML要素で発生するイベントについては、**on<イベント名>**という名前の属性が定義されています。たとえば、input要素では文字を入力したときにinputイベントが発火します。そこで、**リスト7.1-①**のように、oninput属性にJavaScriptのコードを記述することで、そのコードがイベントハンドラとして実行されます。次に**リスト7.1**でイベントハンドラを登録している箇所を再掲します。oninput属性には`calc()`関数の呼び出しだけを記述し、処理の本体はscript要素内に関数として記述しています。

```
<input id="arg1" type="text" oninput="calc();">
……（省略）……
<script>
```

注17 ここでの「イベントループ」はイベントドリブンプログラミングにおける一般的な概念を述べています。すでにJavaScript実行の仕組みについて学んでいる方にとっては、JavaScriptランタイム内の「イベントループ」の役割とは異なるので、違和感を覚えるかもしれません。ここでは、イベントドリブンの考え方を理解しやすいよう、ある程度抽象化して説明しましたが、実際のブラウザ内の仕組みはもっと複雑です。

注18 イベントの仕様は https://developer.mozilla.org/ja/docs/Web/Events で参照できます

```
  function calc() {
      …… （省略） ……
  }
</script>
```

　この方法は直感的に理解しやすく手軽ですので、理解のとっかかりとして紹介しました。しかし、HTMLとJavaScriptが混在するため複雑な処理を記述しにくく、保守も困難です。このため、実際の開発でこの方法を採るべきではありません。

プロパティへの登録

　2番目の方法は、JavaScript上でイベントハンドラを設定する方法です（リスト7.2）。前項で説明したDOMのAPIで取得したHTML要素を表すオブジェクトには、HTMLの属性と等価なプロパティがありますので、そこに関数を登録できます[注19]。リスト7.2では、①でgetElementById()から得られたinputElemがHTMLのinput要素を表すオブジェクトです。また、②のoninputプロパティが、input要素のoninput属性と等価なプロパティになります。

リスト7.2　Elementプロパティへのイベントハンドラの登録

```
function calc() {
    // …… （省略） ……
}


const inputElem = document.getElementById('arg1'); ←── ①
inputElem.oninput = calc ←── ②
```

■ コード解説

①　arg1というid属性を持つ要素（input要素）を取得する

②　その要素のoninput属性にcalc関数を登録する[注20]

　この方法だと、HTMLとJavaScriptを分離できます。また、for文との組み合わせで複数の要素にイベントハンドラをまとめて登録するといったこともできます。このため、動的に生成されるHTMLに対する処理もしやすくなります。

addEventListener()による登録

　最後の方法はaddEventListener()メソッドです。HTML要素を表すDOMのオブジェクトには、addEventListener()というメソッドが用意されており、これを呼び出すことでイベントハンドラ

注19　JavaScriptでは関数を変数に代入したり、関数の引数として関数を受け渡したりできます。専門的な言葉では「第一級オブジェクト（first-class object）」と言われています。関数が第一級オブジェクトであるかどうかはプログラミング言語によって異なりますので、そうでないプログラミング言語に親しんでいる方には、少し慣れないかもしれません。
注20　ここではcalc関数自体を登録するので、括弧はつけません。calc()のように括弧をつけるとcalc関数の呼び出しになってしまいます。

が登録できます。**リスト7.3**では、**getElementById()**でinput要素のオブジェクトを取得してから、**addEventListener()**メソッドでinputイベントのハンドラとして**calc**関数を登録しています。

リスト7.3　addEventListener()によるイベントハンドラの登録

```
function calc() {
    // …… (省略) ……
}

const inputElem = document.getElementById('arg1');
inputElem.addEventListener("input", calc);
```

　addEventListener()では同一要素・同一イベントに対して異なる複数のイベントハンドラを登録することもでき、総じて柔軟性が高いといえます。実際のプログラミングではもっともよく使われる方法です。

　なお、これまでは別途定義していた関数を登録していましたが、**addEventListener()**の引数に関数を直接渡すこともできます。これはJavaScriptの一般的な仕様ですが、イベントドリブンプログラミングの場面ではよく使う書き方です。

リスト7.4　addEventListener()に関数を直接渡す

```
const inputElem = document.getElementById('arg1');
inputElem.addEventListener("input", function() {
  // inputイベントに対する処理
});
```

　イベントドリブンプログラミングの考え方と、JavaScriptでイベントハンドラを登録する方法について紹介しました。より詳しく知りたい方は次のサイトが参考になるでしょう。

■ **イベントへの入門**

URL　https://developer.mozilla.org/ja/docs/Learn/JavaScript/Building_blocks/Events

7.2.6　JavaScriptの不遇

　HTMLによるUIの表現、そして、DOMとイベントドリブンプログラミングによって、GUIプログラミングが非常に身近なものとなりました。このような技術要素が揃ったのは1990年代後半のことでしたが、それまでのGUIアプリケーション開発は敷居が高いものでした。開発環境の準備が大変で、学習すべきこともとても多かったのです。

　このように、JavaScriptは大きな可能性を秘めた技術でしたが、登場から10年近くの間は脇役の座にとどまっていました。主な理由は2つあります。1つは互換性の問題、もうひとつは性能の問題でした。

　互換性の問題は、JavaScriptの起源も理由の1つです。先に述べたように、当初JavaScriptは

Netscape社が自社ブラウザの機能として開発したものでした。当時は熾烈なブラウザ戦争の最中[21]でしたから、すぐにNetscapse社に対抗するMicrosoft社も同様の言語「JScript」をInternet Exprolerに搭載しました。このような経緯から、ブラウザ間におけるJavaScriptの互換性は低いものでした。加えて当時はブラウザのレンダリングエンジン[22]によるHTMLやCSSの解釈にも差違が大きかったため、JavaScriptでブラウザの表示内容を制御する際もその影響を受けました。

前節で紹介したDOMやイベントの仕様についても、現在ほど統一されておらず、ブラウザによる挙動の違いが多く存在しました。たとえば、`addEventListener()`によるイベントハンドラの登録は、2000年代に大きなシェアを持っていたInternet Explorerでは、2011年のInternet Exploler 9が登場するまでサポートされていなかった、という具合です。このため、まざまなブラウザ上のJavaScriptで意図通りの効果を同じように得るのが困難で、Web制作者やプログラマから大きく敬遠されてしまいました[23]。

性能については、どのような技術でもよくあることですが、当時はPCの性能もいまより低く、JavaScriptエンジン自体も発展途上であったため、複雑な処理に時間がかかってしまいました。

また、当時はPCに負荷をかけてフリーズさせることや、大量の広告ウィンドウを表示してブラウザを使用不可能にするといった悪質な行為も横行していました。これらはJavaScriptによって実現されていたため、負のイメージが強くなってしまい、一時企業内ではブラウザのJavaScriptを無効にすることが推奨されたほどでした。

7.2.7 JavaScriptの発展

このうち、言語仕様の互換性問題については、比較的早く解決の目処が経ちました。開発元であるNetscape社が、ヨーロッパの標準化団体であるEcma InternationalにJavaScriptを提出し、標準化が進められたためです。1997年にはECMAScript（エクマスクリプト）として言語仕様が標準化され、Microsoftが開発したJScriptもECMAScriptに準拠することで、言語仕様が統一されました（図7.13）。

図7.13 ECMAScriptによる標準化

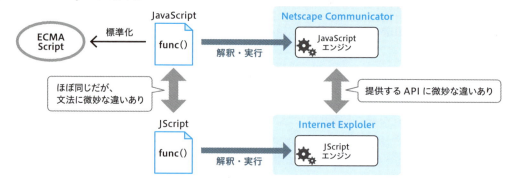

注21 「3.5.1 WWWの普及とブラウザ戦争」を参照
注22 「2.3 クライアントサイドの構成要素」を参照
注23 Webコンテンツやアプリケーションを、複数のブラウザで同じ見た目・挙動となるようにすることを、「クロスブラウザ対応」と呼びます。特に2000年代前半、クロスブラウザ対応にはさまざまな工夫が必要で、大きな手間がかかりました。このあたりの事情については、『JavaScript Ninjaの極意』[1]で紹介されています。

後に登場した各WebブラウザのJavaScriptエンジンもECMAScriptに準拠することで、言語仕様の差違は改善されていきました。本書執筆現在、各ブラウザに内蔵されるJavaScriptエンジンはそれぞれ異なるものですが、ECMAScriptに準拠しているため、一定の互換性が保たれています（図7.14）。

図7.14　ECMAScriptに準拠したJavaScriptエンジン

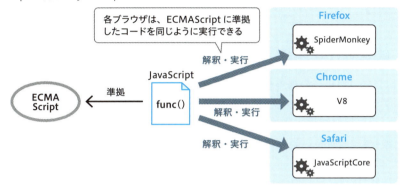

HINT

ECMAScriptの仕様はしばらくの間改善が停滞していましたが、2015年に公開された「ECMAScript 2015」から、毎年のように少しずつ改訂されるようになりました。現在では、HTMLと同様にLiving Standardという手法で個々の仕様が検討されるようになり、毎年の改訂のタイミングで確定した仕様がECMAScriptの仕様に取りこまれるようになりました。ECMAScriptの各仕様に対する、各ブラウザの対応状況は、以下のサイトでまとめられています。

- ECMAScript 2016+ compatibility table

  URL　https://compat-table.github.io/compat-table/es2016plus/

すでにサポートが停止したInternet Exploler は、ECMAScriptへの対応が大きく遅れたまま開発が停止していることがわかります。

性能面では、2002年に公開されたNetscapeの後継ブラウザ、MozillaFirefoxを中心に少しずつ改善が進められます。もちろん、PCの性能も年々向上していきました。その後2008年にGoogleが開発してGoogle Chromeに搭載されたJavaScriptエンジン、「V8」[注24]が大幅な高速化を達成し、JavaScriptの利用が加速しました。

先に述べたGmailやGoogle Mapsが登場したのは、このようにJavaScriptがまだ日陰にいた時代でした。さまざまな互換性の壁は、ブラウザを判定してそれに合わせた処理に切り替えることで乗り

注24　https://v8.dev/

越えられることは知られていましたが、とても手間のかかることでした。このような互換性の壁を乗り越えた上で、JavaScriptの強みを最大限発揮させたプロダクトがGmailやGoogle Mapsだったと言えます。

7.3 Tiny ToDoのUIを改善する

7.3.1 編集のUIを考える

ここからは、Tiny ToDoへの編集機能の追加を通して、JavaScriptの利用例を学んでいきます。従来のWebアプリケーションで画面上の情報を編集するときには、編集用の画面に遷移するのが一般的でした。ユーザに情報を入力してもらうためにはinput要素を使わなければならないため、HTMLを切り替える必要があったからです。

図7.15 従来型Webアプリケーションでの編集操作

たかだか1行の文字列を編集するだけなのに、操作回数が多く、使い勝手が悪そうです。一方、JavaScriptを活用すると、次のようなUIにできます。

図7.16 SPAでの編集操作

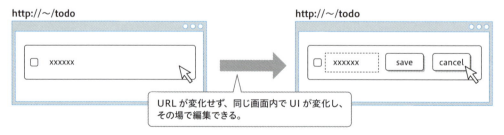

JavaScriptを利用すると、前節で説明したDOM操作とイベントハンドラを活用することで、HTMLの再読込なしに画面を動的に変更し、このようなUIを実現できるようになります。先にサン

プルを試してみましょう。下記のURLにアクセスし、何かToDoを入力してから、表示されたToDoの文字をクリックしてください。

> URL https://tinytodo-06-js.webtech.littleforest.jp/todo

右側に［save］と［cancel］ボタンが表示され、ToDoが編集できるようになります。［save］ボタンを押すと編集内容が確定し、［cancel］ボタンを押すと編集前に戻ります。これらの動作はすべてJavaScriptだけで実現しているので、HTTPリクエストは発生していません。DevToolsで通信内容を確認しながら操作すると、よりはっきりとわかるでしょう。

図7.17 画面遷移せずに編集用のボタンを表示する

WARNING
この段階では編集内容をサーバに送信していないので、画面をリロードすると編集内容は元に戻ってしまいます。編集内容をサーバへ送信する処理は、次節で説明します。

7.3.2　JavaScriptによる編集UIの改善

これがどのように実現されているか、説明しましょう。リスト7.5は、HTMLテンプレートを抜粋したものです。

まず、JavaScriptのプログラムは外部ファイルとして用意しておき、script要素のsrc属性にパスを指定して読み込ませます（リスト7.5-①）。リスト7.1（244ページ）では、script要素内に直接記述していましたが、このようにJavaScriptはHTMLとは分けて用意するのが一般的です。これは「3.5 CSSによる視覚情報の分離」で説明したのと同じ考え方です。

JavaScriptを指定するscript要素には、defer属性を指定しています。これはJavaScriptの実行タイミングを指定するためのものです。deferはブラウザがHTMLを読み込み、DOM構築が完了してからJavaScriptの実行を開始することを指示します。

リスト7.1-②のinput要素は、初期状態でreadonly属性を指定して編集できないようにしています。また、リスト7.1-③のdiv要素は、ToDo項目をクリックした時に表示されるボタンをまとめたものです。CSSのクラスとしてhiddenを指定しています。hiddenクラスのスタイルはリスト7.6のように定義しており、このクラスを適用した要素は非表示になります。このため初期状態ではボタンが表示されません。

第7章 SPAへの進化

リスト7.5 todo.html（抜粋）

```
<!DOCTYPE html>
<html lang="ja">
  <head>
    …… (省略) ……
    <script defer src="static/todo.js"></script> ←——— ①
  </head>
  <body>
    …… (省略) ……
    <ul class="todo-list">
      {{range .ToDoList}}
      <li class="todo-item">
        <div class="todo-item-container">
          <input type="checkbox" />
          <input type="text" class="todo" id="{{.Id}}" value="{{.Todo}}" readonly /> ←——— ②
          <div class="todo-item-control hidden">
            <button class="btn-save">save</button>                ③
            <button class="btn-cancel">cancel</button>
          </div>
        </div>
      </li>
      {{end}}
    </ul>
    …… (省略) ……
</html>
```

リスト7.6 hidden クラスのスタイル

```
.hidden {
  display: none;
}
```

HINT

「3.5. CSSによる視覚情報の分離」では、CSSのセレクタによってHTML内の要素を指定し、その見栄えを変更できることを説明しました。CSSにも「クラス」という概念があり、クラスを使うとより柔軟に要素を選択できます。HTML要素のclass属性を使うと、その要素に好きな名前のクラス（分類）を割り当てられます。リスト7.6は、hidden というクラスに分類されたHTML要素に対して、display: none; によって画面上で非表示とすることを指示しています。

　JavaScriptを見てみましょう。ここでは理解しやすくするため、input 要素をクリックしたときに［save/cancel］ボタンを表示する機能だけを抜粋して紹介します。

リスト7.7 todo.js

```
// defer属性によって、DOMの構築がすべて完了してから setup 関数を呼び出す
```

```
setup();

/**
 * 各要素にイベントハンドラを設定する。
 */
function setup() {  ←──── ①
  const elements = document.querySelectorAll('input[type="text"].todo');
  for (let i = 0; i < elements.length; i++) {
    elements[i].addEventListener("click", onClickTodoInput);
  }
}


/**
 * ToDo項目がクリックされた時のイベントハンドラ。
 * @param {Event} イベントオブジェクト
 */
function onClickTodoInput(event) {  ←──── ②
  const todoInput = event.target;

  // input要素を編集可能にする
  todoInput.readOnly = false;  ←──── ③

  // save/cancelボタンを囲うdiv要素の取得
  const todoEditorControl = todoInput.nextElementSibling;  ←──── ④

  if (todoEditorControl.classList.contains("todo-item-control")) {
    // div要素からhiddenクラスを取り除く
    todoEditorControl.classList.remove("hidden");  ←──── ⑤
  }
}
```

　ToDo項目を表示するinput要素にclickイベントハンドラを設定しているのが、**リスト7.7-①**の
setup()関数です。JavaScriptの実行が始まると、最初にこの関数を呼び出しています。ToDo項目
は入力するたびに増えていくので、すべてのinput要素にイベントハンドラを設定する必要がありま
す。ここではDOMの標準APIである**querySelectorAll()**関数で該当するinput要素を抽出し、そ
れぞれに対して**click**イベントハンドラとして**onClickTodoEvent**関数（**リスト7.7-②**）を設定して
います。

　onClickTodoEvent()関数では、以下の処理を行っています。

1. input要素を編集可能にする（**リスト7.7-③**）
2. saveボタンとcancelボタンを囲うdiv要素を取得する（**リスト7.7-④**）
3. 取得したdiv要素からCSSクラスからhiddenクラスを取り除く（**リスト7.7-⑤**）

　あらかじめ設定しておいたhiddenクラスを取り除くことによって、ボタンが画面に表示されるよ

うにしているのです（図7.18）。

図7.18 save/cancelボタンの表示制御

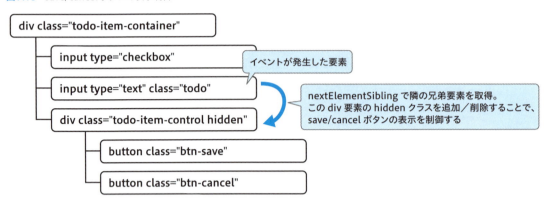

> **コラム** Ajaxの普及に貢献したjQuery
>
> 　本章では、DOMのAPIを直接利用して画面を操作しました。実際のソースコードを見てもわかるように、より複雑な画面に対してDOMによる操作をするのはとても繁雑なコーディング作業が必要になります。また、今日では少なくなりましたが2000年代はまだ主要なブラウザ間の挙動にも細かな差違があり、それらを考慮しながらJavaScriptで画面を操作するのは困難でした。
> 　このような困難さを埋めるべく開発されたのが、jQuery[注25]というJavaScriptライブラリです。jQueryは簡単なコードでDOMを操作でき、ブラウザ間の差違も吸収してくれました。また、jQueryが普及した当時は本章後半で説明するようなFetchAPIがまだ提供されておらず、XHR（XMLHttpRequest）を使った繁雑な非同期通信処理を書かなくてはなりませんでした。jQueryでは、XHRよりも簡単な非同期通信APIも提供していたため、Ajaxの広まりとともに大きく普及しました。
> 　しかし、現代のSPA開発では次のような理由からjQueryの使用頻度は減少しています。
>
> - ブラウザ間の挙動の差違が小さくなった
> - SPAを開発するためのJavaScriptフレームワークが普及し、jQueryを直接利用する必要がなくなった
> - Fetch APIが登場し、標準APIだけで非同期通信処理が書きやすくなった
>
> 　本書でもjQueryは使用していませんが、Fetch APIやinsertAdjacentHTML()メソッドなど、jQyeryの登場後に実現された標準APIを使うことで、サンプルコードを簡略化しています。

HINT
　本書のサンプルでは、script要素にdeferを指定することで、DOM構築後にJavaScriptを実行するようにしています。deferを指定しない場合、ブラウザがHTMLを解析中にscript要素を見

注25　https://jquery.com/

つけた時点でJavaScriptをロードして実行を開始してしまいます。この状態ではDOM構築が完了していないため、script要素以降に記述されている要素のDOMを操作できません。このため、HTML要素が見つからずにイベントハンドラの登録ができないといった不具合につながります。

defer属性は比較的新しく、それまではブラウザが発火する**DOMContentLoaded**や**onload**といったイベントを契機として実行するのがセオリーでした。他にもJavaScriptの実行タイミングを指定する属性として、async属性があります。それぞれの違いは詳しく説明しませんが、詳しく知りたい方は、以下のHTML Living Standardに図解で説明されていますので、そちらを参照すると良いでしょう。

- HTML Living Standard - 4.12.1 The script element

> URL `https://html.spec.whatwg.org/multipage/scripting.html#attr-script-async`

7.4 サーバとの非同期通信

前節のTiny ToDoでは、サーバへアクセスすることなく画面を変更し、ToDo項目の編集を可能にしました。しかし、編集結果をサーバへ送信しているわけではないため、画面をリロードすると編集内容が元に戻ってしまいます。

ブラウザ上での編集結果をサーバ上の情報に反映するには、どのようにしたらよいでしょうか。Ajaxが何を解決しようとしたのかを理解するため、まず従来の手法を説明しましょう。

7.4.1 form要素によるPOSTリクエストの送信

form要素を複数使う手法

従来型のWebアプリケーションでブラウザからサーバに情報を送信するには、HTMLのform要素からPOSTリクエストを送信していました。いくつかの方法が考えられますが、まずは単純でわかりやすいものを紹介しましょう。図7.19のように、1つのToDo項目に対して編集用のform要素を用意する方法です。HTMLについては、登録されているToDo項目の数だけテンプレートでform要素を出力するようにします（リスト7.8）。[save]ボタンもToDo項目ごとに用意します。

ここでは、最初のToDo項目を「Learn about the WWW」という内容に変更する場合を考えましょう。変更したいToDo項目の横に表示された[save]ボタン（リスト7.8-①）を押すと、対応するform（リスト7.8-②）がサブミットされ、action属性で指定した**/edit**にPOSTリクエストが送信されます。しかしこれだけでは、HTTPリクエストを受信したサーバ側では、変更対象のToDo項目

がわかりません。そのために、**type="hidden"** のinput要素（**リスト7.8-③**）を用意しておき[注26]、その値としてサーバ側であらかじめ割り振った識別用のID（ここでは100や101）を埋め込んでおきます。

図7.19 複数form要素によるtodo項目の編集イメージ

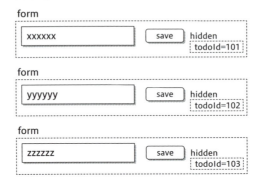

リスト7.8 複数form要素によるtodo項目の編集

```
<form action="/edit" method="POST">  ← ②
  <input type="text" name="todo" value="xxxxxx" >  ← ③
  <input type="hidden" name="todoId" value="100">  ← ①
  <input type="submit" value="save">
</form>
<form action="/edit" method="POST">
  <input type="text" name="todo" value="yyyyyy" >
  <input type="hidden" name="todoId" value="101">
  <input type="submit" value="save">
</form>
<form action="/edit" method="POST">
  <input type="text" name="todo" value="zzzzzz" >
  <input type="hidden" name="todoId" value="102">
  <input type="submit" value="save">
</form>
……（省略）……
```

このようなformから送信されたPOSTリクエストでは、以下のようなデータが送信されます。

`todo=Learn+about+the+WWW&todoId=100`

サーバ側では、**todoId** が100のToDo項目の内容を「Learn about the WWW」に変更すればよいことがわかります。

[注26] typeがhiddenのinput要素は、ブラウザの画面上には表示されません。「画面には表示させたくないが、サーバへ送信したい情報」を表すのに使われます。

単一のform要素による手法

図7.19のような画面では、ToDo項目それぞれに [save] ボタンが表示されるので、かなり野暮ったい感じになってしまいます。JavaScriptを活用すると多少の改善が可能で、図7.20のような見た目にできます。この方式では全体を1つのform要素でくくっておき、編集対象をラジオボタンで選択してから編集します。JavaScriptでは次のような処理を実装することで、単一のformから編集内容をサーバへ送信できます。

- ラジオボタンが選択されたとき、対応するToDo項目だけを編集可能にする
- input要素からフォーカスが外れたら、編集箇所のtodoIdと内容をhiddenに書き込む

図7.20　複数form要素によるtodo項目の編集イメージ

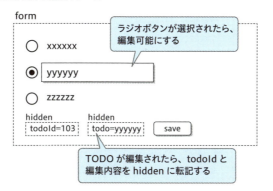

いずれの手法も、編集内容をform要素からPOSTリクエストで送信しているという点は同じです。サーバがPOSTリクエストを受け付けて指定されたToDo項目を編集した後は、ToDo項目一覧全体のHTMLがレスポンスとして返されます。ブラウザがこのHTMLを再描画してようやく、ユーザは編集後のToDo一覧を見ることができます。この方法では、変化するのが画面のごく一部であるにもかかわらず、HTMLの再描画が発生します。

最大の問題は、POSTリクエストを送信してからレスポンスで受け取ったHTMLを描画するまで、ブラウザ上での操作ができなくなることです。Tiny ToDoは単純ですので処理は一瞬で済み、ほとんど気にならないでしょう。しかし構成が複雑で大量の画像を含むページや、サーバへの情報送信が頻繁に必要なページでは、ユーザ体験が大きく低下します。また、サーバ側でもブラウザに返すHTMLを生成する必要があり、負荷の一因となります。

7.4.2　同期通信と非同期通信

このような課題を解決する手段が、非同期通信です。非同期通信は、コンピュータの世界で昔から用いられてきた一般的な手法ですが、ここではHTTPにおける非同期通信を説明しましょう。非同期通信について理解するため、まず同期通信から説明します。

同期通信

これまで説明したHTTP通信は、すべて「同期通信（Synchronous communication）」と呼ばれるものです。図7.21に示すように、HTTPリクエストを送信したブラウザはサーバが返すレスポンスを待つ間、そのページにおける処理をブロックします。「処理をブロックする」とは、何もせずに待つことです。ユーザから見えるブロックの例としては、インターネットのブラウジング中にリンクをクリックした時、次のページが表示されずに待たされるような状況です。初期のWWWにおけるブラウザの仕事は、WebサーバからHTMLを受け取って表示することがほとんどでした。そのため、HTMLを受け取るまでは、次の仕事である新しいWebページの表示ができず、待つしかありませんでした。

図7.21　同期リクエスト

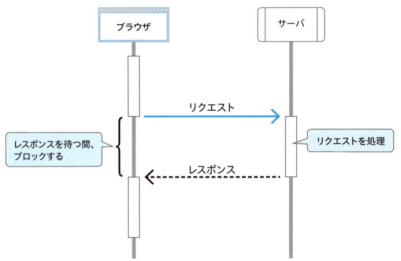

プログラミングにおける同期通信は、処理を順番に記述するだけで良いため、単純なコードで済むことがメリットです。

非同期通信

一方、「非同期通信（Asynchronous communication）」[注27]では、サーバへリクエストを送信したあと、レスポンスをまたずに次の処理を進めていきます（図7.22）。レスポンスを受け取ったときにすべき処理は、イベントハンドラと同じ考え方で別途用意しておきます。ブラウザがレスポンスを受け取ると、その処理は現在実行中の処理と並行に実行されます。レスポンスを待たずに別の処理を進めることができますし、その間に別のリクエストを発行することもできるので、効率的に時間

注27　コンピュータの正解では、よく「async」という単語が登場しますが、これは「Asynchronous」を略したものです。「Ajax」の「A」も、「Asynchronous」の頭文字でした。この単語が含まれている場合は、非同期処理の考え方が入っていると理解できます。

を使えます。ブラウザ上のJavaScriptでは、非同期HTTPリクエストのレスポンスを待つ間、UIをブロックしません。つまり、裏ではレスポンス待ちが発生しているものの、ユーザは引き続き画面操作ができるということです。

図7.22 非同期リクエスト

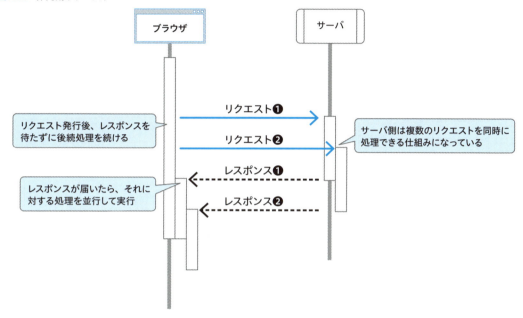

7.4.3 XMLHttpRequestによる非同期通信

　JavaScriptのサンプルコードで非同期通信の実際を紹介しましょう。JavaScriptではform要素によるリクエスト送信とは別に、HTTPリクエストを送信する機能があります。本書執筆時点では2つの手段があり、1つ目は伝統的なXMLHttpRequest、もう1つはFetchAPIです。ここではまず、多くの書籍でも紹介されているXMLHttpRequestを使った方法を紹介します。

　XMLHttpRequestは、ブラウザがJavaScriptに対して提供するオブジェクトの1つで、HTTPリクエストを送信する機能を提供します。その歴史は古く、1999年に公開のInternet Explorer5で初めて実装[注28]され、その後、他のブラウザにも同様の機能が実装されていきました。「XMLHttpRequest」という名称は長いので、よく**XHR**と略されます。本書でも、そのように呼ぶことにします。

　まず、XHRの簡単な例を紹介しましょう。リスト7.9は、**/todo**というパスに対してGETリクエストを送信し、レスポンスをDevToolsのコンソールに出力するJavaScriptです。

[注28] Outlook Web Access - A catalyst for web evolution（https://techcommunity.microsoft.com/t5/exchange-team-blog/outlook-web-access-a-catalyst-for-web-evolution/ba-p/608860）より。Microsoft社がWebアプリケーション版のメールクライアントを開発するにあたって必要となり、実装されたことが書かれています。

第7章　SPAへの進化

リスト7.9　XMLHttpRequestによるGETリクエストの送信

```
function sendXhr() {
  const xhr = new XMLHttpRequest();      ←──① 
  xhr.open("GET", "/todo");              ←──② 
  xhr.onload = () => {                   ←──③ 
    console.log("Receive response");     ←──⑥ 
    console.log(xhr.responseText);
  };
  xhr.send();                           ←──④ 
  console.log("Send request");          ←──⑤ 
}
```

■ **コード解説**

① XMLHttpRequestオブジェクトの生成

② リクエストメソッドとリクエストパスの設定

③ onloadイベントハンドラの設定

④ GETリクエストの送信

　実際に試してみたい方は、次のURLにアクセスしてみましょう。DevToolsのConsoleパネルを開いてから［Send XMLHttpRequest］ボタンを押して、どのようにログが出力されるか確認してください。

> **URL** https://tinytodo-07-ajax.webtech.littleforest.jp/static/async-example.html

　ポイントは、**リスト7.9-③**の部分です[注29]。**XMLHttpRequest**オブジェクトの**onload**プロパティとして、関数を設定しています。**load**イベントは、**XMLHttpRequest**が送信したリクエストに対するレスポンスを受け取ったときに発火します。

　なお、ここで**load**イベントのハンドラとして設定したような関数を、非同期処理の文脈では**コールバック関数（Callback function）**とも呼びます。「処理が終わったときに呼び出される」という意味合いで、「電話をあとでかけ直す」ことに例えたものです。

HINT

　　XMLHttpRequestに関する書籍やWebサイトが書かれた時期によっては、readystatechangeイベントを使う方法が紹介されています。これは初期の方法で、本書で紹介しているloadイベントは2014年に制定されたXMLHttpRequest Level2[注30]で導入されたものです。XMLHttpRequestはInternetExplorerの独自仕様から始まったものであるため、当初はブラウザごとに使い方が違い、開発者を悩ませてきました。W3Cが後追いで仕様を制定し、現在では

注29　（）⇒ {～}という表現は、「アロー関数」と言われるものです。アロー関数については、コラム「JavaScriptのアロー関数式」（266ページ）を参照してください。を参照してください。

注30　https://www.w3.org/TR/XMLHttpRequest2/

264

WHATWGが「XMLHttpRequest Living Standard」[注31]として仕様を策定しています。

DevToolsのConsoleパネルを見ると、「Send Request」（リスト7.9-⑤）のあとに「Receive response」（リスト7.9-⑥）出力されており、リスト7.9-③のコールバック関数が後から実行されていることがわかります。またNetworkパネルを見ると、/todoへのリクエストが発行されていることも確認できます。このとき、「Type」列は「xhr」となっており、このリクエストがXMLHttpRequest（XHR）によるものであることもわかります（図7.23）。

図7.23　XMLHttpRequestによるGETリクエスト

Path	Method	Status	Type	Initiator
☐ /todo	GET	200	xhr	xhr-example.js:8

HINT

ここでは、XHRを使って非同期通信をする例を紹介しましたが、同期リクエストを送信することもできます。XMLHttpRequest.open()メソッドには、通常は省略可能な第3引数を指定でき、次のようにfalseを指定することで、同期通信になります。

```
xhr.open("GET", "/todo", false);
```

ただ、あまり大きなメリットはないので、使われることは少ないでしょう。

HINT

XMLHttpRequestは、その名に「XML」を冠しているので、名前だけ見るとHTTPでXMLを送信する機能のように見えます。実際はどのようなリクエストでも送信できますし、本章の後半で紹介するように、XMLではなくJSONを送受信することの方が多いです。

当時Microsoft社で開発をリードしていたAlex Hopmannのブログ[注32]によると、XMLHttpRequestは当時開発されていたブラウザ版のメールクライアント（Outlook Web Access）のために開発されました。このために、リリース直前のInternet Explorerに急遽同梱することとなり、MSXMLというXML処理用のライブラリに潜り込ませてリリースしたという経緯から「XML」を冠するようになったようです。同氏のブログでも、「このコンポーネントはほとんどHTTPに関するもので、XMLとの特別な結び付きはありません。」と記述されています。

注31　https://xhr.spec.whatwg.org/
注32　Web Archiveで見ることができます。https://web.archive.org/web/20160304055328/http://www.alexhopmann.com/xmlhttp.htm

JavaScriptのアロー関数式

本文リスト7.9の③の書き方は次のようになっていて、初めて見る方もいるかもしれません。

```
xhr.onload = () => {
  console.log("Receive response");
  console.log(xhr.responseText);
}
```

これは「アロー関数式」と呼ばれるECMAScript 2015で導入された構文です。アロー関数式は、関数をその場で定義してしまうような記法と理解してしまえば良いでしょう。

次のように、順を追って理解するとわかりやすいです。

まず、従来のように別に定義した`handleOnLoad()`という関数を`xhr.onload`プロパティに設定している状況を考えてください。

```
xhr.onload = handleOnLoad;

...

function handleOnLoad() {
    ...
}
```

`handleOnLoad()`を、`xhr.onload`プロパティに直接設定すると次のようになります。これは「無名関数」と呼ばれるものです。

```
xhr.onload = function() {
  ...
};
```

これをさらに省略したようなものが、アロー関数式です。

```
xhr.onload = () => {
  ...
};
```

本例のアロー関数式は引数を取りませんが、引数を取る場合は`(a, b) => { };`といった具合に最初の丸括弧の中に引数名が入ります。本書のサンプルを理解するぶんには、以上の説明で十分です。しかし、通常の関数とアロー関数式では細かな違いがあります。アロー関数式についてより詳しく知りたい方は、以下のドキュメントを参照すると良いでしょう。

- アロー関数式 - JavaScript | MDN

  > URL https://developer.mozilla.org/ja/docs/Web/JavaScript/Reference/Functions/Arrow_functions

7.4.4 Fetch APIによる非同期通信

新しい標準・Fetch API

Fetch APIは、ECMAScript 2015で導入された、比較的新しい標準APIです。これまでXHRで実現していた非同期リクエストを、よりシンプルに記述できるようになったため、利用が広まっています。

Fetch APIにまつわる非同期処理プログラミングの考え方は、これからのクライアントサイドJavaScriptにおいて必須となります。表面上の使い方だけでなく、その考え方も理解しておいたほうが良いので、詳しく解説していきます。

まず、Fetch APIがどのようなものかを見てみましょう。**リスト7.9**のXHRによる非同期リクエストを、Fetch APIを使ったものに書き換えたものが、**リスト7.10**です。

リスト7.10 Fetch APIによるGETリクエストの送信

```
function doFetch() {
  fetch("/todo")
    .then((response) => response.text())  ←── ①
    .then((text) => {                     ←── ②
      console.log("Receive response");
      console.log(text);
    });
  console.log("Send request");
}
```

XHRのときよりも少しすっきりした印象を受けますが、何が良いのかまだわかりませんね。ここでXHR利用上の問題点を示してから、Fetch APIの考え方を紹介します。

XHRにおけるコールバック地獄

XMLHttpRequestはAjaxの発展とともに広く使われるようになりましたが、問題点がありました。その1つは、非同期処理が連鎖するようなケースで、コードがわかりにくくなってしまうことです。

たとえばリクエストAを発行し、レスポンスを受信したらリクエストBを発行する……というような場面を考えてみましょう。XHRを使ってこれを3連鎖するときのコードは、**リスト7.11**のようになります。

リスト7.11 XHRにおけるコールバック地獄

```
const xhr1 = new XMLHttpRequest();
xhr1.open("GET", "https://api.example.jp/request-a", true);

xhr1.onload = () => {
  const xhr2 = new XMLHttpRequest();              // ② レスポンスA受信時の処理
```

第7章　SPAへの進化

```
xhr2.open("GET", "https://api.example.jp/request-b", true);

xhr2.onload = () => {
  const xhr3 = new XMLHttpRequest();                      // ④ レスポンスB受信時の処理
  xhr3.open("GET", "https://api.example.jp/request-c", true);

  xhr3.onload = () => {
    console.log("All requests completed.")               // ⑥ レスポンスC受信時の処理
  };
  xhr3.send();                                           // ⑤ リクエストCの送信
};
  xhr2.send();                                           // ③ リクエストBの送信
};
xhr1.send();                                             // ① リクエストAの送信
```

　レスポンス受信時の処理をコールバック関数として記述するため、その中にさらにコールバック関数を記述するというように、コードの入れ子が複雑になってしまうことがわかります。リスト7.11のコードが実際に実行される順番は①〜⑥の数字の順になりますが、コード上の記述順と大きく違うので、直感的に理解しにくいですね。

　さらに実際には、エラー処理も書かなければならないため、可読性が大きく低下し、バグの温床にもなりやすいです。これはXHRに限らず非同期処理プログラミング全般に言える問題で、一般に**コールバック地獄**と呼ばれています。

🌙 Promiseによる非同期処理の記述

　これまでの非同期処理の書き方では、コールバック地獄に加え、プログラムを記述した順番と実行される順番が異なってしまうことが、可読性を下げる要因でした。少し身の回りのことを例に考えてみましょう。

　誰かにコーヒー豆を買ってきてもらい、お湯を沸かしてからコーヒーを淹れる、という場面を考えてみます。「買い物を頼む」「湯を沸かす」「コーヒーを淹れる」をそれぞれ関数に例えるならば、同期処理として考えると次のようになるでしょう。

リスト7.12　同期処理でコーヒーを淹れる例

```
買い物を頼む();
湯を沸かす();
コーヒーを淹れる();
```

　単純でわかりやすいですね。実際には、買い物待ちの間に別のこともするでしょう。つまり非同期処理です。

　仮にコールバック処理を使って書くと、リスト7.13のようになるでしょう。①〜④は実行順です。

7.4 サーバとの非同期通信

リスト7.13 非同期処理でコーヒーを淹れる例

```
買い物.終わったら = () ==> {
  湯.沸いたら = () ==> {
      コーヒー.淹れる();  ←———— ④
  };

  湯.沸かす();  ←———— ③
};

買い物.頼む();  ←———— ①

<買い物待ちの間の処理>;  ←———— ②
```

　これでは、先ほど紹介したコールバック地獄になってしまいます。もう少しスッキリかける方法はないのでしょうか。

　ここで登場するがPromise（プロミス）と呼ばれる考え方です。Promiseは英単語の意味通り「約束」を表します。ある仕事を依頼したとき、その結果を受け取るための「引換券」のようなものだと思ってください。Promiseを受け取った時点で、その仕事が完了しているとは限りませんが、その仕事が成功または失敗したときに実行すべきコールバック関数を設定できます。成功したときはthen()メソッド、catch()メソッドでコールバック関数を設定します（リスト7.14）。

リスト7.14 Promiseの考え方

```
const promise = 何らかの仕事();
promise.then(成功時の処理);
promise.catch(失敗時の処理);
```

　これだけだと、先ほどとあまり違いがないかもしれません。しかし、Promiseの場合はthen()メソッドやcatch()メソッドがPromiseを返すので、呼び出しを連鎖して書けます。なお、このようにメソッド呼び出しを連鎖させることをメソッドチェーン（Method chain）と呼びます。

リスト7.15 メソッドチェーンによるPromiseの記述（改行なし）

```
何らかの仕事().then(成功時の処理).catch(失敗時の処理);
```

　メソッドチェーンは1行で書くと読みにくいため、次のように改行して書くことが多いです。リスト7.15とリスト7.16は、改行の有無が違うだけで、まったく同じコードです。

リスト7.16 メソッドチェーンによるPromiseの記述（改行あり）

```
何らかの仕事()
  .then(成功時の処理)
  .catch(失敗時の処理);
```

269

第7章 SPAへの進化

また、**then()**メソッドの中で別のPromiseを返すことで「Aが成功したらBを実行」、「Bが成功したらCを実行」というように非同期処理を順番に実行させることもできます。

ここで、最初のコーヒーの例に戻りましょう。**買い物を頼む()**、**湯を沸かす()**、**コーヒーを淹れる()**のそれぞれがPromiseを返す非同期処理だとします。すると、次のように書けます。

リスト7.17　Promiseでコーヒーを淹れる例

```
買い物を頼む()
  .then(お湯を沸かす())
  .then(コーヒーを淹れる());

買い物待ちの間の処理();
```

リスト7.13の書き方に比べると、いくら連鎖させてもネストさせずに見やすく書けることがわかります。また、見た目が**リスト7.12**の同期処理の書き方に近いこともわかります。このようにPromiseを使ったメソッドチェーンを、特に**Promiseチェーン**とも呼びます。

Promiseでは、エラー処理の記述も簡潔になります。たとえば、コーヒー豆が売っていなかったときには、冷蔵庫にあるお茶を飲むことにしたとします。プロミスチェーンに先ほど紹介した**catch()**メソッドを追加すると、失敗した**Promise**以降、**catch()**までは実行されません。**リスト7.18**の例では、①の買い物でコーヒー豆が買えなかったときには、②と③は実行されずに④が実行されます。こちらも、直感的に理解しやすいですね。

リスト7.18　Promiseでのエラー処理

```
買い物を頼む()              ←── ①
  .then(お湯を沸かす())      ←── ②
  .then(コーヒーを淹れる())   ←── ③
  .catch(お茶を飲む());      ←── ④
```

このように、Promiseは非同期処理をわかりやすく記述するプログラミング手法と言えます。この考え方は、JavaScriptに限らず他のプログラミング言語でも採用されており、非同期処理のプログラミングでは定番の手法です。

Fetch APIの使い方を読み解く

Promiseを理解したところで、Fetch APIの使い方を読み解きましょう。

リスト7.19　（再掲）Fetch APIによるGETリクエストの送信

```
function doFetch() {
  fetch("/todo")
    .then((response) => response.text())  ←── ①
    .then((text) => {                     ←── ②
      console.log("Receive response");
```

```
      console.log(text);
    });
  console.log("Send request");
}
```

　ここでは2つの`then()`メソッドが記述されているので、Promiseが2回連鎖されていることがわかります。1つ目（**リスト7.19-①**）は、HTTPレスポンスのヘッダ部分までを受け取ったときに呼び出されます。ここでは、引数の`response`にレスポンスヘッダに関する情報が渡ってきます。ここで、`response.text()`メソッドを呼び出すと、レスポンスボディを受け取るためのPromiseが返されます。

　このため、2つ目の`then()`（**リスト7.19-②**）は、レスポンスボディをすべて受け取ったときに呼び出されます。このようにFetch APIが2段階のPromiseを返す理由は、レスポンスヘッダだけをチェックして処理をしたいケースに対応するためです。レスポンスボディが大きいにもかかわらず、ヘッダだけをチェックしてエラー処理をしたいようなケースでは、レスポンスボディをすべて読み込むのは無駄になってしまいます。これを防ぎ、効率的に処理するために、2段階になっているのです。

> **WARNING**
>
> 前述のように、Promiseでのエラー処理は`catch()`に記述します。Fetch APIでも同じですが、Fetch APIにおけるエラーは、HTTP通信の失敗を意味します。サーバサイドの処理でエラーが発生しHTTPレスポンスのステータスが200番台以外の場合でも、通信自体は成功しているので、`then()`メソッドが呼び出される点に注意してください。Fetch APIでHTTPレスポンスのステータスを確認するには、1つ目の`then()`の引数で渡される`Response`オブジェクトの、`Response.status`プロパティや`Response.ok`プロパティを確認します。詳細は次のドキュメントを参照してください。

- Response - Web API | MDN

  URL https://developer.mozilla.org/ja/docs/Web/API/Response

HINT

FetchAPIの使い方全般については次のドキュメントが参考になります。

- フェッチ API - Web API | MDN

  URL https://developer.mozilla.org/ja/docs/Web/API/Fetch_API

- フェッチ API の使用 - Web API | MDN

  URL https://developer.mozilla.org/ja/docs/Web/API/Fetch_API/Using_Fetch

第7章　SPAへの進化

　なお、ECMAScript 2017では、Promiseをより簡素に書くためのasync関数とawait演算子という構文が導入されました。これらについては本書では扱いません。興味ある方は、以下のドキュメントを参照すると良いでしょう。

● プロミスの使い方 - async と await | MDN

> URL https://developer.mozilla.org/ja/docs/Learn/JavaScript/Asynchronous/
Promises#async_%E3%81%A8_await

7.5 Tiny ToDoに非同期通信を実装する

　「7.3　Tiny ToDoのUIを改善する」では、JavaScriptを使って画面遷移せずにToDo項目を編集可能にしました。ここでは前節で紹介したFetch APIを使い、編集内容を非同期通信でサーバへ送信することに挑戦します。

HINT

　ここからのサンプルコードは次のGitHubリポジトリで公開しています。紙面掲載部以外のコードを見たい方は次のURLから参照してください。

> URL https://github.com/little-forest/webtech-fundamentals/tree/v1-latest/
chapter07/tinytodo-07-ajax

7.5.1　ToDoリストの管理方法を改善する

　ここで、いったんクライアントサイドから離れ、サーバサイドの改修作業に入ります。まず、個々のToDo項目を識別できるように、IDを割り振ります。IDの割り振りは連番でも良いのですが、何番まで発行したかを管理する必要があったり、同じ番号を発番しないように工夫したりする必要があります。ここでは、それらを考慮しなくても済むようにハッシュアルゴリズム[注33]を利用してIDを生成します。

　これまで、ToDo項目は文字列のスライスとして表現していましたが、IDと文字列をセットに扱う必要が生じたため、構造体として表現するように手直しします（リスト7.20）。リスト7.20-③の`MakeToDoId()`関数が、現在時刻とToDo文字列のMD5ハッシュ値をIDとして返します[注34]。

注33　ハッシュアルゴリズムについては「付録A.5 ハッシュ値」で説明しています。
注34　MD5はハッシュアルゴリズムとしては古いもので、セキュリティ上の用途としては推奨されていません。ここでは、単一ユーザのToDo項目が識別できれば十分であり、桁数が小さくて済むことから採用しています。ハッシュアルゴリズムの使い分けに自身がない場合は、MD5は使わずにSHA-256やSHA-512を使うようにしてください。

272

リスト7.20　ToDo項目を表す構造体 (todo_item.go)

```go
package main

import (
    "crypto/md5"
    "encoding/hex"
    "fmt"
    "time"
)

// ToDo項目を表す構造体。
type ToDoItem struct {
    Id   string `json:"id"`   ←———①
    Todo string `json:"todo"`
}

// 新しいToDoItemを生成する。
func NewToDoItem(todo string) *ToDoItem {
    id := MakeToDoId(todo)
    return &ToDoItem{
        Id:   id,
        Todo: todo,
    }
}

// ToDo項目のIDを生成する。
func MakeToDoId(todo string) string {   ←———③
    timeBytes := []byte(fmt.Sprintf("%d", time.Now().UnixNano()))
    hasher := md5.New()
    hasher.Write(timeBytes)
    hasher.Write([]byte(todo))
    return hex.EncodeToString(hasher.Sum(nil))
}
```

　このToDoItem全体を管理する構造体として、ToDoList構造体も作ります（リスト7.21）。Append()、Get()、Update()といった関数を用意し、これらの関数を通してToDoリストを操作できるようにしています[注35]。

リスト7.21　ToDoリストを管理する構造体 (todo_list.go)

```go
package main

import (
    "fmt"
    "sync"
```

注35　ToDoList構造体のlock sync.Mutex や、Append()、Update()メソッドの先頭でLock()、Unlock()メソッドを呼んでいる箇所は、Webアプリケーションが複数のクライアントからのリクエストを同時に処理する際に、データの整合性が崩れないようにするためのものです。本書では説明の対象外とします。

第7章　SPAへの進化

```go
)

// ToDo Listを保持する構造体。
type ToDoList struct {
    lock  sync.Mutex
    Items []*ToDoItem
}


// 新しいToDoListを生成する。
func NewToDoList() *ToDoList {
    list := &ToDoList{
        Items: make([]*ToDoItem, 0, 10),
    }
    return list
}


// ToDoを追加する。
func (t *ToDoList) Append(todo string) *ToDoItem {
    t.lock.Lock()
    defer t.lock.Unlock()

    todoItem := NewToDoItem(todo)
    t.Items = append(t.Items, todoItem)
    return todoItem
}


// ToDo項目を取得する。
func (t *ToDoList) Get(id string) (*ToDoItem, error) {
    for _, todo := range t.Items {
        if todo.Id == id {
            return todo, nil
        }
    }
    return nil, fmt.Errorf("todo not found. itemId=%s", id)
}


// ToDo項目を更新する。
func (t *ToDoList) Update(id string, newTodo string) (*ToDoItem, error) {
    t.lock.Lock()
    defer t.lock.Unlock()

    todoItem, err := t.Get(id)
    if err != nil {
        return nil, err
    }

    todoItem.Todo = newTodo
    return todoItem, nil
}
```

274

7.5　Tiny ToDoに非同期通信を実装する

第6章までは、ユーザ情報を管理する**UserAccount**構造体に、stringのスライスを持たせることでToDoリストを管理していました[注36]。ここでは、**ToDoList**構造体を**UserAccount**構造体のフィールドとするように変更します（**リスト7.22-①**）。

リスト7.22　UserAccount構造体にToDoList構造体を持たせる（user_account.goより抜粋）

```go
// ユーザアカウント情報を保持する構造体。
type UserAccount struct {
    // ユーザID
    Id string
    // ハッシュ化されたパスワード
    HashedPassword string
    // アカウントの有効期限
    Expires time.Time
    // ToDoリスト
    ToDoList *ToDoList  ←——— ①
}
```

　MakeTodoId()関数（**リスト7.20-③**）で生成したIDを、input要素のidとして出力するように、HTMLテンプレートの一部（**リスト7.5-②**（256ページ））を次のように修正します（**リスト7.23-①**）。**{{.Id}}**と**{{.Todo}}**が、**TodoItem**構造体のフィールドを表します[注37]。

リスト7.23　input要素へのid追加（todo.htmlより抜粋）

```html
<li class="todo-item">
  <div class="todo-item-container">
    <input type="checkbox" />
    <input type="text" class="todo" id="{{.Id}}" value="{{.Todo}}" readonly />  ←——— ①
    <div class="todo-item-control hidden">
      <button class="btn-save">save</button>
      <button class="btn-cancel">cancel</button>
    </div>
  </div>
</li>
```

このテンプレートから出力したHTMLのinput要素の部分は次の例のようになります。

```html
…… (省略) ……
<input type="text" class="todo" id="8dfbc32f576c36236ca2139a24273e6f" value="買い物へ行く" readonly />
…… (省略) ……
```

これで個々のToDo項目にIDが振られ、ブラウザ側のJavaScriptで区別できるようになりました。

注36　「6.7.3 ユーザ情報を保持する構造体」のリスト6.16（217ページ）のUserAccount構造体のコードを参照してください。
注37　リスト7.20-①の部分に対応します。

第7章　SPAへの進化

7.5.2　Fetch APIによるToDoの更新

　次はJavaScript側の処理を作ります。[Save]ボタンが押されたときのイベントハンドラは次のように実装します（**リスト7.24**）。このイベントハンドラは、**リスト7.7**（256ページ）と同じように、**addEventListener()**で、すべての[Save]ボタンに対してあらかじめ設定しておきます。

リスト7.24　Fetch APIによるToDo項目の編集リクエスト（todo.jsより抜粋）

```
function onClickSaveButton(event) {
  // ブラウザ上で押されたSaveボタンに対応する要素を取得
  const saveBtn = event.target;
  // Saveボタンに対応するInput要素を取得
  const todoInput = saveBtn.parentNode.previousElementSibling; ←――― ①
  todoInput.blur();

  // リクエストの準備
  const request = {
    method: "POST",
    headers: {
      "Content-Type": "application/x-www-form-urlencoded"
    },
    body: `id=${todoInput.id}&todo=${todoInput.value}` ←――― ②
  };

  // FetchAPIを使ってPOSTリクエストを送信
  fetch("/edit", request)                               ←――― ③
    .then(() => {                                       ←――― ④
      // 編集が成功したらInput要素を編集不可にする
      disableTodoInput(todoInput);
      currentEditingTodo = null;
    })
    .catch((err) => {
      console.error("Failed to send request: ", err);
    });
}
```

　リスト7.24-①で、DOM操作によってユーザが押した[save]ボタンに対応するinput要素を取得します。そのinput要素からid属性とvalue属性を取得し、サーバへ送信するデータをJavaScriptオブジェクトとして生成します（**リスト7.24-②**）。次に**リスト7.24-③**でFetch APIを使って**/edit**へPOSTリクエストを送信します。先ほどの説明どおり、従来のようなformからPOSTリクエスト送信ではないので、レスポンスを待っている間もUI操作ができます。サーバからレスポンスを受信すると**リスト7.24-④**のアロー関数式内部が実行されます。ここではinput要素を編集不可にし、[save]、[cancel]ボタンを非表示にします。

7.5.3　編集処理の実装

　サーバ側で、ToDoの編集リクエストを処理するコードを見てみましょう（リスト7.25）。中心的な処理は①〜③の部分です。

リスト7.25　サーバサイドでの編集処理（page_todo.goより抜粋）

```go
func handleEdit(w http.ResponseWriter, r *http.Request) {
    // POSTメソッドによるリクエストであることの確認
    if r.Method != http.MethodPost {
        w.WriteHeader(http.StatusMethodNotAllowed)
        return
    }

    // セッション情報を取得
    session, err := checkSession(w, r)
    logRequest(r, session)
    if err != nil {
        return
    }
    // 認証チェック
    if !isAuthenticated(w, r, session) {
        return
    }

    // POSTパラメータを解析
    r.ParseForm()                       ←――― ①
    todoId := r.Form.Get("id")
    todo := r.Form.Get("todo")

    // ToDo項目を更新
    _, err = session.UserAccount.ToDoList.Update(todoId, todo) ←――― ②
    if err != nil {
        http.Error(w, err.Error(), http.StatusInternalServerError)
        return
    }

    log.Printf("Todo item updated. sessionId=%s itemId=%s todo=%s", session.SessionId, todoId,
todo)

    // レスポンスの返却
    w.WriteHeader(http.StatusOK)     ←――― ③
}
```

　リスト7.25-①でPOSTパラメータを解析し、編集対象のToDo項目IDと編集内容を取得します。次にリスト7.25-②で**ToDoList**構造体の**Update()**関数（リスト7.21）にToDoの更新を依頼します。そしてリスト7.25-③に注目してください。これまでサーバサイドの処理が完了したときには、遷移先ページの内容となる新しいHTMLを返したり、リダイレクトさせたりしていました。ここでは、成功したことを表すHTTPのステータスコード「200 OK」を返すだけで済んでいます。

277

第7章　SPAへの進化

7.5.4　編集処理の動作確認

では、動作確認をしてみましょう。次のURLにアクセスし、ToDoをいくつか作成しておいてください。

> **URL** https://tinytodo-07-ajax.webtech.littleforest.jp/todo

DevToolsのNetworkパネルを開いておき、どれか1つのToDoを編集してSaveボタンを押してみましょう。/editへのPOSTリクエストが送信されることがわかります（図7.24）。また、「Type」列は「fetch」となっていますね。XMLHttpRequestで送信したときは「xhr」でしたが、ここからFetch APIで送信されていることも確認できます。

図7.24　/editへのPOSTリクエスト

Path	Method	Status	Type	Initiator	Cookies	Set Cookies	Size
☐ /edit	POST	200	fetch	todo.js:115	1	0	76 B

次に、Networkパネル上で/editをクリックして詳細を確認しましょう（図7.25）。[Headers]タブの[General]セクションを見ると、サーバがステータスコード200を返しており、処理が成功していることがわかります。また[Response Headers]セクションの[Content-Length]ヘッダを見ると、サーバが返したレスポンスボディの大きさがわかります。これが0になっているので、サーバはHTMLを返していないことが確認できます。

図7.25　POSTリクエストのヘッダ

Path	✕　Headers　Payload　Preview　Response　Initiator　Timing　Cookies
🗐 /edit	▼ General
	Request URL:　https://tinytodo-07-ajax.webtech.littleforest.jp/edit
	Request Method:　POST
	Status Code:　● 200 OK
	Remote Address:　▓▓▓▓▓▓▓▓
	Referrer Policy:　strict-origin-when-cross-origin
	▼ Response Headers
	Cache-Control:　private
	Content-Length:　0
	Content-Type:　text/html

[payload]タブに切り替えると、POSTリクエストで送信されたデータを確認することもできます（図7.26）。

図7.26 /editへ送信したリクエストボディ

Path	X Headers	Payload	Preview	Response	Initiator
☐ /edit	▼**Form Data**	view source		view URL-encoded	
	id: b86b79694de1134a976219bd5761677e				
	todo: 牛乳を買う				

ここで表示されるのは見やすく成形されたものですので、［view source］をクリックすると実際に
HTTPで送信したデータを確認できます。**リスト7.24-③**で、Fetch APIに渡した文字列そのものに
なっていることがわかりますね（**図7.27**）。

図7.27 ./editへ送信したリクエストボディ（Rawデータ）

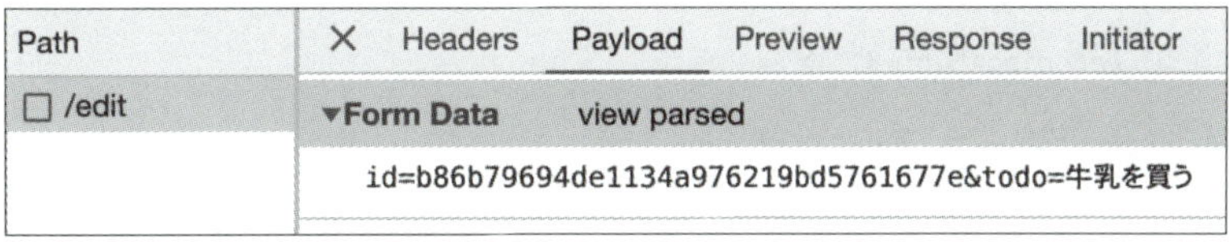

Path	X Headers	Payload	Preview	Response	Initiator
☐ /edit	▼**Form Data**	view parsed			
	id=b86b79694de1134a976219bd5761677e&todo=牛乳を買う				

編集結果がサーバに反映されたかどうかは、ブラウザでタブをもう1つ開き、同じURLにアクセ
スすることで確認できます。新しく**/todo**にアクセスしたときは、サーバが保存するToDoリストが
返ってきますから、先ほどの編集内容が含まれているはずです。

7.6 JSONによるデータ交換

7.6.1 XMLとJSON

DOM操作を通して、サーバとHTMLの受渡をすることなくToDoを編集し、Fetch APIによる非
同期通信で変更内容をサーバに送信するところまでが実現できました。次は新たなToDoを作成する
部分も非同期処理に変更してみます。

実現方法は編集のときとほぼ同じですので、簡単に書き出してみましょう。次のような流れにな
ります。

1. 「Add」ボタンが押されたら、イベントハンドラが実行されるようにする
2. インベントハンドラは、テキストボックスに入力された文字列を取得する
3. 新たなToDoとしてサーバへ送信する
4. サーバは受信したToDoを保存し、IDを発行する
5. 発行されたIDとともに、新たなToDoを画面に表示する

第7章　SPAへの進化

　さきほどと違うのは、ブラウザ上のJavaScriptは、サーバが発行したIDを受け取ってから、画面に反映しなければならない点です。ToDoの編集では、サーバは成功か失敗かのステータスコードを返すだけでした。ここでは、サーバが発行したIDをレスポンスで返さなければなりません。どのように返せばよいでしょうか。

　サーバからHTTPレスポンスとして純粋なデータだけを返すときの形式には決まりがありませんが、Ajaxの考え方では、ここにXMLが使用されると説明されています。「3.6 データ構造を記述するXML」では、XMLが汎用的なデータ記述言語として登場したことを紹介しました。

　XMLであれば、構造化されたデータをテキストで表現できるので、サーバの処理結果をHTTPレスポンスとして返すのに都合がよかったのです。仮に、サーバがToDoの登録結果をXMLで返すとしたら、レスポンスの内容は次のようになるでしょう（リスト7.26）。

リスト7.26　XMLで返すToDoの登録結果

```
<?xml version="1.0" encoding="utf-8" ?>
<item>
  <id>8dfbc32f576c36236ca2139a24273e6f</id>
  <todo>買い物へ行く</todo>
</item>
```

　XMLはデータを厳密に記述できることが利点ですが、それをパース[注38]する処理が比較的重いのが欠点です。

　そこで、XMLの代わりに使われるようになっていったのが「JSON（JavaScript Object Notation：ジェイソン）」です。JSONは、その名のとおりJavaScriptの文法でデータを表現したものです。リスト7.26のXMLをJSONで表現すると、次のようになります（リスト7.27）。

リスト7.27　JSONで返すToDoの登録結果

```
{
  "id": "8dfbc32f576c36236ca2139a24273e6f",
  "todo": "買い物へ行く"
}
```

　JSONの最大の特徴は、JavaScriptの文法をそのまま使ってデータを表現している点です。

　多くのプログラミング言語でデータ構造を表現するとき、それらがどのような情報から成り立っているかをあらかじめ定義する必要があります。プログラミング言語によって呼び方はさまざまですが、「クラス」「型」「構造体」などと呼ばれます。サーバ側で使用しているGo言語では、構造体でデータ構造を表現するのでリスト7.28のように表現していました。

注38　プログラム上で扱えるようにデータを解釈すること。

リスト7.28 　Goによる構造体の例

```go
type TodoItem struct {
        Id   string
        Todo string
}
```

第6章でも説明したように、構造体やクラスはあくまでもデータを入れるべき「器」のようなもので、器を作ってから中に入れるデータを記述します。一方JavaScriptでは、器を定義することなくいきなりデータを記述できます。

試しに、DevToolsのConsoleパネルで実験してみましょう。Consoleパネルでは、その場でJavaScriptのプログラムを実行することもできます。Consoleパネルで次を入力してみましょう。

リスト7.29 　eval()関数によるJSONの評価

```
eval('var todo = {"id": "8dfbc32f576c36236ca2139a24273e6f", "todo": "買い物へ行く"}')
```

eval()は、引数で指定された文字列をJavaScriptとして実行する関数です。引数として与えたのは、リスト7.27のJSONを1行にまとめて、todoという変数に代入するコードです。リスト7.29を実行したら、todoと入力してみましょう。todo変数の内容が表示され、リスト7.27のJSONがJavaScriptの変数に取りこまれたことがわかります。

図7.28 　JSONのオブジェクト化

```
> eval('var todo = {"id": "8dfbc32f576c36236ca2139a24273e6f", "todo": "買い物へ行く"}')
< undefined
> todo
< ▼ {id: '8dfbc32f576c36236ca2139a24273e6f', todo: '買い物へ行く'} ⓘ
        id: "8dfbc32f576c36236ca2139a24273e6f"
        todo: "買い物へ行く"
      ▶ [[Prototype]]: Object
>
```

WARNING

⚠️ eval()関数は文字列をそのままJavaScriptとして実行してしまうのでセキュリティ上の大きなリスクがあり、実際の開発で使用してはいけません。ここでは、JSONがJavaScriptのコードそのものであることを示すために、あえてeval()関数を使いました。現在、JSONをJavaScriptオブジェクトに変換するには、JSON.parse()関数を使用すべきです。

eval()関数の危険性については、次のページでも詳しく説明されています。

● eval() - JavaScript | MDN

URL　https://developer.mozilla.org/ja/docs/Web/JavaScript/Reference/Global_
Objects/eval

このように、JSON形式のデータはJavaScriptのプログラムと相性が良いため、サーバからブラウザ上のJavaScriptへ渡すデータの形式として重宝されました。このため、Ajaxの非同期通信でやりとりされるデータの表現形式には、XMLに替わりJSONが使われるようになっていきました。

7.6.2 ToDoの追加をJSONでやりとりする

実際に、ToDoの追加処理をJSONを使ったものへ変更してみましょう。これまではform要素からサブミットすることでPOSTリクエストを送信していました。ここからは、リクエストもレスポンスもJSONを使用するように変更していきます。

前項の冒頭で示した処理の流れを図示すると、図7.29のようになります。

図7.29　SPAにおけるToDo追加の流れ

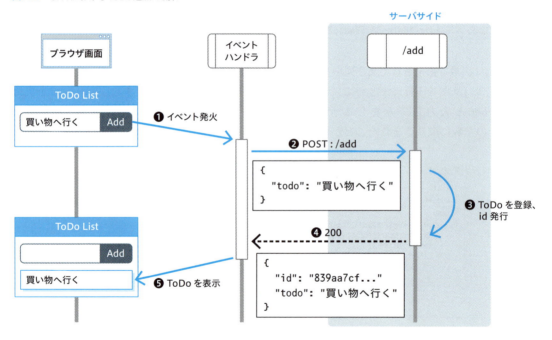

HINT

ここからのサンプルコードは以下のGitHubリポジトリで公開しています。すべてのコードを見たい方は次のURLから参照してください。

URL https://github.com/little-forest/webtech-fundamentals/tree/v1-latest/chapter07/tinytodo-08-spa

Fetch APIによるJSONの送受信

まず、ToDo項目を入力するHTML部分の変更箇所を示します（リスト7.30）。input要素に**new-todo**というidを付与して、JavaScriptからDOM経由でアクセスできるようにしておきます。また、[Add]ボタンにも**btn-add**というidを付与し、後述のイベントハンドラを設定できるようにしています。

リスト7.30　HTML部分（todo.htmlより抜粋）

```
<div class="new-todo">
  <input type="text" class="new-todo" id="new-todo" name="todo" placeholder="Add a new todo" />
  <button id="btn-add" type="submit">Add</button>
</div>
```

リスト7.31は[Add]ボタンが押されたときのイベントハンドラです。

リスト7.31　[Add]ボタン押下時のイベントハンドラ（todo.jsより抜粋）

```
function onClickAddButton() {
  // 新しいToDoを入力したinput要素の取得
  const addInput = document.getElementById("new-todo");

  if (addInput.value.trim() === "") {
    return;
  }

  // POSTリクエストの準備
  const request = {
    method: "POST",
    headers: {
      "Content-Type": "application/json",
    },
    body: JSON.stringify({
      todo: addInput.value,                    ② 
    })
  };

  // リクエストの送信
  fetch("/add", request)  ← ①
    .then(response => {
      if (!response.ok) {
        // エラー時はログイン画面に戻る
        location.href = "/login";
      }

      // 入力したToDoをクリア
      addInput.value = "";
      return response.json();
    })
```

第7章　SPAへの進化

```
  .then(data => {
    // サーバから受信したIDを元に、新しいToDoを描画
    addTodoItem(data); ←──── ③
  })
  .catch((err) => {
    console.error("Failed to send request: ", err);
  });
}
```

リスト7.31-①でfetch()メソッドを使って/addへPOSTリクエストを送信しています。これは図7.29-②の部分に相当します。fetch()メソッドでは、HTTPメソッドやコンテンツタイプを自由に設定できるため、POSTリクエストでJSONを送信できます。これは、従来のform要素からのPOSTリクエストではできなかったことです。

送信するJSONデータは、リスト7.31-②で作り出しています。標準の組み込みオブジェクトの提供するメソッド、JSON.stringify()を使用すると、JavaScript上のオブジェクトをJSONの文字列に変換できます。たとえば、「買い物へ行く」というToDoを入力したとき、POSTリクエストで送信されるJSON文字列は次のようになります（例7.1）。

例7.1

```
{
  "todo":"買い物へ行く"
}
```

サーバ側の実装は後ほど紹介しますが、このようなJSONを/addへ送信すると、例7.2のようなレスポンスを返すようになっています。このレスポンスは、クライアントが送信したToDoにサーバが発行したidを付与したものです[注39]。

例7.2

```
{
  "id":"839aa7cf8c8f158b3647c497c20e49ec",
  "todo":"買い物へ行く"
}
```

サーバからレスポンスを受け取ったら、ToDoをブラウザの画面に描画する関数、addTodoItem()を呼び出します（リスト7.31-③）。addTodoItem()関数が実現していることは図7.29-⑤の部分に対応します。ここでは、DOM操作によってToDo項目を表示するHTMLをJavaScript上で作り出しています（リスト7.32）。

注39　ここでは、POSTメソッドでサーバに新しい情報を登録したとき、ステータス200 OKとともに、レスポンスボディでIDを返しています。しかし、HTTP仕様で定められたPOSTのレスポンスとしては正しくありません。これについては、「8.4.4 ToDo項目の新規追加」で説明します。

リスト7.32　addTodoItem() 関数 (todo.js より抜粋)

```javascript
function addTodoItem(todoItem) {
  // ToDo項目を表示するためのli要素を生成してCSSクラスを追加 ←―――①
  const listElement = document.createElement("li");
  listElement.classList.add("todo-item");

  // li要素内部を構築 ←―――②
  todoItem = `
    <div class="todo-item-container">
      <input type="checkbox" />
      <input type="text" class="todo" id="${todoItem.id}" value="${todoItem.todo}" readonly />
      <div class="todo-item-control hidden">
        <button class="btn-save">save</button>
        <button class="btn-cancel">cancel</button>
      </div>
    </div>
  `;
  listElement.insertAdjacentHTML("afterbegin", todoItem); ←―――③

  // 編集操作用のイベントハンドラを登録 ←―――④
  listElement.querySelector('input[type="text"].todo').addEventListener("click", onClickTodoInput);
  listElement.querySelector('input[type="text"].todo').addEventListener("keydown",
onKeydownTodoEdit);
  listElement.querySelector('button.btn-cancel').addEventListener("click", onClickCancelButton);
  listElement.querySelector('button.btn-save').addEventListener("click", onClickSaveButton);

  // li要素を親のul要素に追加 ←―――⑤
  const todoListElement = document.querySelector("ul#todo-list");
  todoListElement.insertAdjacentElement("afterbegin", listElement);
}
```

　このコードは少しわかりにくいので、図を使って解説しましょう。リスト7.32の数字と、図7.30で
示すDOM構築イメージの数字が対応していますので、比較しながら見てください。順を追って読ん
でいけば、難しいことはありません。

図7.30　DOM操作によるToDo項目の構築

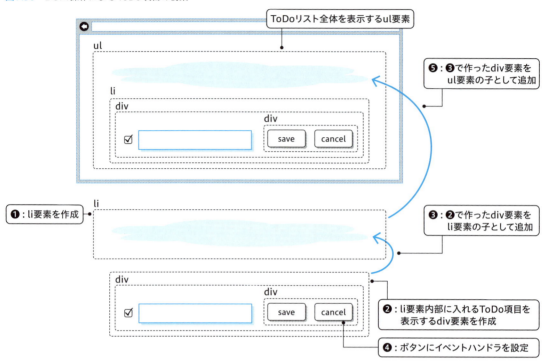

　まず、ToDo項目が1つも登録されていない状態では、リスト7.33のように空のul要素だけがあります。このul要素は、サーバ上のテンプレート（todo.html）に記述されたものです。中身は空なので、画面上には何も表示されません。

リスト7.33　ToDo項目を追加する前のHTML
```
<ul id="todo-list" class="todo-list">
</ul>
```

　addTodoItem()関数では、この中身をDOM操作によって作り出しています。まず、リスト7.32-①で空のli要素を作ります。次に、li要素の中に入れるToDo項目の見た目の部分をHTML文字列として作成します（リスト7.32-②）。これをinsertAdjacentHTML()というDOMのメソッドを使って、リスト7.32-①のli要素内に追加します（リスト7.32-③）。insertAdjacentHTML()は、HTML文字列からDOMを構築し、指定された要素の子として追加するメソッドです。afterbeginという文字列は追加位置の指定で、要素の1番目の子として挿入することを指示しています。最後にリスト7.32-②で生成したToDo項目の［save］、［cancel］ボタンに対してイベントハンドラを設定して、ToDo項目を表示するli要素ができあがります（リスト7.32-④）。
　これを、insertAdjacentElement()メソッドで既存のul要素の子として追加します（リスト7.32-

⑤）。すでにToDo項目が存在していても、**afterbegin**の指定によって先頭に挿入されます。ToDo項目を表すli要素が追加されたHTMLは、**リスト7.34**のようになります。

リスト7.34 JavaScriptで生成されたHTML

```
<ul id="todo-list" class="todo-list">
  <li class="todo-item">
    <div class="todo-item-container">
      <input type="checkbox">
      <input type="text" class="todo" id="${todoItem.id}" value="${todoItem.todo}" readonly>
      <div class="todo-item-control hidden">
        <button class="btn-save">save</button>
        <button class="btn-cancel">cancel</button>
      </div>
    </div>
  </li>
</ul>
```

これまで、このようにHTMLを動的に生成する処理はサーバ側のテンプレートエンジンが担っていましたね。SPAでは、これをブラウザ上のJavaScriptが担っている点が大きな違いです。

HINT

リスト7.32で示したように、DOM APIだけを使ってJavaScriptで画面を構築するのは、かなり面倒なコーディングが必要です。また、コードと画面デザインを分離できないため、保守性も低くなってしまいます。実際にSPAを開発する際は、React[注40]やVue.js[注41]などのフロントエンドJavaScriptフレームワーク利用するのが一般的です。 これらのフレームワークでは、コードとデザインを分離する工夫がされており、DOM操作による画面描画がしやすくなっています。

サーバからのJSONの返却

サーバ側の実装も見てみましょう。**図7.29-**③～④の部分を実現するのが、これから紹介するコードです。まず、ToDo項目の情報をJSONとして扱いやすくするため、ToDo項目を表す構造体、**ToDoItem**とその周辺関数を手直ししています[注42]。

リスト7.35 ToDoItem構造体と生成用関数 (todo_item.goより抜粋)

```
// ToDo項目を表す構造体
type ToDoItem struct {
    Id   string `json:"id"`  ←——— ①
    Todo string `json:"todo"`
```

注40 https://react.dev/
注41 https://ja.vuejs.org/
注42 NewTodoItem()関数から呼び出されているMakeTodoId()関数はここに掲載していませんが、リスト7.20に掲載しているものと同じです。

```
}

// 新しいTodoItemを生成する。
func NewToDoItem(todo string) *ToDoItem {
    id := MakeToDoId(todo)
    return &ToDoItem{
        Id:   id,
        Todo: todo,
    }
}

// JSONで表現されたToDo項目からTodoItem構造体を生成する。
func NewToDoItemFromJson(todoJson string) *ToDoItem {   ←――②
    var item ToDoItem
    json.Unmarshal([]byte(todoJson), &item)
    return &item
}
```

　Goでは、`json.Marshal()`や`json.Unmarshal()`という標準関数が用意されており、これを利用すると構造体とJSONの相互変換が簡単にできます。これを使い、JSON文字列から`ToDoItem`構造体を生成する関数`NewToDoItemFromJson()`を作りました（リスト7.35-②）。

HINT

　リスト7.35-①の``json:"id"``は、タグと呼ばれるもので、構造体のフィールドに対する付加情報です。ここでは、JSONのプロパティと構造体のフィールドの対応を示しています。

　`json.Marshal()`や`json.Unmarshal()`は、JSONのプロパティ名と同じ名前のフィールドにマッピングしてくれます。Goの構造体では、フィールドに外部からアクセスできるようにするには、大文字で始まる名前でなくてはいけません。一方、JSONのプロパティは小文字で始まる名前にするのが一般的であるため、このようにタグを使って対応を明示しています。

　`/add`へのPOSTリクエストを受け取ったときの処理がリスト7.36の`handleAdd()`関数です。コメントを見ていただくと、大まかな処理の流れがわかると思います。

リスト7.36 handleAdd()関数（service_todo.goより抜粋）
```
func handleAdd(w http.ResponseWriter, r *http.Request) {
    // セッション情報を取得
    session, err := checkSession(w, r)
    logRequest(r, session)
    if err != nil {
        return
    }
    // 認証チェック
    if !isAuthenticated(w, r, session) {
        return
```

```
    }

    // リクエスト内のJSONを解析
    body, _ := io.ReadAll(r.Body)
    item := NewToDoItemFromJson(string(body))

    // TodoListに新しいToDoを登録
    if item.Todo != "" {
        item = session.UserAccount.ToDoList.Append(item.Todo)
    }
    log.Printf("Todo item added. sessionId=%s itemId=%s todo=%s", session.SessionId, item.Id, item.
Todo)

    // 登録結果をJSONとしてレスポンスで返す
    w.Header().Set("Content-Type", "application/json")
    json.NewEncoder(w).Encode(item)
}
```

7.6.3　ToDoリストをJSONで返す

最後に、ToDoリストを返す部分もJSON化しましょう。これまで説明してきた要素の組み合わせですので、難しいことはありません。

まず、サーバ側の処理ですが、**/todo**へのGETリクエストに対して、ToDoリストをJSON形式で返すように変更します。**リスト7.21**（273ページ）で示したように、ToDoリスト全体を保持する構造体、TodoListを作成していました。この構造体は、個々のToDoを表す**TodoItem**構造体のスライスを保持していますので、これをそのままJSONにしてクライアントへ返すことができます。

リスト7.37　handleTodo() 関数 (service_todo.goより抜粋)

```
func handleTodo(w http.ResponseWriter, r *http.Request) {
    // セッション情報を取得
    session, err := checkSession(w, r)
    logRequest(r, session)
    if err != nil {
        return
    }
    // 認証チェック
    if !isAuthenticated(w, r, session) {
        return
    }

    w.Header().Set("Content-Type", "application/json")
    json.NewEncoder(w).Encode(session.UserAccount.ToDoList)
}
```

これによって**/todo**はたとえば次のようなJSONを返すようになります。

第7章　SPAへの進化

```
{
    "items": [
        {
            "id": "fefd7052ae39d2ed760bdd6cd0524163",
            "todo": "顔を洗う"
        },
        {
            "id": "535c5e277072c81f97b320366916ea4b",
            "todo": "朝食を食べる"
        },
        {
            "id": "31ae8bc062fcaa5a7b3e8b1f242d9747",
            "todo": "歯を磨く"
        }
    ]
}
```

JSONでは、このように構造体のリストなどの複雑なデータ構造も表現できます。

ToDoリストを画面に表示するコードは**リスト7.38**のようになります。この関数では、Fetch API で**/todo**へGETリクエストを送信し（**リスト7.38-①**）、上の例のようなJSONで表現されたToDo リスト受け取ります（**リスト7.38-②**）。受け取ったToDoリストをforEachループで1つずつ処理して、先ほどと同じ**addTodoItem()**関数（**リスト7.32**）を使って画面に表示しています（**リスト7.38-③**）。

リスト7.38　サーバから受け取ったToDoリストを画面に表示する関数（todo.jsより抜粋）

```
function fetchTodoItems() {
  fetch("/todo")           ←── ①
    .then(response => {
      if (!response.ok) {
        // エラー時はログイン画面に戻る
        location.href = "/login";
      }
      return response.json(); ←── ②
    })
    .then(data => {
      // 取得したToDoを画面に追加する
      data.items.forEach(todoItem => { ←── ③
        addTodoItem(todoItem);
      });

      restoreState();
    });
}
```

7.6.4　SPA化されたTiny ToDoの動作確認

これで、ToDoの表示、追加、編集機能がSPAとして実現できました。次のURLにアクセスし、

DevToolsを起動してNetworkパネルでHTTPリクエストの様子をみながらTiny ToDoを操作してみてください。

> URL https://tinytodo-08-spa.webtech.littleforest.jp/

ToDoの追加

まずToDoを追加したときの様子を確認しましょう。画面上でToDoを入力して［add］ボタンを押すと、/addへのPOSTリクエストが発生します。DevTools上で/addへのリクエストを選択して［Payload］タブを見ると、入力したToDo項目がJSON形式で送信されているのがわかります（図7.31）。

図7.31 /addへのリクエスト

［Response］タブに切り替え、サーバが返してきたレスポンスも見てみましょう。こちらのJSON形式で返されており、サーバが発行したIDが入っていることがわかります（図7.32）。

図7.32 /addからのレスポンス

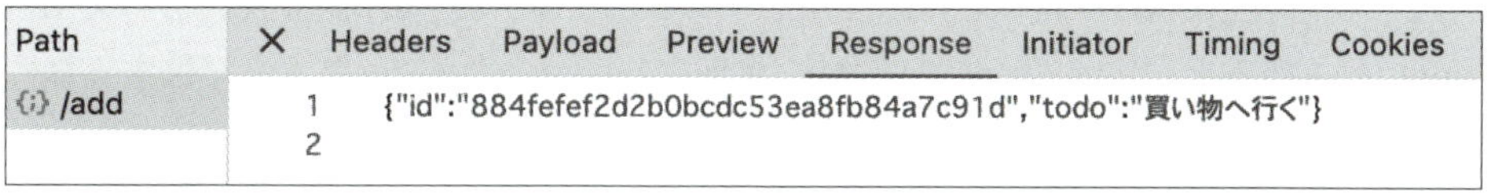

第6章で作成した従来型WebアプリケーションのTiny ToDoでは、/addを呼び出した後はリダイレクトレスポンスが返り、Post-Redirect-GetによってToDo追加後の全HTMLを取得しなおしていたことを思い出してください[注43]。そのときと比べると、SPAでは、ほんの少しのJSONデータを返すだけなので、大きく違うことがわかります。

ToDo一覧の取得

いくつかToDoを追加してから、ブラウザをリロードしてみましょう。ToDoの一覧を再取得するため、/todoへのリクエストが発生します。レスポンスを確認すると、ToDoの一覧がJSONで返されていることがわかります（図7.33）。

注43 「6.4.2 リダイレクトによる安全な画面遷移」で解説しました。

図7.33 /todoからのレスポンス

これで、一覧表示、追加、編集すべてのレスポンスがHTMLではなくJSONで返されるようになりました[注44]。これらのリクエストはJavaScript内からFetchAPIで行われているため、ブラウザ上では画面遷移も発生しません。Tiny ToDoは、ほぼSPA化されたと言えるでしょう。

SPAでは、画面表示内容をすべてJavaScriptで構築します。典型的なSPAにおけるHTMLは、JavaScriptの読み込みと、JavaScriptがDOMを構築する土台となるdiv要素を提供するだけの位置付けになっています。

たとえば、本書執筆時点で広く使われているフレームワークReactでは、リスト7.39のようになっています。これは、Reactのサイトで公開されているチュートリアルのコード[注45]を引用したものです。

リスト7.39 Reactアプリケーションのindex.html

```
<!doctype html>
<html lang="en">
<head>
  <meta charset="utf-8">
  <meta name="viewport" content="width=device-width, initial-scale=1, shrink-to-fit=no">
  <meta name="theme-color" content="#000000">
  <link rel="manifest" href="/manifest.json">
  <link rel="shortcut icon" href="/favicon.ico">
  <title>React App</title>
  <script defer src="/static/js/bundle.js"></script> ←①
</head>
```

注44 編集処理の動作は「7.5.4 編集処理の動作確認」にてDevToolsを使った確認をしたので、ここでは省略します。コードは示しませんが、/editへのリクエストもFormデータではなくJSONで送信するように修正してあります。

注45 https://react.dev/learn/tutorial-tic-tac-toe#setup-for-the-tutorial

```
<body>
  <div id="root"></div>  ←── ②
</body>
</html>
```

リスト7.39-①で、JavaScriptを読み込んでいます。Reactでは、フレームワーク部分とアプリケーションのコードが1つのjsファイルとして出力されるので、それを読み込んでいます。リスト7.39-②では、div要素が1つだけ記述されています。リスト7.39-①で読み込んだJavaScriptが、このdiv要素配下に実際の画面を構築する仕組みです。

Tiny ToDoではフレームワークを利用しておらず、画面のすべてをJavaScriptで構築するとサンプルコードが複雑になってしまいます。このため、JavaScriptで画面を描画するのはToDoリストの部分だけとしていました。

7.7 フラグメントによる状態の表現

7.7.1 変化しないURLの課題

従来型アプリケーションでは、アプリケーションの画面とブラウザがアクセスするURLが対応しています。一方SPAでは、画面にかかわらずブラウザのURLが変化しません。

図7.34 SPAではURLが変化しない

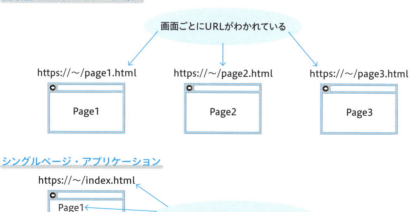

これは、本章の冒頭でも述べた従来型Webアプリケーションの欠点を改善した結果なのですが、ユーザにとっては不都合にもつながります。表示内容によってブラウザのURLが変化しないと、次のよ

第7章　SPAへの進化

うなことができなくなってしまいます。

- SPA内の特定の画面をブックマークとして保存する
- ブラウザの「戻る」「進む」ボタンで表示内容を切り替える

7.7.2　フラグメントによる状態表現

そこでSPAでは、URL内のフラグメントで画面の状態を表すようになりました。フラグメントは「5.2.5 フラグメント」で紹介しましたが、URLの仕様に元から備わっていたもので、HTML文書内の特定位置を表す印でした。たとえば文書内の見出しごとにアンカーを定義して、フラグメントでそれを参照させるといった使い方です。

URLのフラグメント部はサーバへ送信されないため、ブラウザのアドレスバー上でフラグメントが変化しても、サーバへのリクエストは発生しません。一方JavaScriptからは、標準で提供されるlocationオブジェクトのhashプロパティを通じてフラグメントを参照することができ、またhashchangeイベントによってフラグメントの変化を知ることができます。SPAでは、この特性を活用しています。

HINT

locationオブジェクトは、ブラウザがアクセスしているURLをJavaScriptから参照・操作できるオブジェクトです。hashプロパティとhashchangeイベントについては次のドキュメントを参照してください。

- location: hash プロパティ - Web API | MDN

  URL https://developer.mozilla.org/ja/docs/Web/API/Location/hash

- Window: hashchange イベント - Web API | MDN

  URL https://developer.mozilla.org/ja/docs/Web/API/Window/hashchange_event

Googleの提供するToDoアプリ「Google Keep」[注46]を例に見てみましょう。まず、図7.35はToDoが一覧で表示されている画面です。

注46　Google Keepは、Googleアカウントを持っていれば無償で利用できるタスク管理アプリケーションです（https://keep.google.com/）。

294

図7.35　Google KeepのToDo一覧

URLは次のようになっています。最後の**home**がフラグメントですね。名前からはアプリケーションのホーム画面を表現していると推測できます。

https://keep.google.com/?pli=1#home

ToDoを1つ選択して、拡大表示してみましょう（図7.36）。

図7.36　Google Keepで詳細表示

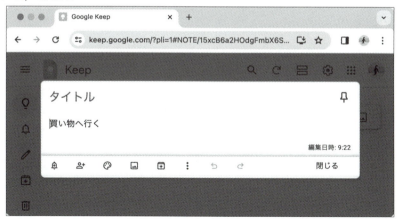

アドレスバーを見ると、URLのフラグメント部だけが以下のように変化しています。おそらく、**15xcB**…の部分は、ToDoのIDのようなものでしょう。

https://keep.google.com/?pli=1#NOTE/15xcB6a2HOdgFmbX6S……（省略）……

このように、実際にフラグメントで表示状態を表していることがわかります。もちろん、これをブックマークすることで、同じ表示状態を復元できるようにもなっています。

7.7.3　Tiny ToDoでのフラグメント活用

Tiny ToDoは画面が単純なため、フラグメントで状態表現を組み込む必要性があまりないのですが[注47]、ToDoの編集時にフラグメントが変化するようにしてあります。もう一度、SPA版のTiny ToDoにアクセスして確認してみましょう。

URL　https://tinytodo-08-spa.webtech.littleforest.jp/

ToDoを追加してから編集状態にすると、フラグメントが変化します（図7.37）。

図7.37　Tiny ToDoでの編集状態のフラグメント表現

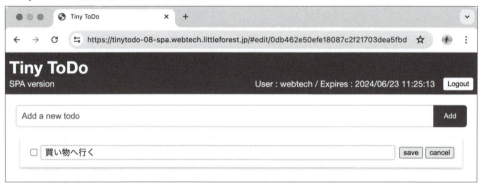

この処理について、ポイントとなる部分を解説します。まず、画面上でToDo項目をクリックしたときのイベントハンドラを、リスト7.40のように修正しています。これまではDOMを操作して［save/cancel］ボタンの表示非表示を切り替えていましたが、ここでは`location.hash`プロパティを通じてフラグメントを変更するだけにしています。

リスト7.40　ToDo項目クリック時のイベントハンドラ（todo.jsより抜粋）

```
/**
 * ToDo項目がクリックされた時のイベントハンドラ。
 * @param {Event} イベントオブジェクト
 */
function onClickTodoInput(event) {
  location.hash = `edit/${event.target.id}`;
}
```

[注47] ログイン画面とアプリケーション本体の画面を同一ページとし、フラグメントで切り替える作り方もありますが、認証状態のチェックが複雑になるため、Tiny ToDoでは実施していません。一般にもログイン画面は別ページとしているケースも見かけます。

```
}
```

フラグメントが変化したときには、hashchangeイベントが発火します。このイベントハンドラを
onHashChange()関数として用意しておき、設定しておきます（**リスト7.41-①**）。

リスト7.41　hashchangeイベントハンドラの設定（todo.jsより抜粋）

```
/**
 * 各要素にイベントハンドラを設定する。
 */
function setup() {
  fetchTodoItems();

  addEventListenerByQuery("#btn-add", "click", onClickAddButton);
  addEventListenerByQuery("#new-todo", "click", onClickAddInput);
  addEventListenerByQuery("#new-todo", "keydown", onKeydownAddInput);

  window.addEventListener("hashchange", onHashChange); ←——— ①
}
```

onHashChange()関数は**リスト7.42**のようになっています。hashchangeイベントでは、**oldURL**
プロパティと**newURL**プロパティで、それぞれフラグメント変化前後のURLが得られます。これを使っ
て、まず変化前のフラグメントから対応するToDo項目の要素を取得し、編集中であればキャンセル
します（**リスト7.42-①**）。次に、変更後のフラグメントから新しく編集すべきToDo項目の要素を取
得し、編集状態にします（**リスト7.42-②**）。

リスト7.42　フラグメント変更時のイベントハンドラ（todo.jsより抜粋）

```
/**
 * ハッシュフラグメントが変化したときのイベントハンドラ。
 * @param {event} hashchangeイベントオブジェクト
 */
function onHashChange(event) {
  // 編集中のToDo項目があれば、編集をキャンセルする
  const oldInputElement = getToDoInputFromUrl(event.oldURL); ←——— ①
  if (isNotNull(oldInputElement)) {
    cancelTodoEdit(oldInputElement);
  }

  // フラグメントで指定されたToDo項目を編集状態にする
  const curInputElement = getToDoInputFromUrl(event.newURL); ←——— ②
  if (isNotNull(curInputElement)) {
    enableTodoInput(curInputElement);
  }
}

/**
```

第7章 SPAへの進化

```
 * URLのハッシュフラグメントから、対応するToDo Input要素を取得する。
 * @param {string} URL
 */
function getToDoInputFromUrl(url) {
  const match = new URL(url).hash.match(/^#edit¥/([0-9a-f]+)$/);
  if (isNull(match)) {
    return;
  }
  const todoItemId = match[1];
  return document.getElementById(todoItemId);
}
```

　また、画面が最初に表示されたときにも同様の処理を行うことで、フラグメントから状態を復元することもできます。試しに、ToDoを編集中のTiny ToDoで、**#edit/xxxx～**が含まれるURLをアドレスバーからコピーして別のタブに貼り付けてみてください。同じToDoが編集中の画面が表示されるはずです。

HINT

　リスト7.42内で呼び出している**isNotNull()**は、独自に作成したチェック用の関数です。処理内容に興味がある方は次のソースコードを参照してください。

> URL　https://github.com/little-forest/webtech-fundamentals/blob/v1-latest/
> chapter07/tinytodo-08-spa/static/todo.js

7.8 SPAの課題とサーバサイドレンダリング

7.8.1 初期のSPAが抱えた課題

　これまで説明してきた方法でSPAを開発していくと、また別の課題が生じるようになりました。その課題とは、次のようなものです。

- 検索エンジンとの相性の悪さ
- 初期表示の遅さ

　それぞれ、どのような点が不都合なのかを説明しましょう。

検索エンジンとの相性の悪さ

　Tiny ToDoのような個人向けのWebアプリケーションをSPAとして構築する場合、フラグメントによる画面遷移でも十分です。一方、ショッピングサイトやブログなど、不特定多数のユーザに対して公開するサイトをSPAとして構築すると、検索エンジンとの相性が悪いという問題が目立つようになりました。

　このようなサイトはできるだけ多くの人の目に触れるよう、Googleなどの検索サイトで上位に表示される必要があります。一般に、検索サイトは「Webクローラ」[注48]と呼ばれるプログラムがインターネット上に公開されているHTMLを自動収集して、その内容を解析することでインデックス[注49]を構築します。しかしリスト7.39（292ページ）でも示したように、SPAではHTMLの中身がほとんど空っぽです。JavaScriptを実行しなければ、その内容がわからないため、HTMLを解析しただけでは検索インデックスを適切に構築できません。このため、SPAで構築されたサイトは検索結果に表示されにくく、SEO対策[注50]の観点で不利と考えられるようになりました。

　また、別の問題もあります。通常、URLのフラグメント部は検索エンジンのインデックス対象となりません。たとえば、あるショッピングサイトをSPAとして構築し、各商品の紹介ページを次のようにフラグメントで表現したとしましょう。

- 商品Aの紹介ページ：https://shop.example.jp/items#item-a
- 商品Bの紹介ページ：https://shop.example.jp/items#item-b

　しかし、検索エンジンに識別されるURLは「https://shop.example.jp/items」ですので、個別の商品ページが検索結果に表示されることはないでしょう。従来のように、内容が異なるページは、以下のような異なるURLにすべきなのです。

- 商品Aの紹介ページ：https://shop.example.jp/items/item-a
- 商品Bの紹介ページ：https://shop.example.jp/items/item-b

注48　「Crawler」（はいまわる）が語源です。「Webスパイダー」や「Searchbot」とも呼ばれます。
注49　検索処理に必要となる目次のようなもののことです。
注50　Search Engine Optimization（検索エンジン最適化）のこと。Webサイトが検索結果の中で上位に表示されるようにするための、さまざまな対策を指します。Webマーケティングの分野で非常に重要視されています。

図7.38 パスで表現されたページとフラグメントで表現されたページ

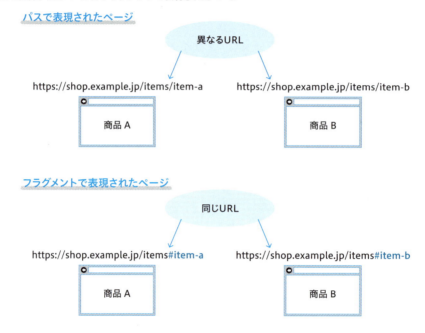

結局のところ、検索性の観点では、従来型Webアプリケーション（Multi Page Application）のように、URLとページの内容が対応していたほうが都合良いということになります。まとめると、SPAと検索エンジンとの相性の悪さとは、次のような課題に集約されます。

- フラグメントでページを表すと、検索エンジンに個別のページとして認識されない
- JavaScriptを実行しなければ、ページの内容がわからない

なお、ここに挙げた問題がとりわけ大きかったのは、SPA登場初期の頃です。一時期は検索エンジン側でも対処が行われ、Googleを一例に紹介するとEscaped Fragment[51]という仕組みが導入されました。たとえば、〜/#!item-aのように#!で始まるフラグメントがあったとします。サーバは、クローラがこのフラグメントに対応するコンテンツを取得できるように〜/?escaped_fragment=item-aというクエリでその内容を返すページを用意しておきます。このようにしておくと、クローラがフラグメントによるリンクを発見したとき、後者のクエリで返されるコンテンツが検索対象となる、といった仕組みです。

その後Googleのクローラが改善され、JavaScriptでレンダリングされたページでも、ある程度内容を読み取れるようになった[52]ため、この仕組みは廃止となりました。

注51 https://developers.google.com/search/blog/2009/10/proposal-for-making-ajax-crawlable
注52 https://developers.google.com/search/blog/2019/05/the-new-evergreen-googlebot?hl=ja

7.8 SPAの課題とサーバサイドレンダリング

 初期表示の遅さ

　Tiny ToDoのコードを見てもわかるように、SPAを実装するためには多くのJavaScriptコードを書かねばなりません。本書では仕組みを理解するため、ブラウザが提供する標準APIだけをつかって実装しました。しかし本格的なアプリケーションとなると、フレームワークやライブラリを活用しなければ、とても実現できません。これらを利用するということは、最初にサーバから読み込み、JavaScriptを実行するまでの時間がかかるようになるということです。

　また、SPAではJavaScriptがサーバとの非同期通信で画面に表示すべき情報を収集します。このため、複雑なアプリケーションではユーザが画面を見られるようになるまでに時間がかかってしまいます。時間がかかるといっても数秒程度の話ですが、商業サイトではそれだけの時間でもユーザの離脱につながるため、ビジネス上の影響が大きくなりました[注53]。

　これらの問題に対して、どのようなアプローチがなされていったのか、見ていきましょう。

7.8.2　History APIによる画面遷移とルータ

 History APIによる画面遷移を体感しよう

　まず、フラグメントでページを表現していた課題については、History APIの登場によって解決されました。Histoty APIは、HTML5で登場したブラウザのAPIで、アドレスバーに表示させるURLやブラウザの履歴を操作できます。これを使うことで、SPAの「非同期通信を活用した高速な画面の切り替え」という強みを残しつつ、URL変更を伴う擬似的な画面遷移を実現できるようになりました。

　言葉ではわかりにくいので、実際サンプルを体験してみましょう。以下のURLを開いてください。

URL　https://routing.webtech.littleforest.jp/

　図7.39のような画面が表示されます。

図7.39　Routingexample（初期表示）

注53　https://www.thinkwithgoogle.com/marketing-strategies/app-and-mobile/mobile-page-speed-new-industry-benchmarks/　こちらのサイトでは、Webサイトの初期表示にかかる時間と訪問者の離脱率の相関関係がまとめられています。それによると、初期表示に要する時間が1秒から5秒に伸びるだけで、離脱率が90%増加し、10秒では123%増加すると紹介されています。

いつものようにDevToolsのNetworkパネルを開いてから、［Page1］［Page2］［Page3］の部分をそれぞれクリックしてみてください。

図7.40　Routing example（遷移後）

「Page1 content」のように表示内容が切り替わるほか、アドレスバーを見ると「〜/page1」「〜/page2」のようにURLも変化しています（図7.40）。見かけ上、通常のリンクで画面遷移しているように見えますが、Networkパネルを見てもサーバへのリクエストが発生していないことがわかります。不思議ですね。どのようなしかけなのか、解説していきましょう。

HINT

ここでのサンプルコードは次のGitHubリポジトリで公開しています。紙面掲載部以外のコードを見たい方は、以下のURLから参照してください。

> URL　https://github.com/little-forest/webtech-fundamentals/tree/v1-latest/chapter07/routing

🍪 HistoryAPIによる画面遷移の仕組み

まず、HTMLを見てみます。特別なことはしておらず、「Page1」などのリンクも通常のa要素として作っていることがわかります（リスト7.43-①）。通常であれば、このリンクをクリックするとサーバへのリクエストが発生して画面が遷移するはずですね。

リスト7.43　Routing exampleのindex.html

```
<!DOCTYPE html>
<html lang="ja">
  <head>
```

```html
    <meta charset="UTF-8" />
    <title>Routing example</title>
    <meta name="viewport" content="width=device-width, initial-scale=1" />
    <link rel="stylesheet" href="main.css" />
    <script defer src="main.js"></script>
  </head>
  <body>
    <header>
      <h1>Routing example</h1>
    </header>
    <nav>
      <ul>
        <li><a href="/page1">Page1</a></li>
        <li><a href="/page2">Page2</a></li> ──── ①
        <li><a href="/page3">Page3</a></li>
      </ul>
    </nav>
    <main>
      <div id="main"> ←──── ②
      </div>
    </main>
  </body>
</html>
```

しかけがあるのはJavaScriptのほうです。少しずつ見ていきましょう。まず、a要素がクリックされたときのイベントハンドラを設定しています（**リスト7.44**）。

リスト7.44 a要素クリック時のイベントハンドラ（main.jsより抜粋）

```
// a要素がクリックされた時の処理
addEventListenerByQuery('nav a', "click", (e) => {
  // ブラウザ本来の遷移動作を禁止する
  e.preventDefault(); ←──── ①

  // a要素が指すリンクのパス部分を取得し、ルーティングする
  route(e.target.pathname, true); ←──── ②

  console.log(`onClick : ${e.target.pathname}`);
});
```

イベントハンドラに渡されるEventオブジェクトの**preventDefault()**メソッドを呼ぶと、ブラウザが本来行うべき処理が中止されます（**リスト7.44-①**）。これがポイントで、画面上のリンクをクリックすることで発生するはずのブラウザによる画面遷移を阻害し、JavaScriptで処理を奪っているということになります。その代わり、別途用意した**route()**関数を呼び出しています（**リスト7.44-②**）。この引数に渡しているのは、a要素に指定されていたhref属性、つまり**/page1**などリンク先を表すパスです。

第7章　SPAへの進化

続きを見てみましょう。**route()**関数は、パスに応じてDOM操作で表示内容を切り替える関数です。

リスト7.45　route()関数 (main.jsより抜粋)

```
/**
 * 簡易的なルーティング関数。
 * @param {path} URLのパス部分
 * @param {pushState} trueのとき、URLを変更する
 */
function route(path, pushState) {
  // パスに応じて表示を切り替える
  switch (path) {  ←——— ①
    case "/page1":
      showContant("Page1 content");
      break;
    case "/page2":
      showContant("Page2 content");
      break;
    case "/page3":
      showContant("Page3 content");
      break;
  }

  // History APIでURLを変更する
  if (pushState) {
    history.pushState(null, "", path);  ←——— ③
  }
}

/**
 * ページ内容を表示する関数。
 * @param {text} 表示内容
 */
function showContant(text) {
  document.getElementById("main").innerHTML = text;  ←——— ②
}
```

ここではswitch文でパスを判定し（リスト7.45-①）、showContent()関数を呼び出すことで、パスに応じた文字列をDOM操作によって表示しています。showContent()関数では、HTMLのmainというIDを持つdiv要素（リスト7.43-②）の内部を書き換えています（リスト7.45-②）。実際のアプリケーションであれば、パスに応じてそれぞれの画面を描画する処理が呼び出されると考えてください。

最後に、History APIが提供する**pushState()**というメソッドを呼び出しています（リスト7.45-③）。このメソッドは、与えられたパスをブラウザのURLとして設定しつつ、URL表示履歴にも格納するものです。これが、サーバへの通信が発生していないにもかかわらず、アドレスバーのURLが変化している理由です。つまり、JavaScriptで擬似的な画面遷移を実現しているととらえれば良いでしょう。

304

なお、アドレスバーに表示されるURLが〜/page1や〜/page2の状態でブラウザをリロードしてしまうと、実際にそれらのURLに対してHTTPリクエストが発生します。サーバ側にも一工夫必要で、これらのURLにリクエストされたときでも、index.htmlの内容を返すように設定してあります[注54]。本サンプルでも実現していますので、各ページでリロードしてみてください。DevToolsで見ると、実際にリクエストが発生し、HTMLが返されているのがわかります。

図7.41 どのURLでもindex.htmlを返す

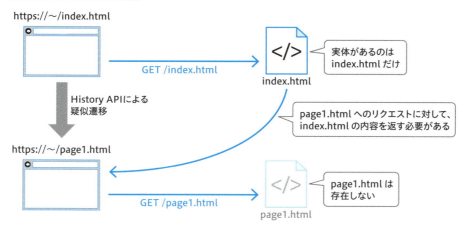

このように、History APIで擬似的な画面遷移をさせたときは、リロード時やブラウザの「戻る」ボタンが押されたときにも表示内容を切り替える必要があります。そこで、以下のそれぞれのケースでも先ほどの`route()`関数を呼び出すことで、アドレスバーのURLと表示内容が一致するようにしています。

- JavaScriptが最初に実行されたとき（リスト7.46-①）
- ページ履歴が参照されたとき（リスト7.46-①）

リスト7.46 リロードやページ履歴参照時の処理（main.jsより抜粋）

```
// 現在のURLに応じてルーティングする
route(location.pathname, false); ←――① 
console.log(`setup : ${location.pathname}`);

// ページ履歴が辿られたとき、URLに応じて表示内容を切り替える
window.addEventListener("popstate", () => { ←――②
  console.log(`onPopState : ${location.pathname}`);
  route(location.pathname, false);
});
```

注54　これは一般にWebサーバの機能で、URL Rewriteというリクエストされたを別のものに読み替える機能で実現できます。

ブラウザの［進む］［戻る］ボタンが押されたことは、History APIが提供するpopstateイベント[注55]で検知できるので、それを活用しています。

このサンプルでは、a要素クリック時、初期表示時、履歴参照時それぞれのタイミングでデバッグログを出力するようにしてあります。DevToolsで［Console］パネルに切り替えてソースコードと見比べながらログを見ると、画面操作に応じてどの処理が行われているのかを確認できるでしょう。

HINT

HistoryAPI全般については、以下のドキュメントを参照すると良いでしょう。

- 履歴APIの操作 - Web API | MDN

  URL https://developer.mozilla.org/ja/docs/Web/API/History_API/Working_with_the_History_API

 画面遷移機構をライブラリ化した「ルータ」

ここまで、フラグメントによる画面遷移と、HistoryAPIを使った画面遷移を説明しました。SPAにおいて、URLに応じた画面遷移を司る機能は一般にRouter（ルータ）と呼ばれており[注56]、React Router[注57]やVue Router[注58]が有名です。これらは、それぞれ著名なフレームワークであるReact、Vue.jsに対応したルーティングライブラリです。

本節では、とても原始的なルーティング処理をライブラリにたよらずに実現することで、SPAにおける画面遷移の仕組みを解説しました。特にHistoryAPIを使った擬似的な画面遷移は、ブラウザ上でのさまざまなユーザ操作とJavaScriptによる画面表示を同期させなければならないため、とても大変です。実際の開発では、これらのルーティングライブラリを活用しなければならないでしょう。

なお、実際にはフラグメントによる画面遷移と、HistoryAPIによる画面遷移はそれぞれ一長一短であるため、状況によって使い分けられています（表7.3）。ReactRouterやVueRouterでも両方の方式がサポートされているので、開発するアプリケーションの性格によって、使い分けるべきでしょう。一般に、アプリケーション内の画面を検索エンジンにインデックスさせる必要がなければ、簡単なフラグメント方式で良いのかもしれません[注59]。

注55 https://developer.mozilla.org/ja/docs/Web/API/Window/popstate_event
注56 「ルータ」というと、ネットワーク分野で通信の流れを制御する機器が有名です。ネットワークのルータとはまったく別ですが、いずれもネットワークやURLの「経路を決定する」という意味から採られた名前です。
注57 https://reactrouter.com/
注58 https://v3.router.vuejs.org/
注59 本書執筆時点で筆者が確認したところ、Googleのアプリケーションでも Gmail や Google Keep はフラグメント方式による画面遷移でした。個人のメールやメモが Google の検索結果に表示される必要性はありませんから、納得できる理由です。

7.8 SPAの課題とサーバサイドレンダリング

表7.3 SPAの画面遷移方式

特徴	フラグメント方式	HistoryAPI方式
実現方法	単純	複雑
サーバ側の対応[注60]	不要	必要
検索エンジンとの相性	悪い	良い

HINT

本節で紹介したSPAにおける画面遷移方式の発展の歴史は、Jxck氏のブログエントリにて紹介されています。本書で説明しきれていない細かな背景や、各技術の問題点などが解説されており、非常に参考になる内容です。

- NavigationAPIによる「JSでの画面遷移」とSPAの改善 | blog.jxck.io

URL https://blog.jxck.io/entries/2022-04-22/navigation-api.html

7.8.3 サーバサイドレンダリングへの回帰

History APIを活用した画面遷移によって、SPAでもフラグメントに頼らず、画面とURLを一致させられるようになりました。しかしこのままでは、JavaScriptが実行されなければページの内容がわからず、検索エンジンがインデックスできないという問題は残ります。初期表示の遅さについては、さまざまなアプローチを取ることができますが、この2つの課題に対する対策として、「サーバサイドレンダリング（Server Side Rendering）」（以下、SSR）という手法が登場しました。

要はサーバ側でHTMLを生成して返すことで、初期のSPAでは画面構築の役割をクライアントサイドに振りきっていたものを、初期表示に限ってサーバサイドの役割に戻したということです。従来との違いがわかりにくいと思いますので、順を追って説明しましょう。

HINT

初期表示の遅さにはさまざまな要因が絡むため、本節で紹介するサーバサイドレンダリングが決定打というわけではありません。JavaScriptコードを1つにまとめ、変数や関数名を短くすることでJavaScriptのロードサイズを小さくするMinify（ミニファイ）や、HTTP/2に代表されるような通信の効率化など、さまざまな施策が考えられています。

🔵 従来型Webアプリケーションの初期表示

まず、従来型Webアプリケーションでの初期表示について思い出しましょう（図7.42）。従来型WebアプリケーションではブラウザからのGETリクエストに応じて、サーバサイドでテンプレートエ

注60 「History APIによる画面遷移の仕組み」（301ページ）で説明したように、pushState()関数で擬似的に作ったURLに対してサーバへリクエストが発生した時、index.htmlを返すような措置です。実際、React RouteやVue Routerなどのライブラリを使う際も、この措置は必要になります。

307

ンジンなどを使ってHTMLを生成し返していました。画面内に動的に埋め込む情報もサーバ内部で得られるので、この点では高速です[注61]。ブラウザは、サーバが返すHTMLを受け取り、描画していました。

図7.42　従来型アプリケーションの初期表示

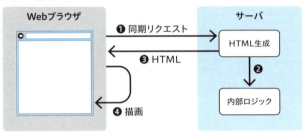

SPAの初期表示

次にSPAの場合です。本章で作成したTinyToDoがそれにあたります（図7.43）。

図7.43　SPAの初期表示

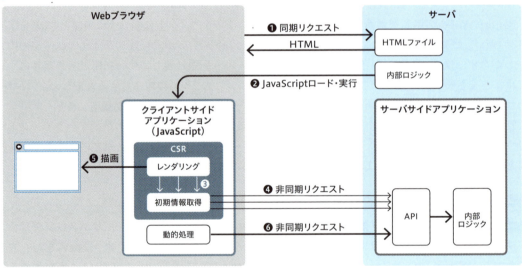

SPAの場合も、まずブラウザはindex.htmlなどトップページのHTMLを読み込みます（図7.43-①）。次にHTML内のscript要素に従い、ブラウザ上で実行するJavaScriptのファイルを要求します（図7.43-②）。受け取ったJavaScriptを実行することで、実質的な画面の表示処理が始まります。JavaScriptはDOM APIを使って画面を構築しつつ、初期表示に必要な情報を非同期通信でサーバへ問い合わせます（図7.43-③、④）。TinyToDoでは、最初に表示するToDo一覧を取得する処理が該

注61　通信回数が少なくてすむという点ではメリットです。しかし、JSONで純粋なデータだけを返す場合とHTML化された情報を返す場合で、送信するデータ量が大きく異なり、HTMLの生成にも時間がかかってしまうというケースもあります。

当します。複雑なアプリケーションでは、この問い合わせが複数回発生することもあり、初期表示の遅さにもつながります。また、ここまでのプロセスが完了しなければHTMLの内容が完成しないため、検索エンジンにインデックスされにくいという問題にもつながっていました（図7.43-⑤）。画面の初期表示が完了した後は、ユーザの画面操作に応じてサーバ側の処理を非同期で呼び出し、即座に画面に反映するため、快適に利用できます（図7.43-⑥）。

なお、SPAの画面描画はすべてJavaScriptが行うため、サーバサイドレンダリングとの対比で「**クライアントサイドレンダリング（CSR）**」とも呼ばれています。

SSRの初期表示

さて、SSRではどのようになるのでしょうか。HTMLをサーバサイドで生成するという点では従来型Webアプリケーションと同じですが、SPAにおける初期表示処理がサーバサイドに移動したと考えるとわかりやすいでしょう。

図7.44　SSRの初期表示

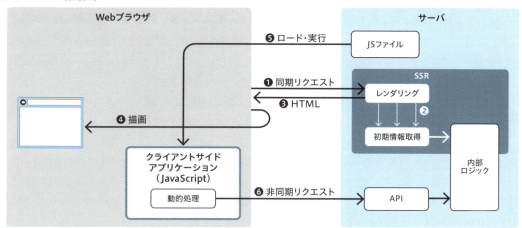

SSRではブラウザからの最初のリクエスト時に、サーバ側でHTMLを生成してしまいます（図7.44-①〜④）。SPAの時は初期表示に必要な情報を非同期通信で取得していましたが、SSRではサーバ内部で完結します。通信回数が減る分、速度的には有利になる可能性があり、なによりもHTMLを返すため検索エンジンとの親和性が高くなります。

このHTMLには、ブラウザで実行されるJavaScriptを読み込むためのリンクも含まれるので、初期表示以降はSPAと同じような動き方となるでしょう。

このような設計にすると、画面描画に関する処理がクライアントサイドとサーバサイドに分散してしまうため、従来のようにサーバサイドのプログラミング言語がJavaScriptではない場合、開発が面倒でした。本節の冒頭でも述べたとおり、サーバサイドでもJavaScriptを実行できるようになったことで、クライアントサイドとサーバサイドで画面構築処理の共通化が可能になり、SSRが現実

第7章 SPAへの進化

的になりました。SSRではクライアントサイドとサーバサイドが比較的に密に連携するため、フレームワークの支援なし実現するのは難しいでしょう。本書執筆時点では、ReactとVue.jsそれぞれをベースとしてSSRにも対応したフレームワーク、Next.js[注62]とNuxt.js[注63]が有名です。どちらのフレームワークも、クライアントサイドとサーバサイドの処理を継ぎ目なく記述できることが特徴で、SSRとCSRを状況に応じて使い分けることができます。これらのフレームワークでWebアプリケーションを開発する際は、仕組みをよく理解しなければ、自分の書いているコードがクライアントとサーバのどちらで実行されるのか、わからなくなってしまうかもしれません。特に初めての開発でこれらのフレームワークを利用する際は、注意が必要です。

HINT

SSRは、画面の初期表示に限っては従来型のWebアプリケーションと同じですので、「SSR + SPA」と表現されることもあります。

AltJSとTypeScript

特にフロントエンドの分野でWebアプリケーション開発を学んでいる方は、TypeScript[注64]というプログラミング言語を目にする機会が増えているかもしれません。TypeScriptはMicrosoft社が開発し、2012年に発表したJavaScriptの上位互換プログラミング言語です。

7.2.1 JavaScriptの誕生でも述べましたが、JavaScriptの発展はECMAScript2015の登場まで、停滞していた時期がありました。さまざまなプログラミング言語が選べるサーバサイドは違い、JavaScriptはWebブラウザが実行できる唯一のプログラミング言語でしたので、その停滞はクライアントサイドの開発に大きな影響を与えます。そこで考えられたのが、JavaScriptに翻訳できる別のプログラミング言語を開発することでした。あるプログラミング言語から別のプログラミング言語へ翻訳することを「トランスパイル」といいますが、JavaScriptへのトランスパイルを前提としたプログラミング言語は、AltJSと総称されています[注65]。

AltJSとしてさまざまなプログラミング言語が開発されましたが、その中で有力となったのがTypeScriptです。TypeScriptは静的型付けやオブジェクト指向をサポートしており、大規模開発に向いた言語です。ECMAScript 2015以降、JavaScriptも発展していますが、ReactやVue.jsといった有力なフレームワークがサポートしていることや、サーバサイドでTypeScriptを直接実行可能なエンジン、Deno[注66]やBun[注67]が公開されるなど、その人気は衰えを知りません。

注62 https://nextjs.org/ 「ネクストジェイエス」と読みます。こちらは、Reactをベースとしたフレームワークです。
注63 https://v2.nuxt.com/ja/ 「ナクストジェイエス」と読みます。Next.jsと1文字違いで紛らわしいですが、こちらはVue.jsに対応したフレームワークです。Next.jsの影響を受けて開発されたようです。
注64 https://www.typescriptlang.org/
注65 Alternative JavaScript（JavaScriptの代替）の意味です。
注66 https://deno.com/ Deno（ディーノ）は、著名なJavaScript実行環境であるNode.jsを開発したRyan Dahlが新しく開発したJavaScript/TypeScript実行環境です。
注67 https://bun.sh/ Bun（バン）は、2023年に安定版（v1.0.0）がリリースされたJavaScriptランタイムです。Node.jsとの高い互換性を実現しつつ、TypeScriptのビルトインサポートや高速化を実現しています。

> **まとめ**
>
> 　SPAの登場によって、従来型Webアプリケーションの抱えていた、画面遷移の多さや遅さといった課題は解決されました。SPAのポイントは次の2点でした。
>
> - Fetch API（当初はXHR）による非同期通信
> - JavaScriptでDOMを操作してサーバに問い合わせることなく画面を更新すること
>
> 　これによって操作中の待ち時間が少なくなり、快適なユーザ体験を提供できるようになりました。また、SPAのアーキテクチャはアプリケーション開発者にとってもメリットをもたらしました。UIに関する処理をクライアントサイドに集約でき、クライアントサイドとサーバサイドの役割が明確になったためです[68]。
>
> 　あらためて、SPAと従来型Webアプリケーションの特徴を比較してみましょう。
>
> **表7-4　SPAと従来型Webアプリケーションの違い**
>
> | 特徴 | シングルページアプリケーション | 従来型Webアプリケーション |
> |---|---|---|
> | 主要処理の実行場所 | サーバサイド・クライアントサイドの両方 | サーバサイドだけ |
> | 画面生成の役割 | クライアントサイド（CSR）／サーバサイド（SSR） | サーバサイドだけ |
> | 画面遷移 | サーバへリクエストを発行しない | サーバへリクエストを発行する |
> | 非同期通信 | 活用する | 活用しない |
>
> 　一方SPAでは、以下のようなデメリットも生まれました。
>
> - 初期表示の遅さ
> - コンテンツとURLが対応しないこと
>
> 　特に商業サイトではこの2点が大きな問題となりました。初期表示が遅いとユーザの離脱率が上がってしまい、コンテンツとURLが対応していないと検索サイトに表示されにくくなります。どちらもサイトの閲覧回数低下に直結し、ひいては事業収益の低下につながります。
>
> 　これを解決するために生み出されたのが、History APIによる画面遷移や、サーバサイドレンダリング（SSR）といった技術でした。これらの技術は有効であるものの、フレームワークでサポートしなければ実現できないほど複雑でもあります。サイトやアプリケーションの要件によっては、単純なSPAで十分というケースもあります。やはりここでも、それぞれの技術が生まれた課題背景を理解して使い分けることが重要になります。

注68　このことは、「フロントエンドエンジニア」と「バックエンドエンジニア」というエンジニアの役割分化にもつながりました。

参考書籍

- [1] David Flanagan（著）、村上列（翻訳）JavaScript 第7版、オライリー・ジャパン、2021年
いわゆる「サイ本」、JavaScriptのバイブルです。最新の言語仕様にあわせて定期的に改訂が重ねられています。

- [2] 渋川 よしき（著）、Real World HTTP 第3版──歴史とコードに学ぶインターネットとウェブ技術、オライリー・ジャパン、2024年
「13.4 ウェブアプリケーションの動作のパターン」に、本章でも解説したようなWebアプリケーションの進化が簡潔にまとめられています。

- [3] Michael S. Mikowski、Josh C. Powell（著）、佐藤 直生（監訳）、木下 哲也（翻訳）、シングルページWebアプリケーション──Node.js、MongoDBを活用したJavaScript SPA、オライリー・ジャパン、2014年
フレームワークを利用せずにSPAを開発することで、SPAの考え方を理解できます。

- [4] 井上 誠一郎、土江 拓郎、浜辺 将太（著）、パーフェクト JavaScript、技術評論社、2011年
HTML5が登場し、JavaScriptを取り巻く状況が大きく進展してSPAが発展しだした頃のJavaScript解説書です。多少古くなってしまった記述もありますが、ブラウザが提供するWeb標準についても網羅的に解説されています。

- [5] John Resig, Bear Bibeault（著）、吉川邦夫（翻訳）、JavaScript Ninjaの極意 ライブラリ開発のための知識とコーディング、翔泳社、2013年
jQueryの開発者によるJavaScriptテクニックの解説書です。「第11章 クロスブラウザ開発の戦略」では、当時ブラウザ間の挙動の違いを吸収するためにどれほどの努力が払われていたかをうかがい知ることができます。

- [6] 手島 拓也、吉田 健人、高林 佳稀（著）、TypeScriptとReact/Next.jsでつくる実践Webアプリケーション開発、技術評論社、2022年
本章の最後に紹介したReactとNext.jsによるSSRによるアプリケーション開発手法が説明されています。また、第1章ではフロントエンド開発の変遷についても触れられています。

参考Webサイト

- [1] 開発者向けのウェブ技術 | MDN（https://developer.mozilla.org/ja/docs/Web）
本章の中でも何度も引用しました。WebブラウザFirefoxの開発団体であるMozillaプロジェクトの公開するドキュメント群です。リファレンスとして活用できるほか、初学者向けの解説もあります。多くが日本語に翻訳されているので手軽に読むことができます。

第 8 章

Web API

- **8.1** APIのWeb化
- **8.2** REST
- **8.3** リソース指向アーキテクチャ
- **8.4** Tiny ToDoのWeb API設計
- **8.5** Tiny ToDoのWeb API化
- **8.6** Web APIの公開
- **8.7** 再注目されるRPCスタイル

前章では、SPAへの進化に伴い、サーバサイドがHTTPで返す情報も変化したことも説明しました。すなわち、画面を表示するためのHTMLではなく、JSONで表現される純粋なデータへの変化です。この変化は、やがてWeb APIの進化へとつながります。本章ではサーバサイドに焦点を当て、現代のWebシステムで中心的な役割を果たすWeb APIについて解説します。

8.1 APIのWeb化

8.1.1 URLの役割の変化

JavaScriptとAjaxによって、これまでよりも使い勝手が大きく向上したWebアプリケーション、SPAが実現できるようになりました。従来、サーバサイドの役割はHTMLや画像など、ブラウザに表示するためのコンテンツを返すことでしたが、SPAの普及によって役割が変化してきました。前章でSPA化したTiny Todoでは、初期表示以外のリクエストに対して、HTMLではなくJSONで表現された情報や処理結果を返すように変更しました。

ここで、前章で作成したTiny ToDoの、各URLの役割を振り返ってみましょう（**表8.1**）。

表8.1 Tiny ToDoのURLの役割

URL	メソッド	役割	リクエストボディ	レスポンス形式	レスポンスボディ
https://〜/	GET	初期表示	-	HTML	アプリケーション画面のHTML
https://〜/todo	GET	ToDo一覧の取得	-	JSON	ToDoの一覧
https://〜/add	POST	ToDoの追加	追加するToDoの内容	JSON	追加したToDoの内容（idを含む）
https://〜/edit	POST	ToDoの編集	編集するToDoの内容	JSON	-

JSONを返す3つのURLは、コンテンツを返すというよりも、アプリケーション・プログラムにおける関数呼び出しのような位置付けに変化していることに気づくでしょうか。

本来、URLは「インターネット上の情報の位置」を示すものでした。

しかし、**表8.1**のURLは、情報そのものではなく、ToDoの追加（add）や編集（edit）など、サーバに対する処理要求を表しています。初期のWebサーバにおいて、URLはサーバが保持する静的コンテンツのディレクトリ構成とおおむね一致していました[注1]。しかし、HTTPリクエストで指定されたURLのリクエストターゲットをどのように解釈するかは、サーバ側の実装に委ねられています。静的コンテンツを返さないのであれば、ディレクトリ構成と一致させる必要性もなくなるため、URLはサーバサイドの実装の影響を受けやすくなります。

前章においてTiny ToDoのURLが**表8.1**のような構成となったのも、サーバサイドで「ToDoの一覧を返す」「ToDoを追加する」「ToDoを編集する」といった単位で処理を作成し、それらを呼び出すためのURLを作っていったからでした。

Webにおけるサーバサイドの役割が「静的コンテンツの提供」→「動的コンテンツの提供」→「要

注1 「5.1.3 パス」を参照。

求された処理の実行」というように変化していった結果、SPAにおけるHTTPリクエストはインターネット越しのAPI呼び出しと同じ位置づけとなってきました。

インターネットを経由したAPIの呼び出し、すなわち「**Web API**」です。

図8.1　従来型WebアプリケーションからSPAへの変化

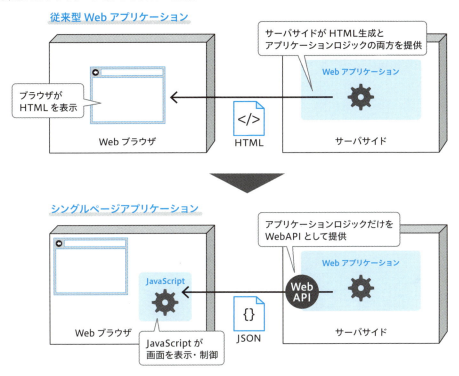

8.1.2　APIとはなにか

本書では、これまでもAPIという言葉を当たり前のように使ってきました。本章のテーマであるWeb APIについて理解するため、APIの成り立ちから、それらがネットワーク越しに呼び出されるようになり、現代のWeb APIとなるまでの流れについて説明します。**API（Application Programming Interface）**は、コンピュータのプログラム同士が互いにコミュニケーションを取る際の取り決めのことです。なぜAPIが必要なのでしょうか。

身の回りのインターフェース

ソフトウェアに限りませんが、大規模で複雑なものを作りあげるとき、まず個々の部品をつくり、最後に部品を組み立てて製品に仕上げることが一般的です。身の回りを見ても、皆さんが使うコンピュータをはじめ、自動車や多くの家電製品などがそのような作り方になっていることは、想像できるでしょう。このような作り方をすることは、3つのメリットがあります。

- 製造効率が良い
- 品質を上げやすい
- 交換しやすい

まず、部品を分けることで分担して製造できるので、早く作れるようになります。また、設計も分担できるので、それぞれの担当がその部品の品質を上げることに集中でき、品質も上がりやすくなるでしょう。製品が壊れたときは、部品単位で交換して修理することもできますし、製造過程である部品の入手が困難になったとき、互換性のある別の部品を使うこともできます。

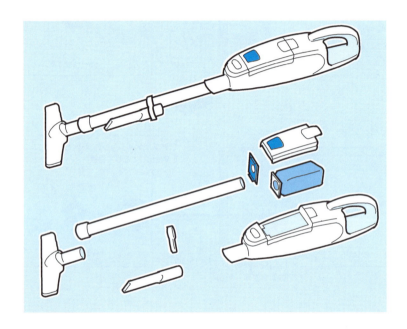

部品同士を組み合わせるには、接続方法を決めなければなりません。機械的な部品であればネジの大きさや位置、電子部品であればコネクタの形状や電気信号の仕様などです。

このような接続方法の取り決めが「インターフェース」です。インターフェースさえ一致していれば、部品同士を接続することができますし、それぞれの部品は接続相手の仕組みを細かく知る必要はありません。たとえば、乾電池がわかりやすい例です。形状やプラスマイナスの向きが決まっているので、世界中で入手できて交換可能です。またその仕組みもさまざまで、充電できるものや容量の大きなものなど、現代でも改良が続いています。

ソフトウェアの部品化とAPI

話をソフトウェアに戻しましょう。このような部品化のメリットは、ソフトウェアにも、ほぼそのまま当てはまります。ソフトウェアも多くの部品（小さなプログラム）から成り立っており、それ

らのソフトウェア部品が互いに連携する際の取り決めが、「API」すなわち「Application Programming Interface」です。もっとも身近な例は、関数やメソッドの呼び出しでしょう。

リスト8.1は「Hello World」と表示するC言語の有名なプログラム[注2]ですが、`printf()`関数自体がC言語が標準提供するライブラリであり、APIと言えます。`printf()`関数自体も、内部ではさらにOSの提供する「システムコール」という機能を呼びだすことで、画面に文字列を表示しています。システムコールも、関数のように呼び出し方が決まっており、APIの一種ととらえることができます。

リスト8.1　Hello Worldと表示するプログラム

```
printf("Hello World");
```

図8.2　printf()関数の結果が画面に表示されるまで

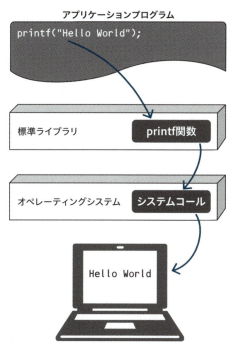

前章で説明したクライアントサイドJavaScriptでは、ブラウザが提供するさまざまなAPIを使ってTiny ToDoをSPAへ書き換えていきました。たとえば、ブラウザが管理するDOMから、特定の要素を返す`getElementById()`や、非同期でHTTPリクエストを送受信する`fetch()`などです。APIにおける「インターフェース」とは、一般に次の3つの要素です。

- 呼び出すための「名前」

[注2] ブライアン・カーニハン（Brian W. Kernighan）とデニス・リッチー（Dennis M. Ritchie）によって書かれたC言語の解説書『プログラミング言語C』より。ここでは必要な部分だけ抜き出して示しています。

第8章　Web API

- 与えるべき「パラメータ（引数）」

- 得られる「結果（戻り値）」

これらが取り決められていれば、私たちはそれに従ってAPIを利用することができ、その裏側がどのようになっているかを知る必要がありません。

　ソフトウェアの部品は、「ライブラリ」や「コンポーネント」と呼ばれます[注3]。それらの機能を呼び出すための取り決めがAPIということです。ライブラリやコンポーネントは再利用の単位でもあります。たとえば、JavaScriptエンジンやレンダリングエンジンも、ブラウザの中のコンポーネントです。「**2.3 クライアントサイドの構成要素**」で説明したように、JavaScriptエンジンやレンダリングエンジンの単位で再利用されているのも、APIが決められているおかげです。

8.1.3　ネットワーク越しのAPI

　このようなAPIが、インターネットの登場と共にいきなりWeb APIへと進化したわけではありません。現在のような形になるまでに、CORBAやSOAPといったいくつかの変遷があり、また本章の最後でGraphQLについて説明するような揺り戻しとも言える変化もあるので、それらについて理解するために簡単な歴史を紹介します。

RPCとCORBA

　コンピュータがネットワークで相互接続されるようになると、「離れた場所のコンピュータで動くソフトウェアの機能を呼び出したい」というニーズが出てきました。複数のコンピュータを相互連携させられるようになると、いろいろと嬉しいことがあります。たとえば、ある処理を複数のコンピュータに分担させられれば、それだけ早く仕事が終わります。また、あるコンピュータが故障しても、他のコンピュータが肩代わりすることで、全体として滞りなく仕事をさせることもできます。このように、複数のコンピュータをネットワークで相互に接続・連携して仕事をさせるシステムを**分散システム**と呼びます。

　分散システムはインターネットが普及するよりも前から研究・実用化されていました。分散システム上のコンピュータが互いの機能を呼び出すことは、**RPC（Remote procedure call／遠隔手続き呼び出し）** と呼ばれ、さまざまな方法が考案されてきました。広く普及したRPC技術としては、**CORBA（Common Object Request Broker Architecture／コルバ）** が挙げられます。CORBAはHTTPやURLといったWeb技術との関連性はありませんが、インターネット上でのRPCを実現し、企業システムを中心に1990年代から2000年代にかけて企業システムを中心に利用されました。

　RPCは、APIの延長として考えられていました。そのためプログラム上では、RPCの呼び出し側・呼び出される側の双方が通常の関数呼び出しと同じような使い勝手となることが期待されました。たとえば遠隔のコーヒーポットに対して、2杯のコーヒーを入れてもらうプログラムをRPCとして

注3　「ライブラリ」や「コンポーネント」という言葉の使い分けは厳密にはありませんが、イメージとしては「コンポーネント」のほうが少し大きめの部品を示すニュアンスで使われています。

書くと次のような書き方が期待されるといった具合です。

■ 遠隔呼び出しされるコーヒーを淹れる関数

```
// コーヒーを淹れる関数
int brewCoffee(int cups, boolean sugar, boolean cream) {
    ……（省略）……
    return status;
}
```

■ コーヒーを淹れる関数の遠隔呼び出し

```
// 遠隔のコーヒーサーバに2杯のコーヒーを淹れてもらう
remoteCofeePot.brewCoffee(2, false, false);
```

　実際には、この呼び出しの間には要求をネットワーク越しに送受信するといった処理が必要です。また、ネットワークならではの複雑性も生じます。通信が遅延する可能性や、相手のコンピュータがダウンして要求に応えられない可能性などの不確実性が増すため、それらに対応する処理も必要になります。CORBAなどのRPCでは、この部分の処理を自動生成する手法が一般的でした。遠隔呼び出しする処理の仕様をIDL[注4]というファイルに記述しておき、そこから「スタブ」と「スケルトン」呼ばれる通信処理を担うプログラムを生成するのです（図8.3）。

図8.3　CORBAによるRPCの実現イメージ

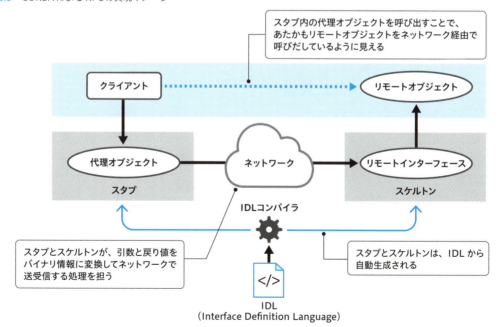

注4　Interface Definition Language、「インターフェース定義言語」のこと。

SOAPの登場

　CORBAはインターネットの本格普及前に広まった技術でしたが、WWWの広まりを受け、Web技術をベースでRPCを実現する技術の1つとして策定されたのが「**SOAP（ソープ）**[注5]」です。SOAPはサーバに対する処理要求や結果をXMLで表現し、それらをHTTPでやりとりすることでRPCを実現することを目指したものです。

図8.4　SOAPによるRPCのイメージ

　もともとSOAPはOSやプログラミング言語が異なるアプリケーション同士でRPCを実現できるよう、可搬性を重視していました。通信プロトコルもHTTPだけではなく、メール送信プロトコルであるSMTPでも使えるようにすることを目指していましたが、現実としてはHTTPで使用されることがほとんどでした。このため、XMLで表現されたSOAPメッセージにさまざまな情報が入り込み、簡単なRPCコールであっても多くの情報を記述する必要がありました。図8.4に示したSOAPメッセージの例はW3Cのサイトから引用[注6]したものですが、おそらく「午後2時にマリーを学校へ迎えに行く」という通知を要求するだけのものです。図の中では太字で示した部分が本質的な情報ですが、それ以外に多くの付加情報が必要なことがわかります。

　SOAPの検討にはMicrosoftやIBMをはじめとする大手企業がかかわり、W3Cで策定が進みました。SOAP自体はメッセージの転送方法だけを定めた仕様であったため、実用的なRPCを実現するため

注5　SOAPは当初「Simple Object Access Protocol」の略称でしたが、https://www.w3.org/TR/soap12-part1/ によると、現在では何かの略語ではないとされています。
注6　https://www.w3.org/TR/soap12-part1/#firstexample より引用しました。

に「WS-Security」「WS-Transaction」など「WS-*[注7]」と総称されるさまざまな仕様群が作られていきました。SOAPは2000年代前半に企業システムを中心として利用が広まります。従来のCORBAと比べると、次のようなメリットがあったことが理由でもありました。

- 実質的な通信プロトコルがHTTPなので企業内のファイアウォールを越えやすかった
- 通信内容がXMLであるため、バイナリ[注8]で通信するCORBAに比べると確認しやすかった

HINT

「ファイアウォール」とは、インターネットと組織のネットワークの境目などに設置され、不正アクセスや悪意ある攻撃を防ぐための装置や仕組みのことです。多くの場合、特定の通信プロトコルだけを通過させるように設定されています。HTTPは多くの業務で必要となるため解放されていることがほとんどであり、RPCのためにファイアウォールの設定を変更しなくてもよいというメリットがありました。

一方、SOAPは大企業が企業システムで活用することを念頭に策定が進んだため、仕様が複雑化してしまい、導入のハードルが高くなっていきました。また、CORBAと同様にアプリケーション・プログラム上では、単なるメソッド呼び出しとして記述できるよう、ソースコードの自動生成を前提としていました。さらにXMLの生成にもライブラリが必要であったため、多くの周辺プログラムを必要とすることが課題でした。

8.1.4 SOAPに頼らないWeb APIの課題

Web APIに話を進めましょう。「Web API」の厳密な定義はありませんが、広い意味では「HTTPによってネットワーク越しに呼び出せるようにしたAPI」を、Web APIと呼びます[注9]。

Web上でAPIを提供するには、SOAPのようなカッチリとした枠組みを利用するのが理想ではありました。しかし前述のように、仕様と周辺技術の重厚長大さが足枷となり、小さなアプリケーションで手軽に導入できるものではありませんでした。一方で、クエリパラメータやリクエストボディで引数をサーバに渡し、結果をレスポンスボディで受け取ることによってHTTP上でRPC的なものを実現することは簡単に思いつくため、CGIの時代からこのようなことが行われていました。しかし、SOAPとはいかないまでも、ある程度きちんと作ろうとすると、API設計の難しさが表面化してきます。

API設計とは、APIが提供する機能と、先ほど述べたようなインターフェース（名前、パラメータ、結果）を決める作業といえます。Web APIの設計で難しいのは、仕様上の制約が少ないことから、いろいろな設計ができてしまう点です。

注7 「ダブリュエス・スター」と読みます。
注8 バイナリはコンピュータが直接解釈することを想定したデータ表現です。
注9 前述のSOAPもこの定義に当てはまるのですが、SOAPの巨大さ・複雑さに対するアンチテーゼ的な意味合いでWeb APIという用語が生まれた背景から、一般にSOAPはWeb APIの仲間に入れてもらえないのが、ややこしいところです。

Tiny ToDoで、ToDoを追加するAPIを例に考えてみましょう。次のような3つのパターンが考えられます。どれもHTTPの仕様に沿っており、実際にこのような実装が可能です。

■ パターン1：名前とパラメータをクエリパラメータで表現する例

https://tinytodo.example.com/?cmd=add&todo=Buy%20milk

（ボディなし）

■ パターン2：名前とパラメータをリクエストボディに含める例

https://tinytodo.example.com/api

```
{
    command: "add"
    todo: "Buy milk"
}
```

■ パターン3：名前をURLに含め、リクエストボディにパラメータを含める例

https://tinytodo.example.com/add

```
{
    todo: "Buy milk"
}
```

実際、パターン1は初期のCGI[注10]で多かったパターンで、パターン2はRPCの考え方です。前章でSPA化したTiny ToDoは、パターン3でした。

自由度の高さゆえに、設計者視点では適切な設計が難しく、利用者視点では理解しにくいという難点があります。このようにサーバサイドのAPI化が進むと、API設計が重要になってきます。

8.2 REST

8.2.1 RESTの登場と論争

このようにさまざまな方法がとれるWeb APIの設計に1つの指針を示したが、RESTです。

REST（レスト） は、2000年にロイ・フィールディング（Roy Fielding）が博士論文『Architectural Styles and the Design of Network-based Software Architectures[注11]』の中で示したアーキテクチャスタイルです。

注10 「4.5.2 CGIの登場」を参照
注11 https://www.ics.uci.edu/~fielding/pubs/dissertation/top.htm

> **HINT**
>
> コンピュータシステムやソフトウェアの全体視野での設計を「アーキテクチャ」と呼びます。「アーキテクチャスタイル」は、似たようなものを対象とした複数のアーキテクチャに共通する指針、流儀、課題解決の方法を指します。「設計思想」ととらえても良いかもしれません。

Fieldingはカリフォルニア大学アーバイン校在籍当時から、HTTPの仕様策定にもかかわっています。彼は論文の中で、なぜWebがこれほどまでの世界規模に成長し、多くの人に普及したのか、その要因をこれまでの活動をふまえて分析しました。それがいくつかのアーキテクチャ上の特徴に起因していると結論づけ、それらの特徴を持つアーキテクチャのスタイルをRESTと名付けました。言い換えれば、これまできちんと説明されていなかった[注12]、Web成功の秘訣となった設計の肝を言語化したものがRESTです。

一方この頃、先に紹介したSOAP上で設計が進んでいた「WS-*」は、仕様が膨らんで策定が難航していました。それを待てない関係各社が独自の解釈で実装を進めたため、各社の実装について相互接続ができない問題が発生し、そもそも実装が困難であるという問題が表面化しはじめます。

そんな状況で注目されたのがRESTでした。SOAPに替わり、Web上でアプリケーションが相互連携するための手段として、RESTの考え方に基いてWeb APIを設計するアイデアが出はじめました。RESTに基づいたWeb APIはSOAPをはじめとするRPCの考え方と相反するものであったため、SOAPの推進者が大きく反発しました。ここで、2000年から2003年頃にかけてFieldingもメーリングリストの議論に積極的にかかわり、SOAP vs REST論争が巻き起こります。詳細は割愛しますが[注13]、RESTのシンプルさやWebとの親和性が徐々に受け入れられ、2000年代後半にはこの論争は自然と終息し、RESTに基づいたAPIが優勢となっていきました。

8.2.2 RESTとWeb API

Web APIへのRESTの適用

現代のWeb APIを理解するためにRESTを理解することは必須なのですが、これがなかなか困難です。Fieldingの論文では、Webの成功要素となったアーテクチャの特徴をRESTと名付けているにすぎないので、HTTPやHTMLのように明確な仕様があるわけでもありません。

RESTはWeb全体のアーキテクチャを説明したものであり、Web APIの設計を直接示唆したものではありませんでした。このため、RESTの考え方をWeb APIの設計に当てはめるにあたり、RESTの解釈や適用の程度に幅が出てくるのです。

[注12] Fieldingの論文の中でも、『初期のウェブアーキテクチャは、関心の分離、シンプルさ、汎用性といった確かな原則に基づいていたが、アーキテクチャの説明や理論的根拠には欠けていた』と書かれています。

[注13] SOAP vs REST論争については、『Webを支える技術』[2]第2章で詳しく説明されていますので、興味ある方はそちらを参照してください。

図8.5 Web APIへのRESTの適用

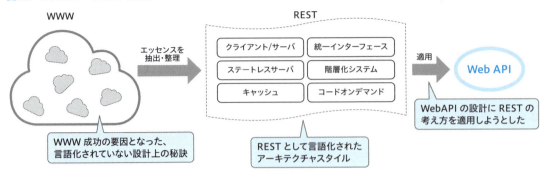

　RESTで説明されている、Webを特徴付けるアーキテクチャの要素は図8.5にも示すような次の6つです。

- クライアントとサーバが分かれていること
- ステートレスであること
- キャッシュによって通信量が削減されること
- インターフェースが統一されていること
- システム全体が階層化できること
- プログラムをダウンロードして実行できること

HINT
　ここに挙げた6つの要素は、本書では詳しく解説しません。興味ある方は『Webを支える技術』[2]の「第3章 REST Webのアーキテクチャスタイル」で、それぞれ簡潔にわかりやすく説明されていますので、そちらを参照してください。

　先ほども述べたように、RESTはアーキテクチャスタイルであるため、ここにはWeb APIの設計には直接関係ない要素も混じっています。RESTの考え方をWeb APIへ適用するにあたっては、この6つの要素をもう少し読みかえているのですが、これについては次節で説明します。

HINT
　RESTは「Representational State Transfer」の略で、「よく設計されたWebアプリケーションの動作イメージ」を表現するために作った言葉のようです。Fieldingの論文の説明[注14]を訳すと、「ウェブページはアプリケーションの状態を表現し、ユーザがウェブページのリンクをたどることで、新しい状態（ウェブページのこと）がユーザに転送され、状態を進行させる」ということを表現してい

注14　Roy Fieldingの論文『Architectural Styles and the Design of Network-based Software Architectures』の「6.1 Standardizing the Web」（https://ics.uci.edu/~fielding/pubs/dissertation/evaluation.htm#sec_6_1）より。

ます。当初はここで紹介した6つの特徴を繋げて「Uniform Layered Code on Demand Client Cache Stateless Server, ULCODC$SS」と呼んでいましたが、これを端的に表すため、「REST」と名付けられたようです[注15]。

「Web API」の示す範囲

　一般にRESTの考え方を適用して設計されたWeb APIを「REST API」と呼びますが、先に述べたように解釈のブレや適用度合に差があります。『RESTful Webサービス』[1]では、Fieldingの論文に記述される「REST」の考え方を高いスコアで満たすものを「RESTful API」と呼んでいます。一方で、次の理由からRESTfulであることにこだわらずに、RESTの要素を適宜とりこんだものを「RESTish API」(REST風API)とし、これを「Web API」と呼ぶことが、暗黙的な共通理解となっています[注16]。

- RESTfulの厳密な定義が議論の種になる
- 仮にRESTに100%沿ったAPIを作ったとしても、すべてのケースに対処できるわけではない[注17]

以上をふまえ「Web API」という言葉の範囲を図示すると図8.6のようになります[注18]。

図8.6　「Web API」の表す範囲

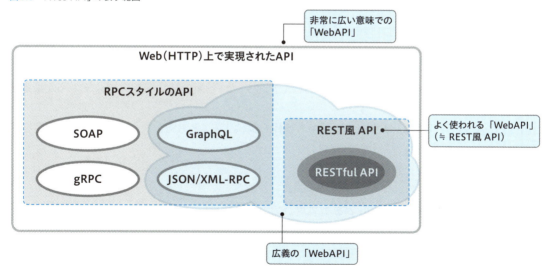

注15　『Webを支える技術』[2] P.37より。
注16　単に「REST API」と呼んだとき、それが「RESTful」なのか「REST風」なのかは発言者の意図によっても異なるでしょう。
注17　現実的にRESTが適用しにくいケースについては、本章後半でGraphQLの事例と共に説明します。
注18　これは筆者の経験に基づく感覚的な理解を図示したものなので、人によっては見解の相違がある可能性があります。しかし、「Web API」や「REST API」といった用語の指す範囲が曖昧なことは、初学者によっても混乱の元になりますので、現状を整理する意味で図示しました。

第8章　Web API

　なお、「RPCスタイルのAPI」に分類している技術のうち、GraphQLについては「**8.7 再注目される RPCスタイル**」で解説します。XML-RPC[注19]やJSON-RPC[注20]は、SOAPに前後して制定されました。名前のとおり、リクエストやレスポンスをJSONやXMLでやりとりしてRPCを実現するものです。やりとりするXMLやJSONの内容に、一定の規則を設けて相互運用しやすくすることを目指しましたが、どちらもIETFやW3Cで規格化されたものではないため、それほど普及はしなかったというのが筆者の印象です[注21]。

　なお、XML-RPCやJSON-RPCの規格には沿わないものの、XMLやJSONを使った独自RPCスタイルのWeb APIは多数存在しました[注22]。前章で作成したTiny ToDoのサーバサイドは、JSONを使った独自RPCスタイルのWeb APIとも言えます。

　gRPCは、Google社が開発して近年利用が広がっている、RPCスタイルの技術です。HTTP/2を前提としているため、他とは多少位置づけが異なりますが、非常に広い意味ではWeb APIの一種と考えられるため、図に含めました。なお、gRPCやHTTP/2は本書の解説範囲外です。

8.3 リソース指向アーキテクチャ

　Fieldingの論文に書かれているRESTの要素をそのまま説明すると少し難しいので、大まかに噛み砕いてRESTの考え方を簡単に紹介しましょう。

　『RESTful Webサービス』[1]では、RESTをWeb APIにあてはめて具体化したものを「**リソース指向アーキテクチャ（ROA：Resource-Oriented Architecture)**」と呼んでいます。

　リソース指向アーキテクチャでは、まず前提として、APIが操作する対象は「さまざまな情報の集まり」であるととらえます。ここでいう「情報」は、文書や画像、映像など、コンピュータで扱えるものすべてが当てはまり、ここでは「**リソース**」と呼びます。

　たとえば、Tiny ToDoで管理する「買い物へ行く」といったToDoもリソースですし、それらが集まったToDoリスト全体もリソースです。

　RESTに基づいたAPIは「リソースに対する操作を提供する」と考え、次の4つのような特性を持つべきと考えられています。

1. リソースの示し方
    - リソースにはそれを表すURLがあり、URLによってリソースにアクセスできる

2. リソースのたどり方
    - あるリソースから別のリソースをたどることができる

3. リソースの操作方法

注19　https://xmlrpc.com/ 最初の制定は1998年。
注20　https://www.jsonrpc.org/ 最初の制定は2006年。
注21　XML-RPCやJSON-RPCについては、『Real World HTTP 第3版』[5]「6.6 リモートプロシージャコール（RPC）」でもう少し詳しく紹介されています。
注22　本章後半の「8.6.2 API公開で広がるWebの世界」で紹介するYahoo!の郵便番号検索APIも、JSONやXMLを使った独自スタイルのRPCに分類できます。

326

8.3 リソース指向アーキテクチャ

- リソースに対して何をしたいかは、HTTPメソッドで表現する
- リソース操作の結果は、HTTPステータスで表現する

4. リソース操作の手順

- リソース操作に手順は不要で、一度のやりとりで求められる結果が得られる

以上4つの特性は、専門的には次のような言葉で説明されていますが、ここでは少し噛み砕いた表現にしてみました[注23]。難しい書き方をしていますが、要は「ティム・バーナーズ=リーが考えた当初のWebの思想を、Web上のAPIにも当てはめましょう」ということだと筆者は理解しています。

1. 「リソースの示し方」→アドレス可能性（Addressability）
2. 「リソースの辿り方」→接続性（Connectability）
3. 「リソースの操作方法」→統一インターフェース（Uniform Interface）
4. 「リソース操作の手順」→ステートレス性（Stateless）

それぞれの特性について、もう少し具体的に説明していきましょう。

8.3.1　アドレス可能性

「アドレス可能性」は、リソースに対してURLを与えることで、その場所を指し示せるようにすることです。たとえば、Wikipediaで「World Wide Web」について書かれたページのURLは次のようになっており、これはアクセス可能です。

```
https://ja.wikipedia.org/wiki/World_Wide_Web
```

Tiny ToDoで「牛乳を買う」というToDoは、次のようなURLで表現できるかもしれません。

```
https://tinytodo.example.jp/todos/buy_a_milk
```

多少わかりにくくなりますが、IDで表現してもかまいません。ToDoを表す内容は編集できますから、アプリケーションにとってはこの方が現実的でしょう。

```
https://tinytodo.example.jp/todos/1234567
```

このように「アドレス可能なリソース」とは、その情報を表すURLが割り当てられたものだと理解すれば良いでしょう。これだけを見ると、「あたり前じゃないか」と思うかもしれません。逆に、「アドレス可能でないリソース」と、「リソースではないURL」を考えると、その違いをはっきり理解できます。その例は、どちらも前章で作成したTiny ToDoのURLに見つけることができます。

注23　この4つの特性は『RESTful Webサービス』[1]の第4章で解説されています。

Tiny ToDoでは、複数のToDo項目を管理できました。しかし、思い出してみてください。
そこで管理されている個々のToDo項目に対応するURLは存在したでしょうか。

ありませんね。これまでのWebアプリケーションは、「画面」と「URL」を対応付ける考え方でしたし、初期のSPAではURLが変化しませんでしたから、画面とURLですら対応していませんでした。つまり、これまでのTiny ToDoにおけるToDo項目はアドレス可能なリソースになっていなかったということです。

もう1つ、「リソースではないURL」とはどのようなものでしょうか。Tiny ToDoでは、ToDoを追加するために~/addというURLにPOSTリクエストを送信していました。「add」は、「ToDoを追加しなさい」という命令を意図した名称であり、リソースではありませんね。あらためて、アドレス可能性とは、アプリケーションが扱うリソースにURLを割り当てることです。リソースなので、そのURLは必然と名詞形になります。

8.3.2 接続性

「接続性」は、人間がブラウザでするのと同じように、アプリケーションもあるリソースから関係する別のリソースを辿れるようになっていることです。

WWWがこれほどまでに発展したのは、ブラウザ上でハイパーリンクをたどることで、さまざまなWebサイトを次々と閲覧できることにあります。いくらURLがあっても、それを都度入力しなければサイトが見られないのであれば、不便極まりないでしょう[注24]。

たとえば、あるAPIが返す情報に、さらに詳細な情報を取得するためのURLを含まれていれば、クライアントはさらにリクエストを発行して、次の情報を得ることができます。

図8.7 接続性

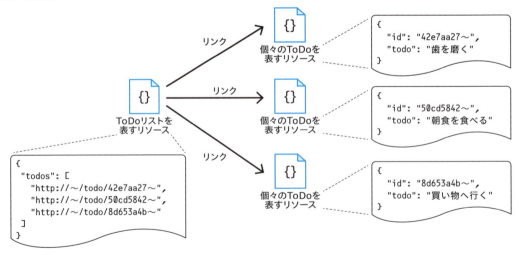

[注24] 昔話ですが、検索サイトが一般化する前の1990年代後半までは、今ほど簡単にさまざまなサイトを見つけることはできず、書籍に掲載されたURLを手で入力しなければ場面もよくありました。接続性が悪かったといえるのかもしれません。

8.3 リソース指向アーキテクチャ

コラム　HATEOAS

この接続性を突き詰めていくと、HATEOAS (Hypermedia As The Engine Of Application State)[注25]という考え方になります。普段私たちがWebサイトを閲覧するとき、特に説明書のようなものがいらないのは、簡単に言えば「見ればわかる」ようになっているからです。あるサイトのトップページを開くと、さまざまな情報へのリンクが説明やアイコンと共に表示されていて、何をするにはどこをクリックすれば良いか、わかるようになっています。

簡単にいえば、Web APIでもこれと同じようにしようというのが、HATEOASです。RESTに沿って設計されたWeb APIでは、さまざまなリソースを表現するため、多くのURLが登場します。Web APIを呼び出すクライアントは、これら多くのURLをソースコードや定義ファイルに記述しなくてはならないでしょう。しかし、あるリソースを表現する情報の中に、クライアントが次に行うべき操作や関連するURLが含まれていたら、クライアントはすべてのURLを記憶する必要がありません。人間がWebサイトを「見ればわかる」のと、近い状況にすることができるというわけです。

HATEOASは比較的高度な話題ですが、Web APIに関する話題として登場することもありますので、単語と概要だけでも知っておくと良いでしょう。なお、HATEOASの具体例を知りたい方はMartin Fowlerによる解説記事[注26]や、『Web API : The Good Parts』[3]の「2.9 HATEOASとREST LEVEL3 API」を参照すると良いでしょう。

8.3.3　統一インターフェース

「統一インターフェース」は、「統一された方法でリソースを操作しましょう」ということです。「8.1.4 SOAPに頼らないWeb APIの課題」でも例示しましたが、HTTPではさまざまな方法でリソース操作を表現できます。

たとえば前章のTiny ToDoでは、`/add`というパスへのPOSTリクエスト送信によってToDoを作成していました。また別の方法として、推奨できない例ではありますが`〜?cmd=add&todo=buy+a+milk`のように、GETリクエストとクエリパラメータでも表現できてしまいます[注27]。

統一インターフェースの考え方では、リソースに対する操作をHTTPメソッドで表現することとしています。「5.3.1 HTTPリクエスト」で説明したように、HTTPリクエストにはいくつかのメソッドが用意されています。主要なものはGETとPOSTですが、HTTP/1.1からはPUTやDELETEといったメソッドが加わりました。これらのメソッドでリソースに対してどのような操作をしたいかを表現します。具体的には表8.2のように対応させます。

[注25] HATEOASという略語は登場しませんが、"hypermedia as the engine of application state" という表現は、Fieldingの論文 (https://ics.uci.edu/~fielding/pubs/dissertation/rest_arch_style.htm) に登場します。なお「HATEOAS」の読み方は、検索すると「ヘイタス」と書かれているものが多いのですが、これが正式な読み方なのかどうか筆者も確認できませんでした。
[注26] https://martinfowler.com/articles/richardsonMaturityModel.html#level3
[注27] GETメソッドはサーバからの情報取得に使うものなので、ToDo作成のような用途で使うべきではありません。しかし、最初期のWebアプリケーションでは、このような設計もたまに見かけました。

第8章　Web API

表8.2　リソースに対する操作とHTTPメソッドの対応

HTTPメソッド	代表的な操作
GET	取得
POST	子リソースの新規作成／既存リソースへの追加
PUT	リソースの新規作成／既存リソースの更新
PATCH	既存リソースの部分的な更新
DELETE	削除

　それぞれHTTPメソッドの名前と一致しているので、違和感なく理解できるでしょう。このように定めておくと、URLで表現されたリソースに対してどのようなHTTPリクエストを送信すれば良いのかがすぐにわかります。たとえば、IDが1234567のToDo項目の内容を編集したいときは、次のURLに対して「リソースの更新」を表すPUTリクエストを送信すれば良いことは、容易に想像できます。また、ToDoを削除するには同じURLに対してDELETEメソッドによるリクエストを送信すればよいこともわかります。

> https://tinytodo.example.jp/todos/1234567

　リソースの操作結果はHTTPレスポンスのステータスで表現できます。たとえば、GETメソッドによるリソースの取得について、成功であればその内容とともに「200 OK」を返せば良いですし、URLが誤っていてリソースが存在しない時は「404 Not found」を返すことで、クライアントへ伝えることができます。

8.3.4　ステートレス性

🌐 アプリケーション状態とリソース状態

　「ステートレス性」は、クライアントからサーバへ要求する際、サーバがその要求を処理するのに必要な情報がすべてリクエストに入っていることを指します。裏を返せば、サーバに状態（ステート）を持たせないということです。ここでいう「状態」とは、どのようなものでしょうか。リソース指向アーキテクチャでは、2種類の状態に言及しています[注28]。

- リソース状態
- アプリケーション状態

　「リソース状態」とは、サーバ側で保持すべきリソースの状態のことです。
　Tiny ToDoでいえば、ユーザが登録したToDoはリソース状態といえます。ブログサービスが管

注28　『RESTful Webサービス』[1]「4.5.1 アプリケーション状態とリソース状態」より。

理しているブログ記事や、写真共有サービスに保存している写真などもリソース状態です。

一方「**アプリケーション状態**」は、それぞれのクライアントに関する状態です。

こちらは想像しにくいので、具体例で説明しましょう。たとえば、検索機能を提供するAPIを考えます。次のように、クエリパラメータで検索キーワードを渡すと、検索結果が送られてくるようなWeb APIを想像してください。

```
https://search.example.jp/?q=www
```

一般に検索結果は多数あるので、一度のレスポンスですべての検索結果を返却するのは困難です。そのため、多くのケースでは「一度に返す検索結果は20件」のような制限をつけ、何らかの形でリクエストを繰り返すことで、続きの検索結果を得られるようになっています。たとえば、あるクライアントが上記のURLにリクエストを送信したとき、「1回目は最初の20件」、「2回目は次の20件」というような返し方をするAPI設計ではどうでしょうか。検索結果全体の中で、どの20件が必要なのかを特定する情報がURLにはいっていないので、サーバはクライアントを識別し、クライアントごとに何回目の要求なのかを記憶しなくてはならないかもしれません。これが、「サーバに状態を持たせてしまっている」ということです。

一方、ステートレスな検索リクエストでは、次のようにクエリパラメータに検索結果の何ページ目が必要なのかを示す情報が入ります。

```
https://search.example.jp/?q=www&page=1
```

page=1ならば1件目から20件目、**page=2**ならば、21件目から40件目といった具合です。以前の要求に基づいて以降の要求に対する結果が変化するのは、ステートレスではないということです。

🌙 なぜ、ステートレスが求められるか

では、なぜステートレスであることが求められるのでしょうか。それは、サーバ側に状態を持たせてしまうと、システム規模に応じてサーバを増やしにくくなるからです。多くの仕事をこなすには分担したほうが早くできるのと同じで、大量のリクエストを効率良く処理するには、サーバを複数用意して分担させるのが有効です。リクエストがステートレスであれば、どのサーバでもリクエストを処理できます。一方、ステートレスではないリクエストだと、前回と同じサーバを選んで処理を要求するか、サーバ間でステートを共有する仕組みが必要になります。

図8.8 ステートフルなリクエスト

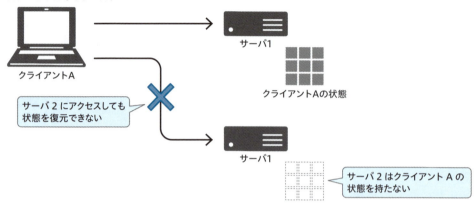

図8.9 ステートレスなリクエスト

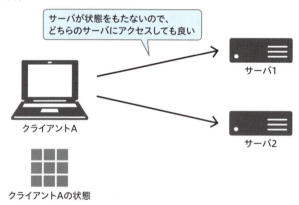

　これは、現実世界でも同じことが言えます。皆さんが髪を切る際、馴染みの理髪店に行けば、店員さんを指名して「いつもどおりで」とお願いすれば、希望どおりの髪型にしてくれるでしょう。これは店員さんがお客の希望を覚えているからです。私たちは楽ですが、別の店員さんには同じことはできません。

　一方格安カット店では、ほとんどの場合は指名できず、どの店員さんが担当するかわからないので、自分の希望を細かく伝えなければなりません。これはステートレスな要求と言えます。顧客である私たちは面倒ですが、店舗側は店員を増やしやすいので、多くの顧客にサービスを提供できます。

コラム　APIと認証

　理想的なWeb API設計という観点では、可能な限りステートレスであるべきですが、現実にはすべてをステートレスにするわけにはいきません。悩ましいのが、第6章でも取り組んだような、ユーザ認証が必要になるケースです。ユーザの認証状態は「アプリケーション状態」に相当するので、これをサーバ側で管理するとステートレスとはなりません。

　Webアプリケーションフレームワークには、セッション情報を暗号化してクッキーに保存することで、ユーザの認証状態をステートレスに管理できるものもあります。一見便利そうですが、認証状態をサーバで管理できないため、万が一の時に強制ログアウトができないなど、セキュリティ観点では不都合になるケースもあります。

　なお、本章ではこの後にTiny ToDoのWeb API化に取り組みますが、ステートレス性を満たしていないので、RESTfulとはいえません。認証に関しては前章までの仕組みと同じで、Cookieに保存したセッションIDを使い、サーバ上にセッション情報として保持しているからです。Web APIを呼び出す際の認証は、別の仕組みを使って「アクセストークン（Access token）」と呼ばれる一時的な認証情報を発行し、それをHTTPのAuthorizationヘッダに付与するのが一般的な方式です。アクセストークンを発行するための技術としてOAuth2（オーオース2）やOIDC（OpenID Connect／オーアイディーシー）が登場していますが、これらの解説は別の機会とします。

8.3.5 RESTful Web API

ここまで説明した4つの特性を満たすWeb APIが「RESTに従っている」「RESTらしい」という意味で、「RESTful Web API」と呼ばれています。とはいえ、実際にWeb APIに求められるさまざまな要件を実現しようとすると、これらの特性に沿いきれない部分も出てきてしまいます。一時期は各特性をどこまで満たせばRESTfulと言えるのか、論争になったこともありました。しかし、もともとREST自体がWWWのアーキテクチャを説明するための手段として考案されたものであり、それをWeb APIの設計に応用しているに過ぎません。ですので、設計指針としてのRESTの考え方は重要であるものの、杓子定規にこだわる必要はないというのが、現代のWeb APIに対する大方の考え方となっています。

> **HINT**
> Web APIの設計指針については、『Web API：The Good Parts』[4]で、さまざまな現実的知見がまとめられています。たとえばアドレス可能性について、検索機能を提供するAPIではURLに「search」という動詞が含まれていたほうがわかりやすいという主張をしていたり、APIのバージョンを表す「v1」などの語句を含めることを提案したりしています。同書の「1.6 RESTとWeb API」の節ではそのことに触れ、「RESTの精神には反するが、現実論としては必要である」とし、同書の中では敢えて「REST」という言葉は極力使わないという姿勢を示しています。

RESTful Web APIの成熟度

Web APIが、どの程度RESTに沿っているかを示す指標として、Leonard Richardson氏が2008年の公演で発表注29した「REST成熟度モデル」という指標があります。Martin Fowler氏によるこの指標の解説注30によると、REST成熟モデルでは、RESTful Web APIにいたる設計レベルを次の4段階に分けています。

- Level 0：HTTPを単にRPCの延長として使っている
- Level 1 - Resources：リソースをURLで表現している
- Level 2 - HTTP Verbs：HTTPメソッドを正しく使い分けている
- Level 3 - Hypermedia Controls：HATEOASを実現している

Level3のHATEOASは、329ページのコラムで説明したものです。あくまで筆者の経験に基づく主観ですが、一般公開されているWeb APIはLevel 2がほとんどで、Level 3のHATEOASまで実現しているWeb APIはあまり見かけません。また、システムの内部利用に留まっているものだと、Level 0〜1のものも多いようです。Web APIを設計する際の指針の1つとしてとらえておくと良い

注29 https://www.crummy.com/writing/speaking/2008-QCon/act3.html
注30 https://martinfowler.com/articles/richardsonMaturityModel.html

でしょう。

RESTとRPCの違い

ここまでのまとめとして、RESTful Web APIと、SOAPに代表されるRPCベースのWeb APIとの違いを整理しましょう（**表8.3**）。

表8.3 RESTful Web APIとRPCベースのWeb APIの違い

要素	RESTful Web API	RPCベースのWeb API
URL	リソースを表す	単なる呼び出し窓口で、それ自体に意味はない
HTTPメソッド	操作に応じて使い分ける	たいていはPOST
HTTPステータス	操作の結果を表すために活用する	積極的に活用しない
使い方のわかりやすさ	URLとHTTPメソッドから想像しやすい	ドキュメントが必要
アプリケーション状態	サーバ側に持たない	サーバ側に持っても良い
キャッシュ	HTTPのキャッシュ機構を利用可能	限定的

HINT

キャッシュについては4つの特性に直接含まれないため、ここで初めて登場しますが、RESTではリソースの取得にGETメソッドを利用するため、ブラウザが本来備えているキャッシュ機能を利用でき、通信量を削減できるということです[注31]。RPCベースのWeb APIでは、リソースの取得でもPOSTメソッドを使うため、ブラウザのキャッシュを活かせません。

8.4 Tiny ToDoのWeb API設計

ここからは、実践を通してWeb APIの実際を理解していきます。これまでの説明を踏まえ、できるだけRESTに沿った形でTiny ToDoのWeb APIを再設計してみましょう。

8.4.1 ToDoのリソース設計

ToDoリストをURLで表現する

RESTで中心となるのはリソースなので、Tiny ToDoにおける「リソース」を考えてみましょう。先ほども述べたように、リソースはWebアプリケーションが取り扱う情報ととらえられます。Tiny ToDoは、ToDoを扱うアプリケーションなので、ToDoをリソースと考えることができます。「ToDoリスト」は複数の「ToDo」で構成され、ユーザごとに1つの「ToDoリスト」が存在します。

注31　ブラウザのキャッシュについては「9.1.2 通信量の削減」で説明します。

図8.10 Tiny ToDo アプリのリソース

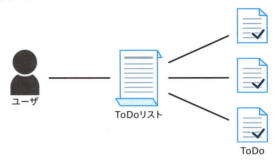

以上をふまえて、ToDo リストと ToDo 項目を、それぞれ次のような URL で表現することにします。

- **ToDo リスト：**

  http://〜/todos/

- **ToDo 項目：**

  http://〜/todos/<ToDo 項目の ID>

🍪 コンテキストと URL

図8.10 には、「ユーザ」も登場していますが、先ほど設計した URL にユーザは含まれていません。たとえば、次のような URL 設計にしなくて良かったのでしょうか。

http://〜/<ユーザ名>/todos/<ToDo 項目の ID>

この場合、alice というユーザの ToDo リストが **http://〜/alice/todos/** ならば、bob というユーザの ToDo リストが **http://〜/bob/todos/** であることは容易に想像できてしまいます。Tiny ToDo には第6章でユーザ認証機能を組み込んであり、ログインした本人以外が自分の ToDo を見ることはありません。

ログイン中のユーザが誰なのかは、クッキーに保持されているセッション ID をキーとしてサーバ上にセッション情報として保持しているのでした。つまり Tiny ToDo のアプリケーション特性として、認証後の状態をコンテキストとして、1人のユーザの視点で URL 設計をしています。一方、一般公開する前提のブログサービスであれば、次のように URL にユーザ ID を含めるほうが適切でしょう。

http://tinyblog.example.jp/<ユーザ名>/articles/<記事 ID>

なお、**http://〜/todos/<ToDo 項目の ID>** のような URL 設計では、URL に登場しない認証状態を前提としているため、URL が一意とは限りません。つまり、alice にとっての **http://〜/**

todos/1234567というToDoと、bobにとっての**http://~/todos/1234567**というToDoが、まったく別の情報にもかかわらず、同じURLで示される可能性があります。

RESTの「アドレス可能性」に素直に従うならば、URLにユーザIDを含めるべきかもしれません。しかし、本例のようにそれがセキュリティを損ねる可能性もあるため、現実に照らし合わせたURL設計が必要になります。

8.4.2 リソースに対する操作の抽出

リソースが抽出できたので、それぞれのリソースに対する操作を考えます。具体的には、各リソースに対する操作を、どのようなHTTPメソッドで表現するかを決めます。

Tiny ToDoのケースでは、「**8.3.2 統一インターフェース**」の**表8.2**に示すような対応を念頭におけば、それほど難しくはないでしょう。ここでは、**表8.4**のようにしてみます。

表8.4 Tiny ToDoのWeb API設計

URL	メソッド	役割
/todos/	GET	ToDoリストの取得
/todos/	POST	ToDoの追加
/todos/<ToDo項目のID>	PUT	ToDoの更新
/todos/<ToDo項目のID>	DELETE	ToDoの削除

なおWeb APIでは、クライアントが呼び出すことを想定したURLを「**エンドポイント**[注32]」と呼びます。それぞれの操作に対して、具体的なエンドポイントの仕様を考えてみましょう。

8.4.3 ToDoリストの取得

Tiny ToDoでは、画面初期表示の際にログイン中ユーザのToDoリストを表示するため、リスト全体を取得する操作が必要です。それには、**/todos/**というToDoリストを表すリソースを用意し、それに対するGETメソッドを割り当てれば良いでしょう。

HINT

ToDoリストは、ToDoの集合なので、「todos」という複数形名詞でリソースを表現していることに注意してください。「users」「books」「orders」など、複数型のリソース名にすることで、それ対してGETリクエストを送信すれば、その要素のリストが得られることが想像しやすいです。

レスポンスの返し方には、何パターンかが考えられます。1つは、ToDo項目のすべての情報を返す方法です（**リスト8.2**）。

注32 エンドポイント（end point）は、もともとコンピュータ用語では「通信の終端点」という意味です。

第8章 Web API

リスト8.2 リソースの返却例

```
{
    "todos": [
        {
            "id": "42e7aa2717c90cd19c71eb3695318e07",
            "todo": "歯を磨く"
        },
        {
            "id": "50cd5842d434c9336ff42fb9c8004505",
            "todo": "朝食を食べる"
        },
        ...
}
```

　この方法はシンプルですが、個々の項目がより多くの情報（ToDoならば、たとえば作成日時や期限など）を持つようになると、レスポンスに含まれる情報量が多すぎるようになるかもしれません。その場合は、次のように個々の項目の詳細情報を得るためリンクを含めるのも良いでしょう（**リスト8.3**）。このレスポンスを受け取ったアプリケーションは、必要に応じて追加のリクエストを発行してそれぞれのToDoに対する詳細情報を得ることができます。

リスト8.3 詳細リンクを追加した/todos/リソースの返却例

```
{
    "todos": [
        {
            "id": "42e7aa2717c90cd19c71eb3695318e07",
            "todo": "歯を磨く",
            "link": "http://~/todos/42e7aa2717c90cd19c71eb3695318e07"
        },
        {
            "id": "50cd5842d434c9336ff42fb9c8004505",
            "todo": "朝食を食べる",
            "link": "http://~/todos/50cd5842d434c9336ff42fb9c8004505"
        },
        ...
    ]
}
```

　現在のTiny ToDoでは項目名だけしか管理できないので、前者を採用することにしましょう。まとめると、**表8.5**のようになります。

8.4 Tiny ToDoのWeb API設計

表8.5 ToDoリストの取得API

リソース	/todos/
メソッド	GET
リクエストボディ	（なし）

レスポンスボディ	```
	{
	    "todos": [
	        {
	            "id": "42e7aa2717c90cd19c71eb3695318e07",
	            "todo": "歯を磨く"
	        },
	        ...
	    ]
	}
	``

ステータス	200 OK/成功時

HINT

現実的なAPIでは、ページング[注33]も考慮する必要があります。ページングとは、返却すべきToDoの数が多い場合に備えて、一度に返す要素の最大値を決めておき、何回かに分けて結果を返せるようにすることです。レスポンスには、「全部で何件あるのか」「現在のレスポンスは何件目から何件目なのか」「続きをリクエストするためのリンク」などの情報も含まれるのが一般的です。Tiny ToDoではこれらの機能は省いています。

8.4.4 ToDo項目の新規追加

ToDoの新規作成は、「ToDoリストに新しいToDoを追加する」という意味になります。ですので、`/todos/`リソースに対してPOSTメソッドを割り当てます。パラメータはこれまでと同じで、リクエストボディにJSONでToDoの内容を含める形式が良いでしょう。

リスト8.4 ToDo作成リクエストのボディ

```
{
    todo: "買い物へ行く"
}
```

このようにしておくことで、たとえば将来、ToDoに期限を追加する機能が必要になっても拡張できます。

注33 「ページネーション」とも言います。

339

リスト8.5　期限を追加したToDo作成リクエストのボディ

```
{
    todo: "買い物へ行く",
    due: "202x-xx-xx"
}
```

　Tiny ToDoでは、ToDoの作成時に、サーバが識別用のIDを発行します。IDは重複しないように発行する必要があるため、クライアント側で決められないためです。一方クライアントは、自分が依頼した結果、作成されたリソースにどのようなIDが振られたかを知らなくてはいけません。第7章で作成したTiny ToDoでは、/addに対するPOSTリクエストのレスポンスとして、IDを含めた情報を返していました[注34]。実はこれは正しい返し方ではありません。

　POSTリクエストで新しいリソースを作成したときは、次のようにすることがHTTPの仕様で定められています[注35]。

- HTTPステータスとして201 Createdを返す
- 作成したリソースを参照するためのURLを、Locationヘッダで返す

　これをふまえて新規作成APIの仕様を一覧取得のときと同じようにまとめると、表8.6のようになります。

表8.6　ToDo項目の新規作成API

リソース	/todos/
メソッド	POST

リクエストボディ	`{`
	　　`"todo": "買い物へ行く"`
	`}`

レスポンスボディ	(なし)
レスポンスヘッダ	`Location: /todos/<ToDo項目のID>` + Locationヘッダで生成したToDoのURLを返す
ステータス	`201 Created`/作成成功時

コラム　POSTの役割とHTTPステータスの使い分け

　POSTメソッドが子リソースの追加に成功したときは、201 Createdを返すと説明しました。なぜ200 OKではいけないのでしょうか。

　POSTメソッドに2つの役割があることに理由があります。表8.2（330ページ）では、統一インター

注34　「7.6.2 ToDoの追加をJSONでやりとりする」で、そのようなやり方を紹介していました。
注35　HTTPメソッドについて定めたRFC9110の「9.3.3. POST」(https://www.rfc-editor.org/rfc/rfc9110.html#section-9.3.3) に記載されています。「SHOULD」と表現されているので絶対ではありませんが、特別な理由がない限りはRFCの記載に沿って実装する必要があります。

フェースの説明として、各HTTPメソッドの役割を簡単に紹介しました。そこでは、POSTメソッドの役割として以下の2つを挙げています。

- 子リソースの新規追加
- 既存リソースへの追加

「子リソースへの新規追加」は、フォルダの中に新しいファイルを作成するイメージです。本節における新たなToDoの追加も、この使い方です。先ほども説明したとおり、**201 Created**と共に、作成したリソースのURLをLocationヘッダで返すべきとされています。

一方「既存リソースへの追加」は、既存のファイルに新たな情報を追記するイメージです。こちらは、対象がすでに存在しているため、レスポンスにLocationヘッダは不要です。この場合は、リソースを作成したわけではないため、**200 OK**を返します。

このように、サーバが何をしたかがわかるように、ステータスが使い分けられているのです。

8.4.5 ToDo項目の編集

既存のToDo項目を編集する場合、ToDo項目を表すリソースに対してPUTメソッドを送信します。

表8.7 ToDo項目の編集API

リソース	/todos/<ToDo項目のID>
メソッド	PUT
リクエストボディ	``` { "todo": "牛乳を買う" } ```
レスポンスボディ	(なし)
ステータス	**200 OK**/更新成功時

ここで初めてPUTメソッドを使いますが、これはHTTP/1.1で追加されたメソッドです。POSTメソッドと似ていますが、少し異なります。

POSTはリソースの「新規作成」を表します。一方、PUTは既存リソースを指定してその内容を更新することを表します。

なお、PUTでもリソースの作成が可能ですが、POSTとは微妙な違いがあります。POSTの場合は、作成するリソースの名称をサーバ側が決め、新しいURLをLocationヘッダで返していました。ところがPUTでは、作成するリソースの名称をクライアント側が決めます。Tiny ToDoで、新しいToDoを追加する時は、ToDoのIDはサーバ側が決定しました。このため、POSTメソッドになります。PUTを使ってリソースを作成するケースは、たとえばaliceという名前のユーザを新規作成するときに**/users/alice**に対してPUTリクエストするという使い方になります。

8.4.6 ToDo項目の削除

すでに作成したToDo項目を削除するには、削除したいToDoのリソースに対してDELETEメソッドによるリクエストを送信することで実現します。DELETEもPUTと同じく、HTTP/1.1で標準化されたメソッドです。

表8.8 ToDo項目の削除API

リソース	/todos/<ToDo項目のID>
メソッド	DELETE
リクエストボディ	（なし）
レスポンスボディ	（なし）
ステータス	204 No Content/更新成功時

オーバーロードPOST

HTMLフォームから送信できるメソッドはGETとPOSTだけなので、PUTやDELETEメソッドのリクエストはフォームから送信できません。ブラウザでこれらのリクエストを送信するには、この後に説明するようにJavaScriptでFetch APIやXMLHttpRequestを使う必要があります。

なお互換性を維持するため、HTTPメソッドとしてはPOSTを利用するものの、HTTPヘッダで本来使いたいHTTPメソッドを表現する手法もあります[注36]。たとえば、DELETEメソッドを使いたい場面でPOSTメソッドを使わざるを得ない状況で、以下の例ではX-HTTP-Method-Overrideというヘッダで本来のメソッドがDELETEであることを示しています。

```
POST /todos/123 HTTP/1.1
Host: tinytodo.example.jp
X-HTTP-Method-Override: DELETE
```

このように、実際はPOSTで送信するもののヘッダなどで本来のメソッドを伝える方法は「オーバーロードPOST」と呼ばれています。「オーバーロード」はC++など一部のプログラミング言語で、演算子の処理内容を書き換えられる機能に由来しています。

8.4.7 Tiny ToDo Web API仕様のまとめ

ここまでで、ToDoの一覧取得、追加、更新、削除といった基本的な操作について、RESTを意識しつつWeb APIとしての仕様を再検討してみました。検討結果をまとめたものが表8.9になります。

注36 『Web API: The Good Parts』[1]「2.3.5.1 X-HTTP-Method-Override ヘッダ」より。

表8.9 Tiny ToDoのWeb API設計

URL	メソッド	役割	リクエストボディ	レスポンスボディ
/todos/	GET	ToDoリストの取得	-	ToDoの一覧
/todos/<ToDo項目のID>	GET	単一ToDoの取得	-	ToDoの内容
/todos/	POST	ToDoの追加	追加するToDoの内容	-
/todos/<ToDo項目のID>	PUT	ToDoの更新	更新するToDoの内容	-
/todos/<ToDo項目のID>	DELETE	ToDoの削除	-	-

　比較のために、前章までのTiny ToDoではどのようにしていたのかを**表8.10**にまとめました。この2つの表を見比べてみると、RESTを意識したWeb APIのほうが、一貫性があるのでわかりやすいと思いませんか？

表8.10 前章までのTiny ToDoにおけるAPI

URL	メソッド	役割	リクエストボディ	レスポンスボディ
/todo	GET	ToDoリストの取得	-	ToDoの一覧
/add	POST	ToDoの追加	追加するToDoの内容	追加したToDo（ID込み）
/edit	POST	ToDoの更新	更新するToDoの内容	-

HINT

　ここでは、Web APIの設計を体感するため、比較的簡単な例を紹介しました。より具体的な例については、次の書籍で紹介されています。

- 『RESTful Webサービス』[1]
- 『Webを支える技術』[2]
- 『Web API：The Good Parts』[3]
- 『Web APIの設計』[4]

8.4.8　HTTPメソッドとCRUD

　データベースを扱ったことがある方は、**表8.9**が「**CRUD（クラッド）**」に対応していることに気づくかもしれません。CRUDとは、データに対する基本的な4種類の操作の頭文字からとったもので、それぞれ「Create（生成）」「Read（読み取り）」「Update（更新）」「Delete（削除）」のことです。

　RESTにおけるリソースとは情報のことですから、必然とリソースに対するCRUD操作が必要になります。GET、POST、PUT、DELETEの各HTTPメソッドが概ねCRUDに対応することがわかるでしょう。ただし、HTTPメソッドとCRUDが完全に一対一で対応するわけではありません。たとえばPUTメソッドは「**8.4.5 ToDo項目の編集**」で述べたように、CRUDのUpdateに対応しますが、リソースの作成にも使えるためです。また、Tiny ToDoのAPI設計には登場しませんでしたが、リソースの一部を更新するのに使うPATCHというメソッドもあります。以上を踏まえ、リソースに対する操作と使用すべきHTTPメソッドの対応をまとめると、**表8.11**のようになります。

第8章 Web API

表8.11 リソースに対する操作とHTTPメソッド

操作	CRUDとの対応	HTTPメソッド	パラメータの格納場所
作成、追加	Create	POST	ボディ
読み取り、取得、検索	Read	GET	クエリ
変更、部分的な更新	Update	PATCH	ボディ
置換	Update	PUT	ボディ
指定されたIDで作成	Create	PUT	ボディ
削除	Delete	DELETE	クエリ

コラム　表現の幅を広げるHTTPカスタムメソッド

　ここで紹介したように、多くのケースでリソースの操作はGET、POST、PUT、DELETEのHTTPメソッドで表現できます。しかし、実際にWeb APIの設計を進めていくと、これだけでは表現しきれないケースも増えてきます。

　たとえば、Tiny ToDoでToDoの完了を通知したい場合はどのようにすればよいでしょうか。ToDoを表すリソースに対して、PATCHメソッドを送信して状態を更新するのも1つの方法ですが、「ToDoの完了」を、より明確に表現できた方がわかりやすいかもしれません。

　Google社の公開しているAPI設計ガイド[注37]では、「カスタムメソッド」という手法が提案されています。これは、HTTPメソッドでは表現しきれないリソース操作の意図を、URLの最後に：動詞という文字列を追加することで表現するものです。

　たとえば、先ほど例に挙げた「ToDoの完了」であれば次のようにToDoリソースを表すURLの最後に：completeをつけてPOSTメソッドを送信すると、そのToDoを完了させられるようなイメージです。

```
https://～/todos/a4cf84d5～:complete
```

　同ガイドでは、カスタムメソッドの例として表8.12のようなものが挙げられています。

表8.12 カスタムメソッドの例

カスタムメソッド	HTTPメソッド	意味
:cancel	POST	未完了操作のキャンセル
:batchGet	GET	複数リソースの一括取得
:move	POST	リソースを別の親に移動
:undelete	POST	以前削除したリソースの復元

　正式化された手法ではありませんが、参考の1つとできるでしょう。

8.4.9　HTTPメソッドの「安全」と「べき等」

少し高度な話題となりますが、Web APIを設計する上では「安全」と「べき等」というHTTPメソッ

注37　https://cloud.google.com/apis/design/custom_methods

ドに期待される特性についても、意識すべきです。

安全

「安全」とは、そのメソッドを呼び出した結果、リソースの状態が変化するかどうかを指します。簡単に言えば、「読み取り専用」なのかどうか、と読みかえても良いでしょう。

わかりやすい違いはGETとPOSTです。GETはリソースの取得なので、その状態は変化せず「安全」とされます。一方POSTはリソースを新規作成します。そのため安全ではないメソッドです。

べき等（とう）

「べき等[注38]」は、同じパラメータでその操作を何度実行しても結果が変わらないことを指します。たとえば、PUTメソッドはリソースを指定した内容に置き換えるものです。ですので、同じリクエストボディを送信するかぎり、同じリソースに対して何度PUTを実行しても結果は変わりません。このため、PUTメソッドは「べき等」と言えます。

一方、POSTはべき等ではないので注意が必要です。POSTの場合はリソースを新規に作成するので、2回実行すれば2つのリソースが作られるかもしれません。Web画面のform要素でPOSTリクエストを送信する場面で考えても良いでしょう。フォームからPOSTした結果、問い合わせメールが送信されたり、商品が注文されたりするかもしれませんが、ボタンを何回も押せば問い合わせや注文が複数回行われてしまうことからもわかります。

他にもわかりやすい例としてはDELETEがべき等です。DELETEの場合は、リソースの状態によってレスポンスは変化するかもしれません。指定したリソースが存在して削除された場合は「200 OK」を返しますが、すでに存在しない場合は「404 NOT FOUND」を返すでしょう。しかし、いずれにせよDELTEが実行された後は指定されたリソースが存在しないので、「べき等」といえます。

なお、GETなどの安全なメソッドは、サーバの状態を変更しないので、本質的にべき等です。各HTTPのメソッドが満たすべき「安全性」や「べき等性」をまとめたものが表8.13となります。

表8.13　HTTPメソッドの安全とべき等

メソッド	安全	べき等
GET	○	○
POST		
PUT		○
PATCH		
DELETE		○
HEAD	○	○
OPTIONS	○	○

注38　数学用語に由来しています。見慣れない単語かもしれませんが、英語では「Idempotent」と書きます。「べき」は常用漢字ではないので、平仮名で書かれることが多いですが、漢字だと「冪等」と書きます。

第8章　Web API

このように決めておくことで、クライアントにとってはあるURLにリクエストを発行したとき、リソースがどのような影響を受けるのかを判断しやすくなります。逆にサーバがこれらを守らない場合には大きな混乱を生んでしまいます。たとえばWebクローラは、自動的にインターネット上の情報を収集するために、HTMLを解析してその中に記述されているリンクに対してGETリクエストを発行します。これは、GETが安全かつべき等であることを前提にしています。GETリクエストでサーバ上の情報を変化させてしまうようなURLがあったとしたら、WebクローラそれらのURLに対して何度もリクエストしてしまい、意図せぬ結果につながってしまうでしょう。

特にWeb APIは相手が人間ではなくコンピュータのプログラムであるため、安全性やべき等性をきちんと守ることが重要です。安全とべき等については、次のサイトでも解説されています。

■ **Safe（安全）（HTTPメソッド）- MDN Web Docs用語集**

> URL> https://developer.mozilla.org/ja/docs/Glossary/Safe/HTTP

■ **Idempotent（べき等）- MDN Web Docs用語集**

> URL> https://developer.mozilla.org/ja/docs/Glossary/Idempotent

8.5 Tiny ToDoのWeb API化

前節での設計を実装すると、どのようになるでしょうか。Tiny ToDoにおけるクライアントとサーバのやりとりを、前節でまとめた仕様に沿ってWeb API化したものを用意しました。HTTPリクエストの方法を変えただけですので、前章でSPA化したときほどの大きな変更はありません。実物を操作しながら、通信内容とソースコードの変更点を確認していきましょう。

8.5.1　ToDoの追加

まず、次のURLにアクセスして操作してみてください。

> URL> https://tinytodo-09-webapi.webtech.littleforest.jp/

HINT

本節で紹介するWeb API版Tiny ToDoの全ソースコードは、GitHubに公開しています。
紙面では一部だけしか掲載しませんので、より詳しく理解したい方は、次のURLを参照してください。

> URL> https://github.com/little-forest/webtech-fundamentals/tree/v1-latest/chapter08/tinytodo-09-webapi

見かけはこれまでと同じですが、DevToolsで通信の様子を確認すると違いがわかります。DevToolsを開き、Networkパネルを表示させてから、画面上でToDoを追加してみましょう。

/todos/ というパスにPOSTメソッドが送信されるのが確認できます（**図8.11**）。

図8.11　ToDo追加時のリクエスト

Path	Method	Status	Type	Initiator	Cookies	Size	Time
📄 /todos/	POST	201	fetch	todo.js:224	2	99 B	196 ms

レスポンスの内容も確認しましょう（**図8.12**）。

図8.12　ToDo追加時のレスポンス

▼ Response Headers	
Content-Length:	0
Content-Type:	text/html
Date:	Tue, 23 Apr 2024 14:23:40 GMT
Location:	/todos/644b2858de8b412dabc38cec0e1d519e

ここでのポイントは、次の2点です。

- ステータスコードとして「**201 Created**」返している
- Locationヘッダで、新しく作成したToDo（リソース）のURLを返している

「**8.4.4 ToDo項目の新規追加**」（339ページ）で定めた仕様どおりのレスポンスを返していることが確認できます。では、JavaScriptのコードを確認しましょう。

リスト8.6　Addボタン押下時のイベントハンドラ（todo.jsより抜粋）

```javascript
function onClickAddButton() {
  // 新しいToDoを入力したinput要素の取得
  const addInput = document.getElementById("new-todo");

  if (addInput.value.trim() === "") {
    return;
  }

  // POSTリクエストの準備
  const request = {
    method: "POST",
    headers: {
      "Content-Type": "application/json",
    },
    body: JSON.stringify({
      todo: addInput.value,
```

```
      })
    };

    // リクエストの送信
    fetch("/todos/", request)  ←──────────────────────────── ①
      .then(response => {
        if (!response.ok) {
          // エラー時はログイン画面に戻る
          location.href = "/login";
        }
        // LocationヘッダからToDo Idを取得する
        const location = response.headers.get("location");  ←──── ②
        const todoId = location.replace(/^\/todos\//, '');

        // 画面にToDoを追加する
        addTodoItem({  ←──────────────────────────────── ③
          id: todoId,
          todo: addInput.value,
        });

        // 入力したToDoをクリア
        addInput.value = "";
      })
      .catch((err) => {
        console.error("Failed to send request: ", err);
      });
}
```

リスト8.6は、画面上で［Add］ボタンが押されたときに実行されるイベントハンドラです。大まかな流れはこれまでと変わっていませんが、レスポンスの処理方法が変わっています。

変更前のコードはリスト7.31（283ページ）ですので、比べながら読んでみると良いでしょう。リスト8.6-①でFetch APIによってPOSTリクエストを送信しているところは同じです。サーバ側の処理が成功すると、図8.12で確認したように/todos/<ToDo項目のID>というURLがLocationヘッダで渡されるので、文字列操作でそこからToDo項目のIDを取得します（リスト8.6-②）。画面に入力したToDoの内容とLocationヘッダから取得したIDを組み合わせてToDo項目を表すオブジェクトを作り、addToDoItem()関数に渡し、画面に表示させています（リスト8.6-③）。

Web API設計：理想と現実のバランス

ここでは、RFCに記述されたPOSTメソッドの仕様に沿って実装したため、前章のリスト7.31に比べると少々回りくどい方法になりました。より厳密にRFCに沿うならば、Locationヘッダの示す新しいリソース（ToDo項目）に対してGETリクエストを送信して情報を取得し直すのが正しいかもしれません。しかしここではクライアント側の実装が複雑になるため、Locationヘッダとユーザによる入力内容を組み合わせるという折衷的な手法としました。

なお、これはアプリケーション内部のAPIであるため、現実論としてはそこまで厳密にRFCに従う

必要もなく、前章と同じように新しいリソースの内容をレスポンスボディで返す方法もありだと筆者は考えています。Web APIにおいてRFCに沿ったHTTPの使い方をすることは、RESTにおける「統一インターフェース」を実現するためだと筆者は理解しています。つまり、第三者から見たAPIのわかりやすさです。本章後半で紹介するように、Web APIを第三者にも公開するようなケースでは、統一インターフェースに近づけるようにすべきかもしれません。一方内部的なAPIであれば実装効率や通信効率を優先する考え方も間違いではないでしょう。

RESTの考え方はWeb APIの設計に対して一定の指針を与えてくれます。しかしそれを実装に落とし込む際、教科書的に従うだけではうまく行かないケースもあるということは、覚えておくべきでしょう。

8.5.2　ToDoの編集

もう1つ、ToDoを編集するときの通信も確認してみます。作成したToDoをクリックして、内容を変更してから［Save］ボタンを押しましょう。DevToolsで通信を確認すると、`/todos/<ToDo項目のID>`に対して、PUTメソッドを送信していることがわかります（図8.13）。

図8.13　ToDo編集時のリクエスト

Path	Method ▲	Status	Type	Initiator	Cookies	Size	Time
/todos/efd3da9876b612b94177ad606d85a55c	PUT	200	fetch	todo.js:312	2	75 B	35 ms

リクエストボディには、これまでどおり編集内容が入っています（図8.14）。URLとHTTPメソッドが、表8.9（343ページ）でまとめた仕様のとおりになっていることがわかるでしょう。

図8.14　ToDo編集時のリクエストボディ

JavaScript側のコードは、リクエスト先とHTTPメソッドが変わっただけですので、掲載は割愛します。興味ある方は、GitHubに掲載したコードを参照してください。

> URL　https://github.com/little-forest/webtech-fundamentals/blob/v1-latest/chapter08/tinytodo-09-webapi/static/todo.js

8.5.3　サーバサイドのWeb API化

次にサーバサイドのコードを見てみましょう。Tiny ToDoのWeb APIは、すべて`/todos`というパスで始まるため、Goのhttpパッケージでは1つのリクエストハンドラで処理しなければなりません。このため、リスト8.7のように`handleTodos()`という関数をリクエストハンドラとし、`/todos/`と

第8章　Web API

いうパスに対して割り当てています^{注39}。

リスト8.7　リクエストハンドラの登録（main.goより抜粋）

```
……（省略）……

// /todosで始まるURLをすべて処理する
http.HandleFunc("/todos/", handleTodos)

……（省略）……
```

　リクエストハンドラである**handleTodos()**関数の内容を見てみましょう。表8.9（343ページ）と見比べながら、確認してみてください。

リスト8.8　handleTodos関数（service_todo.goより抜粋）

```
// ToDoリストを返すエンドポイント。
func handleTodos(w http.ResponseWriter, r *http.Request) {
    // セッション情報を取得
    session, err := checkSession(w, r, false)
    logRequest(r, session)
    if err != nil {
        return
    }
    // 認証チェック
    if !isApiAuthenticated(w, r, session) {
        return
    }

    switch r.Method {                                    ①
    case http.MethodGet:
        todoId := retrieveToDoId(r)                      ②
        if todoId == "" {                                ③
            // URLにIDが含まれていない場合はToDoリストを返す
            getToDoList(w, r, session)
        } else {                                         ④
            // URLにIDが含まれている場合は単一のToDoを返す
            getToDo(w, r, session)
        }

    case http.MethodPost:                                ⑤
        // ToDo追加処理
        addToDo(w, r, session)

    case http.MethodPut:                                 ⑥
        // ToDo更新処理
        editToDo(w, r, session)
```

注39　Goの**http.HandleFunc()**では、第1引数に指定するパスの部分がスラッシュで終わる文字列の場合、指定した文字列の最後のスラッシュを除いた文字列で始まるすべてのリクエストが処理されます。ここでは**/todos/**を指定しているため、**/todos**で始まるすべてのリクエストが処理されます。最後がスラッシュで終わらない場合、たとえば**/todos**を指定した場合は、**/todos**だけが処理されます。

350

```
        case http.MethodDelete: ←─────────────── ⑦
            // ToDo削除処理
            deleteToDo(w, r, session)

        default:
            // 上記以外のHTTPメソッドはエラーを返す
            w.WriteHeader(http.StatusMethodNotAllowed) ←────── ⑧
            return
    }
}


// リクエストパスからToDo IDを抜き出す。
func retrieveToDoId(r *http.Request) string {
    if !strings.HasPrefix(r.URL.Path, "/todos/") {
        return ""
    }
    return r.URL.Path[len("/todos/"):]
}
```

　ここでは、リクエストのHTTPメソッドに応じてswitch文で処理を分岐させ、それぞれの処理を行う関数を呼び出しています（**リスト8.8-①**）。GETメソッドだけは**/todos/xxxxxxxx**のように、ToDo項目のIDが指定されているかどうかで、処理がさらに分岐します。まず**retrieveToDoId()**関数で**/todos/**に続くToDo項目のIDを取得し（**リスト8.8-②**）、**/todos/**だけの場合はToDoリスト全体を返す**getToDoList()**関数を呼び出します（**リスト8.8-③**）。一方IDが指定されている場合は、そのIDが示すToDo項目の情報だけを返すgetToDo()関数を呼び出します（**リスト8.8-④**）。

　追加・更新・削除についてはHTTPメソッドだけで判断できるため、それぞれ**addToDo()**、**editToDo()**、**deleteToDo()**関数を呼び出すだけです（**リスト8.8-⑤〜⑦**）。また誤動作を防ぐため、想定していないHTTPメソッドに対しては「405 Method Not Allowed」を返すことも必要です（**リスト8.8-⑧**）。

　ここから先、それぞれの関数の内容はこれまでとほぼ同じですので、割愛します。興味ある方は、GitHubに掲載したコードを参照してください。

URL > `https://github.com/little-forest/webtech-fundamentals/blob/v1-latest/`
`chapter08/tinytodo-09-webapi/service_todo.go`

8.5.4　パスパラメータの解析

　RESTの考えに従ってToDoを「リソース」ととらえるようにしたことで、「ToDo項目のID」という可変要素がURLに含まれるようになりました。これまでの考え方では、このような情報はGETのクエリパラメータやPOSTのリクエストボディに含めていました。サーバサイドアプリケーションの視点では、このようなURLに含まれるパラメータを一般に「**パスパラメータ（Path Parameter）**」と呼びます（**図8.15**）。

図8.15　パスパラメータ

RESTに沿ったWeb APIを実装する際には、サーバサイドのリクエスト解析処理が面倒になります。URLだけでなくHTTPメソッドによる分岐、パスパラメータ、クエリパラメータ、リクエストボディのそれぞれから、仕様に応じてパラメータを取り出さなければならないためです。

本書ではGoの標準ライブラリだけを使っているため、これらの処理を愚直に書かざるをえませんでした[注40]。先ほどサーバサイドでWeb APIを処理するコードである`handleTodos()`関数（リスト8.8）を見て、コードの繁雑さを感じた方もいるのではないでしょうか。

実際の開発現場で使われるWebアプリケーションフレームワークでは、これらの分岐処理を書かなくても済むようにしてくれる仕組みが提供されています。一例として、Javaの代表的なフレームワークである、Spring Frameworkでの実装例を示しましょう（リスト8.9）。

リスト8.9　Spring Frameworkでのリクエスト処理例

```
@RestController
@RequestMapping("/todos")  ←――――――――――――――――――――――――①
class TodosController {

    @GetMapping("/{id}")  ←――――――――――――――――――――――――②
    public ToDo get(@PathVariable String id) {  ←――③
        // ...
    }

    @PostMapping
    @ResponseStatus(HttpStatus.CREATED)         ┐
    public void add(@RequestBody ToDo todo) {   ┘――④
        // ...
    }
}
```

Javaでは、クラスやメソッドなどに付加情報を追記できる「アノテーション」という仕組みが提供されています。`@`（アットマーク）で始まる文字列がそれで、たとえば「`TodosController`」というクラスの前に記述されている`@RestController`や`@RequestMapping`がアノテーションです。

[注40] 本書のサンプルコードでは採用していませんが、2024年2月にリリースされたGo 1.22では、net/httpパッケージが強化され、HTTPメソッドによる振り分けやパスパラメータの解析がしやすくなりました（https://go.dev/blog/routing-enhancements）。

リスト8.9-①では、@RequestMapping("/todos")というアノテーションで、このクラスが/todosに対するリクエストを処理することをフレームワークに教えています。また、get()メソッドには@GetMapping("/{id}")というアノテーションが付与されており（リスト8.9-②）、このアノテーションは次の2つのことを示します。

- このメソッドは/todosに対するGETリクエストを処理する
- /todosに続くパスの文字列をidという名前のパスパラメータとして認識する

さらにget()メソッド引数にも@PathVariableというアノテーションが付与されており（リスト8.9-③）、パスパラメータをidという名前の引数で受け取ることを示します。

同じように、add()メソッドに対してもアノテーションが付与されており、3つのアノテーションで次のようなことを指示しています（リスト8.9-④）。

- @PostMapping：POSTメソッドを処理する
- @ResponseStatus：処理成功時には「201 Created」を返す
- @RequestBody：リクエストボディの内容をToDoクラスのオブジェクトに変換して受け取る

Spring Frameworkはこれらのアノテーションを読み取ることで、受信したHTTPリクエストを解析し、適切なメソッドを呼び出してくれます。開発者は面倒なリクエストの解析と分岐をフレームワークに任せ、より本質的なロジックの実装に注力できます。

ここではSpring Frameworkを例に説明しましたが、現代のWebアプリケーションフレームワークでは、このようにHTTPリクエストとそれを処理するロジックの対応を宣言的に指示できる機能を提供しています。細かな記述方法はプログラミング言語やフレームワークによって異なりますが、考え方は大体同じです。

コラム　手続き的プログラミングと宣言的プログラミングの融合

ここで紹介したアノテーションに慣れない方は、少々戸惑ったかもしれません。プログラムのほとんどは「手続き的」なもので、基本的には上から記述したとおりにコンピュータが実行します。コンピュータに実行させたいことを順番に指示するため「手続き的」と呼ばれます。

一方、アノテーションは「○○のようになってほしい」というように、望ましい結果を記述（宣言）するので、「宣言的」と言われます。ここで紹介したメソッドの中身は手続き的に記述されていますが、このメソッドがどのように呼び出されるべきかは、アノテーションで宣言的に記述されています。つまり、「/todosというパスへPOSTメソッドがリクエストされたら、TodosControllerクラスのadd()メソッドを呼び出してほしい」ということをアノテーションで宣言しています。

プログラミング言語にアノテーションが登場する以前は、このような宣言的部分はXMLファイルなどソースコードとは別の定義ファイルに記述していました。このような書き方で大規模なWebア

プリケーションを作ろうとすると、ソースコードと定義ファイルの整合性を保つのが困難になり、俗に「XML地獄」とも呼ばれていました。すべてのプログラミング言語でアノテーションの考え方が導入されているわけではありませんが、Javaに代表されるようにアノテーションが使えるプログラミング言語では、手続き的なプログラムの中に宣言的な情報を同居させられるようになり、プログラミングがしやすくなりました。

8.6 Web APIの公開

8.6.1 Web APIを直接呼び出す

Tiny ToDoの機能をWeb API化したことで、第4章で使ったcurlコマンドなどでHTTPリクエストを直接送信し、操作できるようにもなります。簡単な実験をしてみましょう。

ToDoリストの取得

まず、Web API版のTiny ToDoにログインし、いくつかToDoを登録しておいてください。

URL https://tinytodo-09-webapi.webtech.littleforest.jp/

次に、セッションIDを抜き出します。DevToolsを開き［Application］パネルに切り替えてください（図8.16-①）。

図8.16　DevToolsでセッションIDを取得する

画面左の［Storage］というセクションにある［Cookies］で現在表示中のWebページのURL（https://tinytodo-09-webapi.webtech.littleforest.jp）を選択すると（図8.16-②）、ブラウザが保持しているクッキーが表示されます（図8.16-③）。「sessionId」という名前のクッキーが見つかるはずなので、その値をコピーしておいてください。

次に、ターミナルやコマンドプロンプトを開き、次のようにcurlコマンドを実行してみましょう。<セッションID>の部分は、先ほどDevToolsで取得したセッションIDに置き換えてください。

8.6 Web APIの公開

画面8.1 curlコマンドによるToDoリストの取得

```
$ curl -i -H "Cookie: sessionId=<セッションID>" https://tinytodo-09-webapi.webtech.littleforest.
jp/todos/ [Enter]
```

HINT

curlコマンドの**-i**は、レスポンスヘッダを表示するオプションです。curlからWeb APIを実行する際は、HTTPステータスなどのレスポンスヘッダを確認したい場面も多いので、必要に応じて指定すると良いでしょう。

画面8.2のように、200 OKのステータスと共に、ToDoリストの内容がJSONで取得できるはずです。実際のWebアプリケーションでは、このJSONをJavaScriptで読み取ってWeb画面に反映していたのでした。

画面8.2 curlコマンドによるToDoリストの取得結果

```
HTTP/2 200
content-type: application/json
x-cloud-trace-context: a9168a8d6735f8082e9a8c592040c92a;o=1
date: Sat, 27 Apr 2024 02:48:23 GMT
server: Google Frontend
content-length: 152

{"items":[{"id":"a4f84d573de9883ad24bc816daeaa1c0","todo":"朝食を食べる"},{"id":"95f888c9766d22
129c31bee81f6e0d17","todo":"買い物へ行く"}]}
```

ToDoの削除

もう1つ、実験します。画面側の実装は省略していますが、ToDoを削除するWeb APIを用意しています。curlコマンドでDELETEメソッドによるリクエストを送信し、ToDo項目を削除してみましょう。**<ToDo項目のID>**の部分は、先ほどの実験で表示されたToDoリストのJSONの中から、削除したいToDoのidを選んで置き換えてください。ここでは、**--request**というオプションでDELETEメソッドを送信することを指示しています[注41]。

画面8.3 curlコマンドによるToDoの削除

```
$ curl -i --requst DELETE -H "Cookie: sessionId=<セッションID>" https://tinytodo-09-webapi.
webtech.littleforest.jp/todos/<ToDo項目のID> [Enter]
```

削除が成功すると、ステータスコード204（No Content）が返ります[注42]。ブラウザでToDoを再表示させるか、**curl**コマンドで**/todos/**にGETリクエストを送ると、指定したToDoが削除されてい

注41 **--request**オプションは**-X**という省略形も用意されています。普段はこちらを利用すると、入力が楽です。
注42 もしステータスコード400ともに「session expired」と表示された場合は、セッションの有効期限が切れています。Webブラウザ上でTiny ToDoに再ログインして、DevToolsから新しいセッションIDをコピーしなおしてください。

画面8.4 curlコマンドによるToDoの削除結果

```
HTTP/2 204
x-cloud-trace-context: 2ce9b98c4938a88d1e91401fede9e799;o=1
date: Sat, 27 Apr 2024 02:48:57 GMT
content-type: text/html
server: Google Frontend
```

このように、Webアプリケーションの提供機能をWeb API化することで、Webブラウザ以外からも利用しやすくなります。

8.6.2　API公開で広がるWebの世界

ここまで作成したTiny ToDoのWeb APIは、Tiny ToDo自身のSPAから呼ばれることを前提としていました。一方で、Webの世界はインターネットでつながっています。前節では、curlコマンドによってSPAの外からでもWeb APIを呼び出せることが確認できました。

Tiny ToDoのWeb APIを他のアプリケーションからも呼び出せるとしたら、どのようなことができるでしょうか。

たとえば、予定を管理するカレンダーアプリケーション「Tiny Cal」があったとして、Tiny CalからTiny ToDoのWebAPIを呼び出すことができれば、カレンダーの横にToDoの一覧を表示するといったことができそうです（図8.17）。

図8.17　Tiny CalとTiny ToDoの連携イメージ

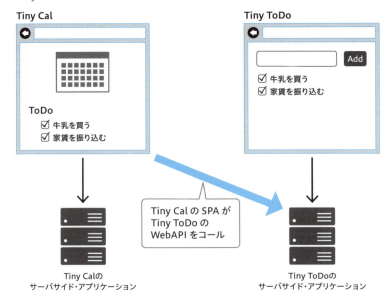

このように、Web APIはインターネットに公開して外部から呼び出せるようにして相互利用することで、相乗効果が得られます。特にWeb APIが広まりだした2000年代中頃には、複数のWeb APIを組み合わせることであらたなサービスを生み出すことを「マッシュアップ」と呼ぶようになり、もてはやされていました。初期に有名となったAPIとしては、AmazonやTwitter（現X）のAPIが挙げられます。

Web APIの利用例

マッシュアップという言葉はもはや使われなくなりましたが、今やWebの世界では一般的なものとなり、簡単に活用できます。ここで身近にイメージしやすいWeb APIの活用例を紹介しましょう。

さまざまなサイトで住所を入力するとき、郵便番号を入力すると住所を自動表示してくれるUIに触れたことがある方は多いと思います。たいていの場合、このような機能はそのサイトの外部にあるWeb APIを呼び出すことで実現されています。

図8.18 住所自動入力機能のイメージ

簡単に実験してみましょう。ここでは、「Yahoo!デベロッパーネットワーク」で公開されている郵便番号検索API[注43]を体験してみます。同APIは、簡単な登録をすることでガイドライン[注44]に準じた利用をする限り無料で利用できます。

Yahoo! JAPAN IDを取得した上で、次のサイトにアクセスします。

■ Yahoo!デベロッパーネットワーク

> URL　https://developer.yahoo.co.jp/

次に「アプリケーションの管理」のリンクを開き、[新しいアプリケーションを開発] ボタンを押してください。アプリケーションの登録画面が表示されるので、必要事項を入力します。この際、「ID連携利用有無」は「ID連携を使用しない」を選択してください。

すると、アプリケーション用のクライアントIDが発行されます（図8.19）。

[注43] https://developer.yahoo.co.jp/webapi/map/openlocalplatform/v1/zipcodesearch.html
[注44] https://developer.yahoo.co.jp/guideline/

図8.19　クライアントIDの取得手順

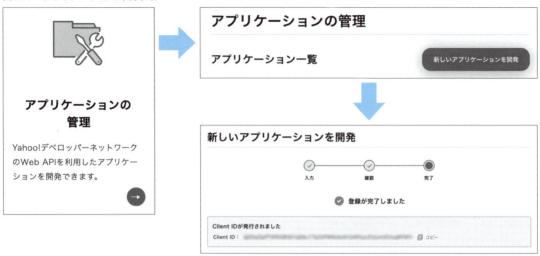

クライアントIDを入手したら、ブラウザから次のURLにアクセスしてみましょう。`<ClientID>`の部分には入手したクライアントID、`<郵便番号>`の部分には、好きな郵便番号を入力してください。

> URL　`https://map.yahooapis.jp/search/zip/V1/zipCodeSearch?&appid=<ClientID>&query=<郵便番号>&output=json`

図8.20のように、APIのレスポンスがJSON形式で表示されます。住所以外にも緯度経度や最寄り駅といった情報が入っているのがわかりますね[45]。第7章で学んだように、ブラウザ上のJavaScriptからFetch APIでこのAPIを呼び出せば、画面に入力された郵便番号から住所を表示することは簡単に実現できそうです。

注45　図8.6（325ページ）に示した分類に照らし合わせると、RPCスタイルのWeb APIといえます。

図8.20 郵便番号検索APIのレスポンス

```
プリティ プリント ☑
{
  "ResultInfo": {
    "Count": 1,
    "Total": 1,
    "Start": 1,
    "Status": 200,
    "Description": "",
    "Latency": 0.046
  },
  "Feature": [
    {
      "Id": "40c28e5d3629ecf032ed7ac51094b195",
      "Gid": "",
      "Name": "〒162-0846",
      "Geometry": {
        "Type": "point",
        "Coordinates": "139.73304915,35.69457671"
      },
      "Category": [
        "郵便番号",
        "町域郵便番号"
      ],
      "Description": "Yahoo!郵便番号検索",
      "Style": [],
      "Property": {
        "Uid": "8dbd81184f338ee7a9d0a9b8ec4b279349f2cbfa",
        "CassetteId": "3ee7f7f5fe1ef2267e319b15168e37d3",
        "Country": {
          "Code": "JP",
          "Name": "日本"
        },
        "Address": "東京都新宿区市谷左内町",
        "GovernmentCode": "13104",
        "AddressMatchingLevel": "6",
        "PostalName": "東京都新宿区市谷左内町",
        "Station": [
          {
            "Id": "22520",
            "SubId": "2252001",
            "Name": "市ケ谷",
            "Railway": "東京メトロ南北線/東京メトロ有楽町線",
```

HINT

APIから返されるJSONは、容量節約のためにスペースや改行をなくした状態で送信されてきます。Google Chromeでは、図8.20の上部に表示されているように「プリティ・プリント」のチェックを入れると、JSONを見やすく整形して表示してくれます。

なお、クエリパラメータの**output=json**を**output=xml**に変更すると、結果がXMLで返されます。このように、Web APIの結果がJSONやXMLで返されることで、呼び出し側のアプリケーションがその結果を利用しやすくなります。もちろん、ブラウザではなくcurlコマンドでAPIを呼び出すこともできます。インターフェースがHTTPなので、HTTP通信さえできれば、どのようなプログラム・開発言語からでも利用できるということです。

これでWeb APIの活用イメージを掴めたでしょうか。

8.6.3 クロスオリジン通信

では、実際に別のWebアプリケーションから、Tiny ToDoのWeb APIを利用することを考えてみましょう。JavaScriptでカレンダーを表示する簡単なWebアプリケーション、「Tiny Cal」を作成し、その画面にTiny ToDoが管理するToDoを表示してみます。まず、先ほど作成したWeb API版のTiny ToDoにログインし、ToDo項目をいくつか作成しておいてください。

第8章　Web API

> **URL** https://tinytodo-09-webapi.webtech.littleforest.jp/

次に、Tiny Calアプリケーションを用意したので、こちらにアクセスしてみてください。

> **URL** https://tinycal.webtech.littleforest.jp/

このアプリケーションでは、JavaScriptからTiny ToDoの**/todos/**エンドポイントを呼び出し、取得したToDoリストを画面に表示しようとしています。

しかしここでは、図8.21のように「Failed to fetch URL: …」と表示されており、失敗しているようです。

図8.21　Tiny ToDoのAPI呼び出し（失敗）

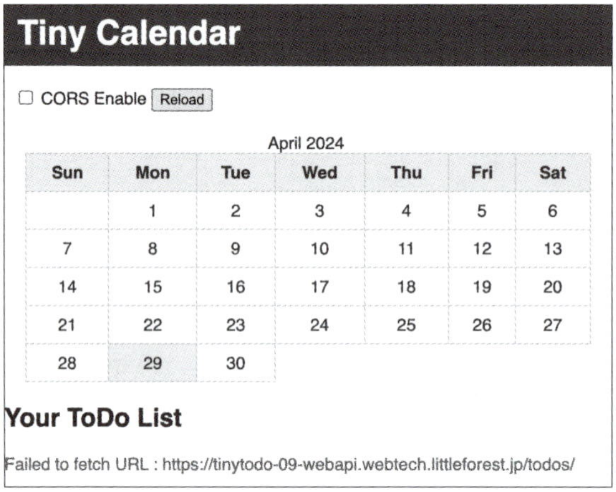

Tiny Calendar

☐ CORS Enable [Reload]

April 2024

Sun	Mon	Tue	Wed	Thu	Fri	Sat
	1	2	3	4	5	6
7	8	9	10	11	12	13
14	15	16	17	18	19	20
21	22	23	24	25	26	27
28	29	30				

Your ToDo List

Failed to fetch URL : https://tinytodo-09-webapi.webtech.littleforest.jp/todos/

DevToolsで通信状況を確認してみましょう。たしかに、**/todos/**へFetch APIによるGETリクエストを送信しようとしていることがわかりますが、Status欄に「CORS error」と表示されていますね（図8.22）。これが失敗の原因のようです。

図8.22　CORS Error

Path	Method	Status	Type	Initiator	Cookies	Size	Time
❌ /todos/	GET	CORS error	fetch	todo.js:27	0	0 B	173 ms

このエラーは、Tiny CalとTiny ToDoが別々のドメインで提供されているアプリケーションであることに起因しています。Tiny CalのJavaScriptは**tinycal.webtech.littleforest.jp**から取得したものですが、Tiny ToDoのWeb APIを呼び出すため、リクエストを送信した先は**tinytodo-09-webapi.webtech.littleforest.jp**です。このように、自身の取得元とは異なるドメインに対

してリクエストを送信することを「**クロスオリジン通信**[注46]」と呼びます。ブラウザはこのようなリクエストを危険と判断し、「CORS error」としてJavaScriptに対してレスポンスを渡さないようにしたのです。

8.6.4 同一オリジンポリシー

　TinyCalからTiny ToDoへのAPIコールが失敗した原因は、「**同一オリジンポリシー（SOP：Same-origin Policy）**[注47]」と呼ばれる、ブラウザに搭載されたセキュリティ上の制約によるものです。

　同一オリジンポリシーとは、あるサイトから読み込まれたHTMLドキュメントやJavaScriptが、別のサイトにあるリソースへアクセスできる範囲を制限するための機能です。たとえば、サイトAから読み込んだJavaScriptをブラウザが実行する時、サイトA以外のURLへリクエストを送信することが制限されます（図8.23）。前節で、Tiny Cal上のJavaScriptがTiny ToDoのWeb APIを呼び出せなかったのも、2つのWebアプリケーションが異なるサイトで提供されていたため、この制限が適用されたからです。

図8.23　ブラウザによるクロスオリジンリクエストの禁止

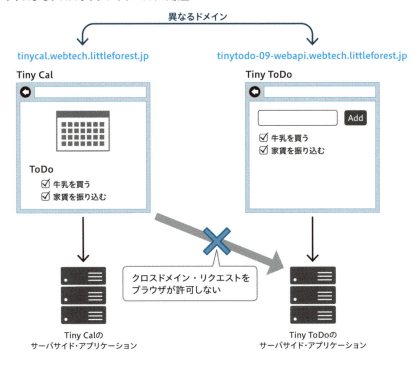

注46　「クロスドメイン通信」と呼ばれることもあります。本書ではW3Cにおける初期のCORSの仕様書で「cross-origin requests」と表記されていたのに従い、「クロスオリジン通信」と表記しましたが、意味は同じです。なお、文脈によって「クロスオリジンリクエスト」と表現することもあります。
注47　「同一生成元（どういつせいせいげん）ポリシー」や「クロスオリジン制限」「クロスサイト制限」「クロスドメイン制限」など、さまざまな呼ばれ方をしていますが、すべて同じことを指しています。

第8章　Web API

ここでいう「オリジン」とは、リソースの提供元Webサイトのことを指します。つまり「同一オリジンポリシー」とは、「あるWebサイトから提供されたリソースは、同じWebサイトにしかアクセスできないことを基本としましょう」というルールのことです。オリジンの識別方法は、「6.5.2. ブラウザの情報保管庫 - クッキー」で紹介したCookieにおけるオリジンと同じで、URLのうち「スキーム」「ホスト」「ポート番号」が同じであるかどうかで識別されます[注48]。

Tiny CalとTiny ToDoは、ホスト部分がそれぞれ「tinycal.webtech.littleforest.jp」と「tinytodo-09-webapi.webtech.littleforest.jp」と異なっていたため、同一オリジンと判断されませんでした。

> **HINT**
>
> 　歴史的経緯から、同一オリジンポリシーが適用されないケースもあります。たとえば、HTML上から<img>、<link>、<script>要素などで、異なるオリジンの画像やCSS、JavaScriptを読み込むことは可能です。具体的にどのようなアクセスが許可されるかは、次のドキュメントを参照すると良いでしょう。
>
> ●同一オリジンポリシー | MDN
>
> URL　https://developer.mozilla.org/ja/docs/Web/Security/Same-origin_policy

同一オリジンポリシーはなぜ必要か

では、なぜこのような制限が必要なのでしょうか。具体例で説明しましょう。たとえば、ある架空のインターネット銀行「バルネラ銀行[注49]」では、次のようなエンドポイントでログイン中ユーザの口座残高を取得できるAPIを公開しているとします。

> https://api.vulnera.example.jp/deposit

このAPIはクッキーで送信されるセッションIDを使って認証状態をチェックしているため、ユーザがログインした状態でなければ呼び出すことができません[注50]。

これまでの知識に照らし合わせると、このAPIはログイン中のユーザだけしか呼び出せないように見えます。しかし同一オリジンポリシーによる制限がないと、第三者の作成したJavaScriptがこのAPIを呼び出せる隙ができてしまいます。

仮に同一オリジンポリシーによる制限がなかった場合、どのようなことが起こるか考えてみましょ

注48　オリジンの概念および同一オリジンポリシーについては、RFC6454 The Web Origin Concept (https://www.rfc-editor.org/rfc/rfc6454.html) で説明されています。

注49　「脆弱性」を意味する単語「vulnerability」(バルネラビリティ) から取った名前です。

注50　金融機関のように社会的影響の大きなサービスのAPI認証は、このような簡単な仕組みにすべきではありませんし、実際はより強固な仕組みです。ここでは、これまで本書で説明した範囲で理解できるように簡略化した例としています。

う。たとえば、悪意ある攻撃者が偽のサイト thief.example.com を作成し、そのサイト上で次のような動作をするJavaScriptを組み込んだHTMLを設置したとします。

1. https://api.vulnera.example.jp/deposit にアクセスして、口座残高を読み取る
2. 読み取った口座残高を thief.example.com へ送信する

次に、バルネラ銀行からのお知らせを装った偽のメールを作り、thief.example.com 設置したHTMLのURLを貼り付けたメールを大量に送信します。受信者の中にバルネラ銀行に口座を持つ人がいてサイトにログイン中の人がおり、偽メールに騙されてURLにアクセスしてしまうと、この攻撃が成立してしまいます（図8.24）。ブラウザ上にバルネラ銀行のサイトのセッションIDを持つクッキーがあれば、送信されてしまうからです[注51]。

図8.24　同一オリジンポリシーがない場合に成立する攻撃例

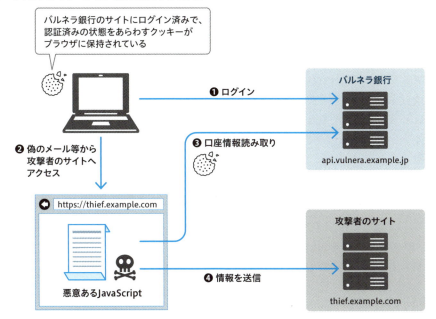

注51　現代のブラウザでは、クロスオリジン通信におけるクッキーの送信を制限するSameSite属性という機能が実装されているため、ここに挙げた例のような状況で簡単にクッキーは送信されません。しかしSameSite属性の検討が進んだのは2014年頃（https://datatracker.ietf.org/doc/html/draft-west-first-party-cookies-05）からで、これから説明するCORSが検討されていたのはそれ以前の2009年頃（https://www.w3.org/TR/2009/WD-cors-20090317/）でした。つまり、CORSが検討されていた時期はSameSite属性が存在せず、クロスオリジン通信でも容易にクッキーが送信できたという事情があります。なお同一オリジンポリシーの歴史は古く、1995年のNetscape Navigatorで実現されています。ここではCORS登場当初の背景を理解するため、SameSite属性が存在しない仮定で説明しています。

第8章　Web API

> **HINT**
>
> 　本節では、クロスオリジン通信に関する文脈でのみ、同一オリジンポリシーについて説明しています。同一オリジンポリシーでは、iframeを使ってHTML内に異なるドメインの情報を読み込んだとき、JavaScriptがiframe内の情報を参照できないといった制限もあります。詳細は、前項（362ページ）で紹介したMDNのサイトや『体系的に学ぶ 安全なWebアプリケーションの作り方 第2版』[6]を参照してください。

8.6.5　CORSによるクロスオリジン制限の回避

　さて、同一オリジンポリシーによって、オリジン間のアクセスを防ぎ、安全になることはわかりました。一方で、便利なWeb APIを広く公開したいときには、この制限が逆に障壁となります。先ほど実験したように、TinyCalからTiny ToDoのWeb APIを呼び出せなかったのは、同一オリジンポリシーの制限を受けたためでした。

　同一オリジンポリシーによる制限を安全に緩和して、オリジン間のリクエストを許可するために作られた仕組みが「**CORS（オリジン間リソース共有/Cross-Origin Resource Sharing）**[注52]」です。CORSの考え方を簡単に表現すると、ブラウザからサーバに対して「別のサイトのリソースが、あなたのサイトにアクセスを要求していますが、構いませんか？」という感じで許可を求めるものです。CORSは、ブラウザ上で実行されるJavaScriptから、Fetch APIやXHR（XMLHttpRequest）等でクロスオリジンリクエストを行う際に適用されます[注53]。

　この問い合わせと許可のやりとりは、HTTPヘッダを通じて行われます。CORSには「プリフライトリクエスト」と呼ばれる、OPTIONSメソッドによる事前問い合わせが行われるケースと、そうでないケースに別れます。

● プリフライトリクエストによるクロスオリジン通信の許可

　クロスオリジン通信では、ブラウザが相手サーバに対して事前にリクエストを送信して良いか、確認するためのリクエストを送信することになっています。このリクエストは「プリフライトリクエスト[注54]」と呼ばれ、その実体はOPTIONSメソッドによるHTTPリクエストです。

注52　日本人の間では省略せずに「シー・オー・アール・エス」と読むか、「コルス」「コーズ」と読まれることが多いようです。
注53　他のケースについては、https://developer.mozilla.org/ja/docs/Web/HTTP/CORS の「CORSを使用したリクエストとは」に記載されています。
注54　航空機の「飛行前点検（Preflight）」に由来しているようです。

図8.25 プリフライトリクエストのイメージ

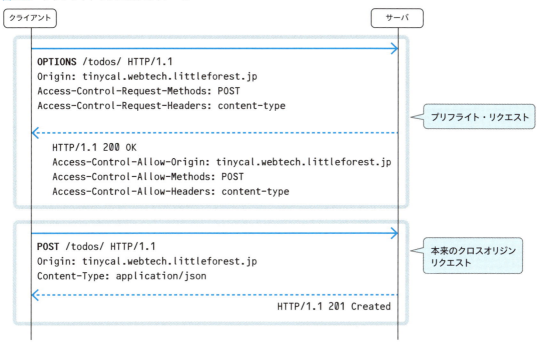

プリフライトリクエストでは、表8.14に示すような情報をOPTIONSメソッドで送信します。

表8.14 プリフライトリクエストで送信されるヘッダ

ヘッダ	内容
Origin	リクエスト要求者のオリジン
Access-Control-Request-Method	送信を許可してほしいHTTPメソッド
Access-Control-Request-Headers	送信を許可してほしいHTTPヘッダ

　サーバはこのリクエストを受け、表8.15のような情報をレスポンスとして返します。もしクロスオリジン通信を許可しない場合は、403 Forbiddenを返します。ブラウザはこの結果をチェックして、これから送信しようとしているリクエストを許可すべきか判断します。条件に合致するならばアプリケーションが要求したクロスオリジン通信を送信しますが、合致しない場合は送信せず、アプリケーションにエラーを返します。

第8章　Web API

表8.15　プリフライトリクエストに対する応答ヘッダ

ヘッダ	内容
Access-Control-Allow-Origin	送信を許可するオリジン
Access-Control-Allow-Method	送信を許可するHTTPメソッド
Access-Control-Allow-Headers	送信を許可するHTTPヘッダ
Access-Control-Allow-Credentials	クッキーなど資格情報を送信して良いか
Access-Control-Expose-Headers	JavaScriptからの参照を許可するヘッダ
Access-Control-Max-Age	プリフライトリクエストの結果を保存してよい時間

また、プリフライトリクエストの結果は、Access-Control-Max-Ageヘッダで指定される期間はキャッシュしても良いことになっています。キャッシュが残っている間は、同じ内容のプリフライトリクエストを新たに送信しないことで、通信効率をあげています。

サーバが対応すべきことは、表8.14のようなヘッダを持つOPTIONSメソッドのリクエストに対して、クロスオリジン通信の可否を判断し、表8.15のようなヘッダとともにレスポンスを返すことです。この方式のよいところは、サーバ側がCORSに対応していなければ、ブラウザはクロスオリジン通信を許可しないという安全設計であることです[注55]。CORSに対応していないサーバは、表8.14のOPTIONSメソッドに対して適切な応答を返さないからです。

HINT

　本書執筆現在、CORSに関する仕様は、Fetch API仕様の「3.2. CORS protocol」で説明されています。

- Fetch Living Standard - 3.2. CORS protocol

    URL　https://fetch.spec.whatwg.org/#http-cors-protocol

ただ、これは少々読みにくいため、本書内でも何度か参照しているように、MDNのドキュメントを読む方がわかりやすいでしょう。

- オリジン間リソース共有（CORS）- HTTP | MDN

    URL　https://developer.mozilla.org/ja/docs/Web/HTTP/CORS

注55　CORSへの対応をサーバが明確に表現する必要性を課していることから、仕様書では「オプトイン（Opt-in）メカニズム」と表現されています。

CORS以前のクロスオリジンリクエスト

　CORSの仕様は2006年頃から検討が始まっていましたが、W3Cで勧告されたのは2014年のことです[注56]。本章ではXHR (XMLHttpRequest) でもCORSが利用できると紹介しましたが、CORSに対応したのは XHR level2という追加仕様からであり、当初のXHRではクロスオリジンリクエストには対応していませんでした。

　一方、安全なクロスオリジンリクエストに対する必要性はAjaxの登場当初から存在したため、CORSが普及するまではさまざまな工夫によって実現されていました。

- JSONP (JSON with padding)
- iframe
- window.postMessage

　本書執筆現在では、主要なブラウザはすべてFetch APIやXHR level2をサポートしているため、これらの手法を利用する必要はまずないでしょう。よって、本書ではこれらについては説明しません。興味がある方は、『パーフェクトJavaScript』[7]の「11-2-8 クロスオリジン通信」でそれぞれ詳しく説明されていますので、参照すると良いでしょう。

プリフライトリクエストの省略

　プリフライトリクエストによる事前確認によって、安全なクロスオリジン通信が確立できるようになりました。一方、プリフライトリクエストによる通信が増えるというデメリットもあります。そこで、クロスオリジン通信が以下のような条件[注57]に当てはまる場合はプリフライトリクエストが省略されるという仕様があります。

- HTTPリクエストのメソッドがGET、POST、HEADのいずれかである
- 送信しようとするヘッダにAccept、Accept-Language、Content-Language、Content-Type、Range以外が含まれない[注58]
- Content-Typeを含む場合、その値がapplication/x-www-form-urlecoded、multipart/form-data、text-plainのいずれかである

　この条件は少しわかりにくいのですが、基本的には次のような考え方に従っていると理解すれば良いでしょう。後者の条件は、HTMLフォーム由来のPOSTリクエストでは、以前からクロスオリ

注56　https://en.wikipedia.org/wiki/Cross-origin_resource_sharing#History
注57　現実としてはここに挙げた条件を理解しておけば十分ですが、実際には、もう少し細かな条件があります。詳細は、https://developer.mozilla.org/ja/docs/Web/HTTP/CORS を参照してください。
注58　ブラウザが自動設定するヘッダは除きます。

ジン通信が許容されていたためと考えられます。

- GETメソッドやHEADメソッドなどのサーバ側に影響を及ぼさない「安全な」メソッド
- HTMLフォームが送信できる範囲のPOSTリクエスト

このような条件に当てはまるリクエストを、当初CORSの仕様を検討していたW3Cのドキュメント[注59]では、「シンプルクロスオリジンリクエスト」と呼んでいました。正式な呼び方ではありませんが[注60]、多くのサイトや書籍では「シンプルリクエスト」または「単純リクエスト」と呼んでいるため、本書でも「シンプルリクエスト」と呼びます。

シンプルリクエストではプリフライトリクエストを送信せず、相手に対していきなりリクエストを送信します。このとき付与されるヘッダは、Originヘッダだけです。Access-Control-Request-MethodやAccess-Control-Request-Headerは、送信されたリクエストのメソッドやヘッダを見れば自明であるため、付与しません。

これを受けた相手サーバ側も、レスポンスのAccess-Control-Allow-Originヘッダによって、クロスオリジン通信の可否を返します（図8.26）。要求されたオリジンからのリクエストを許可する場合は、通常のレスポンスを返すでしょうし、403 Forbiddenを返すかもしれません。

図8.26　シンプルリクエストの実行イメージ

いずれにせよ、レスポンスを受信したブラウザは、Access-Control-Allow-Originに自身のOriginが含まれている時だけ、JavaScriptへレスポンスを渡します。そうでない場合は、たとえ応答ステータスが200 OKであっても、JavaScriptにはエラーを返します。また、サーバがCORSに対応しておらず、Access-Control-Allow-Originヘッダを返さない場合も失敗と見なします（図8.27）。

[注59] https://www.w3.org/TR/2014/REC-cors-20140116/#simple-cross-origin-request
[注60] 現在のCORS仕様書（https://fetch.spec.whatwg.org/#http-cors-protocol）では、このような表記はありません。

図8.27 シンプルリクエスト失敗時のイメージ

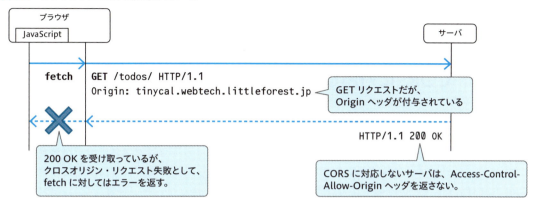

ここで注意すべきは、シンプルリクエストでは、まずサーバにリクエストが送信される点です。いわば事後チェックだけで済ませることで、プリフライトリクエストによる通信増を防いでいると考えられます。シンプルリクエストが事後チェックで構わないのは、GETやHEADメソッドでは、送信してもサーバの状態に影響を及ぼさないからです。また、HTMLフォームから送信される範囲のPOSTリクエストでクロスオリジンリクエストが許容されてしまうのは、互換性を重視したためです。

HTMLフォームからのクロスオリジンリクエストは、CORSの登場以前から行われていたことでした。このようなリクエストに対してCORSのプリフライトリクエストを必須としてしまうと、CORSに対応していないWebサイトが動作しなくなってしまいます。

HTMLフォームからのクロスオリジンリクエストを悪用した攻撃として、CSRF（クロスサイトリクエストフォージェリ）が有名です。しかし、CSRFに対する対策方法はCORSの登場以前に確立されているので、CSRF対策が行われていればCORSによる保護は不要と判断され、互換性が重視されたようです。

> **HINT**
>
> CSRF（Cross-Site Request Forgeries／クロスサイトリクエストフォージェリ）とは、攻撃者が非正規のHTMLフォームを用意し、何らかの方法で被害者にそのフォームからPOSTリクエストを送信させる攻撃です。この攻撃手段は古くから知られているため、対策が確立されています。代表的な対策は、正規のHTMLフォームからのリクエストだけ判別できるよう、フォーム表示時にランダムな文字列[61]を発行し、その文字列がリクエストに付与されていないと受け付けないようにすることです。
>
> このように、HTMLフォームに対してはCORSの登場以前からCSRF対策が行われていたため、HTMLフォームから送信されうる範囲の通信はシンプルリクエストとして扱うこととなったようで

注61 このような文字列は「ワンタイムトークン」や「CSRFトークン」と呼ばれています。

第8章　Web API

す^{注62}。CSRFの詳細と対策については、多くの書籍やサイトで解説されているため、本書では解説しません。『体系的に学ぶ 安全なWebアプリケーションの作り方 第2版』[6]や、前著『プロになるためのWeb技術入門』のLesson7を参照してください。

8.6.6　CORSに対応したTiny ToDo

🌐 シンプルリクエストの動作確認

CORSについて一通り学びましたので、CORSによるクロスオリジンリクエストの実例を確認してみましょう。新しく、CORSに対応させたTiny ToDoを用意してありますので、まずこちらにログインしてToDoをいくつか登録してください（図8.28）。

> URL　https://tinytodo-10-cors.webtech.littleforest.jp/

図8.28　Tiny ToDoへ追加したToDo

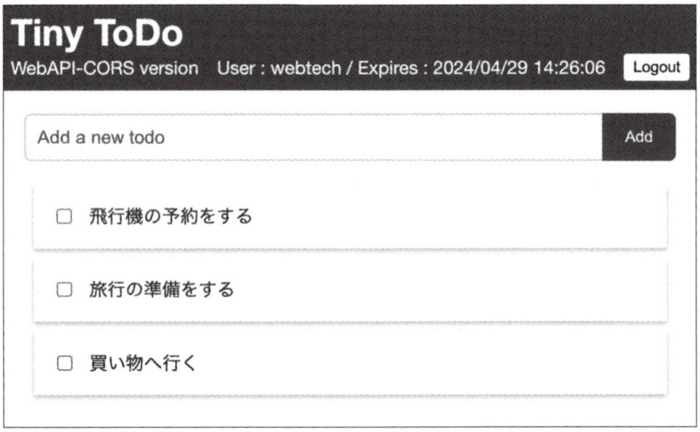

次に、先ほどと同じTiny Calにアクセスします。DevToolsのNetworkパネルを開いた状態で、画面上部の「CORS Enable」をチェックし、［Reload］ボタンを押してください。

> URL　https://tinycal.webtech.littleforest.jp/

Your ToDo Listのところに、Tiny ToDoで登録したToDo項目が表示されましたね（図8.29）。

注62　https://developer.mozilla.org/ja/docs/Web/HTTP/CORS の「単純リクエスト」の項目に同様の説明があります。

図8.29　Tiny Calへ表示されたToDo

　DevToolsで通信内容を確認しましょう。ToDoリストを取得するエンドポイントである、`/todos/`へのGETリクエストが発生していますね（図8.30）。これはシンプルリクエストに該当するため、プリフライトリクエストは発生していません。

図8.30　Tiny ToDoへのクロスオリジンリクエスト

Path	Method	Status	Type	Initiator	Cookies	Size	Time
/todos/	GET	200	fetch	todo.js:29	2	326 B	178 ms

　このリクエストをクリックし、Generalセクションに表示された「Request URL」でリクエスト先の正確なURLを確認すると、宛先ドメインは先ほど皆さんがToDoを登録した`tinytodo-10-cors.webtech.littleforest.jp`であることが確認できます（図8.31）。

図8.31　クロスオリジンリクエストの宛先URL

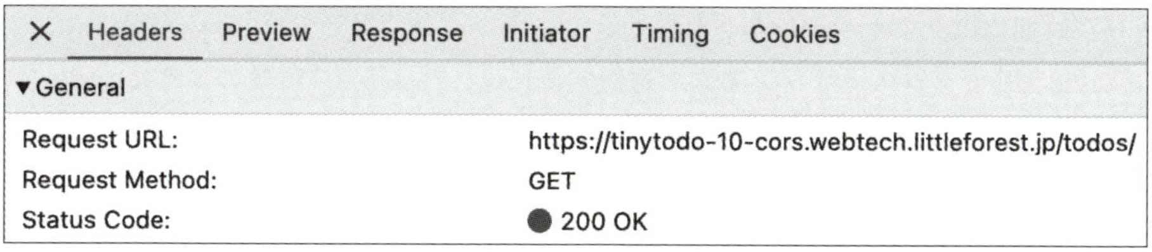

```
▼ General
Request URL:        https://tinytodo-10-cors.webtech.littleforest.jp/todos/
Request Method:     GET
Status Code:        ● 200 OK
```

　次に、「Request Headers」セクションでOriginヘッダを探しましょう。
　Originヘッダは`https://tinycal.webtech.littleforest.jp`となっており、このGETリクエ

第8章　Web API

ストの送信元が`tinycal.webtech.littleforest.jp`に属することがわかります[注63]（図8.32）。

図8.32　クロスオリジン通信のOriginヘッダ

▼ Request Headers	
:authority:	tinytodo-10-cors.webtech.littleforest.jp
:method:	GET
:path:	/todos/
:scheme:	https
Accept:	*/*
Accept-Encoding:	gzip, deflate, br, zstd
Accept-Language:	ja,en-US;q=0.9,en;q=0.8
Cache-Control:	no-cache
Cookie:	tinyToDoUserId=webtech; sessionId=AREOYqt8QFWxZcygZsb2jEgKYNApIqBHNTfLZs31t2U
Origin:	https://tinycal.webtech.littleforest.jp
Pragma:	no-cache

　最後に、「Response Headers」セクションを確認します。ここでは、Access-Control-Allow-Origin
とAccess-Control-Allow-Credentialsの、2つのヘッダに着目してください（図8.33）。

図8.33　クロスオリジン通信のレスポンス

▼ Response Headers	
Access-Control-Allow-Credentials:	true
Access-Control-Allow-Origin:	https://tinycal.webtech.littleforest.jp

　まずAccess-Control-Allow-Originの内容は`https://tinycal.webtech.littleforest.jp`となっ
ており、Tiny ToDoがtinycal.webtech.littleforest.jpからのクロスオリジン通信を許可したことがわ
かります。このヘッダが存在しなかったり、内容が送信元とは異なるドメインだったりした場合は、
たとえ200 OKが返されてもブラウザはFetch APIの結果をエラーとするのでした。

　もう1つ、Access-Control-Allow-Credentialsは、ブラウザに対してドメインをまたがったクッキー
の送信を許可するものです。Tiny ToDoでは、クッキーで送信されるセッションIDによって認証状
態をチェックしているため、クッキーの送信が必要です。クッキーにはしばしば重要な情報が含ま
れるため、CORSではAccess-Control-Allow-Credentialsヘッダによってサーバが許可したときだけ、
クロスオリジン通信にクッキーが付与されます。

　なお、Fetch APIでクロスオリジン通信を送信するには、リスト8.10-①のように`mode`プロパティ
を`cors`に設定する必要があります。また本書のサンプルのように、クッキーを送信する必要がある
場合は、`credentials`プロパティも`include`に設定します（リスト8.10-②）。

注63　Originヘッダはブラウザが自動的に付与するものなので、JavaScriptからはこれを設定することができず、悪意あるJavaScriptがOrigin
　　　ヘッダを詐称することはできません。

リスト 8.10　Fetch API によるクロスオリジン通信の送信

```
fetch ("https://tinytodo-10-cors.webtech.littleforest.jp/todos/", {
  mode: "cors",           ←── ①
  credentials: "include"  ←── ②
})
  .then (response => {
    return response.json()
  })
  .then (data => {
    data.items.forEach (todoItem => {
      addTodoItem (todoItem) ;
    })
  })
  .catch (() => {
    showError (`Failed to fetch URL : ${url}`) ;
  }) ;
```

HINT

Fetch API の mode や credentials については、次を参照してください。

URL　https://developer.mozilla.org/ja/docs/Web/API/Request/mode

URL　https://developer.mozilla.org/ja/docs/Web/API/Request/credentials

 プリフライトリクエストの動作確認

　プリフライトリクエストによる許可の様子も確認してみましょう。DevTools の Network パネルを開いた状態で、Tiny Cal の画面下部に表示されている［Preflight test］ボタンを押してください。

　TinyCal の JavaScript では、このボタンを押すと次のようなコードで TinyCal の **/todos/** エンドポイントへ POST リクエストを送信するようにしています（**リスト 8.11**）。

8.11　プリフライトを伴うクロスオリジンリクエスト

```
fetch("https://tinytodo-10-cors.webtech.littleforest.jp/todos/", {
  method: "POST",
  headers: {
    "Content-Type": "application/json"
  },
  mode: "cors",
  credentials: "include",
  body: JSON.stringify({
    todo: "CORS test",
  })
```

373

```
})
.then(response => {
  return response.text();
})
.catch((err) => {
  console.error("Faile to request : ", err);
});
```

このリクエストはPOSTリクエストですが、Content-Typeがapplication/jsonであるためシンプルリクエストに該当しません。このため、ブラウザによってプリフライトリクエストが送信されます。DevToolsを確認すると、Typeが「preflight」となっているOPTIONSメソッドのリクエストが送信されているのがわかります（図8.34）。

これがプリフライトリクエストです。

図8.34　プリフライトリクエスト

Path	Method	Status	Type	Initiator	Cookies	Size	Time
/todos/	POST + Preflight	201	fetch	todo.js:68	2	98 B	182 ms
/todos/	OPTIONS	200	preflight	Preflight⊕	0	0 B	237 ms

また、POSTリクエストのほうはMethodの列に「POST + Preflight」と表示されており、このPOSTリクエストはプリフライトリクエストを伴っていることがわかります。プリフライトリクエストと、レスポンスを確認してみましょう。OPTIONSメソッドの行をクリックして内容を確認してください。Origin、Access-Control-Request-Method、Access-Control-Request-Headersの各ヘッダで、content-typeヘッダを伴うPOSTリクエストの許可を要求していることがわかります（図8.35）。

図8.35　プリフライトリクエストのヘッダ

▼Request Headers	
:authority:	tinytodo-10-cors.webtech.littleforest.jp
:method:	OPTIONS
:path:	/todos/
:scheme:	https
Accept:	*/*
Accept-Encoding:	gzip, deflate, br, zstd
Accept-Language:	ja,en-US;q=0.9,en;q=0.8
Access-Control-Request-Headers:	content-type
Access-Control-Request-Method:	POST
Cache-Control:	no-cache
Origin:	https://tinycal.webtech.littleforest.jp
Pragma:	no-cache

8.6　Web APIの公開

　サーバはどのように応答しているでしょうか。Response Headersセクションを確認すると、**図8.36**の4つのヘッダが送信されており、ブラウザからの要求を許可していることがわかります。

図8.36　プリフライトリクエストへのレスポンス

▼ Response Headers	
Access-Control-Allow-Credentials:	true
Access-Control-Allow-Headers:	content-type
Access-Control-Allow-Methods:	POST
Access-Control-Allow-Origin:	https://tinycal.webtech.littleforest.jp

　このレスポンスを受け、ブラウザはFetch APIでJavaScriptから要求されたPOSTリクエストを実際に送信します。このPOSTリクエストでは「CORS test」という文字列をToDoとして登録しています。Tiny ToDoに戻ってリロードすると、たしかにこのToDoが登録されていることがわかります（**図8.37**）。

図8.37　Tiny Calから追加されたToDo

Tiny ToDo	
WebAPI-CORS version　　User : webtech / Expires : 2024/04/29 15:03:26	Logout
Add a new todo	Add
☐　CORS test	
☐　飛行機の予約をする	
☐　旅行の準備をする	
☐　買い物へ行く	

HINT

　CORSに対応するためのサーバサイドの実装は、適切なHTTPヘッダを返すだけですので、紙面では紹介しません。実際の開発では、WebアプリケーションフレームワークにCORSに対応したヘッダを返す機能があるはずですので、自分で実装せずにフレームワークの機能を利用するようにしてください。

375

第8章 Web API

8.7 再注目されるRPCスタイル

RESTの考え方に沿ってWeb APIを設計することで、多くのケースでうまく行くかに見えました。しかし、Web APIを通じて提供されるサービスが多様化・複雑化するにつれ、それだけではうまく行かない場面も増えてきます。本節では、RESTに基づいたWeb APIの課題と、それを踏まえた新たな技術の流れを紹介します。

8.7.1 APIの粒度

RESTful APIの最大の特徴は、リソース単位の操作をAPIにするということでした。APIを利用する側にとって、これには良い面も悪い面もあります。特に良い面を取り上げるなら、次のようになります。

1. リソースがURLにマッピングされているので、理解しやすい

2. 操作が概ね定型化でき、HTTPメソッドから機能が類推しやすい

3. 個々のAPIが提供する機能が簡単で、利用者にとって想像しやすいものになる

これは、**8.3 リソース指向アーキテクチャ**（326ページ）で述べた4つの特性のうち「アドレス可能性」と「統一インターフェース」に相当し、言い換えるならばAPIの粒度が小さいということになります。

「APIの粒度（りゅうど）」とは、そのAPIが提供する機能の大きさのことです。粒度が小さいAPIは提供者にとっては作りやすく、利用者によっては理解しやすく使いやすいでしょう。単機能なので、さまざまなところで応用しやすいというメリットがあります。しかし、大きなことを成し遂げるにはAPIを組み合わせ何度も呼び出さなければなりません。

一方、粒度の大きなAPIはより複雑で、単体で大きなことを達成できます。作るのは大変ですし、利用者にとっても理解のハードルが高く、使いこなすのが大変かもしれません。そのかわり、目的を明確にした機能が提供されることが多いため、そのAPI単体で利用者が求めることそのものを実現できるでしょう。

API粒度の違いを現実で比喩するならば、「火を消すのにバケツを使うか消火器を使うか」の違いとして挙げられます。例えるならば、バケツは粒度の小さなAPIです。水を溜めることしかできませんが、使い方は簡単でさまざまな使い方ができます。バケツに溜めた水をかけることで火を消せますが、何回も水をかけなければならないかもしれません。

見方を変えれば、消火器は粒度の大きなAPIと言えます。消火という目的に特化した道具なので、使い道は限られていますが、バケツよりも確実に消火できます。ただ、使い方はバケツよりも難しくなるでしょう。

8.7.2 小粒度APIの課題

粒度の小さなAPIでは不都合が生じる例を挙げましょう。宿泊予約に関するWeb APIを提供する

ことを考えてみます。あるホテルでは、次のようなURLで部屋の予約を管理するAPIを提供しているとします。

```
/reservations/<日付>/<部屋番号>
```

たとえば、/reservations/20240501/101へGETリクエストを送信すると、2024年5月1日における101号室の予約状況を知ることができます。同じURLへPOSTリクエストを送信すると、その部屋が空いていれば予約できます。説明がほとんど不要で、わかりやすいAPIですね。使うのも簡単そうです。

このAPIを使って、101号室を3日間連続で予約したいとき、どのようになるでしょうか。

まず、空き状況を確認するために次の3つのリクエストが必要になります。

- GET /reservations/20240501/101
- GET /reservations/20240502/101
- GET /reservations/20240503/101

すべての部屋が空いていれば、次は予約のために3つのPOSTリクエストを送信します。

- POST /reservations/20240501/101
- POST /reservations/20240502/101
- POST /reservations/20240503/101

ところが、この間に運悪く別の顧客が5月2日の101号室を予約してしまい、2日間しか予約できなかったらどうなるでしょうか。別の部屋を探すため、5月1日と5月3日の予約はキャンセルして、最初からやりなおさなければなりません[注64]。このようなプログラムを作るのは、だいぶうんざりする作業になるでしょう。この大変さは、「同じ部屋を複数日にわたり予約する」という目的に対して、提供されるAPIの粒度が小さいことに起因しています。

視点を変えて、リソースにこだわらず目的を直接実現するAPIを考えてみます。次のAPIは、宿泊希望日をJSON形式で送信すると、空いている部屋を探して予約してくれるものです。これなら呼び出しは1回で済みそうです。

■ POST /reserve

```
{
    "reserveRequest": {
        "from": "2024-05-01",
```

[注64] データベースを扱った経験がある方は、これがトランザクションの考え方であることに気づくでしょう。

```
      "to": "2024-05-03"
    }
}
```

このAPIはRESTの思想には当てはまりません。むしろ旧来のRPCの考え方ですが、本例のような場面では、このようなAPI設計のほうが理にかなっているかもしれません。筆者は、2000年代半ば以降にRESTがSOAPを代表とするWeb上のRPCに置き換わった理由には、次のような背景があると考えています。

- SOAPをベースとし複雑で膨大な仕様群に嫌気を感じていた人々が多かった
- 「Web 2.0」がもてはやされており、Web APIを手早く公開し、手軽に利用するためには、粒度の小さなAPIが受け入れられやすかった

> **HINT**
> ここで挙げた宿泊予約のような場面で、RESTの考え方がまったく適用できないかというと、そんなことはありません。『RESTful Webサービス[1]』では、「トランザクション・リソース」という考え方が紹介されています。この例を当てはめると「宿泊予約」という概念をリソースとして扱うものです。
>
> 本書で紹介したようにRESTから離れてRPC的なAPIとするか、トランザクション・リソースの考え方を導入するかは、考え方の違いであり、一概にどちらが優れているとは言い切れないと、筆者は考えます。

N＋1問題とオーバーフェッチング

粒度の小さなAPIは、別の問題も引き起こします。ふたたびTiny ToDoの例で考えましょう。Tiny ToDoがより発展し、図8.38のような情報を1つのToDoに登録できるようになったとします。

図8.38 情報量が増えたToDo

これらすべての情報をToDoリストに表示するのは現実的ではないので、たとえば、一覧として表示するのは「タイトル」と「期限」だけにして、残りはToDoの行をクリックすると表示されるようなUIを考えます（図8.39）。

図8.39　多くの情報を管理するTiny ToDoのイメージ

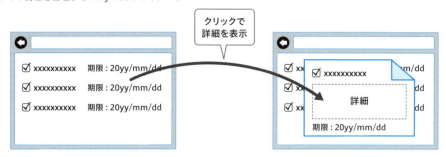

これを、素直にRESTに沿ったAPIにすると、次のような設計になります。まず、**/todos/** エンドポイントにGETリクエストを送信すると、次のように個々のToDoのURLが含まれるJSONを返します。

```
{
    "todos": [
        "http://~/todos/42e7aa2717c90cd19c71eb3695318e07",
        "http://~/todos/50cd5842d434c9336ff42fb9c8004505",
        ...
    ]
}
```

クライアントは、ここで得られたURLそれぞれに対してGETリクエストを発行し、ToDoの詳細情報を取得することになります。個々のレスポンスは、次のようにToDoに関する情報をすべて含むものになるでしょう。

```
{
    "todo" : {
        "id" : "~",
        "todo" : "~",
        "detail" : "~",
        "deadline" : "~"
    }
}
```

わかりやすいAPIではありますが、クライアントがToDoリストを表示するために、detailは不要な情報です。このように必要以上の情報を取得してしまうことを**オーバーフェッチング（Over-fetching）**といいます。不要な情報は捨てれば良いので動作に支障はありませんが、量が多いと無駄な通信が増えます。

また、**/todos/** エンドポイントのように、クライアントが必要な情報に対して充分な情報を返せず、追加のリクエストが必要になってしまうことを**アンダーフェッチング（Under-fetching）**といいます。

第8章　Web API

「タイトルと期限で構成されるToDoリストの表示」という用途で考えると、**/todos/**へのリクエストはアンダーフェッチングであり、**/todos/<ID>**へのアクセスはオーバーフェッチングといえます。そして、仮に20個のToDoがあるとするなら、最初の1回と合わせて計21回のリクエストが必要です。オーバーフェッチングによって個々のレスポンスに無駄が多いのに加え、リクエスト回数も多くなります。HTTPでは、一度のやりとりで通信の確立および、さまざまなヘッダの送受信が発生します。このため、20の情報を1回で取得するのと、20の情報を20回に分けて取得するのでは、後者のほうが圧倒的に時間を必要とします。

このように、クライアントが複数の情報を得るのに「一覧×1」+「詳細×N」回に分けて取得しなければならない問題を、**N＋1問題**[注65]と呼びます。RESTに沿ったAPIは、理解しやすい・開発しやすい・スケールしやすいといったメリットがありますが、クライアント視点では本当に必要な情報が過不足なく一度に手に入らない、というデメリットもあります。現実的な解の1つは、次のように画面表示に必要な情報だけを返すAPIを用意することです。

```
{
    "todos": [
        {
            "id": "42e7aa2717c90cd19c71eb3695318e07",
            "todo": "xxxx",
            "deadline": "xxxx",
            "_link": "http://～/todos/42e7aa2717c90cd19c71eb3695318e07"
        },
        {
            "id": "50cd5842d434c9336ff42fb9c8004505",
            "todo": "xxxx",
            "deadline": "xxxx",
            "_link": "http://～/todos/50cd5842d434c9336ff42fb9c8004505"
        },
        ...
}
```

このAPIならば、ToDo一覧に必要な情報を過不足なく1回で返せるので、効率が良さそうです。しかしこのように特定用途に向けたAPIを作ると、用途ごとに似たようなAPIを数多く作る必要性が生じ、開発生産性が落ちるというジレンマに陥ります。たとえば、将来さらに扱う情報が増え、「タイトル」と「期限」の他に「担当者」も表示する画面が必要になったとき、上記のAPIでは得られる情報が不足します。その場合、レスポンスが少しだけ異なる新しいAPIを作るのか、既存のAPIのレスポンスに「担当者」を追加するのかという選択に迫られます。既存のAPIを直す方が理にかなっているように思えます。突き詰めると「そのような変更を繰り返すなら、最初から多くの情報を返すAPIとして設計すればよい」という結論になりますが、それはオーバーフェッチングにつながってし

注65 もともとN＋1問題は、リレーショナルデータベースへアクセスするための「O/Rマッパー」（Object-relational mapper／オーアールマッパー）と呼ばれる類のライブラリが、データベースからデータを取得する際に引き起こしてしまう問題として認知されていました。Web APIの利用でも同様の問題が発生するために、このように呼ばれています。

380

まいます。

8.7.4 GraphQL

 GraphQLとは

　オーバーフェッチング／アンダーフェッチング、N＋1問題といった課題に対する解決策の1つとして、近年注目されているのが **GraphQL（グラフキューエル）** [注66]です。GraphQLは、2012年に当時のFacebook社[注67]が開発を開始したクエリ言語です。自社のアプリケーション開発にあたって、まさに前節で説明したような課題に直面し、それを解決するための手段として生み出されました。2015年にオープンソース化され、2019年からはGraphQL Foundation[注68]が開発コミュニティをサポートして開発が進められています。本書執筆時点ではWeb標準技術とはなっていませんが、RESTの持つ課題を補完する位置づけでWeb APIを実現する技術の1つとして、利用が広まりつつあります。

　ここでは、RESTとの対比として、GraphQLの考え方を簡単に紹介します。

GraphQLの利用イメージ

　GraphQLは、データ構造（情報のかたまり）から必要なデータを抽出するための言語で、「どのような情報を取得したいか」を書き表すための手段を提供します。読者の皆さんの中には、SQL[注69]を学んだことがある方も多いかもしれません。どちらにも「Query Language」という名前がついているとおり、大局的に見ればGraphQLとSQLは同じ位置づけです。SQLは表形式で表現されたデータを対象としますが、GraphQLはプログラミング言語一般で扱うオブジェクトを対象とします。GraphQLが扱うデータ構造は「スキーマ」と呼ばれる書式によって表現されます。

　図8.40のように、問い合わせ対象となるデータ構造をスキーマとして定義しておき、それらに対する問い合わせパターンをあらかじめ定義しておきます。この問い合わせパターンを「クエリ」といいます。クエリには、パラメータとなる部分を指定することができ、またスキーマ上のどのデータ項目を取得したいかは、クライアント側が自由に指定できるようになっています。

注66　https://graphql.org/
注67　2021年に「メタ・プラットフォームズ」に社名変更。
注68　https://graphql.org/foundation/ GraphQLの開発経緯も同ページを参考にしました。
注69　SQL：リレーショナルデータベース（RDB）からデータを抽出するための問い合わせ言語のこと。現在では何の略語でもないとされていますが、歴史的には「Structured Query Language」に由来しています。転じて、○○QLという用語は「問い合わせのための言語」というニュアンスが含まれることが多いです。

図8.40 GraphQLにおけるスキーマとクエリ

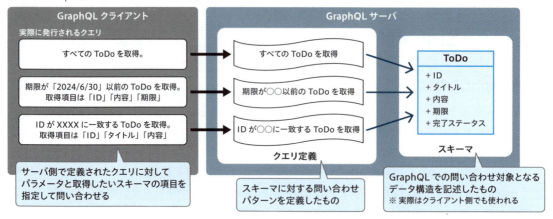

ここで雰囲気を感じるために、GraphQLスキーマとクエリの例を紹介しましょう。

たとえば図8.38（378ページ）で示したようなTiny ToDoのデータ構造をGraphQLスキーマで記述すると、リスト8.12のようになります[70]。

リスト8.12 ToDo項目を表すGraphQLのスキーマ例

```
type TodoItem {
  id: ID!
  todo: String!
  detail: String
  deadline: String
  status: Boolean!
}
```

また、これを取得するための「クエリ」を次のように定義しておきます。ここでは、TodoItemのリストを返すtodosという名前のクエリを定義しました（リスト8.13）。これはすべてのToDoを取得することを想定したクエリ定義です。

リスト8.13 ToDoリストに対するクエリ定義例

```
type Query {
  todos: [TodoItem!]!
}
```

これに対してクライアントが実際に情報を要求するときは、リスト8.14のようなクエリ文字列を作成します。これはリスト8.13で定義されたtodosという名前のクエリを指定し、具体的な取得項目としてリスト8.12で定義されたスキーマの中から「ID」（id）、「タイトル」（todo）、「期限」

注70 型を表すStringに後置されている'!'は、省略不可（Non-Null）を表しています。

（deadline）、「完了ステータス」（status）を取得対象として指示しています[注71]。

リスト8.14　ToDo項目を取得するGraphQLのクエリ例

```
query {
  todos {
    id
    todo
    deadline
    status
  }
}
```

　このクエリをGraphQLのエンドポイントへPOSTリクエストで送信することで、必要な情報を1回で取得することができます。

　たとえばリスト8.15のようなレスポンスです。クエリにdetailを追加すれば、ToDoの詳細情報を返すこともでき、クライアントが必要とする情報を過不足なく返すことができるでしょう。これによって、オーバーフェッチングやアンダーフェッチングの問題を解決できます。

リスト8.15　ToDo項目を取得するGraphQLのクエリ結果

```
{
  "data": {
    "todos": [
      {
        "id": "87aef3aef559f77655845fd5548fdfb9",
        "todo": "買い物へ行く",
        "deadline": "2024-05-31",
        "status": true
      },
      {
        "id": "64a4d5fc8a699d4426e36471b6ab8a97",
        "todo": "旅行の準備をする",
        "deadline": "2024-05-31",
        "status": false
      },
      {
        "id": "8b691b525c8f62803d2a2b803f81c1dd",
        "todo": "飛行機の予約をする",
        "deadline": "2024-05-31",
        "status": false
      }

    ]
  }
}
```

注71　SQLを知っている方ならば、SELECT id, todo, deadline FROM todosのようなSELECT文と同じようなものだととらえると良いでしょう。

実際のWebアプリケーションではより複雑なデータ構造を持つことになりますが、「あるオブジェクトが別のオブジェクトを参照しており、そこから別のオブジェクトを参照する……」といったツリー構造やグラフ構造になっているようなデータ構造からも、好きな形でデータを取り出せるのがGraphQLの大きなメリットです。これによってN＋1問題にも対応することができます[72]。

GraphQLは、サーバ上の情報をクライアントが望む形で取り出すための、問い合わせ方法の取り決めに過ぎません。GraphQLのエンドポイントを提供するサーバ側は、GraphQL用のライブラリや自動生成ツールを使いつつ、スキーマに沿ってクエリに対する応答を返す処理[73]は、開発者が作成する必要があります。

> **HINT**
> たとえばGoでは、gqlgen[74]というツールを使うことで、リスト8.12のようなスキーマからGraphQLのエンドポイントを提供するコードを自動生成できます。

なお、GraphQLのエンドポイントは1つであり、「/graphql」のようなエンドポイントにリスト8.13で示したようなクエリ文字列をPOSTメソッドで送信します。

データの取得操作にもかかわらずPOSTメソッドを使うのは、GETメソッドではボディを送信できないため、クエリ文字列の送信に適さないためです。

GraphQLとRESTの違い

GraphQLとRESTは、多くの点で考え方が対照的です（表8.16）。

表8.16　GraphQLとRESTと違い

要素	GraphQL	REST
URL	APIコールの窓口	リソースのありかを表現する
HTTPメソッド	使い分けない（POSTだけ）	リソースに対する操作を表し、使い分ける
ステータスコード	使い分けない（200だけ）	使い分ける
ブラウザでのキャッシュ	利用できない	利用できる

RESTではURLでリソースのありかを表現しますが、GraphQLはURLをAPIコールの窓口としてしか使っていません。また、HTTPの意味づけからすればGraphQLのクエリはGETリクエストで送信すべきですが、POSTリクエストで送信します。これは、GraphQLのクエリがURLのクエリ文字列に収められず、リクエストボディに格納する必要があるための措置です。

なお、本書では詳しく説明しませんが、GraphQLにはMutationというデータ更新のための機能も

---

[72] N＋1問題については、GraphQLによってクライアント／サーバ間のやりとりを減らすことはできます。しかしサーバ側の処理でデータベースから情報を取得するようなときにはデータベースへの問い合わせが多数発行され、同様の問題が発生します。これに対しては、プログラミング言語ごとに用意されている、GraphQLのDataLoaderという仕組みを活用した対処が必要です。
[73] GraphQLでは、このような処理をResolver（リゾルバ）と呼びます。
[74] https://gqlgen.com/

用意されています。しかし、これもクエリと同じエンドポイントに対してPOSTリクエストで要求します。

以上を踏まえると、GraphQLはSOAPのようなRPCに近いものであることがわかります。

2000年代前半の論争を経て、SOAPはなかばRESTによって駆逐されてしまった形ですが、RESTだけではWeb APIのすべてのニーズを満たすことができず、その穴の一部をGraphQLが埋めているという状況です。この20年でWeb APIの分野の中では、「SOAP」「REST」「GraphQL」といったキーワードが出てきています。しかしこれらの技術が生まれた背景や特性をきちんと理解すると、新しい技術が古い技術を置き換えているのではなく、相互補完する関係であることがわかります。

本書執筆時点で、GraphQLはHTTPのように標準化されて広く根付いた技術ではありません。数年後、より広く普及する可能性もありますし、一過性で終わってしまい別の技術に取って代わられる可能性もあります。しかし、ここで重要なのは、本章で説明したようなWeb API全体と、そこに根ざしているRESTの考え方、RESTがカバーしきれない部分を埋めようとしているGraphQLという関係性を理解していることです。そうすればあらたな技術が登場したとき、それがこれまでの技術の関係性の中で、どこに当てはまるかを理解し、どう活用すべきかを自分で判断しやすくなるでしょう。

まとめ SPAによって、サーバサイドアプリケーションの役割がWeb APIの提供へと変化しました。HTTPがシンプルかつ汎用的であるがゆえに、Web APIの設計は自由度が高く、当初はさまざまなやりかたが乱立していました。それが、SOAPとRESTの論争を経てRESTを指針としたものに収束していきます。RESTful APIではリソースを中心に位置付けてURLで表現し、次の4つの特性を重視しました。

- アドレス可能性
- 接続性
- 統一インターフェース
- ステートレス性

この考え方は一定の成功を収めましたが、アプリケーションが複雑化してくるとRESTだけではうまくいかないケースも増えており、GraphQLのようにRPCスタイルのWeb APIと相互補完するケースが増えてきました。サーバサイドの機能をWeb API化することで、インターネットを通じてさまざまなサイトが提供するサービスを利用できるようになりました。

一方でセキュリティを守るため、同一オリジンポリシー(SOP)のような仕組みが重要となり、SOPを守りつつもWeb APIによる連携の利便性を得るため、オリジン間リソース共有(CORS)といった仕組みも登場しました。

第8章　Web API

参考文献

- [1] Leonard Richardson、Sam Ruby（著）、山本陽平（監訳）、株式会社クイープ（翻訳）、RESTful Web サービス、オライリー・ジャパン、2007年
- [2] 山本陽平（著）、Webを支える技術——HTTP，URI，HTML，そしてREST、技術評論社、2010年
- [3] 水野貴明（著）、Web API：The Good Parts、オライリージャパン、2014年
- [4] Arnaud Lauret（著）、株式会社クイープ（翻訳、監修）．Web APIの設計．翔泳社、2020年
- [5] 渋川よしき（著）、Real World HTTP 第3版——歴史とコードに学ぶインターネットとウェブ技術．オライリー・ジャパン、2024年
- [6] 徳丸浩（著）、体系的に学ぶ安全なWebアプリケーションの作り方 第2版、ソフトバンククリエイティブ、2018年
- [7] 井上誠一郎（著）、土江拓郎（著）、浜辺将太（著）．パーフェクトJavaScript、技術評論社、2011年

第9章 サーバプッシュ技術

9.1 サーバプッシュ技術の歴史
9.2 Server-sent events によるプッシュ配信
9.3 Server-sent events の実践
9.4 WebSocket
9.5 WebSocket の実践

第9章　サーバプッシュ技術

第7章では、従来型Webアプリケーションの以下のような問題点について触れ、主に前者の克服するための進化の流れとして、SPA（シングルページアプリケーション）を解説しました。

- 画面遷移が多く、遅いこと
- サーバからの通知ができないこと

前者の問題がSPAによって解決されたように、後者の課題も現在では解決されています。本章では、この課題がどのように解決されていったのか、その歴史を追いつつ解説していきます。

HINT

本書では解説しませんが、次の世代のプロトコルであるHTTP/2にも「サーバプッシュ」と呼ばれる仕様が含まれています。こちらは、クライアントが必要とするリソースを事前にサーバから送信することで、Webサイトの表示速度を高速化するもので、本章での説明対象ではありません。

9.1 サーバプッシュ技術の歴史

当初のWWWで新たな情報を表示させるには、同じURLに再びアクセスしてコンテンツを取得し直す必要がありました。HTTPがユーザからの要求を基点として、HTMLなどのコンテンツを返すことを前提に作られていたからです。このような通信を「Pull（プル）型通信[1]」と呼びます。クライアントの視点で、サーバから情報を引っ張ってくる（Pull）ためです。

一方、サーバ側を基点とし、サーバからクライアントへ情報を送信することを「サーバプッシュ（Server push）」と呼びます。Pullの逆で、サーバから情報を押し出すイメージととらえれば良いでしょう。当初のWWWで公開される主な情報は更新頻度が低い静的コンテンツでしたから、情報が更新されたとしてもページの読み直しで十分でした。

このため当時のHTTPでは、あえてサーバプッシュを実現する必要がなかったのではないかと考えられます。しかし、Webアプリケーションの発展とともにその必要性が増していきました。

9.1.1 メタリフレッシュによる疑似サーバプッシュ

初期のWWWで頻繁に更新される情報を表示させるために使われていたのが、HTMLの「メタリフレッシュ（meta refresh）」と呼ばれる機能でした。HTMLでは、meta要素の記述にしたがって別のURLを再ロードさせる機能があります。たとえば次のようなmeta要素は、このページを表示してから3秒後に「https://gihyo.jp」を読み込むことを指示します。サイトのURLを引っ越したときな

注1　クライアント視点では、サーバから情報を引っ張ってくる（Pull）ので、Pull型通信と呼ばれます。

388

どに、ユーザを移転先へ導くためなどに利用されることがあります[注2]。

```
<head>
  ......
  <meta http-equiv="refresh" content="3;url=https://gihyo.jp" />
  ......
</head>
```

　また、URLを省略すると自身のページをリロードします。次の例では、10秒おきに自身のページがリロードされ、ユーザはブラウザを操作しなくても定期的に最新の情報を得ることができます。そこまでの即時性が求められない用途であれば、これでも十分かもしれません。なにより、簡単なことが大きなメリットです。このように定期的な問い合わせを行うことを、一般に「ポーリング（Polling）」と呼びます。

```
<head>
  ......
  <meta http-equiv="refresh" content="10">
  ......
</head>
```

　WWWの黎明期は他に手段がありませんでしたし、現在でも利用者が限られるような場面では、メタリフレッシュによるポーリングが擬似的なサーバプッシュの手段として使われることがあります。しかし利用者が多かったり、より即時性が求められたりするような場面では、現実的な手段とは言えません。実際に情報が更新されたかどうかにかかわらず、定期的にサーバへのリクエストが発生するためサーバやネットワークに負荷がかかるからです。また、単純なリロードでは応答を待つ間に画面操作もできなくなるため、ユーザ体験も良くないでしょう。

9.1.2　通信量の削減

　なお、通信の頻度や量という観点では、工夫の余地があります。通常、ブラウザはサーバから取得したコンテンツをデバイス上に保存しておき、次に必要になったときにはHTTPリクエストを送信せず、保存したデータを再利用する仕組みがあります。このように、データを手元に保存しておき再利用することで効率化につなげる仕組みを、一般に「キャッシュ（Cache）[注3]」と呼びます。Webブラウザが備えるキャッシュの仕組みは、特に「ブラウザキャッシュ」と呼ぶこともあります。通常、ブラウザ上でページをリロードするとき、キャッシュが働くことで通信量が削減され、ユーザにとっ

注2　サイトの引っ越しでは、HTTPサーバが301（moved permanently）とともにLocationヘッダで新しいURLを返せばよいですが、レンタルサーバなどでサーバの管理者とコンテンツの管理者異なる場合などでは、HTMLだけで実現できるmeta refreshが使われることがあります。また、meta refreshでは新しいURLに移動する前に、元のページも表示できるため、数秒の間移転のメッセージを表示するといった使い方もされています。

注3　コンピュータにおける「キャッシュ」は、比較的広い範囲で使われます。本文で述べたように、仕組み自体を呼ぶこともありますし、データの保存場所や、保存されたデータそのものを「キャッシュ」と呼ぶこともあります。また、再利用できるようにデータを保存しておく行為を「キャッシュする」と表現することもあります。

てはページ表示の体感速度が向上します。

　もちろん、データをずっと使い回してしまうと、サーバ側で更新されたときにそれを反映させることができません。そのため、キャッシュするデータには有効期限を設けておき、期限が切れてから必要になったときは、改めてHTTPリクエストを発行してデータを取得し直すようになっています。有効期限はコンテンツを提供するサーバ側で指定します。CSSファイルやJavaScript、画像などの更新頻度が低い静的コンテンツは有効期限を長めに設定してキャッシュを有効活用し、更新頻度が高いHTMLコンテンツは有効期限を短く設定するかキャッシュさせないようにするといった調整をすることもできます。

図9.1 キャッシュによる通信量の削減

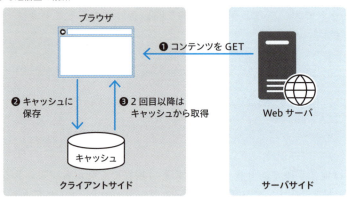

9.1.3　Ajaxによるポーリング

　ブラウザ環境のJavaScriptでは、setInterval()関数[注4]を使用することで、リスト9.1の例のようにある処理を一定間隔で実行させることができます[注5]。

リスト9.1　setInterval()関数による定期更新の例

```
// update()関数を5秒毎に呼び出し
setInterval(update, 5000);

function update() {
  // Fetch APIで情報を取得

  // 取得情報で画面を更新
}
```

注4　https://developer.mozilla.org/ja/docs/Web/API/setInterval
注5　ここでは説明を簡単にするため、setInterval()を例に挙げました。しかし実際は指定時間後に処理を実行するsetTimeout()を繰り返し利用する方が適切なケースが多いです。この例でいうとsetInterval()で指定したupdate()関数の処理が5秒以上かかると、その処理が終わる前に次のupdate()関数の処理が始まってしまうからです。

これと第7章で紹介したFetchAPIによる非同期リクエストと組み合わせることで、効率の良い画面更新ができます。必要なリソースだけに対してポーリングすることで変更箇所の情報だけをJSON等で返せるようになり、ページ全体のHTMLを返すよりも通信量を削減できるからです。

図9.2　画面全体のリロード

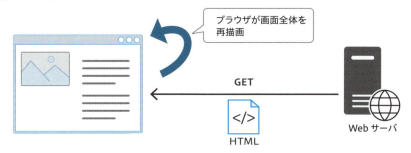

図9.3　Ajaxによるポーリング

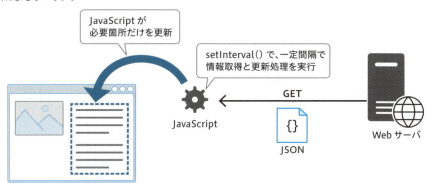

9.1.4　Comet（ロングポーリング）

　キャッシュやAjaxの活用で、ポーリングによる通信量を削減することはできます。しかし定期的な問い合わせをする以上、即時性を向上させるのは困難です。

　そんな中、サーバがHTTPレスポンスの返し方を工夫することで、HTTPの枠組みの中で即時性を向上させる技術が登場しました。Ajaxと同じように、既存技術の組合せで実現されたこの方法は、Alex Russell氏が2006年3月に自身のブログ[注6]で「Comet（コメット）」と名付け、その名前とともに広まりました。

注6　https://infrequently.org/2006/03/comet-low-latency-data-for-the-browser/

Cometの考え方

Cometの基本的なアイデアは、次のようなものです。通常、ブラウザがHTTPリクエストを送信すると、サーバはすぐにレスポンスを返します。Cometでは、サーバが意図的にレスポンスを保留します。その後、通知すべき情報の変化が発生してはじめて、レスポンスを返します。これによって、サーバは好きなタイミングでクライアントへ情報を送信できます。クライアントの視点では、情報が変化するとただちにレスポンスが返るため、即時性が達成されるというわけです。サーバが保留する間、ブラウザ上のJavaScriptはレスポンスを待ち続けることになりますが、Ajaxによる非同期通信であれば、ブラウザを操作するユーザに影響はありません。

サーバがレスポンスを返すと通信が終了してしまうため、ブラウザは再度リクエストを送信しなければなりません。サーバは再びレスポンスを保留し、ブラウザに通知すべき情報が発生したらレスポンスを返します。

これを繰り返すことによって、サーバは情報の変化をただちにブラウザへ通知できるというわけです。

図9.4　Cometの考え方

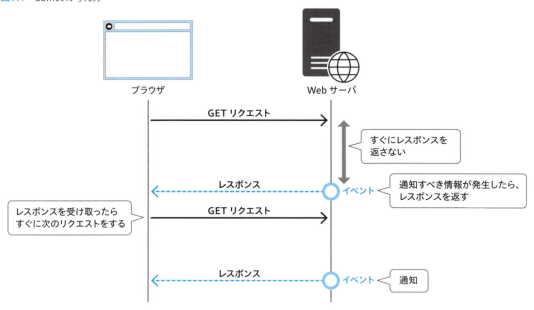

少しわかりにくければ、HTTP通信を電話でのやりとりに例えるとわかりやすいかもしれません。通常のリクエスト・レスポンスは、ブラウザ側がサーバ側へ電話をかけ、用件を伝えて応答をもらうのと同じです。サーバ側がブラウザ側へ電話をかけることはできず、ブラウザが一度の通話でサーバに伝えられる用件も1つだとします。

Cometでは、ブラウザがサーバへ電話をかけ、サーバは通話を開始しますが、伝えるべき情報が発生するまでなにも話しません。その間、電話はつなぎっぱなしにしておきます。
　サーバがブラウザに情報を伝えると通話を切り、ブラウザはふたたびサーバへ電話をかけるといった流れになります。

> **コラム　たかが名前、されど名前**
>
> 　Ajaxは「Asynchronous JavaScript + XML」から採られた名前と紹介しましたが、アメリカ合衆国における代表的な洗剤のブランド名でもあるそうです[注7]。Cometは文字どおりとらえるなら「彗星」という意味です。サーバからブラウザへ情報が彗星のように飛ぶイメージを想起させますが、実はこちらも洗剤の名前だそうです。これまでAjaxで実現されていたプル型の通信に対して、サーバプッシュを実現する技術ということでAjaxにちなんだ言葉遊びによる命名なのだとか[注8]。
> 　このようにコンピュータの世界の命名には言葉遊びが多いのは、文化のようなものです。しかし、AjaxにせよCometにせよ、既存技術を組み合わせた活用方法に印象的な名前をつけることで認知され、広まっていく現象はよく見られます。命名はとても重要なのです。

Cometの問題点

　Cometでは一度サーバから情報を送信すると再接続が必要です。このため、更新頻度が高い場合はポーリングとあまり変わらないか、それ以上にネットワークやサーバに負荷をかけてしまいます。また、通知が発生しないまま一定時間が経過すると、ブラウザや途中経路のプロキシサーバによって通信が切断されてしまいます。Cometではこのようなことが正常ケースとして起こりうるので、再接続処理も必要になります。

　即時性の面でも完全とは言えません。一度情報を通知してからクライアントがサーバへ再接続するまでの間に発生した情報は、すぐに通知できません。たとえばチャットのような用途であれば十分ですが、FX取引に利用するような為替レートの通知用途には適さないでしょう。

　このように、Cometはいくつかの問題を抱える手法ではありますが、既存の技術を使ってプッシュ配信を実現するための有力な手段として、長く使われ続けました。

9.2 Server-sent eventsによるプッシュ配信

　前節まで紹介した手法は、既存の技術の応用したもので、正式に仕様化されたものではありませんでした[注9]。Cometは素晴らしいアイデアですが、意図的にレスポンスを保留するという当初のHTTPでは想定していなかった実現方法であるため、無理やり実現しているという印象は否めません。

注7　https://ascii.jp/elem/000/000/355/355253/
注8　https://www.itmedia.co.jp/enterprise/articles/0605/15/news019.html
注9　仕様化されたわけではありませんが、後の2011年には、Cometを含むロングポーリングや、本節で紹介するSSEを含むストリーミングに関する概要とベストプラクティスがRFC 6202 (https://www.rfc-editor.org/rfc/rfc6202.html) として公開されています。

第9章　サーバプッシュ技術

そのような状況をふまえ、2005年頃から検討が始まり[注10]HTML5の関連APIの1つとして制定された のが、**Server-sent events（SSE）** です[注11]。Server-sent eventsは、Cometにおけるロングポーリングを一歩進めた「HTTPストリーミング」と呼ばれる考え方に基づいています。ロングポーリングでは一度レスポンスを返すとブラウザ側が再度リクエストする必要があり、これがこの方式の課題でもありました。HTTPストリーミングでは、レスポンスを少しずつ返すことで、一度のリクエストに対してサーバからの通知を連続して行うことができます。これは、HTTP/1.1で追加された「チャンク転送」という機能に基づいています。

9.2.1　チャンク転送

Server-sent eventsについて理解するため、まずチャンク転送の考え方を説明しましょう[注12]。「**チャンク（chunk）**」とは「塊」という意味で、HTTPにおけるチャンク転送は、リクエストやレスポンスを文字通りいくつかの塊に分割して送信する機能です。チャンク転送でレスポンスを返すには、**Transfer-Encoding: chunked**というヘッダを返し、次のような形式でデータの塊を少しずつ返します。

```
<チャンクサイズ（16進数）>
<データ本体>
<空行>
```

データをすべて送信したら、最後に**0**を送信して、転送終了の合図とします。クライアントは、すべてのデータを待つことなく、チャンクの単位でデータを受け取って処理することができます。このため、総量のわからないデータを送信するのに役立ちます。

画面9.1は、チャンク転送によるレスポンスの例です[注13]。ここでは、レスポンスを2つのチャンクで返しています。1つめのチャンク（**This is ～**）は、35文字と改行コード（CR + LF）の37バイトからなるため、それを16進数で表現した**25**がそれに先だってチャンクサイズとして送信されています。2つめのチャンクも同様で、26文字＋改行コードの28バイトあるので、チャンクサイズは**1C**となります。

画面9.1　チャンク転送によるレスポンスの例

```
HTTP/1.1 200 OK
Content-Type: text/plain
Transfer-Encoding: chunked

25
```

注10　現在の「HTML Standard」の前身である、「Web Applications 1.0」の初期段階の草稿（https://whatwg.org/specs/web-apps/2005-09-01/）にServer-sent eventsに関する記述があります。

注11　以降、本書ではServer-sent eventsを「SSE」と略記することがあります。

注12　チャンク転送の正確な仕様は、HTTP/1.1の最新のRFC9112（https://www.rfc-editor.org/rfc/rfc9112.html#name-chunked-transfer-coding）に記載されています。

注13　本例はRFC 6202に記載された例を引用しました。

```
This is the data in the first chunk
1C
and this is the second one
0
```

9.2.2　Server-sent events

 SSEの考え方

　Server-sent eventsの考え方はチャンク転送と同じですが、レスポンスの返し方が少し異なっています。まず、レスポンスヘッダには次のようなものが必要になります（画面9.2）。**Content-Type**ヘッダで指定する**text/event-stream**が、Server-sent eventsによる応答を表します。

画面9.2　Server-sent eventsでのレスポンスヘッダ
```
HTTP/1.1 200 OK
Connection: keep-alive
Content-Type: text/event-stream
Transfer-Encoding: chunked
```

HINT

　画面9.2の中で**Connection**ヘッダで送信されている**keep-alive**という文字列は、このリクエストを受信したサーバがレスポンスを返した後に通信を持続させることをお願いするものです。これは、HTTP/1.1で追加された「Keep-Alive」という機能によるものです。Server-sents Eventでは、通信を持続させたままサーバが任意のタイミングでレスポンスを返すため、Keep-Aliveの利用が前提となります。通信の接続/切断やKeep-Aliveについては、「付録A.7 TCP/IP」でも解説しています。

　Server-sent eventsでは、サーバから通知する情報をチャンクとして返しますが、個々のチャンクを「イベント」と呼び、イベントの連なりによって構成される応答全体をイベント・ストリームと呼びます。

図9.5　Server-sent eventsのイベントとイベント・ストリーム

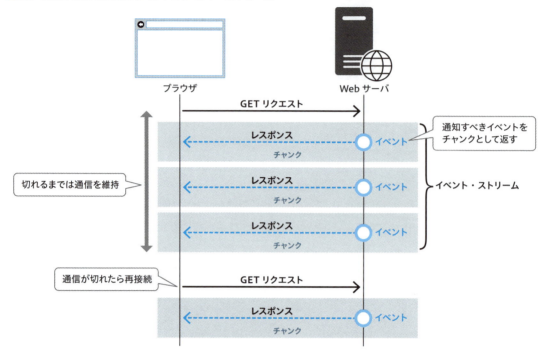

それぞれのイベントは、次のようなタグとデータのペアから構成されるテキストであり、空行がイベントの終わりを表します。

```
<タグ>: <データ>
<タグ>: <データ>
……
```

タグには、表9.1に示す4種類が定義されています。

表9.1　Server-sent eventsのタグ

タグの種類	説明
id	イベントを識別するためのID
event	イベントの種類
data	サーバから通知される情報の本体
retry	再接続時の待ち時間（ミリ秒）

■ idタグ

イベントの再送処理のために用いられます。クライアントがサーバに接続する際、`Last-Event-ID`というHTTPヘッダで、クライアントが受信した最後のidを通知することができます。もしサー

バがクライアントに通知したイベントの履歴を保持していれば、クライアントが受信していないイベントから送信するといったことを可能にしています。

■ eventタグ

サーバが送信する情報の種類を表しますが、イベントの種類はアプリケーションが自由に決められます。これは、後ほど説明するクライアント側でのイベントに応じた処理の切替のために使います。

■ dataタグ

サーバからクライアントへ通知する情報の本体です。データ自体はUTF-8でエンコードされたテキストであれば、どのようなものでも送信できます。一般にはJSON形式で送信するのがクライアントにとって処理しやすいでしょう。また、dataタグだけは1つのイベントの中で連続して複数出力することができます。その際、受信側では改行で区切られた1つのdataとして解釈します。

■ retryタグ

通信が切れてしまったとき、クライアントが再接続するまでに待つべき時間を示します。

なお、チャンク転送とは異なり、Server-sent eventsではクライアントかサーバのいずれかが通信を止めない限り続きます。このため、チャンク転送で最後に0を送信したような、終了を表す印はありません。必要であれば、アプリケーションで終了を表すeventを定めるなどすれば良いでしょう。

🌐 SSE の受信処理

Server-sent eventsがチャンク転送と大きく異なるのは、ブラウザ側で標準APIが提供されて受信側の処理を簡単に実現できる点です。

受信処理は、ブラウザ環境が提供するEventSourceインターフェース[14]のオブジェクトがすべて担ってくれます。

リスト9.2-①のように、Server-sent eventsを送信するサーバ側のパスを指定してオブジェクトを生成するだけで、受信が始まります。イベント受信時の処理は、EventSourceに対してイベントハンドラとして登録します。第7章で説明したDOMのイベント処理と同じ考え方です。

リスト9.2　Sever-sent Events の受信処理例

```
const eventSource = new EventSource("<サーバ側のパス>"); ←―― ①

eventSource.addEventListener("イベント名", (e) => { ←―― ②
  // イベント受信時の処理
  console.log(e);
});

eventSource.onmessage = (e) => { ←―― ③
  // インベントタグがない場合の処理
```

注14 https://developer.mozilla.org/ja/docs/Web/API/EventSource

```
    console.log(e);
};
```

eventタグが指定されたイベントを受信したときは、同じイベント名のイベントハンドラとして addEventListener()メソッドで登録した関数が呼び出されます（リスト9.2-②）。たとえば次のようなイベントを受信したとき、addEventListener ("ping", ～);で登録した関数が実行されます。

```
event: ping
data: 2023-10-10 22:57:00
```

一方、イベントタグを持たないイベントを受信したときはonmessage()で登録したイベントハンドラが呼び出されます（リスト9.2-③）。

9.3 Server-sent eventsの実践

9.3.1 Tniy ToDoをSSEに対応させる

現在の動作

これまで作成してきたTiny ToDoにServer-sent eventsを使った機能を組み込むことで、実際の動作を確認してみましょう。

たとえば、TinyTodoをPCとスマートフォンなど、複数のデバイスから同時に使うことを考えます。片方のデバイスでToDoを追加・編集したとき、もう片方のデバイスに表示されたToDoはどうなるでしょうか（図9.6）。当然ながら、これまでの作り方では、もう片方のデバイスでは画面をリロードしないと新しい情報は表示されません。

図9.6 異なるデバイスに反映されない

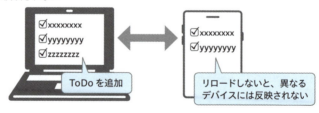

ここでは、Server-sent eventsを使って、ToDoの追加や更新が他のデバイスにも即座に反映されるようにしてみます。

まず、第8章で作成したTiny ToDoの動作を確認しましょう。ブラウザのタブを2つ開き、できれ

9.3 Server-sent events の実践

ばタブをウィンドウに分離して横に並べてみてください。それぞれのタブで次のURLを開き、好きな方のタブで何かToDoを追加してください。

> **URL** https://tinytodo-09-webapi.webtech.littleforest.jp/

もう片方のタブのTiny ToDoには、追加したTodDoは表示されませんが、リロード[注15]するとサーバへGETリクエストを送信するため、最新のToDoリストが表示されます。
これが現在の動作です。

🌀 サーバプッシュを組み込んだ動作

次に、Server-sent eventsによる更新機能を組み込んだTiny ToDoを試してみましょう。
さきほどと同じように、2つ並べたタブのそれぞれで、以下のURLにアクセスしてログインし、ToDoの追加や編集を試してみてください。今度は、一方のタブの変更がもう一方のタブにも即座に反映されるはずです。また、PCとスマートフォンをお持ちの方は、それぞれのデバイスでも試してみると良いでしょう。

> **URL** https://tinytodo-11-sse.webtech.littleforest.jp/

いつもどおり、通信の様子をDevToolsで確認してみましょう。ここでは説明の都合上、ブラウザ上の2つのタブを「タブA」「タブB」と呼ぶことにします。
まず、タブA、BそれぞれでDevToolsを開き、Networkパネルを表示させてから画面をリードしてください。**/observe**というパスへのGETリクエストが表示されるはずです（図9.7）。このエンドポイントは、ToDoリストの変更を通知するためにサーバ側に追加したあらたなエンドポイントです。ここにアクセスすると、Server-sent eventsでToDoの変更を通知するようにしてあります。

図9.7　/observeへのリクエスト

Path	Method	Status	Type	Initiator	Cookies	Size	Time
☐ /observe	GET	200	eventsource	(index):32	2	125 B	183 ms

「Path」列をクリックすると、右側にリクエストとレスポンスの詳細が表示されます。
まず、「Headers」タブの「Response Headers」セクションを見てみましょう（図9.8）。Content-Typeヘッダが**text/event-stream**となっており、サーバがServer-sent eventsによる通知を始めていることがわかります。

注15 Windowsならば F5 、macOSならば ⌘ ＋ R でリロードできます。

399

第9章　サーバプッシュ技術

図9.8　/observeからのレスポンス

Path		X	Headers	EventStream	Response	Initiator	Timing	Cookies
□ /observe		▶ General						
		▼ Response Headers						
		Cache-Control:			no-cache			
		Content-Type:			text/event-stream			
		Date:			Sun, 06 Oct 2024 00:44:51 GMT			

　次に、「EventStream」タブに切り替えます。ChromeのDevToolsでは、Server-sent eventsを解釈してわかりやすく表示してくれます（図9.9）。Id、Type、Dataの各列は表9.1（396ページ）に示した受信イベントの各タグの内容を表しています。最後のTime列はイベントの受信時刻です。

図9.9　initialイベントを受信した状態

Path		X	Headers	EventStream	Response	Initiator	Timing	Cookies
□ /observe		⊘	▽ Filter using regex (example: https?)					
		Id	Type		Data		Time	▲
		ttd-1728175491226314	initial		{"source":"1728175491226308"}		09:44:51.197	

　リロードしてすぐの状態では、「initial」というイベントを受信しています。これは、ToDoリストを変更したタブを識別するため、/observeにアクセスした時にTiny ToDoアプリケーションが発行する識別子を送るためのイベントです。Dataを見ると、**{"source":"1728175491226308"}**というJSONを受け取っています。この数値がこのタブを識別するためのものです[注16]。タブA、タブBがそれぞれ受け取ったイベントの**source**が異なる値であることを確認しておいてください。この識別子が必要な理由は、あとで説明します。

　ここで、タブAで「Go shopping」というToDo項目を追加してみましょう。タブA、タブBそれぞれのDevTools上の「EventStream」タブに、新しく「add」というイベントが表示されます。図9.10は、タブBでのEventStreamの様子です。

図9.10　addイベントを受信した状態

Path		X	Headers	EventStream	Response	Initiator	Timing	Cookies
□ /observe		⊘	▽ Filter using regex (example: https?)					
		Id	Type	Data			Time	▲
		ttd-1728175649786472	initial	{"source":"1728175649786462"}			09:47:29.759	
		ttd-1728175661547591	add	{"source":"1728175491226308","todoItem":{"id":"e3553f0159bba607f5075e4a305e380d","todo":"Go shopping"}}			09:47:41.520	

　ToDoを追加した結果、Tiny ToDoが新たなイベントを通知し、受信されたことがわかります。イベントの内容を見ると、以下のようにJSONの**todoItem**属性に追加したToDoの内容が入っています。

注16　ここでは、/observeにアクセスした時点でのマイクロ秒単位のUnixタイムとしました。同一セッション上ならばマイクロ秒単位で同時に/observeへのアクセスは発生しないと割り切った前提の設計です。

```
{"source":"1728175491226308","todoItem":{"id":"e3553f0159bba607f5075e4a305e380d","todo":"Go ⤸
shopping"}}
```

　sourceの値は、タブA、タブBどちらが受け取ったイベントでも、タブAが最初にinitialイベント
で受け取った値になっているはずです。受信したイベントのsourceの値を見ることで、自身のタブ
上の操作で発生したイベントかどうかを判断するための工夫です。

　なお、ブラウザのアドレスバーに以下のURLを入力することで、実際にサーバから送信される
Server-sent eventsのテキストを確認することもできます（図9.11）。

　DevTools上では見やすいように表形式で表示されますが、実際のデータは前節で紹介した形式の
テキストであることも確認できるでしょう。

> **URL** https://tinytodo-11-sse.webtech.littleforest.jp/observe

図9.11　ブラウザで直接表示した /observe のレスポンス

```
id: ttd-1728175646306641
event: initial
data: {"source":"1728175646306632"}

id: ttd-1728175661547709
event: add
data: {"source":"1728175491226308","todoItem":{"id":"e3553f0159bba607f5075e4a305e380d","todo":"Go shopping"}}
```

HINT

　ここでは、サーバ側の作りを簡単にするため、ToDoの追加や編集が発生したときには現在
Server-sent eventsを配信しているすべてのクライアントに通知するようにしてあります。このため、
実際に操作をしたタブでは、サーバから送られてくる**add**イベントを受け取って、同じToDoを二
重に追加される現象が発生してしまいます。これを防ぐために、イベントに発生元を表す**source**と
いう情報を付加するようにしました。受信側では**initial**イベントで通知された**source**を記憶して
おき、**add**や**update**のイベントでは、**source**の値をみてそれが自分自身に起因したものかを判断で
きるようにしてあります。

9.3.2　SSEの実装（クライアント側）

HINT

　本節で紹介するServer-sents Event版Tiny ToDoの全ソースコードは、GitHubに公開して
います。紙面では一部だけしか掲載しませんので、より詳しく理解したい方は次のURLを参照して
ください。

> **URL** https://github.com/little-forest/webtech-fundamentals/tree/v1-latest/
> chapter09/tinytodo-11-sse

第9章　サーバプッシュ技術

EventSourceによる受信処理

　次に、受信側の処理を確認しましょう（リスト9.3）。基本的な書き方は、397ページで説明したリスト9.2と同じです。

リスト9.3　Server-sent events受信側の処理

```
// Server-sent Eventsの送信元を表すID
let sourceId;

function observeTodo() {
  const eventSource = new EventSource("/observe"); ←――①

  eventSource.addEventListener("initial", (e) => { ←―― ②
    const data = JSON.parse(e.data);
    if (isObject(data) && typeof data.source === "string") {
      sourceId = data.source;
    } else {
      console.warn("Invalid data: " + e.data);
    }
  });

  eventSource.addEventListener("add", (e) => { ←―― ③
    const data = JSON.parse(e.data);
    if (!isObject(data) || !isObject(data.todoItem)) {
      console.warn("Invalid data: " + e.data);
    }

    if (data.source !== sourceId) {
      addTodoItem(data.todoItem);
    }
  });

  eventSource.addEventListener("update", (e) => { ←―― ④
    const data = JSON.parse(e.data);
    if (!isObject(data) || !isObject(data.todoItem)) {
      console.warn("Invalid data: " + e.data);
    }

    if (data.source !== sourceId) {
      updateTodoItem(data.todoItem);
    }
  });
}

/**
 * ToDo項目を更新する。
 *
 * @param todoItem 対象のHTML要素
 */
```

402

```
function updateTodoItem(todoItem) { ←——— ⑤
  const todoElement = document.querySelector(
    `ul#todo-list .todo-item-container input[id="${todoItem.id}"].todo`);
  if (isNotNull(todoElement)) {
    todoElement.value = todoItem.todo;
  }
}
```

リスト9.3-①でEventSourceオブジェクトを生成します。ここでブラウザは/observeへリクエストを送信し、イベントの受信を開始します。リスト9.3-②〜④は、それぞれinitial、add、updateイベントを受信したときのイベントハンドラです。各ハンドラの先頭では、受信したイベントのdataプロパティにあるJSON文字列をパースしてJavaScript上のオブジェクトに変換しています。initialイベントハンドラでは、イベントで受信したsourceの値を、グローバル変数sourceIdに保存しています。

add、updateイベントハンドラでは、まず、受信したイベントのsourceと変数に保存していたsourceIdの値を比較しています。値が同じであれば自身の操作に起因するイベントなので、無視します。そうでなければ、他のタブでの操作結果なので、addTodoItem()関数やupdateTodoItem()関数を呼びだして、イベントの内容を画面に反映させます。addTodoItem()関数は既存のものをそのまま呼び出すだけなので、ここでは掲載を省略しました。updateTodoItem()関数（リスト9.3-⑤）は、受信したイベントのTodoIdを使ってquerySelector()メソッドで該当するDOM要素を探し、その表示内容を変更しています。

なお、これ以外の既存処理でも一部修正があります。initialイベントハンドラが変数に保存していたSourceIDを送信する処理です。これは、ToDoの追加や更新でサーバのAPIを呼び出すときに一緒に渡す必要があります。今回は、リスト9.4-①のように、X-Tinytodo-Sourceidという本アプリケーション独自のHTTPヘッダで送信するようにしました。

リスト9.4　独自ヘッダによるSrouceIdの送信

```
fetch ("/todos", {
  method: "POST",
  headers: {
    "Content-Type": "application/json",
    "X-Tinytodo-Sourceid": sourceId, ←——— ①
  },
  body: JSON.stringify ({
    todo: addInput.value,
  }) ,
})
```

HINT

SourceIdは、POSTリクエストのメッセージボディに含める方法もあります。しかし「ToDoを管理する」というアプリケーション本来の機能ではないため、ボディではなくHTTPヘッダで渡

す設計としました。また、HTTPヘッダ名に**X-**というプレフィックスをつけるのは、標準ではない独自のヘッダであることを表す慣習です。このような独自ヘッダが広まって一般化したときに**X-**というプレフィックスが残ってしまうという問題があるため、「独自ヘッダであっても**X-**をつけるべきではない」という考え方もあります。しかし、ここで使用するヘッダはアプリケーション固有であることが明確であるため、わかりやすいように**X-**をつけています。

このようにServer-sent EventはCometと違い、標準APIが提供されているため、イベントの解釈や再接続といった面倒な処理を作成する必要がなく、手軽に利用できるのがメリットです。また、後に紹介するWebSocketとも違い、ネットワーク上のやりとりはあくまでもHTTPです。このため、ファイアウォールやプロキシサーバなど通信経路にある機器の設定を変更する必要がないこともメリットです[注17]。

EventSourceによる自動再接続

Server-sent eventsでは、通信が切れたときの再接続処理も、EventSourceが自動で行ってくれます。試しにDevToolsのNetworkパネルを開いたまま、何もせずに5分ほど待ってみてください。通信が切断され、**/observe**へのリクエストが自動的に行われているのがわかると思います。また、HeadersタブのResponse Headersセクションを見ると、**last-Event-Id**ヘッダとして、最後に受信したイベントのID（**ttd-xxxxxxxx**）が送信されているのも確認できるでしょう。これらの挙動は、すべてEventSourceによって自動的に行われるため、プログラミング上で意識する必要はありません。

図9.12 Server-sents Event再接続の様子

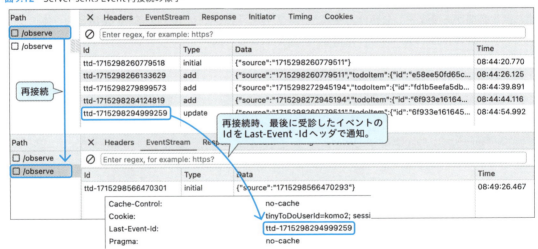

[注17] ファイアウォールやプロキシサーバについては、HTTPよりも下層のネットワークについて理解していないとピンとこないかもしれません。「付録A.7 TCP/IP」で簡単に説明していますので、わからない方はそちらもご覧ください。

9.3 Server-sent eventsの実践

🌐 同時接続数の制限

このように便利なServer-sent eventsですが、注意しなければならない点もあります。多くのブラウザではサーバへの負荷をかけないため、同一ドメインのサーバに対して同時に接続可能なのは最大6つまでという制限がかかっています。このため、Server-sent eventsによる接続の多用は慎むべきです。この制限を実感するには、多くのタブを開いてそれぞれでTiny ToDoへアクセスするとよいでしょう。Tiny ToDoでは、**/observe**への1つの接続しかありませんが、タブを開くたびに接続が増えていきます。おそらく5つめか6つめのタブを開いたところで、ただしく動作しなくなるはずです。

この制限は、初期のHTTP/1.1の仕様でクライアントがサーバへの同時接続数を最大2つまでとしていたことによります[18]。当時はネットワークやサーバの性能が今よりも低く、またHTTP/1.1ではサーバとの接続を維持することで同時接続数を減らすことができるKeep-Aliveが導入されたためです。しかし、最大2つという制約は厳しすぎて現実的ではありませんでした。最新のHTTP/1.1の仕様では次のように緩和され、実質的にブラウザの実装に任されています[19]。

クライアントは、特定のサーバへの同時接続数を制限すべきです。
HTTPの以前のリビジョンでは、コネクション数の具体的な上限値を指示していましたが、これは多くのアプリケーションにとって非現実的であることがわかりました。
その結果、この仕様では特定の最大コネクション数を強制するのではなく、クライアントは複数のコネクションをオープンする際に慎重になるべきことを推奨しています。

実際のところ、Chromeをはじめ多くのブラウザでは同時接続数は6になっているようです。

HINT

💡 このような課題は通信方法が効率化されるHTTP/2によって解決されます。HTTP/2が普及しつつある本書執筆時点では、その必要性はだいぶ下がってきましたが、同時接続数の制限は**ドメインシャーディング**[20]と呼ばれる手法で回避されることもありました。これは、Webサイトのコンテンツを「xxx.example.jp」「yyy.example.jp」のようにあえてサブドメインに分割して配置するものです。同時接続数の制限はドメイン単位でカウントされるため、このようにすることで見かけ上の同時接続数を増やすことができました。

---

[18] 1999年にHTTP/1.1の仕様を制定したRFC 2616「8.1.4 Practical Considerations」(https://www.rfc-editor.org/rfc/rfc2616.html#section-8.1.4) に記載されています。

[19] 2022年の最新のHTTP/1.1仕様、RFC 9112の「9.4. Concurrency」(https://www.rfc-editor.org/rfc/rfc9112.html#name-concurrency) より。

[20] https://developer.mozilla.org/ja/docs/Glossary/Domain_sharding

405

9.3.3 SSEの実装（サーバ側）

送信処理の概要

　一方、サーバ側の処理は少し難しいです。単純にServer-sent eventsを送信するのは、9.2.2 Server-sent events（395ページ）で説明した形式でレスポンスを返すだけなので、難しくありません。しかしTiny ToDoでは、**/observe**へのリクエストを処理している最中に、別の追加や編集のリクエスト処理結果をきっかけとして、イベントを返さねばなりません。

　一般に、Webアプリケーションではなんらかの方法で複数のHTTPリクエストを同時に処理できるようになっています。たとえばTiny ToDoならば、ブラウザから**/todo**へのGETリエクエストがあり、レスポンスとしてToDoリストを返している最中に、別のブラウザからToDoを追加するPOSTリクエストを受け付けることもあり得ます。

　Server-sent eventsがわかりやすい例で、Tiny ToDoではブラウザが**/observe**へリクエストを送信すると、サーバはイベントを送信し続ける必要があるため、接続が切れるまでリクエスト処理が終わりません。しかしこの間にも、サーバはToDoの取得や追加のリクエストを処理することができます。

　通常、個々のリクエスト処理は互いに独立しており、互いに影響を及ぼす必要はありません。しかしここでは、ToDoの追加や更新があった時に、サーバ内部でServer-sent eventsの送信処理にそれを通知してイベントを送信させなければなりません。これを実現するには「並行処理」と呼ばれるプログラミング手法が必要です。並行処理の実現方法はプログラミング言語ごとに異なり、これらを詳しく説明するのは本書の範囲を超えるため、ここでは概念と最低限のコードだけを紹介します。本書で採用しているGoでは、「ゴルーチン」という機能で並行処理を実現でき、「チャネル」という仕組みを使い、ゴルーチン同士で情報伝達ができます。Tiny ToDoでToDoの追加や編集をイベントで通知する仕組みを、図9.13に示します。

図9.13　Tiny ToDoでのSSE送信の仕組み

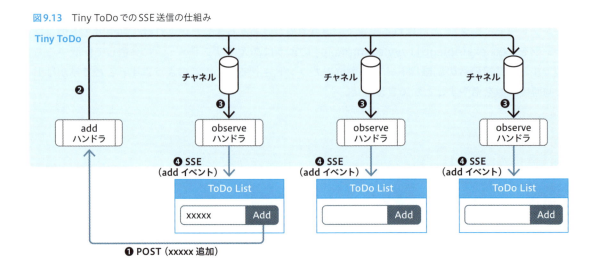

9.3 Server-sent eventsの実践

ここでは3つのタブが開かれている状況を考えます。それぞれのタブは、**/observe**にアクセスしてServer-sent eventsの受信を始めます。内部では、それぞれのobserveハンドラがチャネルを通じて、アプリケーション内部で並行実行されている他の処理から通知を受け取る準備をしておきます。

このうち、1つのタブでToDoを追加したとしましょう。今までどおり、**/todo**エンドポイントにPOSTリクエストが送信され、サーバ上のアプリケーション内部でaddハンドラが動作します（**図9.13-①**）。addハンドラでは、これまでどおりToDoの追加処理を行った後、内部のチャネルを通じてToDoの追加をそれぞれのハンドラに通知します（**図9.13-②**、**③**）。各observeハンドラは接続中のブラウザへイベントを送信し、ToDoの追加を通知します（**図9.13-④**）。

Server-sent eventsの送信処理

実際のコードを見てみましょう。まず、**/observe**がリクエストされた時の処理です。**observeTodo()**という関数を新しく用意し、この関数が呼び出されるようにしてあります（**リスト9.5**）。

リスト9.5 /observeエンドポイントでのSSE送信処理（service_todo.goより抜粋）

```
func observeTodo(w http.ResponseWriter, r *http.Request, session *HttpSession) {
    todoList := session.UserAccount.ToDoList

    // チャネルを生成する
    eventReceiver := todoList.ChangeNotifier.CreateObserver() ←──── ①

    // Server-sents Eventのためのヘッダ送信                     ←──── ②
    w.Header().Set("Content-Type", "text/event-stream")
    w.Header().Set("Cache-Control", "no-cache")
    w.Header().Set("Connection", "keep-alive")

    // SourceIdの生成
    sourceId := fmt.Sprintf("%d", time.Now().UnixMicro())     ←──── ③
    log.Printf("SSE start (session:%s sourceId:%s)", session.SessionId, sourceId)

    // initialイベントを送信し、sourceIdを通知する              ←──── ④
    initialEvent := NewServerSentEvent("initial", SourceIdNotification{Source: sourceId})
    initialEvent.Send(w)

    // チャネルからの通知待ちループ                            ←──── ⑤
LOOP:
    for {
        select {
        // チャネルから通知を受けたら、イベントを通知する
        case ev := <-eventReceiver: ←──── ⑥
            log.Printf("Reveived Todo change. (session:%s sourceId:%s %v", session.SessionId, ⤸
sourceId, ev)
            sse := ev.NewServerSentEvent()
            sse.Send(w)
        // 接続が切れたらループを抜ける
        case <-r.Context().Done(): ←──── ⑦
```

第9章　サーバプッシュ技術

```
            break LOOP
        }
    }
    // チャネルを削除する
    todoList.ChangeNotifier.RemoveObserver(eventReceiver)
    log.Printf("Connection closed. (session:%s sourceId:%s)", session.SessionId, sourceId)
}
```

　最初にToDoの変更を受け取るためのチャネルを生成しています（リスト9.5-①）。

　ここではもう少し便利に扱うため、チャネルを独自の構造体に内包させていますが、**eventReceiver**という変数がチャネルを表すと理解してもらって良いです。次に、Server-sent eventsに必要なHTTPヘッダを送信します（リスト9.5-②）。ここでContent-Type: text/event-streamヘッダを送信していますね。その後、接続先を識別するためのSourceIdを生成し（リスト9.5-③）、最初のinitialイベントとして送信します（リスト9.5-④）。

　ここで、Server-sent eventsを表す構造体を同時に用意して、**NewServerSentEvent()**という関数で生成できるようにしていますが、この構造体については後ほど説明します。

　ここまでが、ブラウザから/observeへのリクエストが届いたときに、最初に行っている処理です。

　リスト9.5-⑤以降が、ToDoの変化をServer-sent eventsで送信する処理で、forとselectで囲まれた部分が核心部分です。forは他のプログラミング言語と同様に繰り返し処理を表しますが、ここではループ終了条件を書いていないため、明示的に抜けない限り続く無限ループになります。selectはGo特有の表現で、チャネルからの通知がないかチェックするためのものです。ここでは、select内のcase文で以下の2つのチャネルをチェックしています。

- ToDoの変化を受け取るためのチャネル[注21]（リスト9.5-⑥）
- 接続終了を検知するためのチャネル（リスト9.5-⑦）

　リスト9.5-⑥でToDoの変化を受信すれば、リスト9.5-④と同じようにしてブラウザへイベントを通知します。リスト9.5-⑦は、このループを終わらせるためのチェックです。Goのhttp.Requestに標準で備わっている仕組みを使い、通信が切断されたときにbreak文でループを抜け出します。

ToDo追加をチャネルへ通知する

　ToDoの追加や変更をチャネルに変更する処理をリスト9.6に示します。これは、図9.13-②の部分に相当します。こちらはそれほど難しくなく、ToDo追加時の処理である**addTodo()**関数内にリスト9.6-①の処理を追加しています。**ChangeNotifier**という構造体の関数を呼びだして、現在のセッションに紐付いているチャネルへ通知を一斉送信しています。

　GetTinyTodoSourceId()関数（リスト9.6-②）で、リクエストからX-Tinytodo-Sourceidヘッダを

注21　リスト9.5-①で生成したeventReceiverのこと。図9.13で示したチャネルです。

取り出していることにも注目してください。これは、**リスト9.4-①**（403ページ）で、POSTリクエスト送信時に付与していたもので、元をたどると**observeTodo()** 関数の**リスト9.5-③**で生成したSourceIDです。このようにして、**/observe** へリクエスト送信時に発行したSourceIDが、ToDoの追加時にX-Tinytodo-Sourceidヘッダで渡ってくるようにしています。

リスト9.6　ToDo追加処理（service_todo.goより抜粋）

```go
// ToDoを追加する。
func addToDo(w http.ResponseWriter, r *http.Request, session *HttpSession) {
    // リクエストボディのJSONからToDo項目を復元する
    body, _ := io.ReadAll(r.Body)
    item := NewToDoItemFromJson(string(body))

    todoList := session.UserAccount.ToDoList

    // TodoListに新しいToDoを登録
    if item.Todo != "" {
        item = todoList.Append(item.Todo)
    }
    log.Printf("Todo item added. sessionId=%s itemId=%s todo=%s", session.SessionId, item.Id, ⏎
item.Todo)

    // ToDo追加をチャネルによって通じてobserveToDoへ通知する
    todoList.ChangeNotifier.Notify(NewTodoChangeEvent(getTinyTodoSourceId(r), "add", *item)) ←── ①

    // 登録したToDoのURLをLocationヘッダで返す
    w.Header().Set("Location", fmt.Sprintf("/todos/%s", item.Id))
    w.WriteHeader(http.StatusCreated)
}

func getTinyTodoSourceId(r *http.Request) string { ←── ②
    return r.Header.Get("X-Tinytodo-Sourceid")
}
```

ChangeNotifierは、**observeTodo** 関数が**リスト9.5-①**で生成した通知受信用のチャネルを束ねて管理するために作成した構造体で、セッションToDoList構造体に紐付けて持たせるようにしてあります。こちらのコードは紙面では省略していますので、興味ある方はGitHubに公開したサンプルコードを参照してください[22]。

また、紙面では省略していますが、ToDo編集時の通知も**editTodo()** 関数に同様の処理を追加することで実現しています。

🌀 イベントを表す構造体

最後に、Seever-sent Eventsを表す構造体を紹介します。**リスト9.7**はSeever-sent Eventsで送信

注22　https://github.com/little-forest/webtech-fundamentals/blob/v1-latest/chapter09/tinytodo-11-sse/notifier.go

第9章　サーバプッシュ技術

するイベントを表す構造体です。ポイントは**リスト9.7-①**で、この**Send()**関数を呼び出すことでイベントを送信しています。**表9.1**（396ページ）で説明したSSEのタグと共に、構造体が持つ情報を送信していることがわかるでしょう。

リスト9.7　Server-sent eventsを表す構造体（todo_change_event.go）

```go
// Server-sent Events を表す構造体
type ServerSentEvent struct {
    Id    string `json:"id"`
    Event string `json:"event"`
    Data  any    `json:"data"`
}

// ServerSentEventを生成する関数
func NewServerSentEvent(event string, data any) *ServerSentEvent {
    return &ServerSentEvent{
        Id:    fmt.Sprintf("ttd-%d", time.Now().UnixMicro()),
        Event: event,
        Data:  data,
    }
}

// Server-sent Eventsを送信する関数
func (e ServerSentEvent) Send(w http.ResponseWriter) {    ←──── ①
    data, _ := json.Marshal(e.Data)
    fmt.Fprintf(w, "id: %s\n", e.Id)
    fmt.Fprintf(w, "event: %s\n", e.Event)
    fmt.Fprintf(w, "data: %s\n\n", string(data))
    if f, ok := w.(http.Flusher); ok {
        f.Flush()
    }
}
```

　もう1つ、Server-sent eventsで送信するToDoの追加や変更を表す情報も、ToDoChangeEventという構造体で表現しています（**リスト9.8**）。これは、Server-sents Eventのdataタグで送られる情報です。Goでは情報を構造体として表現することで簡単にJSONに変換できるため、このようにしています[注23]。

リスト9.8　Server-sent eventsで送信する情報を表す構造体（todo_change_event.go）

```go
// クライアントへSourceIdを通知するためのイベントデータ
type SourceIdNotification struct {
    Source string `json:"source"`
}
```

注23　構造体宣言内の「`json:"xxx"`」は、構造体をJSON化するときの対応を記述したタグです。第7章の「サーバからのJSONの返却」のHINT（288ページ）で紹介しました。

410

```go
// クライアントへToDoの変化を通知するためのイベントデータ
type TodoChangeEvent struct {
    Source   string   `json:"source"`
    Event    string   `json:"-"`
    TodoItem ToDoItem `json:"todoItem"`
}

// TodoChangeEvent を生成する関数
func NewTodoChangeEvent(source string, event string, todoItem ToDoItem) *TodoChangeEvent {
    return &TodoChangeEvent{
        Source:   source,
        Event:    event,
        TodoItem: todoItem,
    }
}

// TodoChangeEvent から ServerSentEvent を生成する関数
func (e TodoChangeEvent) NewServerSentEvent() *ServerSentEvent {
    return NewServerSentEvent(e.Event, e)
}
```

　本書では、Goの標準機能だけでServer-sent Eventsを実現したので、サーバ側の処理は少し複雑になりました。標準APIが用意されており、簡単に実装できたブラウザ側と対照的だったと思います。サーバ側についても、開発時に採用するWebアプリケーションフレームワーク次第では、より簡単に実現する機能が提供されているかもしれません。Server-sent eventsを利用するときには1から実装しようとせずに、フレームワークの機能を調べてみましょう。

> **HINT**
>
> 　Server-sent eventsの最新の仕様は、「HTML Standard」で説明されています。
>
> - HTML Standard
>
>   URL　https://html.spec.whatwg.org/multipage/server-sent-events.html
>
> また次のサイトにわかりやすい解説もありますので、参考にしてください。
>
> - サーバ送信イベント | MDN
>
>   URL　https://developer.mozilla.org/ja/docs/Web/API/Server-sent_events
>
> - サーバ送信イベントの使用 | MDN
>
>   URL　https://developer.mozilla.org/ja/docs/Web/API/Server-sent_events/Using_server-sent_events

第9章 サーバプッシュ技術

9.4 WebSocket

9.4.1 WebSocketの登場

CometやServer-sent eventsは、いままでHTTPでは実現できないと考えられていた、サーバからクライアントへのプッシュ配信を実現する技術でした。一方で、クライアントからサーバへの通信は従来通りのHTTPリクエストを使用しなければなりません。

Webの利用が広まり、特にHTML5によってブラウザの表現力が強化[注24]されてからは、ブラウザ上でさまざまなWebアプリケーションが実現できるようになりました。たとえばチャットやオンラインゲームなどの用途では、ブラウザ／サーバ間で、これまでより高頻度に大量の情報を双方向でやりとりする必要がでてきました。そのような用途では、HTTPの以下の特性が足枷となってしまいます。

- 双方向の通信ができない
- 通信効率が悪い

Server-sent eventsによってサーバからの通知もできるようになりましたが、これまで説明した仕組みでわかるとおり、同じ方法で双方向の通信はできません。HTTPでは、クライアントからサーバへのリクエストを通信の基点とするという本質は、変わっていないのです。

通信効率の悪さは、通信に伴うオーバーヘッドが大きなことが主な原因です。オーバーヘッドとは、コンピュータの分野では本質的な処理（HTTPではボディの送受信）以外に必要となる処理のことをいいます。HTTPにおけるオーバーヘッドとは、HTTPを支える通信レイヤであるTCPの接続処理[注25]や、リクエストヘッダやレスポンスヘッダの送受信がそれにあたります。このような状況を踏まえて登場したのが、WebSocket（ウェブソケット）です。

9.4.2 WebSocketの概要

WebSocketは、先ほど述べたような双方向・高頻度・大量の通信を実現するため、新たに作られたプロトコルです。当初はHTML5の仕様の一環として検討がはじまり、2011年にW3Cから正式に勧告されました[注26]。CometやServer-sent eventsがあくまでも既存のHTTPに則っていたのに対し、ほとんど別のプロトコルとして作られました。このあと説明しますが、最初はHTTPで通信を始め、プロトコルアップグレードという仕組みでWebSocketに切り替えます（図9.14）。

WebSocketプロトコルの詳細説明については本書では割愛しますが、HTTPと比べるとヘッダ相

注24 本書ではHTML5の表現力の部分にはあまり触れませんので詳細は割愛しますが、たとえばHTML5で導入されたcanvas要素では、JavaScriptから図形などの描画が自由にできるようになりました。これにより、たとえば従来であればサーバサイドで画像を生成してから表示するしかなかったグラフ表示やゲーム画面の描画などがJavaScriptだけで実現できるようになりました。
注25 TCPの接続処理については、「付録A.7 TCP/IP」で解説しています。
注26 https://www.w3.org/TR/2011/CR-websockets-20111208/

当の情報のやりとりがほとんどなく、送受信に伴うオーバーヘッドがとても少ないのが特徴です。

図9.14 Server-sents Event、WebSocket、HTTPの関係

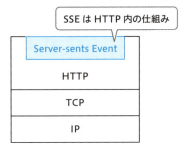
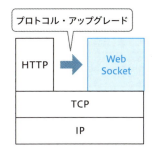

> **HINT**
> 　WebSocketという名前は、コンピュータのネットワーク・プログラミングにおいて、データを送受信するための仕組みの「Socket」に由来しています。
> 　本来のSocketはアプリケーションがTCPやUDPなどHTTPよりも下のレイヤの通信を行うための機能です。WebブラウザやHTTPサーバなどはHTTPによる通信を行うアプリケーションは、内部でSocketを利用してHTTP通信を実現しています。WebSocketは、普段HTTPを扱うWebアプリケーションがTCPに近い方法で通信するための手段という位置付けであるため、Socketという名前を冠していると思われます。

9.4.3　WebSocketのハンドシェイク

クライアントからのアップグレードリクエスト

　WebSocketの特徴的な点は、通信の開始方法です。コンピュータ上で通信をはじめるとき、最初に互いを確認するための一連のやりとりを一般に**ハンドシェイク（Handshake）**[注27]と呼びます。WebSocketのハンドシェイクでは、HTTP/1.1で規定された**プロトコルアップグレード**という仕組みを使って通信を始めます。プロトコルアップグレードは、簡単にいえば最初はHTTPで通信を開始しておき「ここからは別の言葉で話しましょう」と、別のプロトコルに切り替えるものです。
　具体例を見てみましょう。WebSocketによる通信は次のようなHTTPリクエストから始まります（**画面9.3**[注28]）。

注27　「握手」という文字どおりの意味で、通信開始前の互いの挨拶のような位置づけです。もちろん単なる社交辞令ではありません。互いが正当な通信相手か、どのようなプロトコルで通信するかなど、実際にデータをやりとりしはじめる前の事務手続きのようなものと思えばよいでしょう。
注28　RFC6455に記載された例を引用しました。

第9章　サーバプッシュ技術

画面9.3　WebSocketへのアップグレード要求

```
GET /chat HTTP/1.1
Host: server.example.com
Upgrade: websocket
Connection: Upgrade
Sec-WebSocket-Key: dGhlIHNhbXBsZSBub25jZQ==
Origin: http://example.com
Sec-WebSocket-Protocol: chat, superchat
Sec-WebSocket-Version: 13
```

　見慣れないヘッダがいくつかついていることを除けば、通常のGETリクエストです。

　ポイントは`Connection: Upgrade`と`Upgrade: websocket`というヘッダがついている点です。これによって、クライアントがWebSocket通信を希望することがわかります。WebSocketのプロトコルバージョンはSec-WebSocket-Versionヘッダで表します。現在は13で固定です。

　Originヘッダは、「**8.6.5 CORSによるクロスオリジン制限の回避**」で説明したものと同じです。サーバ側はこのOriginヘッダを参照し、クライアントからのWebSocket接続要求の受け入れ可否を判断します。

　WebSocketは双方向通信の手段を提供する仕組みでしかないので、WebSocket上でどのような通信をするかは、アプリケーションに委ねられています。WebSocket上での通信の取り決めはサブプロトコルと呼びます。採用するサブプロトコルをWebSocket開始時に決められるよう、クライアントが希望するサブプロトコルをSec-WebSocket-Protocolヘッダで通知できるようになっています。ここでは、chatもしくはsuperchatというサブプロトコルでの通信を希望する、という意味です。前述のようにサブプロトコルはアプリケーションが自由に決められます。名前も自由に決められますが、アプリケーション独自のサブプロトコル名を使用する場合は、`Sec-WebSocket-Protocol: chat.example.com`のように他と競合しないようにドメイン名を含めることが推奨されています[注29]。また、広く使われるサブプロトコル名は、IANAで管理されています[注30]。

　最後のSec-WebSocket-Keyヘッダは、クライアントとサーバが互いにWebSocketに対応していることを確認するためのものです。クライアントがリクエストを送信するときには、nonce[注31]と呼ばれるランダムに生成した文字列をこのヘッダに含めて送信します。

サーバからの応答

　これに対してサーバは**画面9.4**のような応答をします。

注29　https://developer.mozilla.org/ja/docs/Web/API/WebSockets_API/Writing_WebSocket_servers より。
注30　https://www.iana.org/assignments/websocket/websocket.xml
注31　nonce（「ナンス」または「ノンス」）は、主に認証や暗号通信の過程で使用される、使い捨てのランダムな値や文字列の総称で「number used once」つまり「一度だけ使われる数」という言葉が語源です。値自体に意味は持ちませんが、毎回異なるものにすることで安全性を高めるのに用いられています。

414

画面9.4 アップグレード要求に対するレスポンス

```
HTTP/1.1 101 Switching Protocols
Upgrade: websocket
Connection: Upgrade
Sec-WebSocket-Accept: s3pPLMBiTxaQ9kYGzzhZRbK+xOo=
```

　まずステータスコードです。通常GETリクエストに対する成功応答は200ですが、ここでは101というコードを返します。これは、リクエストの**Connection: Upgrade**ヘッダで示されたプロトコルのアップグレード要求に対して、サーバが了承したことを示すステータスコードです。重要なのが**Sec-WebSocket-Accept**ヘッダで、先ほどのSec-WebSocket-Keyと対になるものです。Sec-WebSocket-Keyヘッダを受け取ったサーバは、ヘッダで受け取った文字列に対してWebSocket仕様で規定された変換をした結果をSec-WebSocket-Acceptヘッダでクライアントに返します。クライアントは、自分が送信したnonceが想定通りに変換されてSec-WebSocket-Acceptヘッダで返されてくることを確認することで、サーバがWebSocketに対応していることを確認します。

　このような相互確認のための仕組みは、WebSocketに未対応のサーバに対してアップグレードリクエストを送信したときなどに、意図しない動作やセキュリティ上の脆弱性につながってしまうことを防ぐためのものです。

HINT

　Sec-WebSocket-Acceptの算出方法は、とても単純です。Sec-WebSocket-Keyで受け取ったnonceにWebSocketで規定された文字列**258EAFA5-E914-47DA-95CA-C5AB0DC85B11**を連結したものに対してSHA-1によるハッシュ値[注32]を計算し、Base64エンコード[注33]したものです。パスワードのようなものではなく、「Sec-WebSocket-Acceptの算出ができるのであれば、通信相手は正しく実装されたWebSocketサーバだとみなす」程度の意味合いにすぎません。秘匿性はありませんが、前述のようにWebSocketではないサーバに対してWebSocket通信をはじめてしまうような事故を防ぐためのものです。

　クライアントがSec-WebSocket-Acceptの値を確認できると、それ以降の通信はHTTPではなくWebSocketで行われます。電話に例えるなら、通話の最初は日本語で「あなたはWebSocketが話せますか?」「はい。これ以降はWebSocketで話しましょう」というやりとりだけをして、通話を切らずにWebSocketで会話をはじめるイメージになります。

　WebSocketではどちらから情報を発信してもよいし、オーバーヘッドが小さい[注34]ので、頻繁で双方向な情報のやりとりが可能になります。

注32　「付録A.5 ハッシュ値」を参照。
注33　「付録A.4 Base64エンコーディング」を参照。
注34　HTTPではリクエスト/レスポンスに数百バイト以上のヘッダがともないオーバーヘッドとなるのに対して、WebSocketでは2バイト～10数バイト程度で済みます。

プロトコルアップグレードの必要性

WebSocketは事実上HTTPとは違うプロトコルにもかかわらず、なぜこのようにするのでしょうか。それは、インターネットにおける通信経路の確保と深い関係があります。

ネットワーク上で利用されるプロトコルには、さまざまなものがあります。HTTPをはじめ、コンピュータを遠隔操作するSSH、メール送受信に使用するSMTPやIMAP、ファイル転送に特化したFTPなどです。また、これらのプロトコルが使用する標準的なポート番号も決まっており、インターネットと企業や家庭などのローカルネットワークを隔てるファイアウォールは、ポート番号で通信の可否を判断します。ファイアウォールで多くのプロトコルの通信を許可することは、セキュリティ上の脅威を受けるリスクも増えるため、通常は必要最小限のプロトコル、つまりHTTP通信しか許可しない傾向となります。また、近年では通信を効率化するためのさまざまな仕組み（ロードバランサ、プロキシサーバ、CDNなど）の利用が広まっていますが、これらの多くはHTTPを前提としています。

このような状況であるため、たとえ技術的に優れた新しいプロトコルを作ったとしても、HTTP（80番）やHTTPS（443番）以外のポートを使う通信は、現代のインターネット上では通信経路の途中で遮断されてしまう可能性が高いのです。

WebSocketは、HTTPと同じポートを利用し、HTTPとして通信を開始してから途中でプロトコルを切り替えるという手法で、このような問題を回避しています。

HINT

WebSocketの仕様はRFC 6455で規定されていますが、原文は少しハードルが高いので、より詳しく知りたい方は、MDNの解説を取り掛かりとすると良いでしょう。

- RFC 6455 "The WebSocket Protocol"

URL https://www.rfc-editor.org/rfc/rfc6455.html

- WebSocket サーバの記述 | MDN

URL https://developer.mozilla.org/ja/docs/Web/API/WebSockets_API/Writing_WebSocket_servers

また、ブラウザ側のAPI仕様はWHATWGが仕様を公開しています。こちらについても、より噛み砕いた解説がMDNで公開されています。

- WebSockets Standard

URL https://websockets.spec.whatwg.org/

- WebSocket クライアントアプリケーションの記述｜MDN

  URL https://developer.mozilla.org/ja/docs/Web/API/WebSockets_API/Writing_WebSocket_client_applications

なお、本節で説明した WebSocket のハンドシェイクは、HTTP/1.1 で接続したときのものです。本書での説明範囲外ですが、HTTP/2 上で直接 WebSocket をハンドシェイクする方法は RFC 8441 で規定されています。

- RFC8441: Bootstrapping WebSockets with HTTP/2

  URL https://www.rfc-editor.org/rfc/rfc8441.html

9.5 WebSocket の実践

HINT

本節で紹介する WebSocket 版 Tiny ToDo の全ソースコードは、GitHub に公開しています。紙面では一部だけしか掲載しませんので、より詳しく理解したい方は、以下の URL を参照してください。

URL https://github.com/little-forest/webtech-fundamentals/tree/v1-latest/chapter09/tinytodo-12-ws

9.5.1 WebSocket 通信の確認

Tiny ToDo へ WebSocket を使った機能を追加して、その動作を体験してみましょう。本節では、**9.3 Server-sent events の実践（398 ページ）**で Server-sent events（SSE）を使って実現した、ToDo の更新通知を WebSocket で実現します。まず、実際の動作から確認します。ブラウザでタブを複数開き、それぞれのタブで以下の URL にアクセスしてください。

URL https://tinytodo-12-ws.webtech.littleforest.jp/

好きなタブで ToDo の追加や編集をすると、他のタブにもただちに変更が反映されていることが確認できるはずです。表面上は SSE 版と変わりませんので、実際の通信がどのように行われているか

第9章　サーバプッシュ技術

を確認します。

　次は、Tiny ToDoを表示しているタブでDevToolsを開き、いつものようにNetworkパネルを開いてから画面をリロードしてください。SSEの時と同じように、**/observe**へのGETリクエストが表示されているはずです（**図9.15**）。

図9.15　WebSocketへのプロトコルアップグレードリクエスト

Path	Method	Status	Type	Initiator	Cookies	Size	Time
⇄ /observe	GET	101	websocket	todo.js:333	0	0 B	Pending

　次に、ヘッダを見てプロトコルアップグレードの様子を見てみます。**/observe**の部分をクリックし、「Headers」タブで確認してみましょう。リクエストヘッダでは、先ほど説明したヘッダが付与されていることが確認できます（**図9.16**-①〜⑤）。

図9.16　プロトコルアップグレードのリクエストヘッダ

▼ Request Headers	☐ Raw
Accept-Encoding:	gzip, deflate, br, zstd
Accept-Language:	ja,en-US;q=0.9,en;q=0.8
Cache-Control:	no-cache
Connection:	Upgrade ①
Cookie:	sessionId=NjU43t7QbEa8fHPG6Iy4tY8dBgBDQja33aSuWblO0bM ⑥
Host:	tinytodo-12-ws.webtech.littleforest.jp
Origin:	https://tinytodo-12-ws.webtech.littleforest.jp ②
Pragma:	no-cache
Sec-Websocket-Extensions:	permessage-deflate; client_max_window_bits
Sec-Websocket-Key:	XYOvx69jAtzNg12EAMz60w== ⑤
Sec-Websocket-Version:	13 ④
Upgrade:	websocket ③
User-Agent:	Mozilla/5.0 (Macintosh; Intel Mac OS X 10_15_7) AppleWebKit/537.36

　なお、このときCookieヘッダも送信されていることに注目してください（**図9.16**-⑥）。プロトコルアップグレードのリクエストはGETリクエストでもあるので、ブラウザにCookieがあれば通常通り送信されます。後にコードの説明で触れますが、サーバ側ではCookieからセッションIDを取り出すことで、他のリクエストと同様にWebSocketの接続元を確認しています。

　レスポンスヘッダも見てみましょう。こちらにも、Connection、Upgrade、Sec-Websocket-Acceptヘッダが並び、サーバがコネクションアップグレードに応じている様子がわかります（**図9.17**-①〜③）。

418

図9.17 プロトコルアップグレードのレスポンスヘッダ

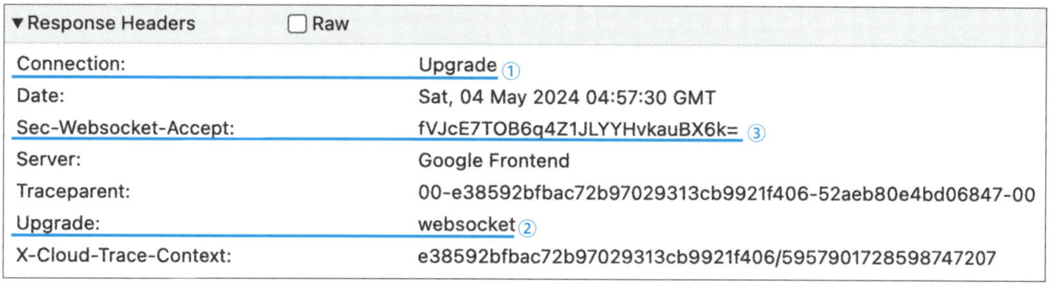

Response Headers	Raw
Connection:	Upgrade ①
Date:	Sat, 04 May 2024 04:57:30 GMT
Sec-Websocket-Accept:	fVJcE7TOB6q4Z1JLYYHvkauBX6k= ③
Server:	Google Frontend
Traceparent:	00-e38592bfbac72b97029313cb9921f406-52aeb80e4bd06847-00
Upgrade:	websocket ②
X-Cloud-Trace-Context:	e38592bfbac72b97029313cb9921f406/5957901728598747207

DevToolsには、WebSocketの通信内容を解析してわかりやすく表示する機能もあります。WebSocket通信では、「Headers」タブの隣に「Messages」タブが表示されるので、こちらを開いてください。送受信している内容はSSE版とまったく同じですが、DevToolsの表示内容から、WebSocketで通信していることがわかります（**図9.18**）。

図9.18 WebSocket通信の様子

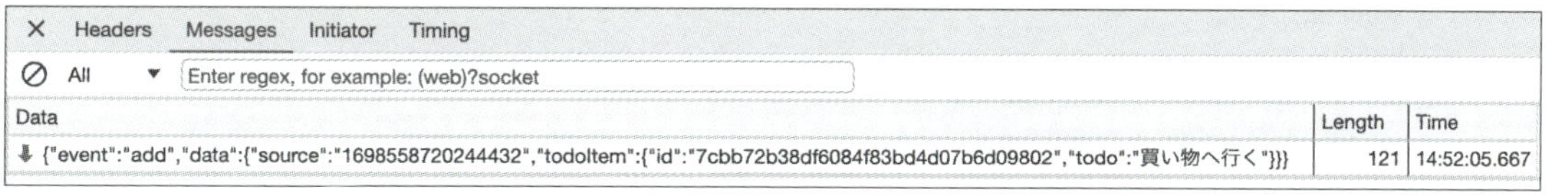

Headers	Messages	Initiator	Timing

Data	Length	Time
↓ {"event":"add","data":{"source":"1698558720244432","todoItem":{"id":"7cbb72b38df6084f83bd4d07b6d09802","todo":"買い物へ行く"}}}	121	14:52:05.667

9.5.2 WebSocketの実装（クライアント側）

最後にソースコードの変更点を紹介します。SSEの時と同じように、クライアント側のコードから見ていきましょう。WebSocketについてもSSEと同様に標準APIが提供されているため、簡単に実装できます[注35]。

WebSocketによる接続では、`new WebSocket()`でWebSocketオブジェクトを生成します（**リスト9.9-①**）。接続先は相対パスで指定できないため、`window.location.host`でJavaScriptファイルの取得元と同じホストを指定しています[注36]。WebSocket APIでは、オブジェクトを生成した時点で、前節で説明したようなハンドシェイク処理が行われますので、アプリケーション開発者が普段これらを気にする必要はありません。

リスト9.9 WebSocketクライアント側の処理

```
function observeTodo() {
  const wsScheme = (window.location.protocol === "https:") ? "wss://" : "ws://";
  const ws = new WebSocket(`${wsScheme}${window.location.host}/observe`); ←——— ①

  ws.onmessage = function(ev) { ←——— ②
```

注35 ブラウザ上のWebSocke APIの使い方は、https://developer.mozilla.org/ja/docs/Web/API/WebSocket で解説されています。
注36 WebSocketで接続する場合のスキームは `ws://` または `wss://` を指定します。後者は `https://` と同様に接続を暗号化している場合に使用します。

第9章 サーバプッシュ技術

```javascript
    const message = JSON.parse(ev.data);

    // 受信したメッセージが妥当であるかをチェック
    if (!isObject(message)) {
      console.warn("Invalid data: " + message);
      return;
    }
    const data = message.data;
    if (!isObject(data) || typeof data.source !== "string") {
      console.warn("Invalid data: " + data);
      return;
    }

    switch (message.event) {  // ←──── ③
      case "initial":
        sourceId = data.source;
        break;

      case "add":
        if (data.source === sourceId) {
          break;
        }
        if (isObject(data.todoItem)) {
          addTodoItem(data.todoItem);
        } else {
          console.warn("Invalid data: " + data);
        }
        break;

      case "update":
        if (data.source === sourceId) {
          break;
        }
        if (isObject(data.todoItem)) {
          updateTodoItem(data.todoItem);
        } else {
          console.warn("Invalid data: " + data);
        }
        break;
    }
  };
}
```

　WebSocketでメッセージを受信したときの処理もSSEと同じ考え方で、**onmessage()**メソッドで
イベントハンドラを渡すことで実現します（**リスト9.9-②**）。ただし、SSEのようにプロトコル自体
にはイベントという概念がないため、受け取ったメッセージを解釈して処理を切り替える部分は自
分で書かなければなりません。本サンプルでは、SSE版と同じJSON形式のテキストをサーバから送
信するようにしているため、JSONを解釈してswitch文で処理を切り替えるようにしています（**リス**

420

ト9.9-③)。

> **HINT**
>
> 本サンプルではWebSocketが切断したときの再接続処理を実装していません。WebSocketが切断したときはonclose()メソッド検知できるので、アプリケーションを安定動作させるには再接続処理も必要になります。また、一般にTCP接続では無通信状態が一定期間続くと、ルータ等の中継ルートのいずれかでTCP接続が切られてしまいます。その結果、サーバ・クライアントにいずれに問題が発生しなくても、突如WebSocketの接続が切断されることもあります。このようなことを防ぐため、WebSocketの仕様にはPing/Pongフレームというダミーの通信を行う機能があります。これによって通信断を防いだり、通信相手がダウンしていないかを確認したりすることができます。WebSocketを簡単に扱うためのJavaScriptライブラリとしては、Socket.IOが有名です。

- Socket.IO
  URL https://socket.io/

9.5.3　WebSocketの実装（サーバ側）

次に、サーバ側の実装を紹介します。ブラウザ環境のJavaScript以外では、WebSocketのAPIは統一されていません。このため、プログラミング言語ごとにライブラリを探して実現する必要があります。Goでは、gorilla/websocket[注37]というライブラリがよく使われているため、本書でもこのライブラリを使用しました[注38]。基本的な構造は「9.3 Server-sent eventsの実践」（398ページ）で紹介した、SSE版のTiny ToDoと同じですので、WebSocketにかかわる部分だけを紹介します。

リスト9.10　/observeエンドポイントでのプロトコルアップグレード処理

```
var upgrader = websocket.Upgrader{} ←── ①

func handleObserve(w http.ResponseWriter, r *http.Request) {
    // セッション情報を取得
    session, err := checkSession(w, r, false) ←── ③
    logRequest(r, session)
    if err != nil {
        return
    }
    // 認証チェック
    if !isApiAuthenticated(w, r, session) { ←── ④
        return
    }
```

注37　https://github.com/gorilla/websocket
注38　なお、golang.org/x/net/websocket (https://pkg.go.dev/golang.org/x/net/websocket) という準標準ライブラリもありますが、こちらは開発が停止してしまっているようです。

第9章　サーバプッシュ技術

```
    // WebSocketへのプロトコルアップグレード
    conn, err := upgrader.Upgrade(w, r, nil) ←——— ②
    if err != nil {
        log.Print("upgrade:", err)
        return
    }
    defer conn.Close()

    observeTodo(conn, session) ←——— ⑤
}
```

　gorilla/websocketでは、github.com/gorilla/websocketパッケージのUpgrader構造体を生成し（**リスト9.10-①**）、そのUpgrade()関数に`http.ResponseWriter`と`http.Request`を渡すことで、WebSocketへのプロトコルアップグレードリクエストを処理してくれます（**リスト9.10-②**）。ここでは、SSEのときと同様に**/observe**エンドポイントへプロトコルアップグレードリクエストを送信することで、`handleObserve()`関数が呼ばれるようにし、プロトコルアップグレードが処理されるようにしました。

　プロトコルアップグレードが成功すると、WebSocketの接続を表す構造体のポインタ`*websocket.Conn`が受け取れるので、以降はこれを使って情報を送受信します。ここでは、`*websocket.Conn`を引数として受け取りWebSocket通信を行う`observeTodo()`関数を分離しました。また、これまでと同じ方法でセッション情報の取得と（**リスト9.10-③**）、認証チェックを行います（**リスト9.10-④**）。これは、ハンドシェイクの時にCookieヘッダを通じてセッションIDを受け取ったため[注39]、実現できていることです。認証をクリアしたら、observeTodo()関数を呼び出します（**リスト9.10-⑤**）。その先の**observeTodo()**は、ToDoの変更をクライアントへ通知する主な処理です（**リスト9.11**）。

リスト9.11　/observe エンドポイントでのWebSocket送信処理 (service_todo.go より抜粋)

```
func observeTodo(conn *websocket.Conn, session *HttpSession) {
    todoList := session.UserAccount.ToDoList

    // チャネルを生成する
    eventReceiver := todoList.ChangeNotifier.CreateObserver()

    // SourceIdの生成
    sourceId := fmt.Sprintf("%d", time.Now().UnixMicro())
    log.Printf("WebSocket start (session:%s sourceId:%s)", session.SessionId, sourceId)

    // initialイベントを送信し、sourceIdを通知する
    ev := NewWebSocketEvent("initial", SourceIdNotification{Source: sourceId}) ←——— ①
    ev.Send(conn) ←——— ③
```

注39　図9.16（418ページ）で確認したCookieヘッダのことです。

```
    // チャネルからの通知待ちループ
LOOP:
    for {
        select {
        // チャネルから通知を受けたら、イベントを通知する
        case ev := <-eventReceiver:
            log.Printf("Reveived Todo change. (session:%s sourceId:%s %v", session.SessionId, ⏎
sourceId, ev)
            wse := ev.NewWebSocketEvent()    ←——— ②
            err := wse.Send(conn)            ←——— ④
            if err != nil {
                break LOOP
            }
        }
    }

    // チャネルを削除する
    todoList.ChangeNotifier.RemoveObserver(eventReceiver)
    log.Printf("Connection closed. (session:%s sourceId:%s)", session.SessionId, sourceId)
```

これは、SSEで実現したときの**リスト9.5**（407ページ）とほとんど同じ構造です。**リスト9.11-①**、②でWebSocket送信するイベントを表す構造体を作り、**リスト9.11-③、④**で送信を指示しています。

HINT

リスト9.10の`handleObserve()`関数は、セッション情報を取得して認証状態をチェックだけの役割です。この関数をわざわざ分離せずに、次に説明した`observeTodo()`関数（**リスト9.11**）と一緒にしてしまえば良いと思った方もいるかもしれません。ここでは、SSE版の実装である**リスト9.5**と対比しやすいよう、またコードを流用しやすいように、このような関数の分け方にしました。

実際にWebSocketでイベントを送信する部分は、WebSocketEvent構造体に実装しました。**リスト9.12-①**がWebSocketで情報を送信する部分です。

リスト9.12 WebSocketでのイベント送信処理（todo_change_event.goより抜粋）

```
type WebSocketEvent struct {
    Event string `json:"event"`
    Data  any    `json:"data"`
}

func (e WebSocketEvent) Send(conn *websocket.Conn) error {
    data, _ := json.Marshal(e)
    err := conn.WriteMessage(websocket.TextMessage, data)  ←——— ①
    if err != nil {
        log.Printf("Failed to send : %s", string(data))
        return err
    }
```

第9章　サーバプッシュ技術

```
    return nil
}
```

　以上が、Tiny ToDoでのWebSocket通信の実装でした。クライアント側もサーバ側も、面倒な部分はAPIやライブラリがカバーしてくれるため、実装自体はそれほど難しくありません。またServer-sent eventsも、WebSocketも、プログラミング方法はほとんど同じであることがわかるでしょう。しかし、それぞれの概要で説明したとおり、その仕組みは全く違うということは理解しておく必要があります。

9.5.4　WebSocketの課題

　WebScoketの登場でWeb上での双方向通信に関する課題は解決されたかのように見えます。

　しかしWebSocketにも課題があり、これまで登場したすべての技術を置き換えるには至っていません。状況に応じてServer-sent eventsと併用されているのが実状でしょう。

　本節では、WebSocketの課題について説明します。

- 同時接続数の問題
- プロキシサーバの問題
- 負荷分散の問題
- 認証の問題

同時接続数の問題

　WebSocketでも、Server-sent eventsと同じようにTCPコネクションが接続しっぱなしなります。「9.3.2 SSEの実装（クライアント側）」（401ページ）でも述べたように、ブラウザ側での同時接続数の制限を受ける[注40]こともありますし、サーバ側はより多くのクライアントからの接続を受け付ける必要があります。通常のHTTPでは1つのTCPコネクションが継続することは少ない[注41]のですが、WebSocketによる接続ではコネクションが継続するため、サーバ側のリソースが枯渇する可能性が高くなります。またサーバだけでなく、ルーターなど通信経路上にあるネットワーク機器にも最大同時接続数の制約があるため、サーバに余裕があっても通信経路のどこかでパンクする可能性もあります。

注40　最大同時接続数はブラウザの実装によって異なります。筆者が実験したところ、本書執筆時点ではWebSocketではSSEに比べて多くのタブを開いて同時接続しても、安定動作するようです。正確な情報源は見つけられませんでしたが、WebSocketの場合は特別に制限が緩和されているのかもしれません。

注41　基本的には、リクエスト-レスポンスの往復が終わると接続が切れるためです。HTTP/1.1ではKeep-Aliveオプションが指定されていると接続を切らずに使い回しますが、せいぜい数十秒です。

プロキシサーバの問題

　企業や学校内のネットワークからインターネットに接続する際は、プロキシサーバという装置を経由することがあります[注42]。プロキシサーバは通信の安全性を確認し、有害なサイトへの接続を遮断するといった目的で設置されています。

　「**9.4.3 WebSocketのハンドシェイク**」（413ページ）では、プロトコルアップグレードの必要性としてファイアウォールを通過できるポートが限定されていることに触れましたが、プロキシサーバの存在もその理由の1つです。プロキシサーバはHTTPを前提としているものが多く、そのようなプロキシではHTTP以外のプロトコルによる通信を通せません。WebSocketは「HTTPのふり」をするため、このようなプロキシを通過できる可能性があります。しかし、ハンドシェイク以降の通信はHTTPではないため、プロキシサーバの処理内容によってはWebSocketによる通信が遮断されてしまうケースもあるでしょう[注43]。

 負荷分散の問題

　一般に多数のユーザにサービスを提供するシステムでは、Webアプリケーションを複数のサーバ上で稼働させ、HTTPリクエストを分散して処理させることで大量のアクセスを処理できるようにします。これらのサーバにHTTPリクエストを振り分ける方法はいくつかありますが、比較的よく使われるのがロードバランサ（負荷分散装置）[注44]を使用するものです。ロードバランサがいったんすべてのHTTPリクエストを受信し、その内容に応じて背後のサーバにリクエストを転送します。

　HTTP用のロードバランサは、HTTPリクエストを振り分けることで負荷分散を実現します。このため、WebSocketのようにプロトコルアップグレード後に長時間TCP接続を維持し続けると、想定どおりの負荷分散ができないことがあります。

　リクエストの振り分け方法にはさまざまな方式がありますが、ここではもっとも簡単なラウンドロビン方式の場合を考えましょう。ラウンドロビン方式は、背後のサーバに順番に振り分ける方法です。各リクエストの平均処理時間が同じであれば、各サーバの負荷は均等になるでしょう。しかし、WebSocketでは通信が切断されない限り、リクエストを振り分けられたサーバが処理を続けることになります。このためリクエストの状況によっては、一部のサーバにWebSocket接続が偏ってしまうことがあるかもしれません。

注42　「プロキシ（Proxy）」は「代理」という意味で、文字通りPCやスマートフォンからインターネットへの接続を代理で行う役割です。
注43　一般論ですが、HTTPS上で暗号化されたWebSocketであれば、プロキシサーバは暗号化通信の内容に関知できないため、通過できる可能性が高いと言われています。しかしプロキシサーバの中には、手元のデバイスと相手サイトとの間で直接暗号化通信することを許可せず、プロキシサーバ上で通信を復号して内容をチェックするものもあります。このようなプロキシサーバがWebSocketに対応していない場合は、通信できないかもしれません。
注44　「装置」という名のとおり、当初のロードバランサは特別なハードウェアでした。現在では、ソフトウェアだけで実現されたものもあるので、「負荷分散のための仕組み」程度にとらえておくと良いでしょう。

図9.19　接続の偏り

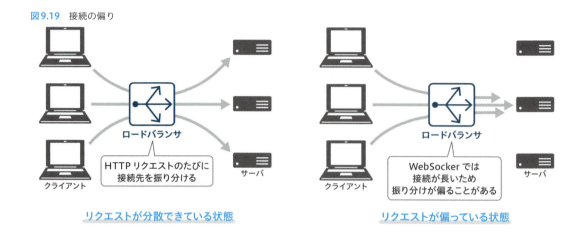

もちろん、ラウンドロビン方式ではなくTCP接続数が最も少ないサーバを選択するなど、別の方式であればうまく負荷分散できるかもしれません。いずれにせよ、WebSocketに対応していないロードバランサが通信経路に存在すると、正しく負荷分散できないことがある点に、注意が必要です。

認証の問題

WebSocketには認証の仕組みがなく、同一オリジンポリシーの制約もありません。このため、WebSocketプログラミングではセキュリティに慎重な実装が求められます。同一オリジンポリシーは、あるサイトから読み込んだJavaScriptをブラウザが実行する時、そのサイト以外のURLへのリクエスト送信を制限するものでした[注45]。その制限がないと、どのようなことがおきるのでしょうか。たとえば攻撃者の視点で、WebSocketを通じてTiny ToDoにアクセスし、他人のToDoの内容を盗み取ることを考えてみましょう。ここでは、次のような攻撃シナリオを考えます。

WebSocketエンドポイント/observeへ接続し、ToDoの更新イベントを盗みとるJavaScriptを作成します。ここでは、これをevil.jsとします。Tiny ToDoでは、クッキーで受け取ったセッションIDで、ユーザを見分けています。このため攻撃者が自分の手元でevil.jsを動かしても、たとえWebSocket接続ができたとしても何の情報も得られません。

そこで、図9.20のようにTiny ToDoにログイン済みの人のクッキーを利用することを考えます。攻撃者はevil.jsを設置した偽のサイトevil.example.comを用意し、何らかの方法で犠牲者にこのサイトへアクセスさせます。すると、犠牲者のブラウザへevil.jsが読み込まれ、実行されます。その際にTiny ToDoのクッキーがブラウザ上にあれば、evil.jsから/observeへのWebSocketハンドシェイク時にクッキーが送られ、evil.jsは被害者のToDo変更イベントを受信できます。この手法は、**Cross-Site WebSocket Hijacking（CSWSH）**[注46]と呼ばれています。

[注45] 「9.6.3 同一オリジンポリシー」を参照してください。
[注46] CSWSHは、https://christian-schneider.net/CrossSiteWebSocketHijacking.html のレポートが初出のようです。有名な脆弱性であるCSRF（Cross-Site Request Forgeries/クロスサイト・リクエスト・フォージェリ）のWebSocket版ととらえても良いでしょう。

図9.20 Cross-Site WebSocket Hijackingの仕組み

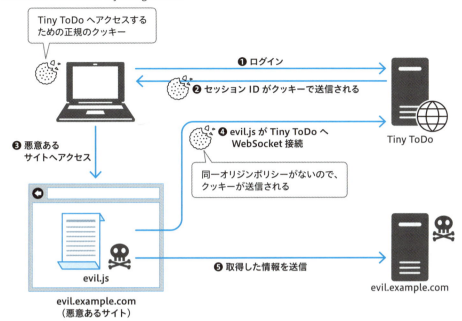

　ここでのポイントは、evil.example.comからロードされたJavaScriptが、Tiny ToDoへのWebSocketで接続できてしまう点です。evil.example.comとTiny ToDoは異なるサイトですから、同一オリジンポリシーが適用されるなら、ブラウザは接続を拒否するはずです。

　事実、第8章でも説明したように、XMLHttpRequestやFetch APIからPOSTリクエストを送信する場合は、CORSを設定しない限り通信できません。しかし、WebSocketの接続に関してはこのようなチェックが行われません。

　このように認証をクッキーだけに頼っているケースでは、簡単に接続されてしまいます。

　対処方法の1つは、ハンドシェイク時にブラウザが送信するOriginヘッダを、サーバ側が検証することです。Originヘッダはブラウザが自動的に付与するものなので、JavaScriptから改変することはできません。上記のシナリオでevil.jsからの接続要求におけるOriginヘッダはevil.example.comなので、サーバ側で正規の接続かどうかを確認できます。

　Originヘッダが意図したものでない場合、サーバは403 Forbiddenなどの応答を返して、接続を拒否すべきでしょう。

HINT

WebSocketの仕様であるRFC 6455では、Originヘッダの検証を必須とはしていません。

しかし、CSWSHのような攻撃手法の存在を考慮すると、特別な理由がないかぎりOriginヘッダの検証は必須と考えたほうが良いでしょう。Tiny ToDoでもOriginヘッダを検証しています。

なお、ブラウザ以外のクライアントであれば、Originヘッダを詐称することもできます。

たとえば、ローカルPC上でTiny ToDoを実行できる方は、次のような実験をしてみてください。

まず、ローカルPCでTiny ToDoを実行し、一度ブラウザからアクセスしてDevToolsでクッキーのセッションIDを取得します。コマンドラインから次のように curl コマンドでWebSocketのハンドシェイクを送信すると、サーバから応答が返ります。ブラウザ上でToDoの追加や編集をすると、curl コマンドの出力に受信したWebSocketメッセージが表示されるのが確認できます。ここでは、Originヘッダも正しいものを送信しているのでサーバ側の検証は成功してしまいます。ただ、通常はセッションIDを抜き取るのが困難なので、この方法による攻撃は成立しにくいでしょう。

画面9.5 Originヘッダを詐称したWebSocketハンドシェイク

```
$ curl --output - --http1.1 -i -N \
  'https://tinytodo-12-ws.webtech.littleforest.jp/observe' \
  -H 'Origin: https://tinytodo-12-ws.webtech.littleforest.jp' \
  -H 'Sec-WebSocket-Key: 0z83tdwVMXrkyPPJDt2h2g==' \
  -H 'Connection: keep-alive, Upgrade' \
  -H 'Upgrade: websocket' \
  -H 'Cookie: sessionId=**********' \
  -H 'Sec-WebSocket-Version: 13'
```

WebSocketの課題について紹介しました。プロキシサーバや負荷分散については、ネットワーク環境に起因するものでもあり、環境が整うにつれて解消されていくのかもしれません。

すべてをWebSocketにすればよい？

本書では題材の都合上、WebSocketによる双方向通信の事例を紹介しませんでした。

WebSocketでは双方向通信ができるので、Webアプリケーションのすべての通信をWebSocketで実現できるのではないか、と考えた方もいるかもしれません。原理上そのようなことは可能ですが、オンラインゲームなど一部の用途を除けば、適切な選択とは言えないでしょう。

アプリケーションのプログラミングだけを切り取って考えれば、その方が合理的と思えるかもしれません。しかし、プロキシサーバの問題や負荷分散の問題でも触れたように、ブラウザとサーバを結ぶインターネットにはさまざまな構成要素があります。それらの多くがHTTPを前提として最適化やセキュリティの確保を達成してきました。

アプリケーションのすべての通信をWebSocketにすると、双方向性と引き換えにそれらHTTPを前提として構築されてきた最適化やセキュリティの恩恵が受けられなくなることを意味します。このため、本章で説明したような特性を理解した上で、技術選定を行うことが重要です。一般的なWebアプリケーションでは、HTTPによるWeb APIを中心としつつ、サーバプッシュが必要な場面では要件に応じてWebSocketかServer-sent eventsを使い分けるのが良いでしょう。

> **まとめ**
>
> 　本章では、Server-sents Event と WebSocket を中心に、サーバプッシュ技術について解説しました。初期の WWW では実現されていなかったことが、利用の広まりと共に新たなニーズが生まれ、さまざまな工夫によって実現されていったことがわかります。Server-sents Event では HTTP の延長として、Keep-Alive やチャンク転送といった既存技術を活用することで、サーバからの通知を実現しました。一方 WebSocket は、まったく新しいプロトコルにすることで、HTTP の制約に縛られず効率のよい双方向通信を実現しました。通常、新しいプロトコルではファイアウォールやプロキシサーバなど、ネットワーク経路が対応していなければ通信できないことが多いのですが、WebSocket では HTTP を利用してハンドシェイクすることで、既存のネットワーク構成でも通信しやすくするという工夫をしています。高いリアルタイム性を求められないサーバからの通知用途で十分な場合は、Server-sents Event が有力な選択肢となるでしょう。効率の良い双方向通信が求められるケースでは、本章の最後に挙げたような課題に配慮しつつ、WebSocket の利用を検討すると良いでしょう。

付録 A

コンピュータの基礎

- A.1 2進数と16進数
- A.2 テキストとバイナリ
- A.3 文字コード
- A.4 Base64エンコーディング
- A.5 ハッシュ値
- A.6 IPアドレスとドメイン名
- A.7 TCP/IP
- A.8 標準入力と標準出力
- A.9 構造化データの表現

付録A　コンピュータの基礎

　付録Aでは、本書の内容を理解する上で必要となる、コンピュータに関する基礎的知識を解説します。本文中では、ここで説明する知識を前提として解説している箇所もあります。わからない部分がある方は、この付録の解説に寄り道していってください。

A.1　2進数と16進数

A.1.1　2進数を扱いやすく表現する16進数

　コンピュータの世界では、アルファベットが混ざった数字がよく使われます。本書でも、たとえば第5章のパーセントエンコーディングで登場しました。この正体は16進数と呼ばれる数値の表現です。ここでは、なぜ16進数が使われるのかと、その数え方を説明します。

　コンピュータは、その内部ですべての情報を「0」と「1」の2値（バイナリ）として扱います。これは計算や記憶に電気信号を使うため、スイッチのON/OFFで表現できるほうが都合良いからです。

　ゼロとイチの2値で表せる情報量を「ビット（bit）」と呼びます。1ビットでは「0」「1」の2種類の情報が表せ、2ビットでは「00」「01」「10」「11」の4種類の情報が表せます。一般には、Nビットあれば2のN乗の組み合わせの情報を表現できます。

　しかしビットという単位は小さ過ぎて扱いにくいため、通常は8ビットを1単位として扱います。これを「バイト（byte）」と呼びます。1バイトは8ビットなので、256種類（2の8乗）の情報を表現できます。私たちが日常使っている10進数でいえば0～255の数値ですが、10進数ではバイトの区切りが3桁目の途中になってしまうので切りが悪いですね。

> **HINT**
> 　最初から8ビットが1バイトだったわけではなく、歴史的には4ビットや6ビットを処理単位としていたコンピュータもありました。さまざまな経緯や理由よって、徐々に8ビットが1バイトとしてあつかう考えに収束していったようです。それらの経緯については、以下の記事にまとめられているので、興味ある方は読んでみると良いでしょう。
>
> - 「1Byteが8bitに決まったワケ」についての長い話　まずは「バベッジの階差機関」から
>   URL　https://www.itmedia.co.jp/news/articles/2202/03/news151.html

　そこで、ビットやバイトの単位を切りのよい形で表現するために使われるのが「16進数」です。16進数は「4ビットを1桁」として表現し、16で1桁繰り上がる数え方です。4ビットで表す数字の範囲は0～15のため、10～15を1桁で表現するためにアルファベットのA～Fを使います。

図A.1 2進数と16進数・10進数の対応

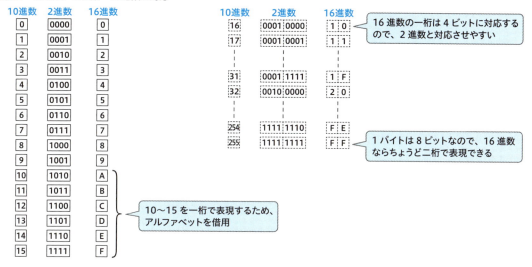

数字とアルファベットが混在した表現は、初めて見ると面食らうかもしれませんが、「ゼロイチの組み合わせを、扱いやすく表現したもの」にすぎません。なお、16進数のアルファベットは大文字を使う場合、小文字を使う場合の両方がありますが、意味は同じです。

また、16進数であることを明示するため、先頭に「`0x`（ゼロ・エックス）」を付けて表記することがあります。たとえば単に`10`と書くと、10進数の10（じゅう）なのか、16進数の10（いち・ぜろ）なのかわからないので、`0x10`と書くのです。16進数を「HEX」と表現することもありますが、これは16進法の英語表記「Hexadecimal（ヘキサデシマル）」の略です。

HINT

現代であまり使われることはありませんが、8進数という数え方もあります。8進数では、3ビット（0〜7）が1桁となります。1960年代の初期のコンピュータでは1文字が6ビットで表現されるなど、6ビット単位の処理が多かったため、3ビットの倍数で扱える8進数が実用的でした。macOSやLinuxの原型となったOSであるUNIXが最初に実装されたDEC社のPDP-7[注1]も、18ビット（3bit×6桁）単位で処理を行うマシンでした。UNIXでファイル権限を表記するときに8進数が使われるなど、いまでもその名残があります。

A.1.2 16進数の利用例

通常のアプリケーションプログラミングでは、コードの中で16進数を使うことはほとんどありませんが、16進数を使った表現はコンピュータにかかわるさまざまなところで登場します。いくつか、比較的身近な例を紹介しましょう。

注1　https://ja.wikipedia.org/wiki/PDP-7

文字コード

- URLのクエリ文字列などで、日本語などURLで使えない文字を表現するときの「パーセントエンコーディング」[注2]
- Unicodeのコードポイント表記[注3]

カラーコード

- HTMLやCSSをはじめとした、コンピュータ上で色を表現するための表記法
- `#1e90ff`のように、3バイトの16進数をつなげたもので、それぞれRGB（赤・緑・青）の割合を8ビットの範囲で表す
- 256 × 256 × 256で、約1677万色が表現できる。合計 8 × 3 = 24 ビットの色表現ができることを、一般に「フルカラー」と呼ぶ

IPv6アドレス

- 本書では説明していないが、普及が進んでいる次世代のIPアドレスの形式
- `2001:db8:0:0:3456`のように独特な省略記法が使われるが、基本的には128ビットの巨大な数値を16進数で表現したもの

MACアドレス

- PCやスマートフォンなどのネットワーク設定画面を開くと表示される、ネットワーク機器固有のアドレス。家庭にWi-Fiルータを設置している方は、機器のどこかにシール等で示されているのも確認できる。IPよりも下のレイヤでの通信に使われている
- `00-00-5E-00-53-00`や`00:00:5E:00:53:00`のように、ハイフンまたはコロンで区切られて16進数で表現された48ビットの情報

A.2 テキストとバイナリ

A.2.1 テキストデータとバイナリデータ

コンピュータ内部での文字列は、文字を数値に割り当てることで表現されています。

たとえば、アルファベット大文字の「A」は数字の「65」、「B」は「66」といった具合です。この対応は「**ASCII（アスキー）**」と呼ばれています。ASCIIは1963年にアメリカ合衆国の国内規格として制定されたため、この対応表に含まれるのはアメリカで使用される文字、すなわち大文字・小文字の

注2 「5.2.7 パーセントエンコーディング」を参照してください。
注3 「付録A.3 文字コード」で解説しています。

A.2 テキストとバイナリ

アルファベットと数字といくつかの記号だけでした[注4]。これらは「ASCII文字」と呼ばれています。

ASCIIコード表を**表A.1**に示します。16進数表現で、横軸が1桁目、縦軸が2桁目を表します。たとえば、大文字の「A」は16進数で「41」、小文字の「z」は16進数で「7A」といった具合で対応しています。背景を□色にした部分が実際に表示可能なASCII文字の実体です。

表A.1 ASCIIコード表

	0	1	2	3	4	5	6	7
0	NUL	DLE	SP	0	@	P	`	p
1	SOH	DC1	!	1	A	Q	a	q
2	STX	DC2	"	2	B	R	b	r
3	ETX	DC3	#	3	C	S	c	s
4	EOT	DC4	$	4	D	T	d	t
5	ENQ	NAK	%	5	E	U	e	u
6	ACK	SYN	&	6	F	V	f	v
7	BEL	ETB	'	7	G	W	g	w
8	BS	CAN	(	8	H	X	h	x
9	HT	EM	)	9	I	Y	i	y
A	LF	SUB	*	:	J	Z	j	z
B	VT	ESC	+	;	K	[	k	{
C	FF	FS	,	<	L	\	l	|
D	CR	GS	-	=	M	]	m	}
E	SO	ES	.	>	N	^	n	~
F	SI	US	/	?	O	_	o	DEL

0x00～0x1F および 0x7F は「制御文字」と呼ばれ、画面への表示方法を制御するものです。歴史が古いため、今となっては使われていないもののほうが多いですが、現在も使われている代表的なもの（**表A.1**のうち色がついている文字のもの）を**表A.2**に示します。

表A.2 代表的な制御文字

文字	文字コード（16進数）	意味
NUL	0x00	NULL文字。文字列の終端を表す区切りとして使われる
BEL	0x07	ベル。警告音を鳴らす
BS	0x08	バックスペース。1文字後退する
HT	0x09	水平タブ。決められた桁位置へ移動する
LF	0x0A	改行
CR	0x0D	復帰。CR＋LFの2バイトで改行を表すことがある
ESC	0x1B	エスケープ。特殊文字や着色の始まりを表す
SP	0x20	半角スペースを表す
DEL	0x7F	デリート。1文字削除

付録

注4 ASCIIに含まれる記号は、皆さんが使っているPCのキーボードに印字されているものと思ってさしつかえありません。

ASCII文字は95種類と少ないため、1バイトの範囲に十分収まります。逆に言えば、0〜255の数値のうち、ASCII文字で表現できる数字は95個だけということです。このように、コンピュータが扱う情報には文字として表現できるものと、そうでないものがあります。

文字で表現できるものを「テキストデータ」、そうでないものを一括りに「バイナリデータ」と呼びます。たとえば、画像や動画、音楽などのデータもバイナリデータです。

図A.2 テキストデータとバイナリデータ

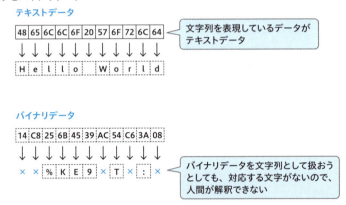

A.2.2 テキストデータの符号化方式

ASCIIはとても簡単なので理解しやすいですが、現代のテキストデータはかなり複雑です。世界中でコンピュータが使われるようになった結果、あらゆる文字を扱う必要がでてきたためです。

現代のコンピュータは、世界中のあらゆる文字[注5]が扱えます。コンピュータで文字を数値として表現する方式のことを、「符号化方式」と呼びます。「テキストデータ」をより正確に表現するならば、「なんらかの符号化方式で表現される文字情報だけで成り立つデータ」となります。

過去、さまざまな符号化方式が考案されてきました。ASCIIも符号化方式の1つです。

昔は、コンピュータの機種ごと、国ごとに採用される符号化方式が違っていたため、文字情報を交換するのが困難でした。紆余曲折の末、現在では世界中の文字を表現できる「**UTF-8（ユーティーエフエイト）**」という符号化方式にほぼ統一されています。

文字と数値が1対1で対応して1バイトで表現できるASCIIに比べ、UTF-8は複雑です[注6]。本書での詳しい解説は割愛しますが、ポイントだけ紹介します。多くの種類の文字を表現しようとすると1文字あたりのバイト数が増え、非効率になってしまいます。そこで、UTF-8ではASCIIに含まれる文字など使用頻度が高いものは少ないバイト数で、そうでないものは多いバイト数で表現するような工夫がされています。

注5　https://ja.wikipedia.org/wiki/Unicode によると、本書執筆時点で最新のUnicode 16.0.0では、約15万5千文字が収録されています。
注6　UTF-8の複雑さについては、「A.3.5 文字符号化方式」で簡単に説明します。

A.2.3　テキストとバイナリの効率

第4章で実験して確認したように、HTTPはテキストデータでやりとりされていますが、これには一長一短があります。長所はこれまで何度も確認したように、人間が目で見て理解しやすいことです。一方の短所は、通信上の効率が悪いことです。

たとえばGETリクエストを送信するとき、リクエストラインには「GET」の3文字が含まれますが、これは「71」「69」「84」という3つの数字、つまり3バイトで表現されます。

また、DELETEメソッドでは、6文字なので6バイト必要です。

一方、別の考え方もあります。たとえば、「GETは01」「POSTは02」「DELETEは03」……というように、あらかじめHTTPメソッドと数字の組み合わせを取り決めておくのはどうでしょうか（図A.3）。どのメソッドであっても1バイトで済みます。文字で表現することにこだわらなければ、もっと少ない情報量でやりとりできるのです。ただし、HTTPメソッドと数値の対応ルールを知らなければ、人間がデータだけを見ても解釈できないのがデメリットです。

図A.3　HTTPメソッドをバイナリで表現すると……

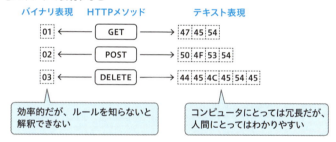

特にHTTPでは、本来やりとりしたい情報であるリクエストボディ／レスポンスボディの他に、大量のリクエストヘッダやレスポンスヘッダが付加されています。これらもすべてテキストデータなので、通信効率を悪化させる一因となっています。本書の解説対象外としましたが、次世代のHTTPであるHTTP/2は、通信効率をあげるためにバイナリ中心のプロトコルに変わりました。しかし、実際にやりとりするデータの意味はこれまでのHTTPと同じです。

A.3　文字コード

A.3.1　文字の取り扱いの難しさ

「A.2 テキストとバイナリ」では、テキストデータを表現する方法としてASCIIを紹介しました。ASCIIは英数字と一部の記号しか扱わなかったため、簡単で理解しやすい体系でした。文字をコンピュータ上で扱うとき、各文字に割り当てられている数値やその対応表のことを一般に「文字コード[注7]」と

注7　後述のように「文字コード」はあいまいな言葉なのですが、ここでは導入として皆さんに馴染み深いこと言葉を使いました。

付録A　コンピュータの基礎

呼びます。

　現代のコンピュータは、世界中の文字を扱えるようになっているため、文字コードの仕組みや体系はとても複雑です。WWW普及前夜の1990年代前半まで、文字コードは国や言語圏に閉じて発展してきました。たとえば日本国内では、日本語を扱う文字コードとしてShift_JIS（シフトジス）が主流でした。しかしWWWの普及により、インターネットを通じて世界中のコンピュータが情報を交換するようになり、単一の文字コード体系で世界中の文字を扱える必要が生じてきました。それにともなったいくつかの試行錯誤を経て、統一されるようになったという歴史があるためです。ASCIIなど、歴史が古く幅広く使われてきた文字コードとの互換性も考慮されているため、複雑になったという経緯もあります。

　特に2000年代初頭は、国や地域ごとに独自に規格化されていた文字コードが世界標準へと切り替わる過渡期で、環境に応じて文字コードを使い分ける必要がありました。本書執筆時点の2020年代では、後述のUnicodeという体系にほぼ統一されたため、昔ほどの混乱はありません。しかしそれでも、文字そのものを数値で表現する方法[注8]と、それらを記憶し、コンピュータ間でやりとりする方法[注9]に違いがあるため、初学者が正しく理解するにはハードルが高いでしょう。

　Webシステムにおいても、多くのコンピュータがネットワークを通じて情報をやりとりする性質上、ある程度の文字コードに関する知識が必要になります。ここでは、現代のシステム開発で必要となる最低限の知識を紹介します。

A.3.2　符号化文字集合

　現在のコンピュータでは、世界中の文字や記号・絵文字など、約15万種類の文字を扱えます。基本的な考え方はASCIIと同じで、ひとつひとつの文字に数字を割り当てて識別しています。今後の説明に必要となるため、管理の考え方といくつかの用語を紹介します。

　まず、コンピュータで扱えるようにする文字の集合を決めます。ASCIIが扱う文字集合は、大文字・小文字のアルファベット、数字やいくつかの記号でした。この文字集合に含まれるひとつひとつの文字に対して、識別用の数値を割り振ったものが「符号化文字集合」です。符号化文字集合に含まれる個々の文字を示す数値のことを、「符号位置 (Code point)」と呼びます。なお、符号化文字集合は「文字コード」と呼ばれることが多いのですが、文字コードという言葉は文脈によってさまざまなものを指すため、ここでは多少堅苦しいのを承知で「符号化文字集合」と呼びます。

注8　この後に説明する「符号化文字集合」のことです。
注9　後半で説明する「文字符号化方式」のことです。

図A.4 文字集合と符号化文字集合

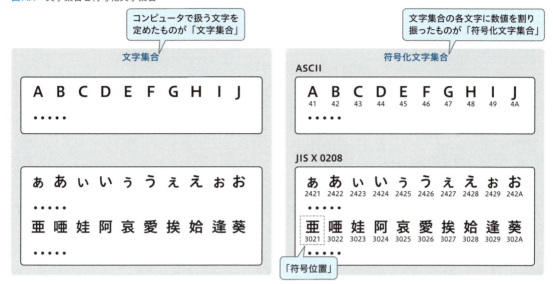

　20世紀後半までコンピュータにおける文字の取り扱い方法は、それぞれの国や地域が独自に規定しており、さまざまな符号化文字集合がありました。日本国内でも、JIS X 0208[注10]を代表とする符号化文字集合が規定されています。ここには平仮名・カタカナ・漢字など、日本語で使われるほとんどの文字が含まれています。後述のUnicodeが普及するまで、日本国内のコンピュータは文字符号化集合としてこれらを採用していました。

A.3.3　フォント

　符号化文字集合は、個々の文字に数字を割り振った対応表に過ぎません。実際に文字を表示したり印刷したりするには、これとフォントを組み合わせます。たとえばJIS X 0208で「亜」を表すのは0x3021ですが、図A.5のように選択するフォントによって見た目が変化します。見かけは違いますが、どちらもコンピュータの中では0x3021と表されている点に注意しましょう。普段皆さんがアプリケーションを利用するとき、表示フォントを切り替えられることからも理解できるでしょう。

注10　JIS（ジス）は、日本産業規格のこと。

図A.5 文字コードとフォント

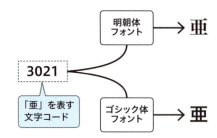

A.3.4 Unicode

インターネットが発展し、ソフトウェアも世界共通で使われるようになると、情報交換しやすいように世界中の文字を1つの符号化文字集合で表現しようという試みが始まりました。それが、今も使われている「**Unicode（ユニコード）**」です。

当初のUnicodeは、世界中の文字を16ビット（2バイト）で表現することを目標に検討が進められました。しかし比較的初期の段階で、16ビット、つまり65536個の符号位置にはすべての文字が収まりきらないことが明らかになり、範囲が拡張されます。現在では、16進数表記で000000〜10FFFFまでの最大約111万種の文字を収録できるように拡張されています。Unicodeはおおむね1年に一度改訂され、その都度新たな文字が収録されています。

2024年9月に改訂されたUnicode16.0.0[注11]では、154,998種の文字が収録されています。なお、Unicodeに収録された文字を表す際は、U+7DB2のようにU+に続けて16進数でコードポイント（符号位置）を表記するのが一般的です。このような表記を見つけたら、Unicodeのコードポイントを表していると理解してください。

> **HINT**
>
> Unicodeには世界中の文字が含まれているのはもちろんですが、変わったものもあります。近年SNSやチャットツールでよく使われる絵文字や、トランプのカード、麻雀牌、ヒエログリフや楔形文字を始めとする各種古代文字なども収録されています。対応するフォントがなければ実際には表示できませんが、Unicodeの文字一覧を表示するサイトは多数ありますので、見てみると面白いでしょう。
>
> 一例として、WikipediaのURLを紹介します。各種絵文字は1F000-1FFFF、ヒエログリフは13000-13FFF、楔形文字は12000-12FFF付近に収録されています。
>
> ● Unicode一覧 - Wikipedia
> URL https://ja.wikipedia.org/wiki/Unicode一覧_0000-0FFF

注11 https://www.unicode.org/versions/Unicode16.0.0/

A.3 文字コード

A.3.5 文字符号化方式（エンコーディング）

　さて、Unicodeの登場によって単一の体系で文字が表現できるようになりました。しかし、現実にテキストデータを交換するときの事情はもう少し複雑です。単純にUnicodeのコードポイントを列挙すると、メモリの使用効率が悪いからです。Unicodeの範囲はU+000000〜U+10FFFFですが、これは21ビットあります。アルファベット大文字の「A」は、UnicodeでもASCIIと同じU+000041ですが、利用頻度の高い文字は比較的前半に配置されており、単純に列挙すると、U+000041、U+000042、U+000043、のように、どうしてもゼロが多くなります。

　そこでUnicodeでは、テキストデータの保存や交換用に、コードポイントを少し変形した形で表現します。代表的な方法である「**UTF-8（ユーティーエフエイト）**」では、ASCIIと同じU+0000〜U+007Fの範囲は1バイトで表し、それ以外の範囲はものによって2バイト〜4バイトに変形します。このようにする理由はASCIIとの互換性を持たせるためで、ASCII文字だけで構成されるテキストデータはUTF-8でも同じデータになるため、使い勝手が良いのです。このため、現在では多くのテキストデータがUTF-8で保存されるようになりました。**第5章**で紹介したパーセントエンコーディングでも、UTF-8が使われていましたね。

　Unicodeでは、UTF-8を含めて**表A.3**に挙げる3つの変換方式があります。このようなテキストデータを記録・通信する際の表現方式を「**文字符号化方式**[注12]」や「**エンコーディング**」と呼び、先ほど説明した符号化文字集合とは区別して理解することが必要です。

表A.3 Unicodeの符号化方式

符号化方式	説明
UTF-8	コードポイントの範囲に応じて、1バイト〜4バイトの可変サイズで表現する
UTF-16	U+0000〜U+FFFFの範囲は16ビットそのままを2バイトで表現し、U+10000〜U+10FFFFの範囲はサロゲートペアと呼ばれる方式によって4バイトで表現する。メモリ内部での表現として利用されることが多い
UTF-32	コードポイントを32ビットにそのまま格納する。単純だがメモリ効率が悪いため、あまり使われない

A.3.6 文字符号化方式はなぜ生まれたか

　文字符号化方式が生まれた背景は、コンピュータが扱うべき文字が増加したことにあります。ASCIIの時代は扱う文字が少なかったため、符号化文字集合と文字符号化方式を区別する必要はなく、単に文字コードと呼ばれていました。しかしWWWの普及に伴ってコンピュータの国際化が進んだことで、さまざまな体系の文字コードを併せて扱う必要が生じ、符号化文字集合と文字符号化方式が分けて考えられるようになりました。

　本書では詳しく説明しませんが、UnicodeとUTFが登場する前は、日本語で使用する文字符号化方式としてはShift_JIS、EUC-JP、ISO-2022-JPがありました。それぞれ異なる経緯で生まれたものでしたが、対象とする文字符号化集合はいずれもJIS X 0208でした。

注12　現場では「文字符号化方式」と呼ばれることはほとんどなく、単に「符号化方式」や「エンコーディング」と呼ばれます。

付録A　コンピュータの基礎

HINT

「文字コード」という言葉は比較的あいまいに使われるのも、このような経緯があるためと筆者は考えています。実際の開発現場におけるエンジニア同士の会話では、「文字コード」が「符号化文字集合」を指すこともあれば「文字符号化方式」を指すこともあります。どちらを指しているかは会話の文脈でわかりますし、ASCIIのように区別が不要なこともあるからです。しかし、ここで説明したように概念は別のものなので、その違いはしっかりと理解しておく必要があります。

A.3.7　改行コード

最後に、改行コードにも触れておきます。文字コードの中には、目に見える文字だけではなく画面表示を制御するための「制御文字」も含まれています。その代表が、改行を表す「**改行コード**」です。歴史的背景[注13]から、改行コードには次の2パターンがあります。

- CR + LF (0x0D 0x0A)
- LF (0x0A)

「**CR + LF**」は主にWindowsで使われている改行コードで、2バイトを使って改行を表します。「**LF**」はLinuxやMac[注14]などで使われている改行コードです。

この2種類は、文字符号化方式とは別なのが厄介なところです。つまり、同じUTF-8でも改行コードによって次の2種類に分かれます。

- 改行コードが**CR + LF**であるUTF-8
- 改行コードが**LF**であるUTF-8

このため一般にテキストデータをやりとりするときは、文字符号化方式と改行コードのそれぞれを互いに取り決めておく必要があります。

最後に、覚えておくべきポイントをまとめましょう。

- コンピュータで扱う文字の集合に数値をつけて区別したものが「符号化文字集合」
- テキストデータを保存・通信する時は、なんらかの文字符号化方式（エンコーディング）を使って表現される
- 日本語が関わる分野での代表的な符号化文字集合と文字符号化方式は**表A.4**のとおり
- 基本的には、Unicode/UTF-8を利用すればよい

[注13] CRは「キャリッジリターン」、LFは「ラインフィード」のことで、どちらもタイプライターに由来します。改行コードがなぜこの2バイトなのかを始めとする歴史的な経緯はWikipedia（https://ja.wikipedia.org/wiki/改行コード）で説明されているので、興味ある方は読んでみると良いでしょう。

[注14] macOS 9以前ではCR (0x0D) が改行コードとして使われていました。

表A.4　代表的な符号化文字集合と文字符号化方式

符号化文字集合	文字符号化方式
ASCII	
Unicode	UTF-8
	UTF-16
	UTF-32
JIS X 0208	Shift_JIS
	EUC-JP
	ISO-2022-JP

HINT

　ここでの説明は、文字コードに関する話を理解するための最低限の知識です。皆さんが開発に関わるシステムの性格によっては、より詳しい知識が必要になることもあります。

　その際には、以下の書籍がお勧めです。本付録の説明も、同書を参考としています。

- 『[改訂新版] プログラマのための文字コード技術入門』[1]

　同書は十分過ぎるほど詳しい内容ですので、もう少し軽めかつ網羅的に理解したいときには、次のWebサイトもお勧めです。

- とほほの文字コード入門

URL https://www.tohoho-web.com/ex/charset.html

- いまさら聞けない標準規格の話 第1回 文字コード概要編｜オブジェクトの広場

URL https://www.ogis-ri.co.jp/otc/hiroba/technical/program_standards/part1.html

A.4 Base64エンコーディング

　「Base64（ベース64）」は、バイナリデータをテキストに変換するアルゴリズムの1つです。バイナリデータがテキストで表現できると、たとえばCookieなどのHTTPヘッダにバイナリデータを含めるなど、テキストデータしか受け付けない場所にバイナリデータを埋め込むことができます。他にも、電子メールにオフィス文書やPDF、画像などを添付するときも、バイナリデータをテキストに変換することで実現しています。もともと、電子メールはテキストの送受信しか想定されていなかったためです。

　「A.2 テキストとバイナリ」で説明したように、バイナリデータは文字列で表現できません。仮に

表現するとしたら、「14 C8 25 6B 45 39 AC 54 C6 3A 08」のように16進数表記を列挙する方法がありますが、1バイトのデータを表すのに2文字（16進数2桁）が必要なので、効率が悪いです[注15]。そこで、より多くの文字を使うことで、バイナリデータを効率良くテキストデータに変換する方法が考えられました。

その代表がBase64です。Base64では、アルファベット大文字小文字（A-Z、a-z）と数字（0-9）、-（ハイフン）と_アンダースコアの計64文字を使ってテキストに置き換えます。64は2の6乗なので、6ビットのデータをちょうど64種類の文字に対応させられます。そこで、図A.6のように元のバイナリデータを6ビットずつ区切りなおし、それぞれの6ビットデータを変換表にしたがって文字に置き換えます。

図A.6 Base64の考え方

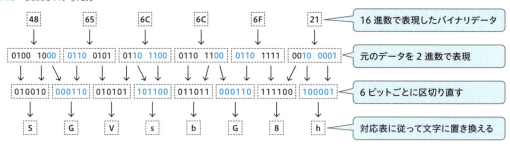

こうすることで16進数表記よりも短い文字数で、任意のバイナリデータを文字列で表現できるのです。いってみれば「64進数」ととらえても良いかもしれません。

表A.5 ビット列とBase64文字の対応表

ビット列	Base64文字
000000 ～ 011001	A ～ Z
011010 ～ 110011	a ～ z
110100 ～ 111101	0 ～ 9
111110	+（Base64URLエンコーディングでは-）
111111	/（Base64URLエンコーディングでは_）

なお、Base64の変換方法にはいくつか亜流があります[注16]。表A.5の最後の2つの文字は + と / ですが、この2文字はURLで特別な意味を持つため、クエリパラメータなどURLに含めることが想定される場面では、代わりに -（ハイフン）と _（アンダースコア）を使用します。これが「Base64URLエンコーディング」と言われているものです。

また、ここでは簡単に説明するために6ビットで割り切れる例を示しましたが、6ビットで割り切

注15 余談ですが、筆者が子供の頃はコンピュータ雑誌に16進数ダンプでゲームプログラムが掲載されており、ゲームで遊ぶためにこれを必死に入力しました。バイナリをテキストに表現したことで、紙媒体で伝えていたわけです。

注16 Base64の亜流は、Wikipedia（https://ja.wikipedia.org/wiki/Base64）で整理されています。

れずに端数がでてしまうケースもあります。そのためにパディングという仕組みがあります。Base64文字に変換するときに6ビットに不足するぶんは0で埋めた上で、結果が4文字の倍数になるように最後にパディング文字（=）を追加することで、うまく処理しています[注17]。

　Base64を知っていると、さまざまなところで応用が利きます。本書で作成したTiny ToDoでは、セッションIDを独自で発行していますが、これも乱数から取得したバイナリデータをBase64で表現したものです。

　ここまでの説明でわかるとおり、Base64はバイナリデータをテキストで表現できるように変換したものにすぎません。よくわからない文字が並ぶので、一見、暗号化しているようにも見えますが、暗号化ではないことに注意しましょう。

　なお、LinuxやMacでは、base64というコマンドでbase64のエンコード、デコードができます。たとえば、図A.6で例示したBase64によるエンコード結果「SGVsbG8h」をbase64コマンドで復号すると、「Hello!」という6文字のバイナリ表現だったことがわかります（画面A.1）。

画面A.1　base64コマンドの利用例

```
$ echo -n 'SGVsbG8h' | base64 -d
Hello!
```

A.5　ハッシュ値

　「**ハッシュ値**」は、任意の長さのデータを特定の計算方法で要約[注18]して得られた固定長のデータです[注19]。この特定の計算方法は「**ハッシュ関数**」と呼ばれます。

図A.7　ハッシュ関数とハッシュ値

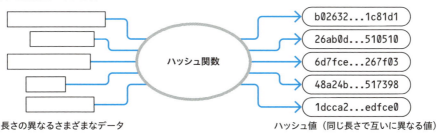

　具体例を見てみましょう。たとえば、次では「Hello Web Application!」という文字列のハッシュ値を、SHA-256というハッシュ関数で計算すると次のようになります。

[注17] Base64では、3バイト（8×3＝24ビット）単位を4文字（6ビット×4文字＝24ビット）に変換するという考えなので、変換結果か4文字の倍数となるようにします。
[注18] 一般的な説明に倣ってここでは「要約」と表現しましたが、実際にデータの意味を要約しているわけではなく、ハッシュ関数で計算されたハッシュ値自体に意味はありません。
[注19] 「ハッシュ（hash）」という名前は「切り刻んで混ぜる」という意味から採られています。ハッシュドポテトのハッシュと同じ意味ですね。

付録A　コンピュータの基礎

```
8b75f7ed9ff1f4272b358d3e0dfe45b116e5f72b76f243000535f6b3b76253ae
```

　見てのとおりハッシュ値は16進数で表現され、SHA-256では32バイト（256ビット）の値になります。ハッシュ関数にはいくつかの種類があり、改良が重ねられています。また、ハッシュ値の長さはハッシュ関数の種類で決まります。**表A.6**に、これまで使われてきた代表的なハッシュ関数を紹介します。なおMD5やSHA-1は、技術の進歩により後述の重要な特徴が破られており、セキュリティ用途での利用は推奨されていないことに注意してください。

表A.6　代表的なハッシュ関数

ハッシュ関数	ハッシュ値の長さ	発表年
MD5	128ビット	1992年
SHA-1	160ビット	1995年
SHA-256	256ビット	2001年
SHA-512	512ビット	2001年

HINT

　「MD5」は「エムディーファイブ」、「SHA」は「シャー」と読みます。「SHA-1」は「シャーワン」、「SHA-256」は「シャーニゴロ」と呼ばれることが多いです。また正確には、SHA-256とSHA-512は、SHA-2というアルゴリズムのバリエーションの1つです。現場ではあまり使われていないため、表には記載していませんが、SHA-3という次世代のアルゴリズムも登場しています。

A.5.1　ハッシュ関数の特徴

　さて、ハッシュ関数がどのようなものかはわかりましたが、これだけでは何がうれしいのかよくわかりませんね。ハッシュ関数には次に説明する大きな2つの特徴があり、それによって得られるハッシュ値は後で述べる用途で使えます。

一方向である[注20]

　あるデータからハッシュ値を計算するのは簡単[注21]ですが、ハッシュ値から元のデータを逆算するのは極めて困難です。先ほど挙げた例でいえば、「8b75f7ed9ff1f4272b358d3e0dfe45b116e5f72b76f243000535f6b3b76253ae」というハッシュ値の元のデータが「Hello Web Application!」であったことを知るのが困難だということです。

注20　正確には「原像計算困難性」と呼ばれます。また、「あるデータXに対して、同じハッシュ値が得られる別のデータYを見つけられない」ということを、「第2原像計算困難性」や「弱衝突耐性」と呼びます。

注21　あくまで「コンピュータであれば簡単」という意味で、人間が手計算でハッシュ値を計算するのはたいへんです。ハッシュ値の計算方法自体を私たちが理解する必要は、まずないでしょう。

図A.8 一方向である

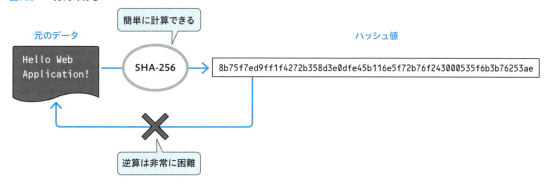

先に説明したBase64では、バイナリ→テキストとテキスト→バイナリの相互変換が簡単であったことと対照的ですね。

衝突しにくい[注22]

元のデータが異なればハッシュ値も異なり、かつ元のデータが少しでも異なれば、ハッシュ値は大きく異なる値になります。たとえば図A.9は「Hello」と「hello」それぞれのSHA256によるハッシュ値です。元のデータは同じ長さで先頭の1文字が違うだけですが、両者のハッシュ値は大きく違うことがわかります。

図A.9 衝突しにくい

ただし、ハッシュ値は非常に大きいとはいえ有限の範囲なので、原理的に同じハッシュ値が得られるデータの組み合わせは必ず存在します。しかし、意図的にそのようなデータを見つけるのは困難です[注23]。

注22 正確には同じハッシュ値が得られる2つのデータX、Yの組み合わせを見つけられない」ということで、「強衝突耐性」と呼ばれます。
注23 MD5のような古いハッシュ関数では、同じハッシュ値を得られるデータの組み合わせを見つける方法が確立されているので、注意が必要です。

付録A　コンピュータの基礎

A.5.2　ハッシュ値の用途

　ハッシュ値はさまざまな場所で活用されており、目に見えないところだけでなく、私たちがアプリケーションを開発する際にも利用することがあるので、特性と活用方法をきちんと理解しておく必要があります。

整合性チェック

　ハッシュ値は16進数で表現して数十文字程度なので、人間が目視でも比較できる程度の長さです。そこで衝突困難性を利用して、データの整合性確認に使われています。たとえばインターネットから数百メガや数ギガの比較的大きなファイルをダウンロードするとき、ファイルのダウンロードリンクとともにファイルのハッシュ値が掲載されていることがあります。ダウンロードしたファイルのハッシュ値を手元で計算し、公表されているハッシュ値と比較することで、ファイルが正しくダウンロードできているかをチェックできます。

　データが1ビットでも誤っていれば計算されるハッシュ値は大きく異なるため、目視でも容易に判断できます。

改ざんチェック

　整合性チェックに近い用途ですが、ハッシュ値の比較によってデータが改ざんされていないことを確認することもできます。もちろん、ハッシュ値も一緒に改ざんされている場合は検知できませんが、データとハッシュ値を別の経路で伝達したり保存したりすることで、改ざんに対する抑止効果があります。

識別

　2つのデータが同じかどうかを確認するには、先頭から1バイトずつ比較していくしかありません。しかしこれでは、大きなデータを何度も比較する際にとても時間がかかってしまいます。そこで、あらかじめハッシュ値を計算しておき、元のデータとともに保存しておきます。ハッシュ値ならばデータ量が小さいため、高速に比較できます。

パスワードの保存

　ハッシュ値の一方向性を利用して、システムがユーザのパスワードを保存する時にもハッシュ値が利用されています。パスワード自体を保存するのではなく、パスワードのハッシュ値を保存するアイデアです。ログイン画面でユーザが入力したパスワードのハッシュ値と、保存していたハッシュ値を比較することで、パスワード自体を保存する必要がなくなります。

A.6　IPアドレスとドメイン名

WARNING

単純にパスワードのハッシュ値を保存するだけでは、データベースの内容が漏洩したときにもとのパスワードが逆算される恐れがあります。パスワードの場合、比較的よく使われそうな文字列の傾向があることや、パスワードのハッシュ値が同じユーザはパスワードも同じだと推測できるからです。また、パスワードによく使われる文字列のハッシュ値をあらかじめ計算しておいた「レインボーテーブル」と呼ばれる辞書を用意し、それと比較することで逆算する方法や、現代のコンピュータのパワーにものをいわせて総当たりで調べるなどの方法も取れます。

「6.7.8 ハッシュ値によるパスワードの照合」でも触れましたが、パスワードを保存する際はハッシュ関数を応用したアルゴリズムを使った専用のライブラリがあるので、それらを利用すべきでしょう。セキュリティに関する研究を行っている団体、OWASPが公開している資料[注24]では、Argon2id、scrypt、bcrypt、PBKDF2といったアルゴリズムが推奨されています。この中でもbcryptは古いですが、多くのプログラミング言語でライブラリが提供されています。

🌐 データ保存時のインデックス

表A.5で紹介したものよりも、もっと簡単なハッシュ関数は、身近なプログラミングの場でも使われています。皆さんは、ほとんどのプログラミング言語で「マップ」や「連想配列」と呼ばれるキーとバリュー（値）のペアを保存するためのデータ構造が提供されていることをご存じでしょう。この裏側では、キーからハッシュ値を計算し、その値を元にメモリ上の保存場所（インデックス）を決めるアルゴリズムが使われています。もともとは「ハッシュテーブル」と呼ばれるアルゴリズムで、この名前からもハッシュ値が使われていることがわかります。

A.6 IPアドレスとドメイン名

IPアドレスとドメインはインターネットの通信における基本です。本書の内容を理解するための最低限の知識になりますが、説明しておきます。また、前著『プロになるためのWeb技術入門』でも紹介しています。

A.6.1　IPv4アドレスとIPv6アドレス

インターネットの世界でコンピュータを識別するために使われているのが「**IPアドレス**」です。IPアドレスは、ネットワークを通じて情報をやりとりするとき、送信先や送信先を表す住所のようなものとして使われています。ただし実際の住所とは違い、地理的な要素は含まれていません[注25]。IPアドレスは、以下に示すような4つの数字の組み合わせで表現されます。

```
192.0.2.1
```

注24　https://cheatsheetseries.owasp.org/cheatsheets/Password_Storage_Cheat_Sheet.html
注25　IPアドレスは大まかな地域ごとに割り振られているので、IPアドレスから大まかな場所の推定はできますが、IPアドレスから物理的な場所を特定できるわけではありません。

付録A　コンピュータの基礎

　これは**IPv4**[注26]と呼ばれる形式です。IPv4の各桁は8ビットの数字（0〜255）なので、合計32ビットで約43億のアドレスが表現できます。しかし、インターネットに接続されるデバイスの増加に伴い、これではアドレスが足りなくなってしまい、現在では「**IPv6**[注27]」という形式のアドレスも普及しています。IPv6アドレスは次のような形式です。

```
2001:db8::1
```

　IPv4の32ビットに対して、IPv6では128ビットが確保されています。これは、2の128乗なので、おおよそ340兆の1兆倍のさらに1兆倍という膨大な数です。しかし、IPv4と同じような表記方法だと長過ぎて使いにくいため、以下のようなルールを定めることで、簡潔に表現できるように工夫されています。

- 16進数で表記し、16ビットごとにコロンで区切る
- 連続する0や自明の0を省略する

A.6.2　ドメイン名とDNS

　IPアドレスは数字の羅列なので、人間には覚えにくいものです。そこで人間が覚えやすいような文字列をIPアドレスに割り当てたものが「**ドメイン名（Domain name）**」です。IPアドレスとドメイン名の対応関係は、**DNS（Domain Name System）**という仕組みで管理されています。DNSは世界中に配置されている「DNSサーバ」と呼ばれるコンピュータによって実現された分散システムで、これらに問い合わせることで、ドメイン名に対応するIPアドレスを知ることができます。

　たとえば皆さんがブラウザに`https://gihyo.jp/`のようなURLを入力したとき、裏側ではまず、DNSに対して`gihyo.jp`に対応するIPアドレスの問い合わせが行われます。この処理は「**名前解決**」と呼ばれます。通常、名前解決の機能はOSに付属する標準ライブラリなどが提供します。ブラウザは名前解決によって得られたIPアドレスに対してHTTPリクエストが送信します。

注26　「アイピー・ブイフォー」と読まれます。
注27　「アイピー・ブイシックス」や「アイピー・ブイロク」と読まれます。

図A.10　DNSによる名前解決の流れ

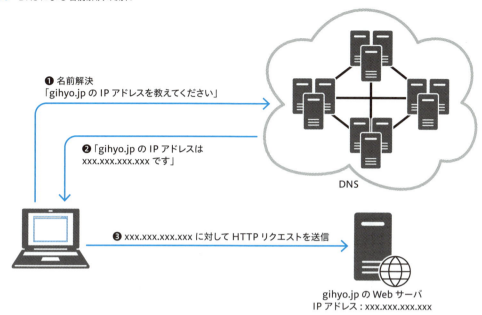

実際の名前解決の流れはこれほど簡単ではありませんが、最低限ここで説明したポイントを押さえておくと良いでしょう。

A.7 TCP/IP

Webシステムの開発では、基本的にHTTPを理解していれば十分ですが、それより下の通信の仕組みであるTCP/IPを理解していたほうが良い場面があります。現代のWebシステムは大規模／複雑化が進んでおり、インターネットを経由してさまざまなクラウドサービスと連携することも多いため、通信遅延などパフォーマンス上の課題も増えてくるからです。

本書の範囲外ですが、次世代のHTTPであるHTTP/2やHTTP/3の必要性も、TCP/IPを知ることで理解できるようになるでしょう。

A.7.1　通信レイヤ

コンピュータの通信機能は階層化されて実現されており、それぞれの層（レイヤ）が異なる役割を担っています。階層の考え方には大きく2種類あり、1つは比較的教科書的な「**OSI参照モデル**」と、現在のインターネットの実状に即した「**TCP/IP階層モデル**」です（**図A.11**）。私たちが最低限押さえておくべきは、TCP/IP階層モデルの4階層のうち、「アプリケーション層」「トランスポート層」「インターネット層」の3つです。それぞれの層では、特性や目的が異なる複数のプロトコルが利用されています。たとえば、本書で扱ったHTTPは、一番上のアプリケーション層に属します。

付録A　コンピュータの基礎

図A.11　通信階層

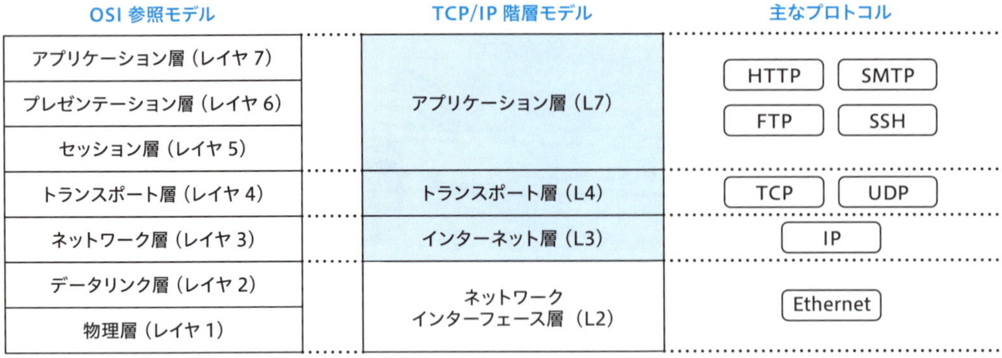

OSI 参照モデル	TCP/IP 階層モデル	主なプロトコル
アプリケーション層（レイヤ7）	アプリケーション層（L7）	HTTP　SMTP
プレゼンテーション層（レイヤ6）		FTP　SSH
セッション層（レイヤ5）		
トランスポート層（レイヤ4）	トランスポート層（L4）	TCP　UDP
ネットワーク層（レイヤ3）	インターネット層（L3）	IP
データリンク層（レイヤ2）	ネットワークインターフェース層（L2）	Ethernet
物理層（レイヤ1）		

HINT

　図A.11を見てもわかるように、OSI参照モデルは7階層あります。実際の開発で私たちが目にするプロトコルは、TCP/IP階層モデルの4つの層に対応しているので、OSI参照モデルを細かく理解する必要はありません。ただ、TCP/IP階層モデルの各層はそれぞれ、L7、L4、L3、L2とも呼ばれることが多いので（Lは、Layer（層）の意味です）、この別名は覚えておくと良いでしょう。この数字が飛び飛びになっているのは、OSI参照モデルの階層に由来しているためです。

パケットとIP

　HTTPに限りませんが、現代のコンピュータ通信では、情報を「パケット（Packet）」と呼ばれる単位に小分けしてやりとりしています。パケットにはデータそのもの[注28]以外にも、宛先や送信元を表す「IPアドレス」などの情報が入っています。このように定型化して扱うことで、通信経路の機器が情報を扱いやすくしているのです。

　パケットの大きさは、通信経路にもよりますが、おおむね1500バイト弱です。それより大きな情報は複数のパケットに分割して送受信されます。ヘッダの少ないGETリクエストならば1つのパケットで済むかもしれませんし、HTMLや画像ファイルなどのレスポンスは複数のパケットに分割されて帰ってくるかもしれません。このIPアドレスが示す宛先にパケットを届けるのがインターネット層の役割で、「TCP/IP」の「IP（Internet Protocol）」の部分です。

確実にパケットを届けるTCP

　パケットを相手に届けるのがIPの役割ですが、これが正しく順番通りに届くとは限りません。パケットはIPよりも下のレイヤ[注29]で電気や光の信号などの物理現象を利用して伝えられます。自然環境の影響で正しく伝わらないこともありますし、一連のパケットが異なるネットワーク経路をたどることで、順番が入れ替わって届く可能性もあります。

注28　データ本体の部分を「ペイロード」と呼びます。
注29　図A.11におけるネットワークインターフェース層のことです。

たとえば、WebサーバがHTTPレスポンスをブラウザへ返すとき、5つのパケットに分割して送信され、その1つが欠落して届かないといったこともあり得るのです。

元のデータをパケットに分割して送信したり、受信したパケットを元の情報に戻したりするのが、トランスポート層であるTCPの役割です。TCPは、パケットの欠落を検知して相手に再送を依頼したり、確実性を保証しつつもできるだけ早くパケットをやりとりできるよう、速度を制御したりしています。

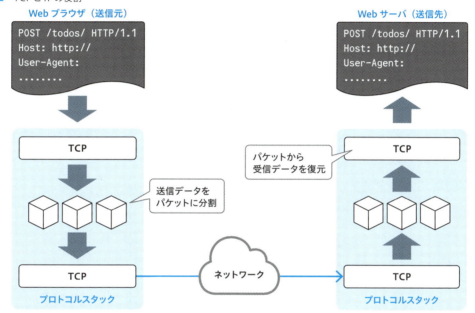

図A.12 TCPとIPの役割

TCPやIPの機能は、「**プロトコルスタック**」と呼ばれるOSの一機能として組み込まれています。HTTPやFTP、SSHなど、アプリケーション層のプロトコルは、Webサーバやブラウザといったアプリケーションが実現していて、それらがOSの提供するTCP/IPの機能を使って通信を実現しているわけです。第9章で学んだWebSocketも、HTTPと同列のアプリケーション層のプロトコルです。

A.7.2 TCPコネクション

TCPで重要なのは、「**TCPコネクション**」という概念があることです。普段アプリケーション開発者が直接意識する必要はないものの、通信速度の低下や通信ができないなどのトラブル発生時に必ずといって良いほどかかわってきます。

TCPではアプリケーション層から依頼された情報を確実に相手に届けるため、アプリケーションからは見えないところで「これから通信を始めます」「わかりました」「では、お願いします」といった

感じのやりとりをしています[注30]。つまりパケットをいきなり相手に送るのではなく、通信の開始や終了を互いに連絡しあっているわけです。この通信の開始は、合計3つのパケットをやりとりするので、「**3ウェイハンドシェイク**」と呼ばれています。私たち人間が電話をするとき、相手を呼び出し、相手が呼び出しに応じてから会話を始めるのと同じようなものだと思えばよいでしょう。

図A.13　3ウェイハンドシェイクによる通信の開始

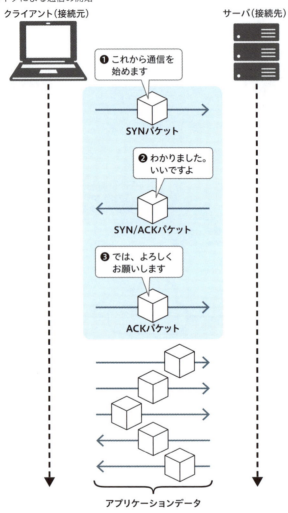

また、パケットを送信している最中にも、「10番目までのパケットは受け取りました」とか「15番目が届いていないので、送りなおしてください」といったやりとりをすることで、確実性を担保しています。このようにTCPで確立された1対1の通信を「**TCPコネクション**」といいます。

注30　図A.13にある「SYN」や「ACK」はTCPがパケットに付与している通信制御用のフラグのことです。

先に述べたようにTCPコネクションの開始[注31]には3つのパケットのやりとりが必要ですし、終了時にもパケットのやりとりが発生します。

初期のHTTPでは、クライアントがサーバにリクエストをするたびに毎回コネクションを開始／終了していました。少量のデータしかやりとりしないのに、毎回コネクションを確立するのは無駄が大きいであろうことは、容易に想像できるでしょう[注32]。

HTTP/1.1で追加されたKeep Aliveという機能は、一度接続したTCPコネクションを一定時間使い回すことで、オーバーヘッドを減らすための仕組みです。第9章で紹介したServer-sents EventやWebSocketも、Keep Aliveを前提としています。

A.7.3　UDP

また、トランスポート層ではUDPというプロトコルも使われています。TCPとは違い、パケットの到達保証をしないプロトコルです。IPパケットをほぼそのままアプリケーション層に受け渡しするようなものだと思えばよいでしょう。UDPでは、TCPのようにコネクション確立や再送制御がないので、不確実ではあるもののオーバーヘッドが少ないのがメリットです。

このことから、ビデオ通話やオンラインゲームなど、確実性を犠牲にしても情報をできるだけ遅延せずに届けたい場面では、UDPによるプロトコルが使われます。またUDPでは、コネクション確立が不要で一対多のマルチキャスト通信が可能なことから、映像配信にも使われています。

HTTP/1.1やHTTP/2ではTCPが使われていますが、次世代のHTTPであるHTTP/3はUDPベースのプロトコルとなりました。ただ、UDPだからといってHTTP/3が信頼性を犠牲にしているわけではありません。TCPの代わりとなる仕組みをQUIC（クイック）というプロトコルで代替することで、TCPでは実現できなかった効率化を達成しようとしているのです。

A.7.4　ポートとファイアウォール

パケットの宛先を示すIPアドレスは、基本的にコンピュータに紐付いています[注33]。コンピュータの中では、複数のアプリケーションが動いているので、IPアドレスだけではパケットをどのアプリケーションに届ければよいのかわかりません。

コンピュータ内でパケットの宛先を識別するのが、TCPなどのトランスポート層が提供する「ポート（Port）」という概念です。TCP通信を開始するには、相手のIPアドレスとポート番号を指定することで、そのコンピュータ上のどのアプリケーションと通信するかを決めます。たとえばWebサーバがクライアントからのHTTP通信を待ち受けるときは80番や443番などのポートで通信を待ち受けるようにTCPへ依頼します。HTTPは80番、HTTPSは443番というように標準的なポートが取り決められていますが、実際には他のアプリケーションが使っていなければ何番のポートを使って

注31 TCPコネクションを開始することを、現場では「コネクションを張る」という言い方をすることが多いです。
注32 日本とアメリカの間の通信では、太平洋に敷設された海底ケーブルが使われています。東京-ロサンゼルス間のケーブル距離は往復約19000km、パケットの往復に約100ミリ秒かかったという調査結果がありました（https://tty6335.hatenablog.com/entry/2022/07/11/221412）。0.1秒ですから十分速いと思えるかもしれませんが、人間がまったく知覚できないほど短くもありません。
注33 実際には、「ネットワークインターフェース」に割り当てられます。たとえば無線LAN（Wi-Fi）と有線LANが使えるPCでは、それぞれにIPアドレスが振られます。

もかまいません。

ポートと密接に絡むのが「ファイアウォール」です[注34]。ファイアウォールとは、インターネットと組織のネットワークの境目などに設置され、不正アクセスや悪意ある攻撃を防ぐための装置や仕組みのことです。基本的なファイアウォールでは、あらかじめ指定した宛先やポートの通信だけを許可する仕組みになっています。これはTCPのパケット単位で宛先や送信元、ポート番号をチェックすれば良く、簡単に実現できるからです。なお高度なファイアウォールでは、HTTP通信の内容をチェックして不審な通信を切断する機能を提供するものもあります。WWWの発展以降、さまざまな通信にHTTPが応用されたのは、利用ポートがHTTPと同じであれば、ファイアウォールの設定を変更しなくても済むという理由が一因でした。

A.8 標準入力と標準出力

標準入力（standard input）と**標準出力（standard output）**は、Linuxやmac OSなどのオペレーティングシステムが提供する仕組みで、「コンピュータプログラムにおけるデータの出入り口となるトンネルのようなもの」ととらえれば良いでしょう。

一般に「標準入力はキーボードからの入力」、「標準出力はターミナル画面への出力」と説明されることが多いかもしれませんが、実際は少し違います。標準入力と標準出力は、あくまでも「データの出入口」であり、そこに何を接続するかはプログラム実行時に利用者が決めることができます。何も指定しない場合の規定の接続先が、キーボードとターミナル画面だということにすぎません。

図A.14 標準入力と標準出力

このように、一見回りくどく見える仕組みになっているのは、接続先のつなぎ替えによってデータの入出力に柔軟性を持たせられるからです。標準入力や標準出力の接続先をつなぎ替える機能が「リダイレクト」です[注35]。

簡単な例を示しましょう。ファイルの一覧を出力する「ls」というコマンドがあります。単に`ls`と実行するとファイル一覧が画面に表示されますが、`ls > filelist.txt`と実行すると、画面ではなくfilelist.txtというファイルに保存されます。`> filelist.txt`の部分が「標準出力の向き先をfilelist.txtというファイルに変更しなさい」という意味の指示になります。

ここでのポイントは、lsコマンド自体に出力をファイル保存する機能を作り込む必要はない、ということです。リダイレクトによるファイルへの保存は、OSの機能で実現されているからです。

注34 文字通り「防火壁」という意味で、よく「FW」と略記されます
注35 HTTPのリダイレクトとは違う機能ですが、どちらも「宛先を変更する」という意味で、位置づけは同じです

図A.15　リダイレクトによる標準出力の変更

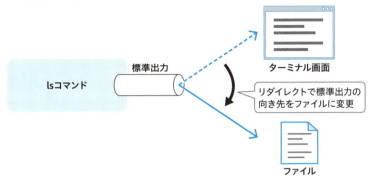

逆に、実行するコマンドの標準入力をキーボードではなくファイルの内容に切り替えることもできます。たとえば、標準入力から受け取った内容を並び替える sort コマンドでは、`sort < filelist.txt` と実行することで、標準入力をファイルに変更できます。

> **HINT**
> 標準入力からのデータを処理するコマンドの多くは、引数で指定されたファイルを読み込むこともできます。このため、入力リダイレクトを使うケースは少ないかもしれません。ここでは、説明のためにあえて入力リダイレクトを使用しましたが、`sort filelist.txt` のように引数にファイル名を指定しても結果は同じです。

そして、あるコマンドの標準出力を別のコマンドの標準入力につなぐ機能が「パイプ」です。次のように、複数のコマンドを|（縦線／バーティカルライン）で区切って記述すると、最初のコマンドの標準出力を2番目のコマンドの標準入力につなぎます。

```
ls | sort
```

この例では、ls によるファイル一覧の出力を sort で並び替えて出力しています。ここでは2つのコマンドをつなげましたが、いくらでもパイプで接続できます。

図A.16　パイプによるコマンドの接続

このパイプを活用したのが、「**4.2.4 パイプによるサーバ実行の効率化**」での nc コマンドの実行例でした。nc コマンドは標準入力から受け取った内容を通信相手に送信します。最初はパイプやリダ

イレクトを使わなかったため、通信相手（curlコマンド）へ送信する内容を毎回キーボードから入力しなければなりませんでした。次に、パイプを利用することで、echoコマンドの出力をncコマンドの標準入力に接続し、curlコマンドへ送信できるようになったのです。

このように、LinuxやMacのターミナルで利用できるコマンドの多くは、簡単な機能をしか持ちません。しかし、パイプを使ってこれらを組み合わせることで、多くのことが実現できるように工夫されているのです。

なお、「4.5.2 CGIの登場」でも紹介しているように、標準入力や標準出力は同一のコンピュータ上で動作するプログラム同士がデータを受け渡しする手段としても使われています。

> **HINT**
> ここでは詳しく紹介しませんが、「標準出力」に加えて「標準エラー出力」もあります。
> 規定では、標準エラー出力の接続先もターミナル画面になっています。正常な処理結果は標準出力、エラーメッセージは標準エラー出力というように出し分けられています。このため、標準出力をファイルにリダイレクトしているときでも、エラーメッセージだけは画面に表示するといったことができるようになっています。

A.9 構造化データの表現

アプリケーションが扱う情報をテキストデータで表現するとき、これまでさまざまな方法が採られてきました。たいていの情報には何らかの構造があり、「構造化データ」と呼ばれています。わかりやすい例では、表のように行と列がある2次元の情報でしょう。また、本書でも度々登場するキー＝バリュー形式のデータも構造化データと言えます。

Webシステムの開発時にも、さまざまなところで構造化データが登場します。ここでは、さまざまな構造化データの代表的な表現形式を紹介します。

A.9.1 CSV/TSV

冒頭でも述べたとおり、代表的な構造化データは表形式です。プログラミングに携わらない方でも、Microsoft ExcelやGoogleスプレッドシートなどのアプリケーションで表形式の情報を作成した経験がある方は多いはずです。古典的ながら今でも使われている、2次元の情報をテキストデータで表現する方法が、「CSV」や「TSV」です。それぞれ「Comma-Separated Values」「Tab-Separated Values」の略で、文字通りカンマやタブ文字で区切られたデータです。

たとえば、表A.7のような表形式の郵便番号データ[注36]をCSVで表現すると、画面A.2のようになります。

注36　日本郵便が公開する郵便番号データ（https://www.post.japanpost.jp/zipcode/dl/utf-zip.html）の内容を抜粋／加工しました。

表 A.7 表形式の郵便番号データ

1020072	トウキョウト	チヨダク	イイダバシ	東京都	千代田区	飯田橋
1020082	トウキョウト	チヨダク	イチバンチョウ	東京都	千代田区	一番町
1010032	トウキョウト	チヨダク	イワモトチョウ	東京都	千代田区	岩本町
1010047	トウキョウト	チヨダク	ウチカンダ	東京都	千代田区	内神田
1000011	トウキョウト	チヨダク	ウチサイワイチョウ	東京都	千代田区	内幸町

画面 A.2 CSV 形式の郵便番号データ

```
"1020072","トウキョウト","チヨダク","イイダバシ","東京都","千代田区","飯田橋"
"1020082","トウキョウト","チヨダク","イチバンチョウ","東京都","千代田区","一番町"
"1010032","トウキョウト","チヨダク","イワモトチョウ","東京都","千代田区","岩本町"
"1010047","トウキョウト","チヨダク","ウチカンダ","東京都","千代田区","内神田"
"1000011","トウキョウト","チヨダク","ウチサイワイチョウ","東京都","千代田区","内幸町"
```

ほぼ表形式そのままなので、わかりやすいでしょう。なお、各フィールドをダブルクォート（"）でくくるかどうかは、アプリケーションの仕様によります。ダブルクォートでくくることで、カンマを含むデータも扱えます。ダブルクォート自体が含まれる場合は、""のように重ねて記述することで識別できるようにします。CSVは一見簡単そうですが、カンマやダブルクォート自体を含むデータを扱うのが意外に厄介なことです。

一方TSVでは、制御文字の1つであるタブ文字（0x09）を区切りに使います。タブ文字はカンマと違いデータの中に登場することがまずないため、ダブルクォートでくくる必要性がありません。このため、読み書き処理を簡単にできるというメリットがあります[注37]。

CSV、TSVも歴史は古いものの、単純な表形式データをテキストで表現する方法として長く使われています。

HINT

CSVやTSVに正式な仕様はありませんが、これまで慣習的に用いられてきたCSVの仕様をまとめたRFC 4180が、2005年にInformationalカテゴリで提出されています。

- RFC 4180: Common Format and MIME Type for Comma-Separated Values (CSV) Files

  URL　https://www.rfc-editor.org/rfc/rfc4180.html

▌A.9.2　プロパティファイル/INIファイル

アプリケーションの設定情報など「名前＝値」形式の情報を表現するのに使われていたのが、プロパティファイルです。プログラミング言語Javaが標準で読み書きをサポートしていた形式で、拡張

注37　このため、筆者はCSVよりもTSVを好みます。TSV形式のデータをクリップボード経由でExcelやGoogleスプレッドシートに貼り付けると、そのまま表として認識される点も使い勝手が良いです。

付録A　コンピュータの基礎

子が「.properties」というファイル名であったため、このように呼ばれています。

```
title=Tiny ToDo
url=https://tinytodo.example.jp
description=
```

　こちらも、人間が見ても直感的に理解できる簡単な形式であることがわかります。

　なお、「名前」の部分はファイル内で重複できないため、CSVのように同じ形式のデータが繰り返し登場するようなデータの表現には向いていません。

　またWindowsを中心として、同様の目的でプロパティファイルよりも昔から使われてきた、「INIファイル[注38]」という形式もあります。INIファイルでは【セクション名】という表記でデータをまとめることができ、異なるセクションならば同じ名前を利用できます。

```
[basivs]
title=Tiny ToDo
url=https://tinytodo.example.jp
description=

[options]
storage=database
```

　プロパティファイルもINIファイルも、簡単で理解しやすいのが長所ですが、複雑な構造の情報を表現できないことが問題でした。

A.9.3　XML

　2000年代前半を中心にもてはやされたのが、「3.6 データ構造を記述するXML」でも紹介したXMLです。データの繰り返しや入れ子構造が表現でき、アプリケーションからXMLを読み書きするためのライブラリも充実していました。

　画面A.3は、XMLで書かれたJavaのログ出力ライブラリの設定例です[注39]。当時、XMLは「タグによってデータの意味が明確なので、人間が見てもわかりやすい」と、もてはやされました。

画面A.3　XMLによる設定の記述例

```
<?xml version="1.0" encoding="UTF-8"?>
<Configuration>
    <Appenders>
        <Console name="STDOUT" target="SYSTEM_OUT">
            <PatternLayout pattern="%d %-5p [%t] %C{2} (%F:%L) - %m%n"/>
```

注38　「イニファイル」と読まれています。「Initialize」（初期化）の略で、その名のとおりアプリケーションの初期化時に読み込まれることから、このように命名されたようです。
注39　https://struts.apache.org/getting-started/how-to-create-a-struts2-web-application のサンプルを抜粋／引用しました。

```
            </Console>
        </Appenders>
        ……(省略)……
</Configuration>
```

しかし、`<Loggers>`〜`</Loggers>`のように、開始タグと終了タグに同じ文字列を書かなくてはならない点や、全体的に記述量が多い点が、XMLを読み書きする人間にとっては大きなデメリットでした。このことから、人間の目に触れるデータを記述する手段としてのXMLは、徐々に廃れていきました。

A.9.4　JSON

XMLと入れ替わるように利用が増えたのが、「7.6 JSONによるデータ交換」で紹介したJSONです。XMLのような厳密性には欠けるものの次のようなメリットがあるため、利用が広がりました。

- たいていのデータ構造を表現できる
- XMLよりも記述量が少ない
- 人間による視認性も悪くない
- JavaScriptからの読み書きがしやすい

JSONはJavaScriptに端を発しましたが、他のプログラミング言語でもサポートされ、いまではさまざまな場面で使われています。画面A.4は筆者が作成した架空のものですが、画面A.3のXMLをJSONで表現したものです。XMLと比べると、全体的にすっきりした印象を受けることでしょう。

画面A.4　JSONによる設定の記述例

```
{
  "appenders": [
    {
      "console": {
        "name": "STDOUT",
        "target": "SYSTEM_OUT",
        "patternLayout": {
          "pattern": "%d %-5p [%t] %C{2} (%F:%L) - %m%n"
        }
      }
    }
  ],
  ……(省略)……
}
```

付録A　コンピュータの基礎

HINT

JSONはもともとJavaScriptの言語仕様に基づいていたものです。このため、途中にコメントを追加しにくいなど、人間がデータを記述するフォーマットとしては使いにくい点がありました。このため、人間が記述しやすいよう、プログラミング言語特有の厳密さを緩めた「JSON5」というフォーマットも登場しています。

- JSON5 - JSON for Humans

URL　https://json5.org/

A.9.5　YAML

　最後に、本文では登場しませんでしたが、最近の主流となっているYAML（ヤムル）形式を紹介します。初版が登場したのは2001年と古いですが、利用が広まったのは2010年代後半[注40]で、JSONの普及に少し遅れて広まりました。

　人間がデータを記述しやすいよう、データの入れ子関係をインデントで表現するのが大きな特徴で、JSONとの相互変換もできます。**画面A.5**は**画面A.4**のJSONをYAMLに変換したものです。XMLでは開始タグと終了タグ、JSONでは括弧で表現していたデータの入れ子関係が、インデントを使って人間が箇条書きで書くような感覚で書けるため、とてもすっきりしています。

画面A.5　YAMLによる設定の記述例

```
appenders:
  - console:
    name: STDOUT
    target: SYSTEM_OUT
    patternLayout:
      pattern: '%d %-5p [%t] %C{2} (%F:%L) - %m%n'
······（省略）······
```

　このため、JSONとYAMLでは、おおむね次のような使い分けがされるようになりました。

- Web APIのリクエスト／レスポンスなど、アプリケーションが読み書きする構造化データとしてはJSONを使う
- アプリケーションの設定ファイルなど、人間がコンピュータへ与える構造化データの記述にはYAMLを使う

注40　https://yaml.org/　客観的根拠ではありませんが、筆者の印象として著名なフレームワークの設定ファイルとしてYAMLが利用されることが増えてきたのがこの頃で、Googleトレンドでの検索回数が増えてきたのも2010年代後半に入ってからでした。

A.9 構造化データの表現

HINT

INIファイルの発展版ともいうべきTOML（トムル）というフォーマットもあります。「トムの作った明解でわかりやすい言語」という意味で、シンプルさを売りにしつつ複雑な構造も表現できるように工夫されています。まだそれほど一般的ではありませんが、Python 3.11で標準サポートされたり、Rustというプログラミング言語のパッケージ管理定義ファイルで使われたりするなど普及の兆しが見え、主要なプログラミング言語でも読み書きのためのライブラリが提供されつつあります。

- TOML: Tom's Obvious Minimal Language

URL https://toml.io/

以上のように、構造化データの表現形式1つとっても、さまざまな改善の歴史があります。純粋に技術的側面ではほぼ完璧に見えたXMLが、人間による読み書きのしやすさという側面の弱さから、JSONやYAMLに主役の座を譲ったところが面白くもあります。

初学者の視点では、さまざまな形式のファイルが登場することが混乱の種ではありますが、このように時系列で見ていけば理解しやすいのではないでしょうか。

参考文献

- [1] 矢野 啓介（著）、[改訂新版] プログラマのための文字コード技術入門、技術評論社、2018年

付録

付録 **B**

WSL のインストール

B.1 環境の確認
B.2 WSL のインストールと実験の準備
B.3 WSL の使い方

付録B　WSLのインストール

　本書第4章の実験をWindows環境で行うには、Windows Subsystem for Linux（以下、WSL）をインストールし、Windows上でLinux環境を構築します。

　ここでは、WSLのインストール方法を説明します。WSLのインストール方法は、Microsoft社の公開するドキュメントに記載されています。本書執筆時点の2024年10月以降のバージョンアップによってインストール方法が変更される可能性もありますので、最新の情報は下記URLを参照ください。

- WSLのインストール | Microsoft Learn

URL https://learn.microsoft.com/ja-jp/windows/wsl/install

　WSLは、簡単にいえばWindows上で仮想マシン（仮想的なコンピュータ）を動作させ、そこでLinuxを実行できる機能です。WSLを利用することでWindows上でもLinuxと同様の環境が得られるため、普段はWindowsを利用しつつ、開発や学習のためにLinuxを利用したいときなどに最適です。WSLには、最初にリリースされたWSL1とWSL2がありますが、本書ではWSL2を使用します[注1]。

B.1 環境の確認

　まず、本書の実験で使うWSLをインストールするための環境の確認をします。

B.1.1　Windowsのバージョン確認

　第4章の実験を行うには、Windows11 23H2以降が必要です。現在使用されているPCを調べ、Windowsのバージョンがこれより古い場合は、アップデートしてください。

HINT

　Windows11 23H2は、2023年11月に提供された大型アップデートです。Windows11は、2021年10月の初回リリース以降「21H2」「22H2」「23H2」というように、年に一度のペースで大きな機能追加がリリースされています。Windowsのバージョンを確認するには、［設定］－［システム］－［バージョン情報］から確認できます。

B.1.2　仮想化支援機能の有効化確認

　タスクマネージャーの［パフォーマンス］タブを開き、CPUの「仮想化」という項目が「有効」になっていることを確認してください。

注1　WSL1とWSL2の違いについては、次のURLを参照してください。https://learn.microsoft.com/ja-jp/windows/wsl/compare-versions

図 B.1　仮想化支援機能の確認

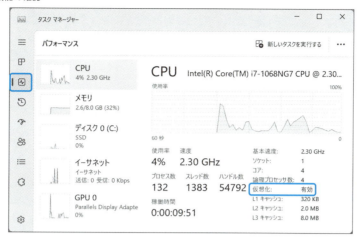

　Windows11が動作するPCであれば最初から有効になっているはずですが、もし無効の場合は、PC起動時にUEFI/BIOSの設定画面を表示させて有効にする必要があります。UEFI/BIOSの設定画面の表示方法や仮想化支援機能の有効化方法は、PCのメーカーや機種によって方法が異なります。正確な情報はマニュアル等を参照してください。大抵は起動直後に F1 、 F2 、 Del キーのいずれかをしばらく押し続けることで開けます[注2]。仮想化支援機能の項目は、IntelのCPUであれば「Intel Virtualization Technology」、AMDのCPUであれば「SVM Mode」や「Virtualization Technology」などの項目で表示されます。

B.2　WSLのインストールと実験の準備

B.2.1　WSLとUbuntuのインストール

① Windows PowerShellの起動

　まず、Windowsメニューから「Windows PowerShell」を管理者モードで起動します。図 B.2のように、「powershell」などのキーワードで検索すると「管理者として実行する」というメニューが表示されるので、そこから起動すると良いでしょう。なお、起動時にユーザアカウント制御のダイアログが表示されますが、これには「はい」を選んでください。

注2　一瞬しか表示されませんが、どのキーを押すべきかは起動時の画面に表示されることが多いです。

図B.2　Windows PowerShellを管理者モードで起動

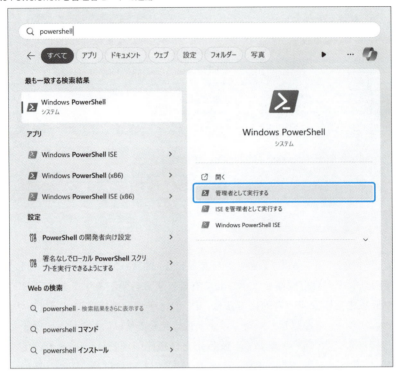

②WSLとディストリビューションのインストール

> **HINT**
> すでにWSLをインストール済みの方は、本手順を実行する前にPowerShell上で`wsl --update`を実行し、WSLを最新版にしておくことを推奨します。

　Linuxには、さまざまなディストリビューション[注3]がありますが、ここでは代表的なUbuntuをインストールします。PowerShellの画面で、`wsl --install -d Ubuntu-24.04`と入力してください（**画面B.1**）。WSLとUbuntuのインストールが始まります。なお、インストール中にユーザアカウント制御のダイアログが表示されますが、これには「はい」を選んでください。

画面B.1　WSLのインストール

```
Windows PowerShell
Copyright (C) Microsoft Corporation. All rights reserved.

新機能と改善のために最新の PowerShell をインストールしてください!https://aka.ms/PSWindows
```

注3　Linuxのディストリビューションについては、第2章のコラム「Linuxとディストリビューション」（41ページ）を参照してください。

```
PS C:\Windows\system32> wsl --install -d Ubuntu-24.04 ⏎
インストール中:仮想マシンプラットフォーム
仮想マシンプラットフォーム はインストールされました。
インストール中:Linux用 Windows サブシステム
Linux 用 Windows サブシステムはインストールされました。
インストール中:Ubuntu 24.04 LTS.
Ubuntu 24.04 LTS はインストールされました。
要求された操作は正常に終了しました。変更を有効にするには、システムを再起動する必要があります。
```

　皆さんがお使いのPCで初めてWSLをインストールする場合は、最後に「システムを再起動する必要があります。」と表示されます。指示に従って、Windowsを再起動してください。すでにWSLをインストール済の場合は再起動は促されません。次項のUbuntuのセットアップがそのまま始まります。

③Ubuntuのセットアップ

Windowsを再起動すると自動的にPowerShellの画面が開き、Ubuntuのセットアップが続きます。

① しばらく待つと、**Enter new UNIX username:** と表示されます。Ubuntu上で使用するユーザ名を決めて入力します。何でもかまいませんが、わからない方は**webtech**としてください。

② 続けて**New password:** と表示され、パスワードが求められますのでパスワードを決めて入力してください。**Retype new password:** と表示されたら、確認のために同じパスワードをもう一度入力してください。

③ プロンプト (**ユーザ名@PC名:~$**) が表示されたら、インストール完了です。

引き続き、次項の「ncコマンドのエイリアス設定」まで実施してください。

画面 B.2　Ubuntuのセットアップ

```
Ubuntu 24.04 LTS は既にインストールされています。
Ubuntu 24.04 LTS を起動しています...
Installing, this may take a few minutes...
Please create a default UNIX user account. The username does not need to match your Windows ↵
username.
For more information visit: https://aka.ms/wslusers
Enter new UNIX username: webtech
New password: <パスワードを入力>
Retype new password: <パスワードを入力>
passwd: password updated successfully
Installation successful!
To run a command as administrator (user "root"), use "sudo <command>".
See "man sudo_root" for details.

Welcome to Ubuntu 24.04 LTS (GNU/Linux 5.15.153.1-microsoft-standard-WSL2 x86_64)

 * Documentation:  https://help.ubuntu.com
 * Management:      https://landscape.canonical.com
```

付録B　WSLのインストール

```
 * Support:        https://ubuntu.com/pro

 System information disabled due to load higher than 1.0

 This message is shown once a day. To disable it please create the
 /home/webtech/.hushlogin file.
 webtech@my-pc:~$
```

B.2.2　ncコマンドのエイリアス設定

　第4章の実験で使用するncコマンドは、WSL上ののUbuntuで実行する際とMacで実行する際でオプションの指定方法が異なります。WSL上ののUbuntuでは、以下のように-q 1というオプションを追加する必要があるため、これを毎回指定しなくても良いように準備をします。

```
$ nc -q 1 -l 8080 [Enter]
```

　WSL上で次のコマンドを実行してください。

画面B.3　ncコマンドのエイリアス設定
```
$ echo "alias nc='nc -q 1'" >> ~/.bash_aliases [Enter]
```

　これで、~/.bash_aliasというファイルにalias nc='nc -q 1'という命令が書き込まれます。この命令はalias（エイリアス）というコマンドで、「ncと入力したらnc -q 1と入力したことにしなさい」という意味です。この命令を~/.bash_alias に書き込んでおくと、WSLのターミナルを開いた時に自動実行されます。ただし、最初だけは自動実行されないため、次のようにして明示的に読み込ませます。

画面B.4　エイリアス設定の読み込み
```
$ source ~/.bash_aliases [Enter]
```

　エイリアスが正しく設定されたかを確認するには、画面B.5のように実行してください。一番最後に先ほどの設定が表示されれば、成功です。

画面B.5　エイリアス設定の確認
```
$ alias [Enter]
······（省略）······
alias nc='nc -q 1'
```

　ここまでの作業ができたら、exitと入力してWSLを終了しておきましょう。これで準備は完了ですので第4章に戻って実験を進めましょう。

B.3 WSLの使い方

その他WSLの使い方は、以下のサイトを参照してください。

- WSLの基本的なコマンド

URL https://learn.microsoft.com/ja-jp/windows/wsl/basic-commands

ここでは、起動・終了方法と再インストール方法だけ説明します。

B.3.1 WSLの起動と終了

起動

WSLの起動方法はいくつかありますが、簡単なのはインストール時と同じようにPowerShellを起動してから**wsl**と入力する方法です。このとき、PowerShellを管理者モードで起動する必要はありません。また本書では説明しませんが、Windowsには「ターミナル」という標準アプリがあります。そこに登録しておくと直接WSLを起動することもできるので、頻繁に利用する場合は便利でしょう。「ターミナル」は最新のWindowsであれば標準でインストールされていますが、もしインストールされていなければMicrosoft Storeからインストールできます。

終了

WSLを終了するには**exit**と入力してください。PowerShellから起動している場合、WSL終了後にPowerShellに戻ります。ウインドウはそのまま閉じてかまいません。

B.3.2 ディストリビューションの再インストール

Ubuntuをインストールし直したいときは、PowerShellから以下のコマンドを実行することで、削除できます。

```
wsl --unregister Ubuntu-24.04
```

その後`wsl --install Ubuntu-24.04`で再インストールできます。

付録 C

Go 言語入門

- **C.1** Go のインストール方法
- **C.2** はじめての Go プログラム
- **C.3** Go 学習時の注意点

付録C　Go言語入門

　本書では**第6章**以降のサンプルプログラムで、サーバサイドのアプリケーションをGoで作成します。本書はGoを解説することが目的ではありませんが、Goになじみの薄い読者の方も多いかと思うので、最低限の情報を付録として掲載します。ここでの説明内容に沿って、Goのインストールと簡単なプログラムの実行を体験したあと、後半で紹介する「A Tour of Go」というチュートリアルに沿って学習すると良いでしょう。

　もちろん、本書の説明内容を理解するにあたって、Goの細かい言語仕様をきちんと理解する必要はありません。雰囲気で読み進めながら、わからないところが出たら都度調べるというスタイルでも良いでしょう。

C.1 Goのインストール方法

最新のインストール方法は次の公式サイトを参照してください。

> URL https://go.dev/doc/install

　ここでは、WindowsとmacOSそれぞれでのインストール方法を解説します。どちらも、通常のアプリケーションと同じようにインストーラが用意されているので、インストーラをダウンロードして実行するだけでインストールできます。

C.1.1　Windows環境へのインストール

①インストーラ配布サイトへのアクセス

まず、Goのインストーラをダウンロードします。次のURLにアクセスしてください。

> URL https://golang.org/dl/

②インストーラのダウンロード

「Microsoft Windows」の枠から、「go1.23.2.windows-amd64.msi」をダウンロードします。「1.23.2」の部分はバージョン番号です。そのときの最新バージョンをダウンロードすれば良いです。

図C.1 最新バージョンをインストールしよう

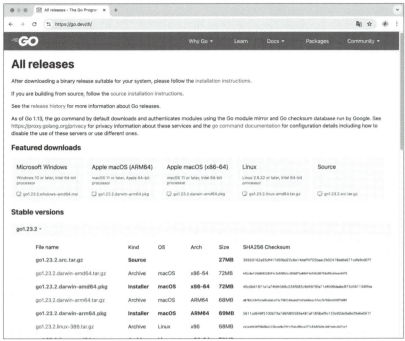

③インストーラの実行

msiファイルをダウンロードしたら、ダブルクリックして実行します。次の画面が表示されるので[Next]ボタンを押してください。

図C.2 ダウンロードしてインストールを実行

④ライセンス同意

ライセンス同意画面が表示されます。「I accept the terms in the License Agreement」にチェックを入れて、[Next]ボタンを押してください。

図C.3　ライセンス画面

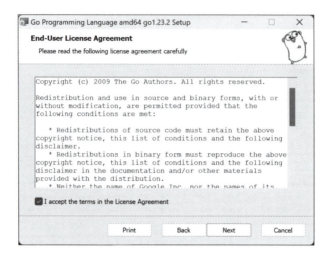

⑤インストール先の指定

インストール先を指定します。このまま[Next]ボタンを押してください。

図C.4　インストール先指定

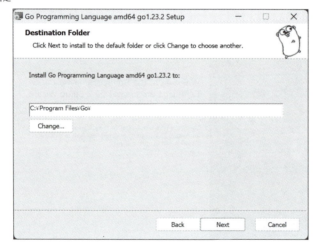

C.1 Goのインストール方法

 ⑥インストール開始

［Install］ボタンを押してインストールを開始します。

図C.5　インストール開始

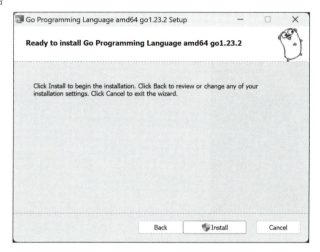

 ⑦変更の許可

「このアプリがデバイスに変更を加えることを許可しますか？」と表示されるので、［はい］を押してください。

図C.6　インストールの実行

⑧インストール完了

［Finish］ボタンを押してください。これでインストールは完了です。

図C.7　インストールの完了

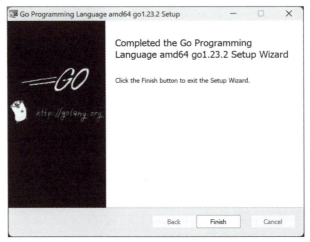

無事にインストールできたか、動作確認しましょう。

① ⊞ ＋ R キーを押して「ファイル名を指定して実行」ダイアログを開く
② `cmd.exe`と入力して、コマンドプロンプトを開く
③ コマンドプロンプトが表示されたら`go version` Enter と入力する

図C.8のように、バージョンが表示されれば、正しくインストールされています。

図C.8　動作確認

C.1.2　macOS環境へのインストール

①インストーラ配布サイトへのアクセス

まず、Goのインストーラをダウンロードします。次のURLにアクセスしてください。

> URL　https://golang.org/dl/

②インストーラのダウンロード

「Apple macOS（ARM64）」または「Apple macOS（x86-64）」の枠から次のいずれかをダウンロードします。

- AppleシリコンJ搭載のMacの場合［go1.23.2.darwin-arm64.pkg］
- IntelプロセッサJ搭載のMacの場合［go1.23.2.darwin-amd64.pkg］

図C.9　ダウンロードパッケージの選択

③インストーラの実行

pkgファイルが「ダウンロード」フォルダにダウンロードされているので、ダブルクリックして実行します。図C.10の画面が表示されるので、［続ける］ボタンを押してください。

図C.10　インストールの手順表示

④インストール方法の指定

インストール方法の指定です。このまま［続ける］ボタンを押してください。

図C.11　インストールの実行

⑤インストール先の指定

インストール先の指定です。このまま［続ける］ボタンを押して、インストールを開始します。

図C.12　インストール先の指定

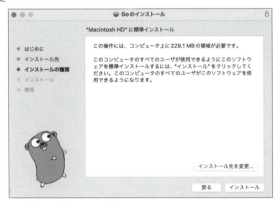

⑥インストール完了

図C.13が表示されたら、インストール完了です。［閉じる］ボタンを押してください。

図C.13　インストール完了

Goのインストール
インストールが完了しました。
はじめに
インストール先
インストールの種類
インストール
概要
インストールが完了しました。
ソフトウェアがインストールされました。
戻る
閉じる

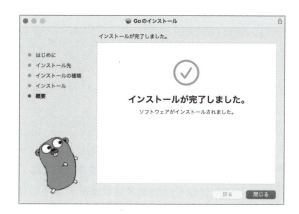

インストールできたか、動作確認しましょう。

① 標準の「ターミナル」アプリケーションを開く

② go version Enter と入力する

図C.14のように、バージョンが表示されれば、正しくインストールされています。

図C.14　動作確認

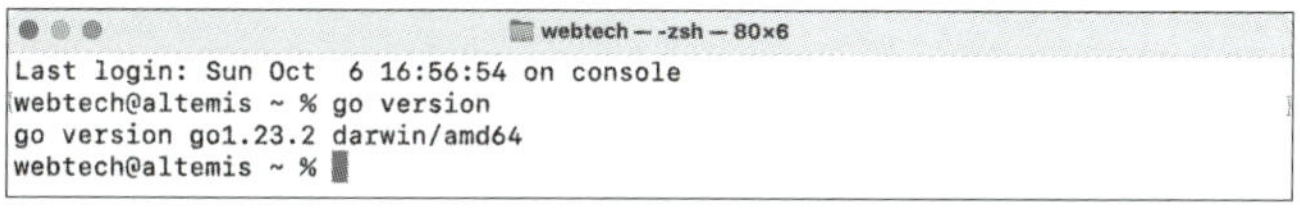

webtech — -zsh — 80×6
Last login: Sun Oct 6 16:56:54 on console
webtech@altemis ~ % go version
go version go1.23.2 darwin/amd64
webtech@altemis ~ %

C.2 はじめてのGoプログラム

Goを学ぶには後述の「A Tour of Go」というサイトを利用すると良いのですが、ここでは最低限皆さんのPC上でGoのプログラムを実行する方法を紹介します。

C.2.1　hello, worldを表示するプログラム

まず、お決まりの「hello, world」を表示するプログラムを紹介します。短いプログラムなので、ぜひリストC.1を皆さんのPC上で入力してみてください。Windowsならメモ帳、Macならばテキストエディットなど、標準のエディタでかまいません。

リストC.1　Goによるhello, world

```
package main

import "fmt"
```

付録C　Go言語入門

```go
func main() {
        fmt.Println("hello, world")
}
```

入力できたら「main.go」というファイル名でローカルPC上に保存しましょう。

HINT

　一般に、プログラミングでインデント（字下げ）をするとき、スペースを複数入力するか、タブ文字（ Tab や → で入力される文字）のいずれかの方法をとります。前者は「ソフトタブ」、後者は「ハードタブ」ともいわれますが、Goではかならずハードタブを使用するルールです。ただ、間違ってソフトタブで記述してしまっても、プログラムを実行したりビルドしたりするときに自動的に修正されるので、あまり気にしなくても大丈夫です。

C.2.2　プログラムの実行

　main.goを保存できたら、実行してみましょう。コンパイルして実行プログラムを出力するのが本来のやり方ですが、Goではコンパイルと実行を同時に行う手段が提供されています。その方が簡単なので、まずはこちらを試します。

　main.goを保存したフォルダでコマンドプロンプトやターミナルを開き、次のように実行しましょう。「hello, world」と表示されるはずです。

画面C.1　go runによるプログラムの実行

```
$ go run main.go  Enter
```

　このように「go run」というコマンドに続けて、Goプログラムのファイル名を指定すれば、その場で実行できます。プログラムが複数のファイルに分かれる場合は、すべてのファイルを指定するか、「go run *.go」のように指定してしまうのが楽でしょう。

HINT

　main.goの保存場所がよくわからない方は、次のようにして先に保存先をエクスプローラやFinderで開くと良いでしょう。

● Windowsの場合

　コマンドプロンプトを開き、以下のように実行すると現在のフォルダがエクスプローラで表示されます。そこにmain.goを保存しましょう。

```
> start .  Enter
```

482

- Macの場合

  ターミナルを開き、次のように実行すると現在のフォルダがFinderで表示されます。
  そこにmain.goを保存しましょう。

  ```
  $ open . Enter
  ```

C.2.3　実行ファイルのビルド

次に、プログラムをコンパイルして実行ファイルを生成する方法も紹介しておきます。

以下のように、「go build」コマンドでGoプログラムをコンパイルし、実行ファイルを出力できます。-oオプションに続けて指定している「helloworld」が、出力する実行ファイルの名前です。

画面C.2　go buildによるプログラムの実行（Macの場合）
```
$ go build -o helloworld main.go Enter
```

Windowsでは、以下のようにして「helloworld.exe」と指定してください。

画面C.3　go buildによるプログラムの実行（Windowsの場合）
```
> go build -o helloworld.exe main.go Enter
```

go buildが成功したら、同じフォルダに「helloworld」または「helloworld.exe」というファイルができているはずなので、実行してみましょう。

画面C.4　go buildによるプログラムの実行（Macの場合）
```
$ ./helloworld Enter
hello, world
```

画面C.5　go buildによるプログラムの実行（Windowsの場合）
```
> helloworld.exe Enter
hello, world
```

C.2.4　Goプログラムの基本要素

いま実行したhello worldを表示するプログラムを使って、Goプログラムの基本事項を説明しましょう。

リストC.2　GoによるHello world（再掲）

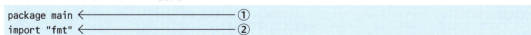

付録C　Go言語入門

```
func main() {  ←─────────────────  ③
        fmt.Println("hello, world")  ←─────  ④
}
```

🍪 パッケージ

　Goのプログラムは「**パッケージ (Package)**」という単位で束ねられています。Goのソースファイルは必ずどこかのパッケージに属する必要があります。ソースファイルが所属するパッケージを示すのが、1行目の package というキーワード[注1]です（**リストC.2-①**）。mainパッケージは特別なパッケージで、どのGoプログラムにも必ず作らねばなりません。小規模なプログラムを作成しているうちは、mainパッケージだけを作れば良いでしょう。

🍪 インポート

　他のパッケージにある関数を呼び出したりするときは、import文を使います。**リストC.2-②**では、Goの標準パッケージの1つであるfmtパッケージをインポートしています。

　なお、複数のパッケージをインポートするときは、次のように括弧でくくって行ごとに記述します。

```
import (
        "fmt"
        "math"
)
```

🍪 main()関数

　Goでは、mainパッケージにある**main()**関数から開始されます（**リストC.2-③**）。Goのプログラムはほかの多くの言語と同じく、**関数 (Function)**[注2]と呼ばれるプログラムの部品から成り立っています。Goの関数は、次のように**func**というキーワードで始まるブロックとして記述します。なお、引数リストと戻り値の型は省略できます。

リストC.3　Goでの関数宣言
```
func <関数名>(<引数リスト...>) <戻り値の型> {
    <処理内容>
}
```

🍪 パブリックな関数とプライベートな関数

　関数が他のパッケージから呼び出せるかどうかは、関数名の1文字目が大文字か小文字かで決まります。**println()**のように小文字で始まる関数は、同じパッケージ内からしか呼び出せません。

注1　プログラミング言語における「キーワード」とは、プログラムの構造や処理の流れを記述するのに使う特別な単語のことです。キーワードは関数や変数の名前として使うことはできません。「予約語」とも呼ばれます。

注2　Javaなどオブジェクト指向言語では「メソッド」と呼ばれますが、ほぼ同じと考えて良いです。

484

Println()のように大文字で始まる関数は、他のパッケージからも呼び出せます。このようにパブリックとプライベートを大文字・小文字で区別するのは、Goの特徴的なところです。なお、このルールはパッケージ内で宣言する変数や構造体など、他の要素にも適用されます。

関数の呼び出し

リストC.2-④では、②でインポートしたfmtパッケージのPrintln()という関数を呼び出しています。インポートしたパッケージの関数を呼び出すときは、**パッケージ名.関数名()**という書き方をします。先ほどのルールに従い、Println()は大文字で始まっていることに注意しましょう。

C.2.5　A Tour of Go

Goでは、ブラウザ上でプログラムを作成・実行しながら学べる公式のチュートリアルが用意されています。日本語版も用意されているので、以降はこちらに取り組んでみてください。

- A Tour of Go
- URL https://go-tour-jp.appspot.com/list

図C.15　A Tour of Go

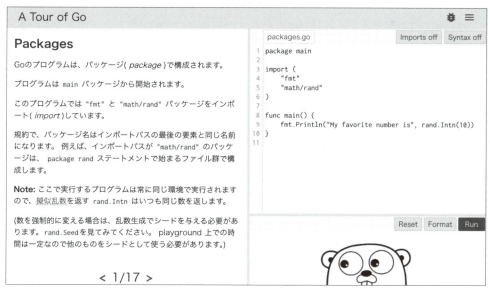

A Tour of Goは、次のように大きく6つの章で構成されています。どの章もそれほど量は多くありません。5つめのinterfacesの手前までを履修しておけば、本書のサンプルプログラムで使われている文法要素は大体理解できるでしょう。

付録C　Go言語入門

1. Welcome!

2. Packages, variables, and functions.

3. Flow control statements: for, if, else, switch and defer

4. More types: structs, slices, and maps.

5. Methods and interfaces

6. Concurrency

C.2.6　Go Playground

Goでは、ブラウザ上でGoプログラムを作成・実行できるサイトも用意されています。簡単なプログラムを書いて動作確認したいのであれば、こちらのサイトが手軽です。

- Go Playground - The Go Programming Language

URL　https://go.dev/play/

C.3　Go学習時の注意点

ここでは、他のプログラミング言語を学んだ方が、Goに初めて触れるときに躓きやすいポイントを簡単に紹介します。初めて触れるプログラミング言語がGoである方は、ここに書かれていることを気にする必要はありません。本文のサンプルコード解説を読む際も意識すると良いでしょう。

- オブジェクト指向言語ではない
- 関数は複数の値を返す
- 例外処理がない
- ポインタがある
- 関数を受け渡しできる

オブジェクト指向言語ではない

Goは伝統的なオブジェクト指向言語ではないので、「クラス」がありません。一方、どちらかというとC言語に近く「構造体」があります。構造体にメソッドを定義することができ、事実上オブジェクト指向言語の「クラス」に近いことは実現できますが、まったく同じわけではないという点に気をつけましょう。

486

C.3　Go学習時の注意点

関数は複数の値を返す

　多くのプログラミング言語では、関数やメソッドの戻り値は1つですが、Goでは複数の値を同時に返せます。詳しくは、『コラム「Goの多値返却とエラー処理」』（▼▼ページ）で説明しています。

例外処理がない

　現代の多くのプログラミング言語には、エラーを扱うための例外処理機構がありますが、Goでは敢えてこれが用意されていません。エラー処理は必ず関数の呼び出し元がエラー処理をすべきという哲学があるためです。前述の多値返却を使用して、関数は処理結果とエラーを同時に返すのがGoの作法です。

ポインタがある

　Goでは、値とポインタを区別します。ポインタとは、変数や構造体のデータ自体が保存されているコンピュータのメモリの場所のことです。他のプログラミング言語では、これらの違いをあまり気にしなくてよいようになっているものが多いですが、Goでは明確に区別します。この点はC言語と同じです。

　ポインタに関する言語仕様も、ほぼC言語と同じです。

- 変数宣言時、変数名の前に*がついている場合、その変数はポインタを表す
- 変数名の前に&がついている場合、それはその変数を指し示すポインタである

　ただし、本書のサンプルコードを大まかに理解する上では、ポインタの存在はそれほど気にしなくても良いです。*や&が登場したら「ポインタというやつだな」という程度で読み流してかまいません。

関数を受け渡しできる

　本文のサンプルコードでも利用していますが、Goにおける関数は第一級オブジェクトです。第一級オブジェクトとは簡単に言えば、関数自体を変数に格納したり、他の関数の引数として受け渡ししたり、値として扱えるということです。JavaScriptや関数型言語ではお馴染みですが、たとえばJavaではこのようなことができません。皆さんがこれまで馴染んできたプログラミング言語が、関数を第一級オブジェクトとして扱えない言語であるとき、この違いに注意してください。

付録

487

付録 D

補足資料

D.1 　telnetコマンドのインストール方法
D.2 　サンプルコードのダウンロードと実行

D.1 telnetコマンドのインストール方法

ここでは、第3章の実験で使用する telnet コマンドのインストール方法を説明します。telnet コマンドは、他のコンピュータにネットワークを通じて遠隔接続するためのコマンドです。昔は標準的なコマンドでしたが、通信を暗号化する機能がないため、現代ではあまり使われていません。しかし、セキュリティ上の懸念がない実験や動作確認用途では、いまでも使うことができます。

D.1.1 Windows環境へのインストール

telnetコマンドのインストール

① ⊞ + R キーを押して「ファイル名を指定して実行」ダイアログを開く
②「OptionalFeatures.exe」と入力して [OK] ボタンを押す（図D.1）
③「Windowsの機能」が表示されたら、「Telnet クライアント」にチェックを入れて [OK] ボタンを選択し、機能を有効化する（図D.2）。

図D.1 「Windowsの機能」を開く

図 D.2　Telnet クライアントの有効化

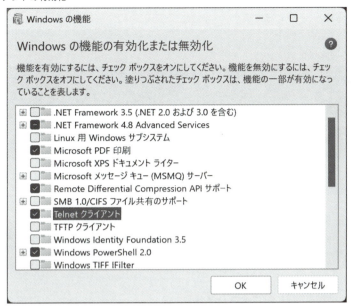

以上で、Windows PowerShell やコマンドプロンプトで **telnet** コマンドが使えるようになります。

CERN の Web サーバへの接続実験

Windows の **telnet** コマンドでは「ローカルエコー」という機能を有効にしないと入力中の文字列が表示されず、作業がしにくいです。そのため CERN の Web サーバへ接続してからローカルエコーを有効にし、HTTP リクエストを送信します。

「3.3.1 HTTP を試してみよう」の実験を Windows 上で試す時は、ここで説明する手順に従ってください。まず、Windows PowerShell またはコマンドプロンプトを起動し画面 D.1 のように入力してください。

画面 D.1　Telnet コマンドで CERN の Web サーバへ接続

```
> telnet info.cern.ch 80 Enter
```

これで CERN の Web サーバへ接続されますが、すぐに画面が真っ黒になります。そこでローカルエコーを有効にするために Ctrl+] を押します。すると画面 D.2 のように表示されます。

画面 D.2　エスケープ後

```
Microsoft Telnet クライアントへようこそ
エスケープ文字は 'CTRL+]' です

Microsoft Telnet>
```

付録D　補足資料

`set localecho`と入力し、Enter キーを押します（**画面D.3**）。「ローカル エコー: オン」と表示されたら、再度 Enter キーを押します。

画面D.3　ローカルエコーの有効化

```
Microsoft Telnet クライアントへようこそ
エスケープ文字は 'CTRL+]' です

Microsoft Telnet> set localecho Enter
ローカル エコー: オン
Microsoft Telnet> Enter
```

すると画面が真っ黒な状態に戻るので、以下のように入力してください。

```
GET /hypertext/WWW/TheProject.html HTTP/1.1 Enter
Host: info.cern.ch Enter
Enter
```

正しく入力できれば、HTMLが表示されます。

HINT

相手サーバに接続した状態でしばらく放置すると「ホストとの接続が切断されました。」と表示され、切断されてしまいます。その際は、最初からやりなおしてください。また、HTTPリクエストの入力中に打ち間違えてしまっても、Back space キー等による修正ができません。Ctrl +] を押してから quit Enter と入力すると切断できるので、最初からやりなおしてください。

D.1.2　macOS環境へのインストール

Homebrewのインストール

macOSで **telnet** コマンドをインストールするには、Homebrew[1]というツールを利用します。Homebrewは、macOSでよく使われるパッケージマネージャー[2]です。アプリケーション開発に使う様々なツールを導入するために様々な場面で使われるため、すでにインストール済の方もいるかもしれません。

インストールしていない方は、簡単ですのでここでインストールしておきましょう。まず、以下のWebサイトを開きます。

注1　「ホームブリュー」と読みます。酒類の「自家醸造」に由来して命名されています。
注2　ソフトウェアのインストール等を管理するためのツールのこと。

- Homebrew

  https://brew.sh/ja/

図 D.3　HomebrewのWebサイト

「インストール」の下に、インストールのためのコマンドが表示されます。右側のボタンを押して、コマンドをコピーしておきます。

次に「ターミナル」を開き、コピーしたコマンドを貼り付け、実行します。最初にパスワードが求められますが、これは現在のログインしているmacOSのアカウントのパスワードを入力してください。インストールには5分～10分程度かかります。

インストールに成功すると、最後に画面D.4のようなメッセージが表示されます。

画面 D.4　Homebrewインストール後のメッセージ

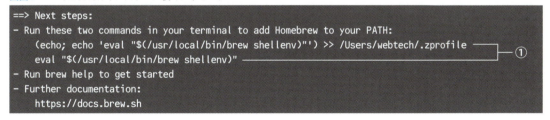

「Run these two commands in your terminal……」と表示されている次の2行（画面D.4-①）をコピーして、ターミナルに貼り付けて実行しましょう。これでHomebrewのインストールは完了です。

telnetのインストール

Homebrewがインストールできたら、**telnet**コマンドのインストールは簡単です。ターミナルから画面D.5のようにコマンドを実行すれば、インストールできます。

付録D　補足資料

画面D.5　telnet コマンドのインストール

```
$ brew install telnet Enter
```

D.2 サンプルコードのダウンロードと実行

D.2.1　サンプルコード

　本書のサンプルコードは、次のGitHubで公開しています。本文の中でも必要に応じてURLを示していますが、紙面に掲載しきれていない部分を参照したいときは、Web上で参照してください。

- 本書のサンプルコードのダウンロード

> URL　https://github.com/little-forest/webtech-fundamentals/tree/v1-latest

D.2.2　サンプルコードの実行

　本書で紹介するサンプルコードの大半は、直接Webサイトにアクセスして動作確認できますが、第6章の一部のサンプルは、ローカルPC上で実行する想定です。サンプルを実行するだけであれば、各OS向けにコンパイル済みの実行ファイルを配布していますので、Goのインストールは不要です。

サンプルコードのダウンロードと展開

　以下の配布サイトから、ご利用のOSに合わせたファイルをダウンロードしてください。

- サンプルコード・実行バイナリの配布サイト

> URL　https://support.webtech.littleforest.jp/

- **Windows**：webtech-fundamentals_windows_amd64.zip
- **Mac（Appleシリコン）**：webtech-fundamentals_darwin_arm64.tar.gz
- **Mac（Intel）**：webtech-fundamentals_darwin_amd64.tar.gz
- **Linux**：webtech-fundamentals_linux_amd64.tar.gz

HINT

　お使いのMacがAppleシリコン搭載かどうかは、Appleメニューの「このMacについて」で確認できます。「チップ Apple M1」等「Apple M」で始まるチップ名が表示されていれば、Appleシリコン搭載Macです。

　ダウンロードしたファイルは、Windowsであればエクスプローラー、MacであればFinder上でダ

494

D.2 サンプルコードのダウンロードと実行

ブルクリックすることで展開できます。展開すると次のようなディレクトリ（フォルダ）構成になっています。

```
📦 webtech-fundamentals
|-- 📁 chapter06
|   |-- 📁 simple-webserver1
|   |-- 📁 simple-webserver2
|   |-- 📁 tinytodo-01-base
|   |-- 📁 tinytodo-02-add
|   |-- 📁 tinytodo-03-prg
|   |-- 📁 tinytodo-04-session
|   |-- 📁 tinytodo-05-user
|   `-- 📁 tinytodo-05-user-final
|-- chapter07
|   |-- 📁 hello-js
|   |-- 📁 routing
|   |-- 📁 tinytodo-06-js
|   |-- 📁 tinytodo-07-ajax
|   `-- 📁 tinytodo-08-spa
|-- chapter08
|   |-- 📁 tinycal
|   |-- 📁 tinytodo-09-webapi
|   `-- 📁 tinytodo-10-cors
`-- chapter09
    |-- 📁 tinytodo-11-sse
    `-- 📁 tinytodo-12-ws
```

🌐 サンプルコードの実行方法

各ディレクトリには、ディレクトリと同じ名前の実行ファイルがあります。たとえば本文中で「/chapter06/simple-webserver1 を実行」と表記していたら、「サンプルコードの chapter06/simple-webserver1 ディレクトリに移動して、simple-webserver1（Windows では simple-webserver1.exe）を実行する」という意味です。

その場合、**画面 D.6** や**画面 D.7** のようにして **cd** コマンドでディレクトリを移動してから実行してください。

付録D　補足資料

HINT

　cdコマンドで移動する先のディレクトリのパスがわからない時は、cdまで入力した後、対象フォルダをコマンドプロンプトやターミナルのウィンドウへドラッグ＆ドロップすると、そのパスが自動入力されます。

　Tiny ToDoのサンプルコードは、実行ファイルと同じディレクトリにあるstaticやtemplatesディレクトリから、ブラウザに返すファイルを取得しているため、必ずcdコマンドでカレントディレクトリを移動してから実行する必要があります。

Windows での実行方法

　Windowsでは、Windows PowerShell またはコマンドプロンプトを起動して**画面D.6**のように実行します。

図 D.6　サンプルの実行方法（Windows）
```
> cd webtech-fundamentals\chapter06\simple-webserver1 Enter
> simple-webserver1.exe Enter
```

　Windowsでは、アプリケーション実行時に「パブリックネットワークとプライベートネットワークにこのアプリへのアクセスを許可しますか？」というダイアログが表示されたら「許可」を選択してください。

Mac/Linux での実行方法

　Windowsと同じようにターミナルを開き、cdコマンドでディレクトリを移動してから実行してください。アプリケーション実行時はWindowsとは違い、最初に**./**をつけるのを忘れないようにしてください。

画面 D.7　サンプルの実行方法（Mac/Linux）
```
$ cd webtech-fundamentals/chapter06/simple-webserver1 Enter
$ ./simple-webserver1 Enter
```

停止方法

　いずれのOSでも、実行を停止するには、Ctrl + c を押してください。

D.2.3　利用ポートが重複して起動できないときの対処

　本書のサンプルコードは、8080ポートを使用します。すでに他のサンプルコードを起動していたり、別のアプリケーションが8080ポートを利用している場合は**画面D.8**のようなエラーが表示されて起動に失敗します。

D.2 サンプルコードのダウンロードと実行

画面 D.8 Windows でのポート重複エラー

```
listen tcp :8080: bind: Only one usage of each socket address (protocol/network address/port) is ⏎
normally permitted.
```

画面 D.9 Mac でのポート重複エラー

```
listen tcp :8080: bind: address already in use
```

他のアプリケーションが8080ポートを利用している場合は、**画面 D.10や11**のように**-p**オプションに続けてポート番号を指定することで、サンプルポートが使用するポートを変更できます。

画面 D.10 起動時のポート番号を変更する方法（Windows）

```
> simple-webserver1.exe -p 8081  Enter
```

画面 D.11 起動時のポート番号を変更する方法（Mac/Linux）

```
$ ./simple-webserver1 -p 8081  Enter
```

ポート番号を変更したときは、ブラウザからアクセスするときのURLも**http://localhost:8081/**のように変更してください。

D.2.4 プログラムを修正したときの実行方法

サンプルコードを自分で修正してその場で実行したい方は、まず「**付録C Goのインストール方法**」に従って、Goをインストールしてください。

展開したサンプルコードを自分で修正した後、実行時と同じようにWindows PowerShellやコマンドプロンプト、ターミナルを開き、main.goがあるディレクトリへcdで移動し、**go run *.go**と入力することで実行できます。

画面 D.12 修正したコードの実行方法（Windows）

```
> cd（main.goがあるディレクトリ）  Enter
> go run *.go  Enter
```

画面 D.13 修正したコードの実行方法（Mac/Linux）

```
$ cd（main.goがあるディレクトリ）  Enter
$ go run *.go  Enter
```

付録

497

おわりに

　たいへんお待たせいたしました。本書は2010年に上梓した『プロになるためのWeb技術入門』の改訂新版になります。おかげさまで前著は多くの皆さまから好評をいただき、個人的なメールやAmazonのレビュー等を通し、続編・改訂版のご要望をいただいておりました。約15年の技術の進歩を踏まえ、解説内容は一部重複しますが、全編新規に書き下ろしたものです。

　筆者がインターネットの世界に触れ始めてから四半世紀が経過しましたが、WWWを中心とした技術は絶え間なく発展を続け、さまざまな技術と組み合わさってより複雑なものになっています。筆者はできるかぎり開発の前線に身を置くようにしていますが、これだけの時間が経っても学び尽くすことはありません。

　昔と比べて、情報に接すること自体は容易になりました。本書で説明したことの多くは、インターネット上でも無料で得られる情報ばかりです。しかし膨大かつ時系列がバラバラであるがゆえ、それらを咀嚼して自分の知識として身につけ、実践できるようになるまでには、大きな困難を伴うでしょう。第3章でたびたび引用したティム・バーナーズ＝リーの著書『Webの創世』の原作タイトルは『Weaving the Web』（Webを紡ぐ）です。同じように、多くの情報を1つの物語として紡ぐことで、誰もが咀嚼できるように提供することが、本書の価値ではないかと思っています。本書を通して、1人でも多くの方が根本の仕組みと考え方を理解することの面白さと重要性に気付き、成長することで、IT業界の発展につながることを願っています。

謝辞

　本書も多くの皆様の協力と支えによって、形にすることができました。まず、前著を購入してくださった読者の皆様、書籍レビューやSNS・ブログ等を通して多くのコメントをくださった皆さまに、お礼申し上げます。これだけ多くの反響をいただけたことが、改訂版の執筆につながりました。

　前々職・ウルシステムズ株式会社での上司、そして師でもある平澤章さんには、初期段階からレビューに参加いただき、特に冒頭部での主張を明確にするため、多くの的確なアドバイスをいただきました。本書の構成の着想は、平澤さんと共に同社の新卒研修を担当したことで得た経験に支えられています。またそこで感じた「教えることの喜び」が、本書執筆のモチベーションに大きくつながったとも確信しています。多過ぎてすべてのお名前を挙げられませんが、当時研修講師としてかかわってくださった多くの皆さん、受講生の皆さんに感謝いたします。本書では当時の受講者から代表し、石坂実純さん、知念顕仁さんに若手エンジニアの視点でレビューに参加いただきました。

　3社にわたって一緒に働き、多くの仕事を共にこなした戦友・前多賢太郎さんには、本文とサンプルコードのレビューに加え、普段からさまざまな技術の動向について教えていただき、これらが本書執筆における糧ともなりました。初職の上長であり大先輩エンジニアとして多くのことを教わったAiritech株式会社の三宅正行さん、尊敬する同世代エンジニアで今もそれぞれの前線で働くオープンソース開発者の久保雅彦（jflute）さん、ウーブン・バイ・トヨタ株式会社の熊井隆一さん、そして現職・キャディ株式会社の同僚、飯迫正貴さん、小林裕明さん、先山賢一さん、守屋博之さん、山田圭一さんには原稿全般のチェックにご協力いただき、多くの改善コメントをいただきました。また、前々職で上長として多くのご指導をいただいた武蔵野大学教授の林浩一さん、現職での同僚・山本裕介さんには、それぞれのご専門の見知から、一部のレビューにご協力いただきました。

　本書の執筆では、参考文献に挙げた多くの書籍やインターネット上の情報源も参考にしました。これらの著者・筆者の皆様にも感謝します。筆者の知識だけでは本書の執筆に能いませんでしたし、調査過程では筆者自身にも大きな学びがありました。

　技術評論社の池本公平さんには、早い段階から続編についてお声かけいただき、執筆の遅い筆者の原稿を辛抱強く待っていただきました。いつでも筆者の悩みに付き合ってくださり、叱咤激励しながらも前へ前へと進める力をいただきました。

　家庭での執筆作業を支えてくれた妻・結薫と、娘・美柚にも感謝します。多くの時間を執筆に割けるよう、父に代わり娘をあちこちへ連れ出してくれたり、カフェでの執筆作業に付き合ってもくれました。

　最後に、本書を2021年に他界した父・敏一に捧げます。私がコンピュータの世界に興味を持つきっかけを作ってくれたのは、紛れもなくあなたです。私が7歳の秋に、突然ファミコンとファミリーベーシックを買って帰ってきた夜のことを、今でも忘れません。息子そっちのけでキーボードを叩く父の楽しそうな姿を見て、私はこの世界に興味を持ったのだと思います。「公園で親子のキャッチボール」なんてことはしませんでしたが、父が16進ダンプを読み上げ、息子が打ち込む、そんな日曜の夜の一幕を今でも思い出します。

索引

記号・数字

&	126
|	457
~（チルダ）	97
127.0.0.1	91
16進数	130, 432
1st Party Cookie	206
2進数	432
300 Multiple Choice	177
301 Moved Permanently	176
302 Found	176
303 See Other	176
304 Not Modified	177
305 Use Proxy	177
306（Unused）	177
307 Temporary Redirect	176
308 Permanent Redirect	176
3rd Party Cookie	206
3ウェイハンドシェイク	454
80番ポート	125

A

Accept	135
Access-Control-Allow-Credentials	366
Access-Control-Allow-Headers	366
Access-Control-Allow-Method	366
Access-Control-Allow-Origin	366
Access-Control-Expose-Headers	366
Access-Control-Max-Age	366
Access-Control-Request-Headers	365
Access-Control-Request-Method	365
Access token	333
ACK	454
Adobe Flash	240
AI	31
Ajax	237, 239
AJP	28
Alma Linux	41
Amazon Web Services	40
Anchor	127

Apache HTTP Server	24, 30
Apache Tomcat	29
API	315
APIの粒度	376
Appleシリコン	42
application/json	142
Application Programming Interface	315
application/x-www-form-urlencoded	147
Argon2id	449
Artificial Intelligence	31
ASCII	434
ASP.NET Core	32
Assets	17
Asynchronous communication	262
Attributeセレクタ	72
Authority	126
Authorization	135
AWS	40
AWS Elastic Beanstalk	40
Azure App Service	40

B

Base64	443
Base64URLエンコーディング	444
bcrypt	223, 449
Best Current Practice	118
bit	432
Blink	21
Bun	310

C

C#	32
Cache	389
Cache-Control	141
Callback function	264
calコマンド	107
Cascading Style Sheets	68
catコマンド	97, 100
CDN	36
CentOS	41

索引

CERN	46, 54
CERN httpd	46
CGI	25, 108, 152
Child セレクタ	72
Chrome DevTools	171
Chromium	83
Class セレクタ	72
Cloudflare 社	38
Code point	438
Comet	391
Comma-Separated Values	458
Common Gateway Interface	25, 108
Common Object Request Broker Architecture	318
concatenate	100
CONNECT	134
Connection	135, 141
console.log()	245
Console パネル	281
Content Delivery Network	36
Content-Encoding	141
Content-Length	141
Content Negotiation	58
Content-Type	135, 141, 147
Content-Type ヘッダ	141
Context	181
Cookie	135, 194
CORBA	318
CORS	364, 370
CORS error	360
Cross-Origin Resource Sharing	364
Cross-site scripting	204
Cross-Site WebSocket Hijacking	426
CRUD	343
cryptographically secure pseudo random number generator	204
CSPRNG	204
CSR	309
CSRF	369
CSS	68, 70
CSS3	82
CSS セレクタ	71, 72
CSV	458
CSWSH	426
curl コマンド	88, 105, 428

D

data スキーム	120
data タグ	397
Date	141
date コマンド	107
Debian GNU/Linux	41

DELETE	134
Deno	310
DevTools	171
DHTML	242
Directive	109
Django	32
DNS	450
Docker	153
DOCTYPE宣言	78
Document Object Model	245
Document root	122
Document Type Definition	61
document オブジェクト	246
DOM	245, 251, 258
Domain Name System	450
Domain 属性	186, 190
Dropbox	153
DTD	61
Dynamic contents	17

E

Echo	32
echo コマンド	94
ECMAScript	252, 272
Edge server	36
Electron	114
End Of File	100
Enquire	46
Environment variables	109
EOF	100
EPUB形式	80
Escaped Fragment	300
ETag	141
Ethernet	452
EUC-JP	441
eval() 関数	281
Event Driven Programing	247
Event Handler	247
Event Listener	248
EventSource インターフェース	397, 404
event タグ	397
example.com	134
Expires 属性	186
export コマンド	109
Express.js	32
Extensible Markup Language	76

F

FastCGI	28
Fedora	41
Fetch API	267, 271, 276

501

Fetch Living Standard 366
File Transfer Protocol 56, 180
file スキーム 119
Flash Player 241
Flask 32
form 要素 112, 261
fortune コマンド 106
Fragment 127
Framework 229
FTP 53, 56, 180, 452
Function 484

G

Gecko 21
Generalized Markup Language 59
GET 134
getElementById() 317
GET リクエスト 108, 145
GML 59
Go 31, 32, 153
Golang 154
Google 126, 140, 153
Google App Engine 40
Google Chrome 20, 39
Google Cloud Platform 40
Google Maps 238
Gopher 57
gopher 119
Go Playground 486
GraphQL 326, 381, 384
gRPC 326
GUI 65

H

Handshake 413
hashchange イベント 294
hash プロパティ 294
HATEOAS 329
HEAD 134
Heroku 40
HEX 433
History API 301
Homebrew 106, 492
Host 135
Host ヘッダ 136
HTML 47, 58
HTML+ 112
HTML 3.2 68
HTML 4.0 71
HTML5 .... 81, 241, 394
HTML Living Standard 82

HTML 属性 249
HTTP 20, 47, 53, 452
HTTP/2 .... 405, 455
HTTP/3 455
HTTP Cookie 182
HttpOnly 属性 188, 189, 190
HTTP request inspector 149
https 55
HTTP カスタムメソッド 344
HTTP クッキー 182
HTTP クライアント 20
HTTP サーバ 23, 24, 89
HTTP ストリーミング 394
HTTP バージョン 134, 138
HTTP リクエスト 132, 142
HTTP リダイレクト 176
HTTP レスポンス 137
Hypertext 49
Hypertext Markup Language 47, 58
Hypertext Transfer Protocol 47

I

IaaS 5, 40
IANA 67, 119
ICANN 67
ID 209
Identifier 52, 209
IDL 319
ID セレクタ 72
id タグ 396
IETF 66, 117
image/jpeg 142
image/png 142
image/svg+xml 142
include ディレクティブ 110
Infrastructure as a Service 5, 40
INI ファイル 460
Interface Definition Language 319
Internet eXchange 35
Internet Explorer 40, 65
Internet Protocol 452
IP 452
IPv4 450
IPv6 .... 434, 450
IP アドレス 449
ISO-2022-JP 441
ISP 35
IX 35

J

Jakarta EE 32

Java	32	MD5	446
JavaScript	22, 32, 241	Message Body	133, 138
JavaScript Object Notation	280	meta refresh	388
JavaScriptエンジン	22	Method chain	269
javascriptスキーム	120	microdata	76
Java Sever Pages	111	Microformats	76
Javaアプレット	240	Microsoft	153
JIS X 0208	439, 441	Microsoft Azure	40
JPEG画像	141	Microsoft Edge	20, 39
jQuery	73, 258	Microsoft Silverlight	240
JSON	280, 461	MIMEタイプ	141, 147
JSON5	462	Minify	307
JSON-LD	76	mkdir	96
JSONP	367	mod_perl	27
JSON.parse()関数	281	mod_php	27
JSON-RPC	326	mod_ruby	27
JSON Schema	79	Mozilla Firefox	20, 39
JSON.stringify()	284	Mozilla Foundation	67
JSON with padding	367	MPA	152
JSP	111	Multi Page Application	152
		multipart/form-data	148
		MySQL	30, 32, 121

K

Keep-Alive	141, 395, 405, 455
Key-Value	183, 184, 194
Kotlin	31, 32
Kubernetes	153

N

Name-based Virtual Host	137
Namespace	80
nc	88
Ncat	105
NCSA HTTPd	108
NCSA Mosaic	52
ncコマンド	105
NestJS	32
netcat	88
Netscape Communications社	65
Netscapse Navigator	65
Network News Transfer Protocol	57
Next.js	32, 310
nginx	24
NNTP	53, 57, 119
Node.js	22, 28, 242
nonce	414
Non-Standards Track	118
NoSQL	33, 79
Nuxt	32, 310
N＋1問題	380

L

L2	452
L3	452
L4	452
L7	452
LAMP	30
LAN	36
Laravel	32
Last-Event-ID	396
Last-Modified	141
Linux	41
Linuxディストリビューション	41
Load balancer	36
Local Area Network	36
localhost	91
Location	141
locationオブジェクト	294
Locationヘッダ	170, 176

M

MACアドレス	434
mailtoスキーム	119
Markup Language	61
Max-Age属性	186

O

OAuth2	210, 333
Object/Relational	232
Octal Dumpコマンド	129
odコマンド	129

OIDC	210, 333
On-Premises	40
OpenID Connect	210, 333
openSUSE	41
Open WebApplication Security Project	204
open コマンド	98
OPTIONS	134
Oracle Database	32
Oracle 社	242
Origin	135, 184, 365
Origin server	37
O/R マッパー	231, 232
OSI 参照モデル	451
Over-fetching	379
OWASP	204

P

PaaS	40
Package	484
Packet	452
PATCH	134
Path Parameter	351
Path 属性	188
PBKDF2	449
Perl	30, 109
Persistence	211
PHP	30, 32, 111
pipe	94
Platform as a Service	40
Play Framework	32
Polling	389
popstate イベント	306
Port	124, 455
POST	134
PostgreSQL	32
Post-Redirect-Get パターン	170
POST メソッド	143
POST リクエスト	146
preventDefault() メソッド	303
PRG パターン	170, 175
Promise チェーン	270
PSGI	28
PTI	67
Public Technical Identifiers	67
Pull 型通信	388
pushState()	304
PUT	134
pwd コマンド	97
Python	30, 32

Q

Query parameter	126
QUIC	455

R

Rack	28
RDFa	76
React	287
React Router	306
Red Hat Enterprise Linux	41
Redirect	170
Referrer	135
RELAX NG	78
Remote procedure call	318
Rendering engine	21
Request For Comments	117
Request handler	156
Request Header Field	133
Request Line	133
Resource-Oriented Architecture	326
Response Header Field	138
REST	322, 384
RESTful API	325, 334
RESTish AP	325
REST 成熟度モデル	334
REST 風 API	325
retry タグ	397
RFC	117
RFC 1149	140
RFC 1630	131
RFC 1866	67
RFC 1945	56
RFC 2109	183
RFC 2324	140
RFC 2368	119
RFC 3305	131
RFC 3875	109
RFC 3986	118, 123, 126, 128, 131
RFC 4180	459
RFC 4824	140
RFC 6202	393
RFC 6265	183
RFC 6455	416, 427
RFC 7231	176
RFC 7538	176
RFC 8441	417
RFC 9110	139, 141, 177
RFC 9112	66
RFC Editor	119
Rich Internet Application	240
ROA	326

Rocky Linux	41
Router	306
RPC	318, 376
Ruby	32
Ruby on Rails	32, 223
Rust	31

S

Safari	20, 39
Salesforce	153
Same-origin Policy	361
SameSite 属性	189, 190, 263
Scala	31, 32
Scalable Vector Graphics	80
Schema	77
Schema-less	79
Scheme	56
scrypt	449
Secure Shell	121
Secure 属性	188, 190
Sec-WebSocket-Accept	415
SEO 対策	299
Server push	388
Server-sent Events	394, 396, 401, 404, 411, 455
Server Side Includes	109
Server Side Rendering	307
SessionFixation	205
Set-Cookie	141, 183, 185
setTimeout()	390
set コマンド	109
SGML	59
SHA-1	446
SHA-256	446
SHA-3	446
SHA-512	446
Shift_JIS	438, 441
Single Page Application	22, 152, 236
SMTP	452
SOAP	320
Socket	413
Socket.IO	421
SOP	361
SourceId	403
SPA	22, 128, 152, 236, 385
SPA の画面遷移方式	307
SPA の初期表示	308
SpringBoot	28
Spring Framework	31, 32
SSE	394
SSH	121, 452
ssh	53, 123

SSI	109, 152
SSR	307
Standard Generalized Markup Language	59
standard input	456
standard output	456
Standards Track	118
Stateless	179
Static contents	17
Status Line	138
struct	214
sudo コマンド	125
Sun Microsystems 社	242
SVG	80
Symfony	32
SYN	454
Synchronous communication	262

T

Tab-Separated Values	458
TCP	452
TCP/IP 階層モデル	451
TCP コネクション	453
telnet	53, 64, 490
text/css	142
text/event-stream	395
text/html	141, 142
text/javascript	142
text/plain	142
Theodor Holm Nelson	49
Tim Berners-Lee	46
TOML	463
touch コマンド	99
TRACE	134
TSV	458
TypeScript	31, 32, 310
Type セレクタ	72

U

Ubuntu	41
UDI	52
UDP	452, 455
ULCODC$SS	325
Under-fetching	379
Unicode	440
Uniform Resource Identifier	47, 48
Uniform Resource Locator	116, 131
Uniform Resource Name	131
Universal Document Identifier	52
Universal Resource Identifiers	131
UNIX コマンド	97
URI	47, 48, 131

URL	48, 52, 116, 131, 314
URL Living Standard	131
URL Rewrite	204
URL直接アクセスの防止	224
URLに使える文字	128
URN	131
User-Agent	135
UTF-16	441
UTF-32	441
UTF-8	129, 441

V

V8	22, 253
Validator	79
Vannevar Bush	49
video/mp4	142
VirtualBox	89
VMWare	89
Vue.js	287
Vue Router	306

W

W3C	66
WAIS	57
wais	119
Web API	315, 321, 357
Web Hypertext Application Technology Working Group	82
WebKit	21
WebSocket	428, 453, 455
WebSockets Standard	416
WebView	20
Webアプリケーション	25
Webアプリケーションフレームワーク	31, 88, 229
Webクローラ	299
Webコンテンツ	16
Webサーバ	23, 24
Webシステム	39
Webスパイダー	299
Webブラウザ	19
Well-known port	124
WHATWG	67, 82, 131
Wide Area Information Server	57
WildFly	29
Windows10	40
Windows Subsystem for Linux	42, 89, 466
WordPerfect	57
World Wide Web	46
World Wide Web Consortium	66, 67
WSGI	28
WSL	42, 89

WS-Security	321
WS-Transaction	321

X

X	153
XHR	258, 263, 265
XHR level2	367
XHTML	80
X-HTTP-Method-Override	342
XML	73, 76, 460
XMLHttpRequest	263, 265
XML-RPC	326
XML Schema	78
XML地獄	354
XPath	73
XSS	204

Y

YAML	462

あ

アーキテクチャ	323
アーキテクチャスタイル	323
アカマイ・テクノロジーズ社	38
アクション	162
アクセストークン	333
アスキー	434
アドレス可能性	327
アノテーション	352
アプリケーションサーバ	28
アプリケーション状態	331
アプリケーション層	452
アロー関数式	266
アンカー	127
暗号論的擬似乱数生成器	204
安全	345
アンダーフェッチング	379
アンパサンド	126

い

一体型独立プロセス方式	28
イベントドリブンプログラミング	247, 251
イベントハンドラ	247, 248
イベントリスナ	248
イベントループ	249
インストール	113
インターネット	34
インターネットサービスプロバイダ	35
インターネット層	452
インタラクティブコンテンツ	19
インデックス	20

う

ヴァネヴァー・ブッシュ	49
ウェイズ	57
ウェルノウンポート	124

え

エイジャックス	239
永続性	211
エックスエムエル	76
エッジサーバ	36
エリック・ビナ	52
エレクトロン	114
遠隔手続き呼び出し	318
エンコーディング	441
エンドポイント	337

お

欧州原子核研究機構	46
オーソリティ	126
オーバーフェッチング	379
オーバーヘッド	120
オーバーロードPOST	342
オブジェクト指向	486
オプション	97
オリジン	184
オリジン間リソース共有	364
オリジンサーバ	37
オワスプ	204
オンプレミス	40

か

カール	88
改行コード	442
改ざんチェック	448
カスケーディングスタイルシート	68
仮想化	40
カラーコード	434
カレントディレクトリ	96
環境変数	109
関数	484, 487

き

キー＝バリュー形式	458
キーバリューストア	33, 183
機械学習	31
疑似乱数生成器	204
キャッシュ	389
業務効率化のためのIT	3

く

クイック	455
クエリ	126
クエリストリング	108
クエリパラメータ	126
クッキー	181, 184
クッキーモンスターバグ	187
クライアントサイド	16, 33, 39
クライアントサイドJavaScript	243
クライアントサイドレンダリング	309
クラウドサービス	40
クラスセレクタ	72
クラッド	343
グループコマンド	94
クローラ	149
クロスオリジン制限	361
クロスオリジン通信	359
クロスオリジンリクエスト	361
クロスサイトスクリプティング	204
クロスサイト制限	361
クロスサイトリクエストフォージェリ	369
クロスドメイン制限	361
クロスドメイン通信	361
クロミウム	83

け

ケバブメニューアイコン	171

こ

構造化データ	458
構造体	214, 216
ゴー	153
ゴーファー	57
コールバック関数	264
コールバック地獄	268
子セレクタ	72
コマンドプロンプト	109
コメット	391
ゴルーチン	406
コルバ	318
コンテキスト	180
コンテナ化	40
コンテンツ配信ネットワーク	36
コンテントネゴシエーション	58
コンポーネント	318

さ

サードパーティクッキー	206
サーバサイド	16, 33
サーバサイドJavaScript	243
サーバサイドエンジニア	34
サーバサイドレンダリング	298, 307
サーバプッシュ	388

507

索引

ザナドゥハイパーテキストシステム 49

し

シークレットモード 197
シージーアイ 108
ジェイソン 280
シェル 100
識別子 52, 209
資源 116
システムポート 124
実行ファイルのビルド 483
従来型のWebアプリケーション 152
状態管理 178
シングルページアプリケーション 22, 127, 152, 236
シンプルクロスオリジンリクエスト 368
シンプルリクエスト 368

す

スキーマ 77, 78, 381
スキーマ言語 77
スキーマレス 79
スキーム 56, 116, 119
スケルトン 319
スタブ 319
ステータスコード 138, 139, 170, 176
ステータスライン 138
ステートフル 179, 180
ステートレス 179
ステートレス性 330

せ

整合性チェック 448
静的コンテンツ 17
セッション 192, 209
セッションID 192, 194, 198
セッション管理機能 184
セッションクッキー 186
セッション情報 193
セッション層 452
セッションの固定化 205
セッションハイジャック 203
接続性 328
セマンティック・ウェブ 76
セルン 46
宣言的プログラミング 353

そ

ソーシャルアカウント 210
ソープ 320
属性 68
属性セレクタ 72

ソフトウェアスタック 29

た

ターミナル 493
第一級オブジェクト 250
ダイナミックHTML 242
タイプセレクタ 72
タグ 59, 68
多値返却 161
ダブルスラッシュ 119
単純リクエスト 368
端末 19

ち

チャネル 406
チャンク転送 394
チルダ 97

つ

通信プロトコル 117

て

ディストリビューション 41
ティム・バーナーズ＝リー 46
ディレクティブ 109
データURIスキーム 120
データ構造 381
データベース 32, 194
データリンク層 452
テキストデータ 436
手続き的プログラミング 353
テッド・ネルソン 49
デバイス 19
デファクトスタンダード 120
デベロッパーツール 171
テンプレートエンジン 109, 160
テンプレート機能 160
テンプレートファイル 162
テンプレートリテラル 245

と

統一インターフェース 329
同一オリジンポリシー 361, 362
統一資源位置指定子 116
同一生成元ポリシー 361
同期通信 261, 262
同時接続数 424
動的コンテンツ 17, 25
ドキュメントデータベース 33
ドキュメントルート 122
とほほのWWW入門 72

索引

ドム	245
トムル	463
ドメインシャーディング	405
ドメイン名	121, 450
トランザクションリソース	378
トランスパイル	310
トランスポート層	452

な

名前解決	450
名前空間	80

ね

ネット・キャット	88
ネットニュース	57
ネットワーク	34, 38
ネットワークインターフェース層	452
ネットワーク層	452

は

パーセントエンコーディング	128, 130, 441
パーセントエンコード	148
バーチャルホスト	137
パール	109
バイト	432
バイナリデータ	436
ハイパーテキスト	49
ハイパーメディア	49, 51
ハイパーリンク	48
パイプ	93, 94, 457
パケット	452
パス	122
パスキー	210
パスパラメータ	351
パスワード	123
発火	248
バックエンド	16, 33
パッケージ	484
パッケージマネージャー	492
ハッシュアルゴリズム	272
ハッシュ関数	445
ハッシュ値	445
ハッシュ値によるパスワードの照合	224
ハッシュテーブル	449
バリデータ	79
ハンドシェイク	413
ハンバーガーメニュー	171

ひ

ヒアドキュメント	100
ビット	432

非同期通信	261, 262
雛形	111
標準エラー出力	458
標準出力	456
標準入力	456
標準ライブラリ	154

ふ

ファーストパーティクッキー	206
ファイアウォール	321, 456
フォーマットネゴシエーション	57
フォント	439
負荷分散装置	425
符号位置	438
符号化方式	436
符号化文字集合	438
ブックマークレット	120
物理層	452
ブラウザ戦争	66, 252
フラグメント	127
フラッシュスコープ	223
ブランク識別子	161
プリフライトリクエスト	364
プル型通信	388
プレイグラウンド	154
フレームワーク	4, 229
プレゼンテーション層	452
プロキシサーバ	425
プログラムの実行	482
プロセス	26
プロセス起動方式	25, 30
プロトコルアップグレード	413, 416
プロトコルスタック	453
プロパティ	250
プロパティファイル	459
プロミス	269
フロントエンド	16, 33
フロントエンドエンジニア	34
プロンプト	91
分散システム	318
分離型独立プロセス方式	27

へ

並行処理	406
ペイロード	452
ページネーション	339
ページング	339
ベース 64	443
べき等	345

ほ

ポインタ	487
ポート	124, 455
ポート番号	119
ホームディレクトリ	96
ポーリング	389
ホスト	116, 121
ボトルネック	50

ま

マークアップ言語	61
マーク・アンドリーセン	52
マイムタイプ	141
マッシュアップ	357
マップ	449
マネージドサービス	5
マルチキャスト通信	455

み

ミニファイ	307
未予約文字	128

む

無名関数	266

め

メソッド	133
メソッドチェーン	269
メタリフレッシュ	388
メッセージボディ	133, 137, 138

も

文字コード	129, 434, 437
文字符号化	129, 441
モジュール起動方式	30
モジュール方式	26

や

ヤムル	462

ゆ

ユーザ管理	209
ユーザ行動の追跡	208
ユーザ認証	209, 211
ユーティーエフエイト	441
ユニコード	440

よ

要素	68
予約されているドメイン	134

ら

ライブラリ	318
ラウンド・ロビン方式	425
ランプ	30

り

リーズンフレーズ	138
リクエストターゲット	134
リクエストハンドラ	156, 219
リクエストヘッダフィールド	133, 135
リクエストライン	133
リソース	116, 326, 337
リソース指向アーキテクチャ	326
リダイレクト	100, 141, 170, 175, 456
リッチクライアント	240
リファラ問題	204
リレーショナルデータベース	32, 33, 194
リロード	149
リンク切れ	50

る

ルータ	306

れ

例外処理機構	161
レイヤ1	452
レイヤ2	452
レイヤ3	452
レイヤ4	452
レイヤ5	452
レイヤ6	452
レイヤ7	452
レインボーテーブル	449
レスト	322
レスポンス	92, 95, 104
レスポンスヘッダ	93, 138, 141
レスポンスボディ	141
連想配列	449
レンダリングエンジン	21, 95, 252

ろ

ロイ・フィールディング	322
ロードバランサ	36, 425
ログイン画面	218
論理構造	63

わ

ワークステーション	64
ワールドワイドウェブコンソーシアム	66

著者プロフィール

小森 裕介（こもり ゆうすけ）

キャディ株式会社 勤務。ソフトウェアエンジニアとして、製造業の変革を目指す自社サービスの開発・運用に携わる。

2000年、東京工業大学（現・東京科学大学）工学部情報工学科卒業。進学と就職で悩み「研究よりも実際に役に立つソフトウェアを創りたい」という思いから、就職を決意。独立系システム開発会社を経て、2009年にウルシステムズ株式会社へ入社。エンタープライズ系を中心としたシステム開発、技術支援、プロジェクトマネジメント支援を幅広くこなしつつ、新人技術研修の企画・講師を担当し、若手育成にも携わる。

2019年、「世界中の人々に使ってもらえるプロダクトを開発する」という夢を追いかけて、LINE株式会社（現・LINEヤフー株式会社）に入社、金融系サービスの新規開発に携わった後、2022年より現職。

好きな言語はJavaとGoとシェルスクリプト。好きなエディタはNeovimとsed。

趣味は自宅サーバの運用と、下道ドライブ。家族を引き連れ、行き当たりばったりで日本の原風景を楽しみながら、ときには2,000km以上も走る。

いつかは下道で日本一周するのが夢。

■著書

『なぜ、あなたはJavaでオブジェクト指向開発ができないのか』（2004年、技術評論社）

『プロになるためのWeb技術入門 —なぜ，あなたはWebシステムを開発できないのか』（2010年、技術評論社）

SoftwareDesign誌 連載『Google Cloudで実践するSREプラクティス』監修・執筆（2023年、技術評論社）　ほか、雑誌寄稿多数。

■ Staff

本文設計・装丁●轟木亜紀子（トップスタジオデザイン室）

組版●株式会社トップスタジオ

イラスト●深川直美

担当●池本公平

Web ページ● https://gihyo.jp/book/2024/978-4-297-14571-2

※本書記載の情報の修正・訂正については当該 Web ページおよび著者の
 Web ページ、もしくは GitHub リポジトリで行います。

［改訂新版］
プロになるための Web 技術入門

2024 年　12 月 11 日　初　版　第 1 刷発行
2025 年　 4 月 8 日　初　版　第 3 刷発行

著　者　小森裕介

発行者　片岡 巌
発行所　株式会社技術評論社
　　　　東京都新宿区市谷左内町 21-13
　　　　電話　03-3513-6150　販売促進部
　　　　　　　03-3513-6170　第 5 編集部
印刷／製本　株式会社シナノ

定価はカバーに表示してあります。

本書の一部または全部を著作権法の定める範囲を越え、無断で複写、
複製、転載、あるいはファイルに落とすことを禁じます。

©2024　小森裕介

造本には細心の注意を払っておりますが、万一、乱丁（ページの
乱れ）や落丁（ページの抜け）がございましたら、小社販売促進
部までお送りください。送料小社負担にてお取替えいたします。

ISBN978-4-297-14571-2　C3055
Printed in Japan

■お問い合わせについて

・ご質問は、本書に記載されている内容に関するものに限定させて
　いただきます。本書の内容と関係のない質問には一切お答えでき
　ませんので、あらかじめご了承ください。

・電話でのご質問は一切受け付けておりません。FAX または書面
　にて下記までお送りください。また、ご質問の際には、書名と該
　当ページ、返信先を明記してくださいますようお願いいたしま
　す。

・お送りいただいた質問には、できる限り迅速に回答できるよう努
　力しておりますが、お答えするまでに時間がかかる場合がござい
　ます。また、回答の期日を指定いただいた場合でも、ご希望にお
　応えできるとは限りませんので、あらかじめご了承ください。

【宛先】
〒 162-0846
東京都新宿区市谷左内町 21-13
株式会社 技術評論社 第 5 編集部
「［改訂新版］プロになるための Web 技術入門」係
FAX　03-3513-6179